分布式人工智能

基于TensorFlow、RTOS 与群体智能体系

王静逸◎著

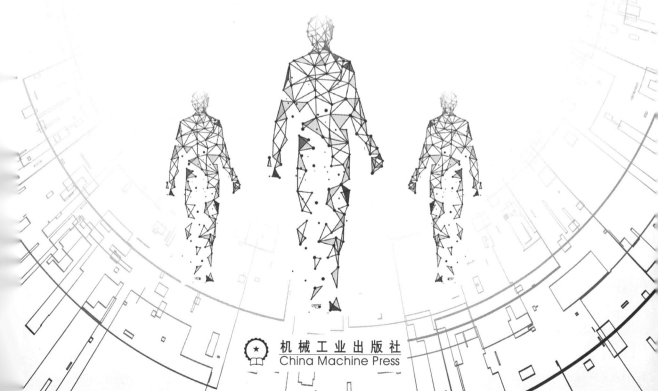

机械工业出版社
China Machine Press

图书在版编目（CIP）数据

分布式人工智能：基于TensorFlow、RTOS与群体智能体系/王静逸著. —北京：机械工业出版社，
2020.9

ISBN 978-7-111-66520-5

Ⅰ.分… Ⅱ.王… Ⅲ.人工智能 Ⅳ.TP18

中国版本图书馆CIP数据核字（2020）第174066号

分布式人工智能：基于TensorFlow、RTOS与群体智能体系

出版发行：机械工业出版社（北京市西城区百万庄大街22号 邮政编码：100037）	
责任编辑：陈佳媛	责任校对：姚志娟
印　　刷：中国电影出版社印刷厂	版　次：2020年10月第1版第1次印刷
开　　本：186mm×240mm 1/16	印　张：34.25
书　　号：ISBN 978-7-111-66520-5	定　价：169.00元

客服电话：（010）88361066 88379833 68326294　　　投稿热线：（010）88379604
华章网站：www.HZbook.com　　　　　　　　　　　　　读者信箱：hzit@hzbook.com

在大数据的大量应用之前，研究者致力于研究提高机器学习效率的方法，他们主要使用多个处理器进行工作，这类似于一种"并行计算"的方式，通过任务拆解、分配处理单元和归并的方式解决问题，其效率依然较低。

随着大数据和机器学习的发展，分布式机器学习也随之兴起，它可以从大数据中总结规律，归纳整个人类的知识库。例如，谷歌公司通过分布式机器学习，建立了语义学习系统，通过分布式的方式，从上千亿个文本和大规模的用户数据中进行机器学习，归纳语义，形成了相关的训练模型。它可以在1ms之内解析语句，并理解语句中存在的歧义，极大地提升了广告系统、搜索引擎和推荐系统的理解能力。

目前，以分布式机器学习为基础的分布式人工智能还属于比较前沿的研究方向，国内也没出版过系统论述该领域知识的图书。作为一个深耕该领域的研究人员，笔者觉得有责任把自己的研究成果介绍给需要的读者，于是花费近一年的时间编写本书，系统地介绍分布式计算、大数据、机器学习及群体智能等相关领域的知识。本书中有笔者的理念，也有笔者的专利和获奖论文介绍，还有笔者对一些算法的改造等。另外，分布式人工智能涉及多项技术，有新技术，也有传统技术，如何综合应用这些技术来解决问题是关键，笔者对其做了广泛研究和探索。相信阅读完本书，读者将对分布式人工智能的相关知识有一个全新的认识，相应的研发能力也会有质的提升。

本书特色

1. 内容新颖、全面，知识体系完整

本书详细介绍分布式人工智能和群体智能的相关知识，涵盖分布式人工智能的基础概念和计算框架，以及多智能体分布式 AI 算法和分布式 AI 智能系统开发等知识，能够帮助读者全面学习分布式人工智能和群体智能的相关知识。

2. 讲解由浅入深，适合初学者阅读

本书按照"基础知识→计算框架→算法分析→实战开发"的模式，由浅入深、循序渐进地进行讲解，带领读者先掌握基础知识，再深入理解技术原理，最后进行算法应用与实战开发。本书学习梯度很平滑，非常适合初学分布式人工智能的读者阅读。

3．以实例引导学习，上手快

本书结合实例，图文并茂地讲解技术要点，并对系统开发过程中的难点和痛点做了重点讲解，帮助读者融会贯通地快速理解相关方法与原理，让整个学习过程轻松、愉悦。

4．提供大量的原理图

俗话说，一图胜千言。本书在讲解相关的底层原理时绘制了多幅原理图，帮助读者更加深入、清晰地理解相关内容，避免读者被晦涩的文字"绕晕"。

5．提供完整的工程级性能源代码

本书提供完整的工程级性能源代码，所提供的源代码基于笔者开发的工程级系统简化而来，并且结合相关前沿技术，完成从基础知识到工程应用的研发落地，可以帮助读者从0 到 1 全面学习分布式人工智能的相关知识，并带领读者实际开发相关的工程应用。

本书内容

第1篇　基础概念（第1、2章）

第 1 章主要介绍分布式系统的概念与发展，以及并行计算、边缘计算、超算系统、分布式多智能体、单体人工智能、多人博弈、群体智能决策及价值等内容。

第 2 章主要介绍分布式系统的框架构成、体系结构、算法模型、AI 算法模型的分布式改造、计算的核心原理与组成等内容。

第2篇　计算框架（第3～5章）

第 3 章主要对 TensorFlow 深度学习框架做必要介绍。在分布式人工智能系统中，子系统和智能体算法都需要自我进化能力，于是需要一个神经网络库来提供深度学习的能力，TensorFlow 作为深度学习的主要功能库非常适合。

第 4 章主要对 SintolRTOS 框架做详细介绍。人工智能的发展需要相关的底层技术，而在分布式人工智能方面，SintolRTOS 框架具有一定的突破性和创新性，基于该框架可以解决一些群体智能方面的问题。

第 5 章主要介绍分布式人工智能系统中需要用到的大数据技术及相关存储框架。分布式人工智能应用大部分面对的是复杂而庞大的群体智能问题，针对这样的问题，无论是训练 AI 智能体，还是常规的系统运作，都会产生并存储大量的数据，需要有相应的技术加以解决。

第3篇　多智能体分布式AI算法（第6～8章）

第6章主要介绍机器学习的监督学习算法，并且完成它的分布式改造，让其可以适应更大规模、更为复杂的应用场景。基于分布式系统，如何应用和改造监督学习算法是本章重点探讨的问题。

第7章主要介绍人工智能发展的重要分支——生成对抗网络和强化学习的相关知识，涉及群体智能系统中的智能博弈、对抗及协作等最重要的算法。

第8章作为第7章的进阶内容，主要探讨强化学习在对抗、博弈和群体智能方面的算法发展与应用。

第4篇　分布式AI智能系统开发实战（第9、10章）

第9章带领读者进入系统开发的实战演练环节，让读者首先体验游戏化的群体智能对抗仿真环境，然后使用本书所学知识搭建《星际争霸2》的仿真开发环境，并提供相关的API对游戏的特征进行获取，从而创建用于强化学习的环境。

第10章主要介绍强化智能开发的相关知识，通过强化学习算法与智能强化博弈实现分布式多智能体博弈。

本书读者对象

- 分布式计算的开发和研究人员；
- 机器学习、人工智能的开发和研究人员；
- 大数据领域的开发和研究人员；
- 计算机、大数据和人工智能专业的学生和实习生；
- 需要学习分布式人工智能开发的人员；
- 需要整体了解群体智能系统的人员；
- 人工智能和群体智能领域相关研究人员；
- 其他对分布式、大数据和人工智能感兴趣的人员。

配书资料获取方式

本书涉及的源代码文件等配书资料需要读者自行下载。请在华章官网（www.hzbook.com）上搜索到本书，然后单击"资料下载"按钮，即可在本书页面上找到相关下载链接。

另外，本书第4章介绍的SintolRTOS已经开源了部分组件和演示Demo，网址为http://www.github.com/SintolRTOS。

售后支持

本书由王静逸编写，由舒展和建行建信金融科技人工智能平台团队等各位领导和同事审核。虽然笔者致力于分布式智能计算的研发，对该领域的相关技术有广泛的研究和独到的见解，但由于本书内容庞杂，加之写作时间有限，书中难免有疏漏和不当之处，敬请广大读者指正。联系 E-mail：

langkexiaoyi@gmail.com（作者）

hzbook2017@163.com（编辑）

最后祝你读书快乐！

目录

第 2 篇　计算框架

第 3 篇 多智能体分布式 AI 算法

第4篇 分布式 AI 智能系统开发实战

第1篇
基础概念

本篇主要讲解分布式系统的基础概念，包括分布式原理、AI 智能计算体系、算法原理、模型计算方法等，为读者后续的学习打下基础。

本篇内容包括：

▶▶ 第 1 章 分布式系统简介

▶▶ 第 2 章 分布式智能计算基础

第1章 分布式系统简介

在互联网日益发展的今天，随着承载的用户越来越多，对系统的速度要求越来越高，互联网业务需要不断去解决大量用户访问的问题。用户需要更加快速地打开网页，需要游戏同步准确。这些服务速度，包含互联网技术的几个重要命题：高并发、低延时、高吞吐、负载均衡，而分布式系统正是解决这些问题的重要技术手段。

另一方面，随着智能系统的不断完善，万物互联的时代即将来临，学习分布式系统将为我们打开新世界的大门。

1.1 什么是分布式系统

顾名思义，分布式系统就是让多台服务器、多计算单元协同来完成整体的计算任务，它拥有多种组织方式。在分布式系统中，使用分层模型、路由和代理计算任务、存储任务，将不同的工作划分到不同业务集群机器中是常用的方法。一般来说，最基本的分布式系统可以分为典型的三层结构（图1-1）。

- 接入层：用来对接客户连接的第一层，负责用户业务处理的分发和用户连接的负载均衡。
- 逻辑层：处理系统不同业务的计算层，不同的业务可以划分到不同的计算集群中，等待接入层分配任务，处理不同的业务单元。
- 数据层：通过离散化的存储方式，提高整体数据的写入、读取、检索的速度。

在实际业务中，根据需求的不同，系统的分散和划分方法也会有很大的不同。不同的业务层，特别是在复杂的分布式系统中，还会定义专门的代理网关（Proxy）和路由进程（Router）处理消息的分发和负载均衡。

在基本的分布式系统中，为了支持更为庞大的系统能力，解决特定的分布式问题，分布式系统又有一些典型的分布式模型和技术方案。

1. 并发模型

一个服务器在处理用户请求的时候，可能会同时接到非常多的用户请求，并且还需要为其他用户返回数据输出。在处理过程中，服务器系统经常有"等待"或者"阻塞"的问题存在。系统如果一个一个地串行处理请求，会极大地降低系统效率，降低吞吐量。这就是分布式系统中经常遇到的"并发问题"。

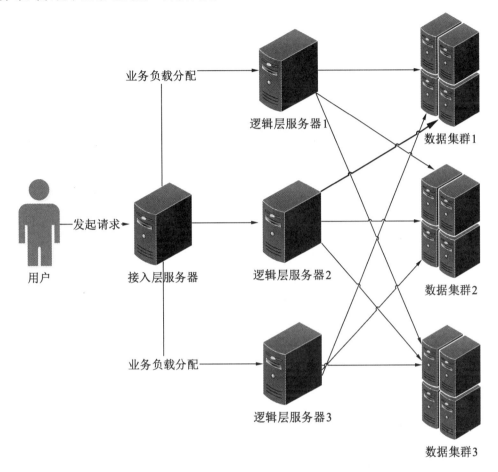

图 1-1　分布式系统典型的三层结构

在分布式的并发模型中，常用的是两种方案：多线程方案和异步方案。

在早期，多线程多进程方案是最常用的技术。但是多线程技术在处理以下问题时有一些弊端：

- 多个线程程序的执行顺序不可控制。
- 当多个线程同时处理数据和对象时，不同线程之间的同步处理会造成不可估计的错误，或者出现死锁问题。
- 多线程与不同 CPU 处理之间的数据来回复制，会造成 CPU 计算资源的浪费。

针对多线程方案的弊端，异步模型方案逐步流行起来。异步模型方案解决了多线程的死锁问题，也避免了数据复制之间的消耗。异步回调模型就是最早的分布式计算中并行计算的雏形。

异步回调模型是在非阻塞的 I/O（网络和文件）模型的基础上实现的，在函数读写的时候，不用等待当前函数调用的结果，立刻返回"空"或者"有"的结果。

最常用的异步回调模型是 Linux 的 epoll 并发模型（图 1-2），它使用底层内核快速查找到数据地址，连接并且读写文件，当计算完成以后再连接异步处理通道并且返回结果。它的每个操作都是非阻塞的，一个进程就可以使用这种方式处理大量的并发消息。另外，由于异步模型是单个进程的，它的数据和处理逻辑都是固定的，不会出现多线程的不可预知错误，也不需要加锁。它大大简化了并行模型的开发过程，是现阶段高吞吐、高并发系统的首选。

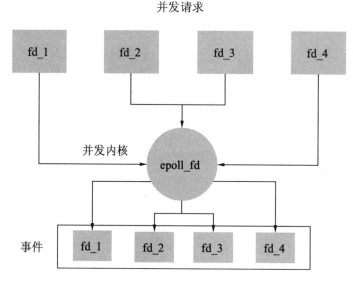

图 1-2　epoll 并发模型

除了并发模型，后面还会详细介绍分布式中的并行计算方案。

2．分布式中的数据缓冲

在互联系统和智能设备的分布式系统中，为了具有良好的用户体验，需要在秒级别之内返回结果。分布式系统的运算遍布各个分布式集群中，为了提高系统效率，数据缓冲就成为它的常用技术方案。

分布式缓冲技术应用最广泛的是 CDN（Content Delivery Network），即内容分发网络，它大量运用在视频、图像、直播等应用领域。它的原理是使用大量的缓存服务器，将缓存服务器分布到用户集中访问地区的网络中，用于提高当地的数据延时。在用户使用的时候，使用全局的接入层和负载技术，将用户指向它最近、最适合的缓存服务器中，通过这个服务器响应用户的消息请求。它的部署原理如图 1-3 所示。

除了 CDN 缓存技术，还有很多其他的分布式缓存技术，如反向代理缓存、本地应用缓存、数据库缓存、分布式共享缓存、内存对象缓存等，读者可以自行学习这些技术。

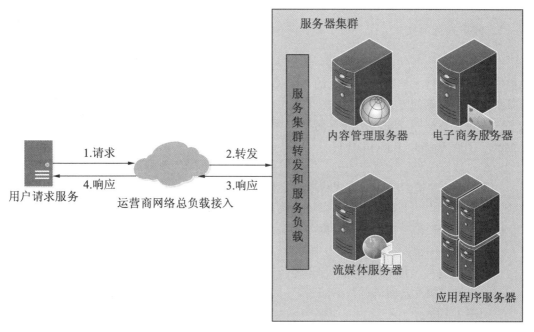

a）非CDN缓存的分布式方案

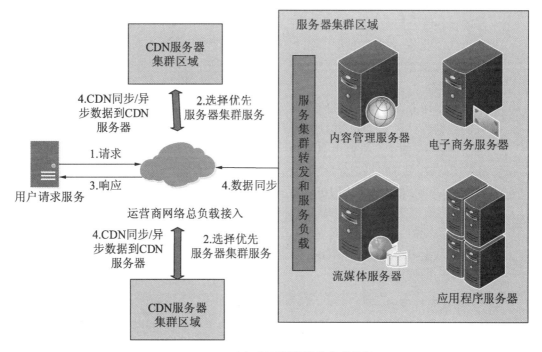

b）CDN缓存的分布式方案

图 1-3　非 CDN 缓存的分布式和 CDN 缓存的分布式方案

3．分布式存储技术

在分布式系统时代，数据如何存放更大的数据、承载更多的连接、支持更多的并发检索成为新时代技术的挑战。传统的 MySQL 数据库越来越无法承载大互联网时代的系统需求，数据存储的方式变得更加多样化，如使用文件、数据条切片等方式。在这种情况下，分布式数据库 NoSQL 应运而生，用于支持高并发的分布式业务，其中的佼佼者有 MangoDB、Redis、RadonDB 等。

分布式数据库可以承载更大的、更快的数据能力，不同的数据可以存放在不同的服务器上，通过特定的检索和应用方式将机器集群联合起来。在分布式数据系统中，根据数据的拆分和管理方式，主要可以分为以下几类：

- 单数据库架构：在不同的数据库服务器中，数据各自独立，相互不干预。
- 主从数据库架构：由一台服务器处理数据写入，另一台服务器处理读取查询，相互之间进行数据同步，如图 1-4 所示。
- 垂直数据库切分架构：将每个单独垂直的数据库模块和服务器逻辑层的模块联合起来，形成一个相对垂直的"业务-数据"模型，各个数据之间的耦合只在逻辑层进行联合处理。
- 水平数据切分架构：将大量的高段位的数据进行水平存储，并且拆分到不同表中，如某个数据由 10 000 条信息组成，我们可以切分为 10 个数据段，每个数据段存储 1000 条信息，再通过统一检索的方式，检索指向不同的服务器数据库位置，其中大数据 Hadoop 中的 HDFS 是这种架构的佼佼者。

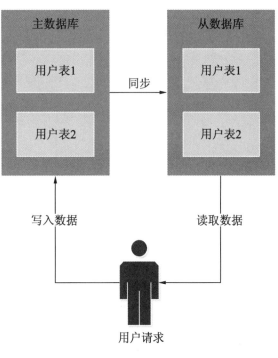

图 1-4　主从数据库架构

4．分布式系统管理

分布式系统并不是简单地堆砌机器集群，如果没有良好的调度和管理方式，分布式系统可能还不如集中式系统，它的复杂性和容错性可能还会降低效率。

在分布式系统的管理上,我们可以关注以下几个主要指标。

- 硬件故障率:分布式集群拥有很多台服务器,每台服务器都有一定的硬件故障率,我们设定为 x。分布式系统拥有 n 台服务机器,作为一个整体集群,它出现硬件的故障率可以使用如下方式计算:

$$SER(System\ Error\ Rate) = 1-(1-x)^{\wedge}n$$

可以看出,随着机器规模的增加,故障率会逐步上升。有效的硬件监控和故障预测是分布式系统管理的重要组成。

- 资源利用率:分布式系统在运作的时候,在某些时段,一些机器非常繁忙,而另外一些机器却闲置着,甚至某些服务很长时间才会使用一次。这样造成了计算资源的极大浪费,也会让分布式系统产生很多不必要的开销。一个高效的分布式系统管理需要有高效和灵活的管理机制,既不会让某些机器高负载运转,也能灵活分配计算资源,让整个系统都能得到较好的使用效率,并且持续保持健康。另外,分布式系统集群的扩容、缩容和实时在线操作,都需要非常复杂的技术处理,这也是分布式系统管理的重要研究对象。

- 分布式系统的更新和扩展:在一个大型的分布式系统中,多个系统相互协作,相互影响,在更新某个系统或者模块的时候,难免会影响到其他系统的工作。如果停止整个系统的运营,会对用户造成极大的伤失。所以在分布式系统的设计中,系统的更新和扩展也是极其重要的考核指标。在这个方面,诞生了不少优秀的分布式框架,如微服务框架 EJB、WebService 等。

- 数据决策统计:在许多大型分布式系统中都有大数据系统模块,它运用分布式方案进行数据的统计和决策。例如,MapReduce 分词处理模型如图 1-5 所示。

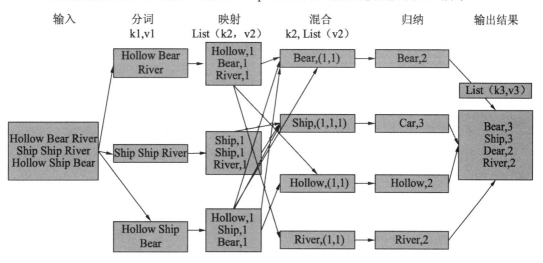

图 1-5 MapReduce 分词处理模型

针对分布式系统的各项需求,在长期的发展中,在工业界和学术界诞生了许多针对性的系统或者组件,具体可以归类如下。

（1）目录服务和中控系统

分布式系统是由许多系统和进程共同组成的,如何去响应每个服务所需要的功能模块,监听服务模块的负载情况,调配系统集群资源,应对突发的错误情况,扩展和恢复系统组件等,是分布式系统的核心需求。其中,Hadoop 的 ZooKeeper 是比较优秀的开源项目,它能帮助系统处理数据的发布/订阅、负载均衡、服务名称管理、配置信息维护、命名处理、分布式协调、Master 选举、数据同步、消息队列、分布式业务锁等。它的运作方式如图 1-6 所示。

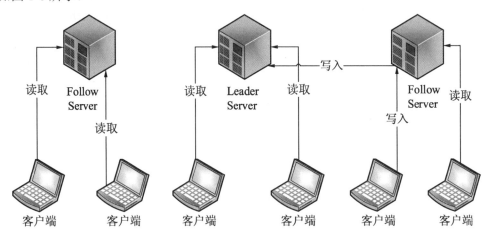

图 1-6　ZooKeeper 集群结构

在 ZooKeeper 集群中采用 Paxos 算法,主要包含三种节点角色:

- Leader 节点,表示被选取的机器节点,提供读写服务,需要被选举。
- Follow 节点,表示集群的其他节点,提供对外逻辑服务和同步功能,参与 Leader 节点的选举策略。
- Observer 节点,表示集群的其他节点,提供对外逻辑服务和同步功能,不参与 Leader 节点的选举策略。

（2）消息队列

在分布式系统中,不同服务之间需要进行协调沟通,消息的一致性也是非常重要的。对此产生了一些非常优秀的消息队列组件,如 Kafka、ActiveMQ、ZeroMQ、Jgroups 等。消息队列模型将抽象进程间的交互作为消息处理,形成一个"消息队列的管道",进行存储。其他的进程可以对队列进行访问,存放消息的队列管道决定消息的路由方式,这样就静态化了复杂的消息路由问题,形成了易用的消息模型。具体模型示例如图 1-7 所示。

消息队列组件类似于一个邮箱,消息队列服务是一个独立的进程,相关的其他服务可以通过消息队列组件向队列进程投放消息,队列再进行消息的一致性分发,将它分发到预定的目标服务,让消息的分发更加简便、运维更加清晰。

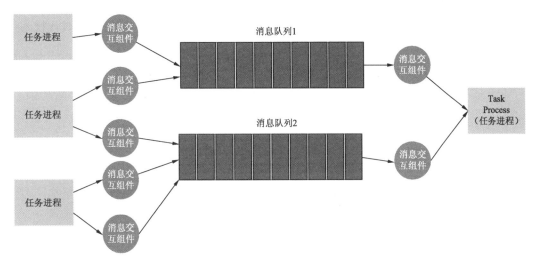

图 1-7　消息通道组件工作

（3）事务协调系统

事务协调是分布式系统中最为复杂的技术问题，一个完全的业务流程可能关联着不同的服务进程，不同进程之间的协调工作是一个复杂的流程。业务过程中还会有故障产生，是否有相关的备用解决方案也是重要的问题。

（4）自动化部署

分布式系统是一个分散化的、高度复杂性的大型系统，对于它的部署和运维，是一项艰难的任务，如果通过人力进行工作，将耗费极大的精力和时间。自动化部署就成为分布式系统的重要辅助系统，其中，容器化 Docker、池管理、RPM 打包都是优秀的部署系统。Docker 的运作模式如图 1-8 所示。

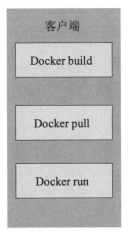
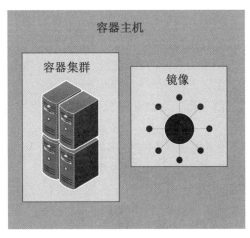

图 1-8　Docker 的容器组件模块

分布式系统是一个复杂的、高度分散自治的系统，是打开未来群体智能新时代技术体系大门最关键的一把钥匙。

1.2　分布式系统的历史与未来

分布式系统的发展具有很长的历史，了解它的发展历程和未来的新技术方向，有利于我们了解它最底层的原理和诞生的概念，并且为未来的发展打下基础。

世界上第一台计算机诞生于宾夕法尼亚大学，它的出现标志着 IT 时代的来临，为现代计算机的冯·诺依曼模型打下了基础。

大型计算机凭借强大的 I/O 处理能力、强大的稳定性和安全性，以及集中化的大型机器架构，开创了计算机系统的第一个时代——大型集成系统。

大型集成系统随着需求的日益加强，逐渐出现一些缺点：

- 大型集成系统是一个庞大的、复杂的系统，培养一个能熟练掌握整个系统的人才成本过高，不易于进行推广。
- 大型集成计算机价格高昂，一般只有大型的国有企业、金融机构、电信企业、电力机构等国有企业或者垄断企业才能购买，不利于整个社会和市场经济的发展。
- 由于整个系统都运行在一个集中化的大型机器下，如果机器崩溃或者出现问题，整个业务都会受到不可估量的影响。
- 随着个人计算机的普及，长期使用集中化的大型计算机系统会极大地浪费大量分散的计算资源。

随着技术的不断进步，开发人员和研究人员首先提出了升级单机能力到多机能力的方法，这是最早的分布式雏形，它的意义如下：

- 将分散的计算资源集合起来，降低了成本，提高了计算能力。
- 解决了单机处理能力的成长瓶颈问题。
- 提高了单机处理对于整体系统支持的稳定性，降低了整体系统崩溃的风险。

分布式系统雏形架构的变化如下：

（1）应用服务和数据服务器分离。通过业务处理机器-数据库这样的连接结构，划分数据和计算层的模式结构。

（2）应用服务器集群将多个业务服务划分到不同的服务器中进行处理，它们之间的工作相对独立，通过数据服务连接到一起，如图 1-9 所示。

（3）应用服务集群-数据库读写分离、多个业务服务器划分的同时，在数据库上的独立主从数据库分别负责写入和读取，如图 1-10 所示。

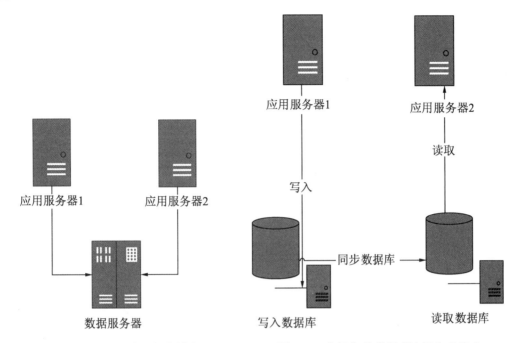

图 1-9　应用服务器集群架构模式　　　　图 1-10　应用集群-数据库读写分离模式

（4）随着应用集群和数据集群的再扩大，负载均衡-数据分布式检索引擎不断地划分分布式进程，造成系统复杂度不断上升，系统的可用性和性能下降，于是我们需要介入管理模块来统一管理分布式系统，具体结构如图 1-11 所示。

到此就基本有了分布式系统架构最初的三层分布式雏形，分布式系统的可用性、易用性、高性能都得到了快速发展。后来，分布式系统还诞生了很多新的架构和技术（如缓存架构机制、数据库的水平与垂直架构、应用模块拆分架构等），进入了爆发性的发展时期，成为当今互联网和智能工业主流的技术方案。

分布式系统的发展从原有集中化的冯·诺依曼计算机结构中又发展出新的理论。要理解新的分布式系统下的计算机结构，需要先明确以下概念。

- 节点：分布式系统的一个重要概念，表示整体系统中的一个进程，拥有独立的计算能力和任务。
- 副本：一方面表示分布式系统中数据的备份，另一方面也表示备用的服务进程，防止系统发生错误。
- 中间件：独立于系统外，也可以用来辅助系统的插件工具。

新的分布式理论是在原有的冯·诺依曼结构的基础上补充了如下新的解释。

- 输入设备：在分布式系统的服务设备上，除了人机交互外，一个分布式节点还接收来自外部节点的信息，也是分布式系统的输入设备。
- 控制器：作为分布式系统的控制器，不止是 CPU 控制器，它的负载均衡和目录系统也是管理分布式总线的控制器。

- 运算器：可以把多分布式节点看作整体系统的多核计算 CPU。

分布式系统在某种意义上可以总结为一台集合了许多计算设备而形成的一个综合性的计算系统。

了解分布式系统的来历和意义，有利于我们不断探索它的未来，并且充分发挥它赋予新时代智能计算的强大力量。

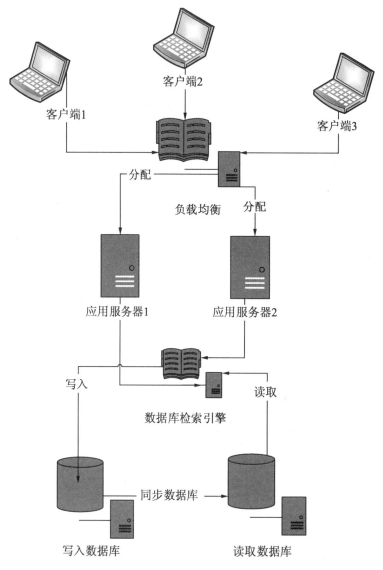

图 1-11　负载均衡-数据分布式检索引擎模式

1.3　分布式系统与并行计算

并行计算是分布式计算的重要方式之一，是一种特定的用于计算大规模和统一目标的分布式计算模型。

并行计算也经常被称为高性能计算、超级计算，它最初被设计用来仿真自然界中同一个序列在同一时间发生的相关具有复杂关联的任务处理状态。

使用并行计算，通常考虑的设计方法主要基于以下 3 个原则。

- 子任务拆解：整体的大型任务可以拆解成为多个子任务，帮助整体问题的解决。
- 同时执行：多个执行部件能在同一时间执行多个子任务，提高计算能力。
- 计算耗时减少：因为多个任务同时执行，也需要归纳总结，在并行计算的情况下，多任务方式必须小于单个计算资源耗时。

并行计算是为了解决单体计算的瓶颈，根据它所处理领域的不同，主要可以分为以下几类。

- 网络密集型：主要处理不同网络环境下协同工作的问题，如多桌面协同工作、医疗远程诊断等。
- 数据密集型：多用于大数据处理，如 MapReduce 就是非常有名的并行计算框架，它的工作领域有数据仓库、数据挖掘、数据分析可视化等。
- 计算密集型：在军事模拟、细胞研究、航天演算等领域都需要极大规模的运算能力，这也是并行计算的常用领域，也叫超算领域。

我们可以来看一下时下流行的 Spark 分布式并行计算工作流程，如图 1-12 所示。

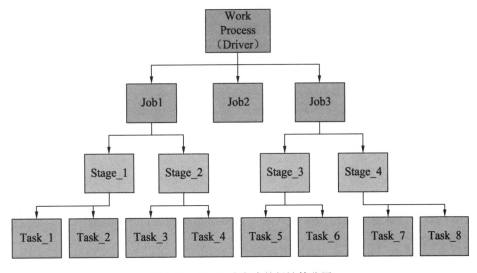

图 1-12　Spark 分布式并行计算分层

Spark 分布式并行计算的工作流程是通过 Driver 规划整体模型，通过节点 Executor 端分别计算，再回归汇总给 Driver，具体要点如下：

- 系统总结为一个工作流 Work Process，其中包含许多 action 算子操作。
- action 算子将不同的工作类别划分为不同的 Job。
- Job 根据模型的宽依赖，划分给不同的 Stage 小模型。
- Stage 的内部也可以再划分成为多个小型的 Stage 模型。
- Stage 将功能相同的 DAG 中的边运算归纳为不同的 Task。
- Task 可以提交 Executor 做最小运算单元的运算，最终反馈给 Driver 进行模型更新和存储。

Spark 也是大数据中较早运用分布式人工智能的一种方式，我们将在后面详细讲解。

并行计算中，衡量计算机性能的单位有以下几种。

- PFLOPS：千万亿次浮点运算/秒，数量级为 10^{15}。
- TFLOPS：万亿次浮点运算/秒，数量级为 10^{12}。
- GFLOPS：十亿次浮点运算/秒，数量级为 10^{9}。

在并行计算的结构体系中，有以下几种特定的结构模型。

- SISD：传统的单机冯·诺依曼结构体计算机，它的特点是单指令流、单数据流。
- SIMD：一机多任务体系的结构体计算机，它的特点是单指令流、多数据流。
- MISD：多机器串行数据的计算模型，它的特点是多指令流、单数据流。
- MIMD：多机器、多任务并行的计算模型是现今最常用的并行计算模型，它的特点是多指令流、多数据流。

在大规模的复杂并行计算中，最常用的计算模型是 MIMD，由于它的复杂性，又有多种不同的处理方式。

- PVP 处理机：并行向量的处理方式，通过多个 VP（向量处理器），使用交叉开关协调处理，连接多个 SM（共享内存）。
- SMP 处理机：对称处理的机器，通过多 P/C（商品微处理器），使用交叉开关在总线的调节下连接多个 SM（共享内存）。
- MPP 处理机：大规模的并行处理机器，分出了不同的处理节点、配置微处理器和分布式本地内存（LM），通过高带宽、低延时定制网络，使用异步的 MIMD 模式，进程都配置独立的地址和空间，通过协议消息通信。
- COW 集群工作站：通过完整的操作系统集合所有计算节点，并且配置存储磁盘。
- DSM 处理机：分布式共享的存储机制，通过高度缓存 DIR 和分布式 LM 组成共享的 SD 编程空间，统一地址。

在并行计算中，除了并行的分布式架构和机器系统构造，并行计算的算法也是决定并行计算能力的重要组成部分。

并行算法将可以同时执行的任务单元组成一个集合，任务进程之间通过相互协作，实现给定整体问题的解决方案。并行算法主要可以分为以下几类：

- 同步并行算法；
- 异步并行算法；
- 分布式并行算法；
- 共享存储并行算法；
- 分布式存储并行算法；
- 确定性并行算法；
- 随机性并行算法。

我们可以用 par-do 和 for all 来表示节点算法的执行过程，如下：

```
for i = 1 to n par-do    //执行 1~n 节点的计算工作（节点之间的工作是并行工作的）
end for
```

```
//所有在规定范围内的节点，都同时执行相同的工作语句
for all Pi, where 0 <= I <=k do
end for
```

并行算法的好坏可以从以下几个标准进行考核。

- 工作量 $W(n)$：完成总体并行算法的工作数量，功耗更低，机器运行更加环保，是主要的优化标准。
- 成本：计算公式为 $c(n)=t(n)\times p(n)$，成本越低，效果越好，在数量级上应该优于串行计算求解所需的执行步骤。
- 处理器数量 $p(n)$：求解任务分解以后所需要的处理器节点数量。
- 运行时间 $t(n)$：总体时间=计算时间+节点通信时间，应该优于单机计算的时间。

并行计算的工作模型可以总结为以下几类：

- PRAM（Parallel Random Access Machine）：使用随机存储单元进行并行抽象工作的机器模型。
- ARPRAM：异步随机存储模型和 PRAM 的异步工作模型。
- BSP（Bulk Synchronous Parallel）：属于 ARPRAM 的大规模并行分布式模型，它的计算方式是通过全局同步分到不同的计算系统中，然后再进行并行工作。
- LogP：点对点的通信模型，类似于 P2P 网络进行协作工作。

下面我们通过一个案例来熟悉并行模型的设计方法。快速排序算法将它的串行运算方式修改为并行计算模型。设计思路如下：

（1）在 $O(n)$ 计算中，快速排序会划分出区域 Partition，将 Partition 并行化是提高快速排序算法的关键。

（2）生成二叉排序树，成为并行计算的归并根基。

（3）左右树再继续划分，都形成二叉排序树。

快速排序算法并行化分解的具体流程如图 1-13 所示。

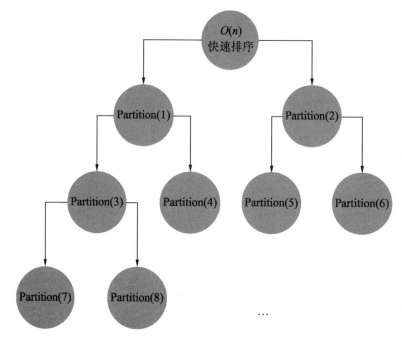

图 1-13　快速排序算法并行化分解

如图 1-13 所示的计算模型可以在 CRCW 模型的基础上使用 par-do 伪代码表示，具体如下：

```
//P[1...n]排序分解到 n 个处理器，处理器 i 负责排序任务 P[i]
//f[i]记录处理器的标记元素号
//L[1...n]和 R[1...n]记录主元素的左子树和右子树

for each processor i par-do
    root = i
    f[i] = root
    L[i] = R[i] = n + 1
endfor

repeat for each processor i != root do
    if (P[i] < P[f[i]]) || (P[i] == P[f[i]] && i < f[i])
        //并发写入，满足条件的 i 写入 L[f[i]]，作为左子树的根，作为下次循环的 root
        L[f[i]] = i
        if i == L[f[i]] then
            exit                    //无处理，退出
        else
            f[i] = L[f[i]]          //没有写入，作为 L[f[i]]的子节点
        endif
    else
        //并发写入，满足条件的 i 写入 R[f[i]]，作为左子树的根，以及下次循环的 root 一
            次循环的主元素
        RC[f[i]] = i
        if i == RC[f[i]] then
```

```
        exit                    //无处理，退出
    else
        f[i] = R[f[i]]          //没有写入，作为 R[f[i]]的子节点
    endif
    endif
endrepeat
```

算法模型的改造还有一些其他工作模式，如全新改造法、有向环着色改造法、借用法、均匀划分、方根划分、对数划分、功能划分、分治设计、平衡树设计、倍增设计和流水线设计等。

并行计算是分布式人工智能中归并统筹群体智能体系的重要基础，也是后面我们将讲解的 HLA 的重要理念，读者一定要重点掌握。本书会在后面的章节详细介绍并行计算算法和群体智能算法的结合与应用方式。

1.4　分布式系统与边缘计算

随着物联网和智能硬件的发展，在新一代互联网的浪潮中，"万物互联"的概念越发突出。完全互联网化的工业改造、新智能生活、全社会化的数字经济改造，都预示着未来"边缘计算"技术的广泛应用场景。

提到边缘计算，就不得不提云计算。云计算是与信息技术、软件、互联网相关的一种服务。这种计算资源共享池叫作"云"，所有的人都可以通过互联网访问云并且获得服务。一旦将服务部署到云端后，可以不用再关注相关设备的运维，开发团队只需要关注自己的服务开发即可。云计算就像每个地区的电力公司一样，提供电力服务，而开发商就是使用这种资源面向客户开发自己的业务。云计算是一种传统的中心化思维。

边缘计算更像一种去中心化的模式。它利用周围附近的智能计算节点，通过自治的方式统一计算能力、存储能力、应用服务，形成自有范围内的自主计算服务。边缘计算是一种利用数据源边缘的计算单元来完成运算任务的程序。

与云计算相比，边缘计算有以下特点：
- 云计算是一种集中式的大数据处理方式，边缘计算是一种完全的、边缘的、分布式的大数据处理方式。
- 边缘计算利用周围的计算能力，更加实时、智能，相比云计算更加高效和安全。
- 边缘计算和云计算是相互补充的计算方式。
- 云计算重视整体，边缘计算重视局部。

云计算和边缘计算的协作关系如图 1-14 所示。

整个云整合了各地不同的边缘计算服务集群能力，各地的服务通过边缘计算自行处理，然后再通过云计算与其他地方的智能数据整合集成。

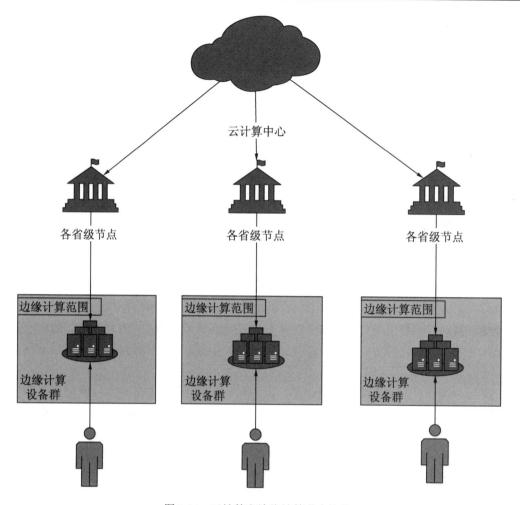

图 1-14　云计算和边缘计算节点协作

边缘计算有以下几个优点：

- 去中心和分布式：完全利用自治的设备资源，自主调配计算能力。
- 低延时：系统具有近场设备计算能力，聚焦实时、短期数据，快速计算，对本地业务和智能化处理更为快速。
- 高效率：数据更加接近计算机，场景更加聚焦，过滤了许多无用的数据和分析，效率更高。
- 高灵活性的智能组件：针对不同的业务，智能组件更加接近场景，自定义能力更强，灵活性更高，智能精准度更高。
- 更加节能：节约大规模的设备，利用边缘化设备的计算能力。
- 极大缓解网络压力：不用通过互联网进行大规模的数据传输，减少了设备的响应时间和网络通信流量。

边缘计算的基本组件包括以下几个部分。

- 路由系统节点：用于负责整个边缘网络的数据转发、网络连接和网络虚拟化。
- 能力开放系统节点：提供对外服务 API 节点，作为平台的中间件，实现边缘网络的能力调用。
- 平台管理系统节点：用于统计、调用、管控边缘网络各个节点和基础设施的能力，并且形成统计信息上报。
- 微小化、边缘型、分布式的存储中心。
- 计算节点基础设施：包括计算单元、内存单元、网络带宽、存储单元等。

边缘计算的参考架构如图 1-15 所示。

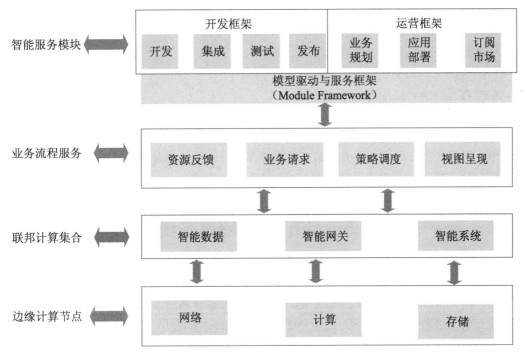

图 1-15　边缘计算的参考架构

边缘计算的多层结构具体如下：

- 节点层：负责数据信息的接入、边缘网络的建立，其中包括智能数据、智能系统、智能网关，用来提供整个边缘网络系统中的存储、计算和网络路由等能力。
- 业务流程服务层：用来处理节点到节点的业务流程，包括资源反馈、业务请求、策略调度、视图化等功能。
- 智能服务层：提供整体网络的开发和运维框架。
- 安全服务层：维护整体网络的安全、感知、对抗和身份鉴权等。
- 系统部署层：运用多模型的部署，面向集中化的边缘网络、分布式的业务网络、点对点的网络业务等。

边缘计算的系统和模型设计有以下几步：

（1）场景分析，切入节点，构建产品在场景中的响应和数据获取方式。

（2）设计智能网关，完成边缘设备互联和设备存储工作。

（3）连接计算层，处理多样性数据，包括结构化和非结构化数据。

（4）提供小微端接入服务，提供节点到节点的业务工作流程。

（5）提供对外整体的智能服务，包括开发和运营框架，兼容多样性场景。

边缘计算常用场景有复杂的工业环境、交通枢纽、物联网、智慧城市等，主要可以分为六大类产品：

- 嵌入式控制器，如机器人、智能硬件等。
- 独立控制器，如工厂的控制设备、中控系统等。
- 感知节点，如仪表、数字化监控、数字机床等。
- 融合网关，如交通路灯、指挥枢纽等。
- 分布式网关，如隔离的配电场景。
- 边缘集群，如整体的一个制造业车间。

边缘计算是未来新时代工业化的重要技术，也是未来万物互联、社会全面数字化的重要技术，还是承载分布式群体人工智能的重要基础。边缘计算是分布式人工智能系统的重要组成部分，是一项承前启后的关键技术。

1.5　分布式与超算系统

超算系统是具有超强计算能力的分布式系统。在未来的群体人工智能应用中，系统的复杂性、相关性、计算规模都会非常大，而我们需要让分布式人工智能能够实际应用在各个产业和生态环境中，也需要为整个系统赋予强大的计算能力。

HPC（High Performance Computing）称为高性能计算，是重要的计算科学分支，主要研究并行计算的算法和架构软件，用于服务高性能计算机。在社会日益高速发展的今天，人们对信息处理能力的要求日益增高，特别是气象预报、航天计算、金融数据、政府数据、教育和企业应用等，对高性能计算都有着大量的需求。

HPC 主要可以分为如下两种架构：

- 机器集群架构：主要采用 CPU 和 GPU 的加速异构，构建大规模的计算集群和加速节点。
- 大规模并行处理：主要是并行计算相关的架构，在 1.3 节已经介绍。

HPC 的集群系统主要由如下设备和网络组成。

- 登录节点：用于处理用户访问集群系统，作为整个集群的初始网关，保证用户数据的安全性和交互性。

- 管理节点：集群的控制节点，用于协调和管理整个集群的其他节点。
- 计算节点：集群的计算核心，可以与计算层进行交互，分为胖节点（多计算层、多连接其他节点）和瘦节点（单计算层，双点连接其他节点）。
- 异构节点：用异构结构的方式，同时使用 CPU 或 GPU 大规模加速计算效率的节点。
- 交换设备：用于连接集群各节点和数据路由，形成网络结构。
- I/O 存储设备：用于存储和提高读写速度的设备。
- 管理网络：超算系统的高级网络，用于管理用户、各个计算节点和 I/O 节点，形成集群的内部网络。
- 计算网络：超算系统通过各个连接起来的计算节点并行执行任务，并通过进程间的通信进行数据交换，称为 IPC。
- 存储网络：通过连接起来的存储节点形成分布式存储网络，并对外提供服务。

超算系统是面向大规模群体人工智能的重要技术和基础设施，在后面的应用中我们将详细讲解，并且基于它搭建高智能的分布式人工智能应用。

1.6　分布式多智能体

分布式多智能体即 Multi-Agent，是一种博弈型的分布式人工智能系统。在工业系统中，工业控制的发展经历了集中式控制系统（DCS）、总线控制系统（FCS）、智能控制系统（ICS），随着系统设备的日益复杂，多系统之间的协作、系统的智能化都在日益提升，形成了多智能控制单元协同控制模式，这就是多智能体系统（Multi-Agent System）发展的雏形。

Multi-Agent System 的中心思想是，将控制系统中的传输路由、执行单元和控制单元都升级为 Agent，在整个系统中，每个 Agent 都具有独立的思想，通过网络形成联盟，以协作和高效的方式完成整体任务的控制和执行，如图 1-16 所示。

Multi-Agent System 在分布式系统的基础上做出了一些创新，具体如下：

- 在原有分布式系统的进化计算基础上引入了联盟求解的方式，有利于快速协调和工作联盟的生成。
- 加速多联盟并行计算和串行计算的算法，加强复杂的多系统协作及共同治理的方法和理论。
- 引入 Nash 均衡，有效平衡和调度整体系统的计算资源。

Multi-Agent 是本书所讲分布式人工智能的核心体系之一，在后面的实际应用中将深入探讨。

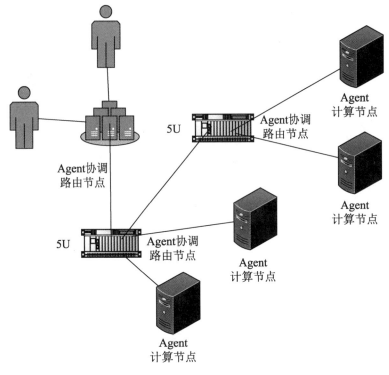

图 1-16　多智能体系统

1.7　单体人工智能

单体人工智能是一种集中化的专家系统集群。在分布式体系下，多数据链路和计算核心都为单独的智能模型工作。在传统的大数据驱动下，深度学习需要扩大规模计算，这种集群化分布式 AI 计算已经拥有了一些应用。

1.7.1　TensorFlow 的分布式方案

TensorFlow 的底层是高性能的 gRPC 库，它的分布式集群组件主要有 3 个部分：client、master 和 worker process。运用它的组件可以形成两种主要的分布式部署模式：单机多卡（single process）和多机多卡（multi-device process）。方案出自 Martin Abadi、Ashish Agarwal、Paul Barham 的论文"TensorFlow:Large-Scale Machine Learning on Heterogeneous Distributed Systems"。

TensorFlow 单机多卡与多机多卡部署模式如图 1-17 所示。

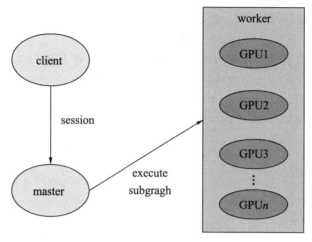

a）单机多卡

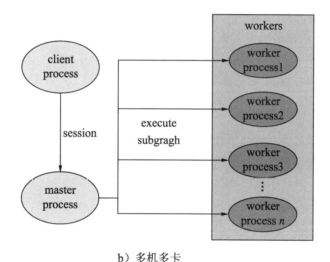

b）多机多卡

图 1-17　TensorFlow 单机多卡与多机多卡部署模式

对于普通的机器学习，单机多卡就可以进行运算。而在运算规模不断升级的时候，就需要对 TensoFlow 的训练设计分布式结构。

机器学习的参数训练主要有两大过程：

- 使用卷积参数训练梯度；
- 根据梯度再优化更新参数。

在大规模的计算过程中需要进行集群计算。在小规模的时候，可以使用单个机器、多个 CPU/GPU 来进行计算；在较大规模的时候，可以使用多个机器进行并行计算。

在 TensorFlow 中，分布式集群被定义为一个"集群任务"（tf.train.ClusterSpec），将

任务分布在不同的"服务器"（tf.train.Server）中。服务器中包含 Master 运行进程和 Worker 计算进程。在分布式集群运算中，主要有以下结构。

- Task：分布式的计算任务，每个 Job 结构中的每个任务拥有唯一索引。
- Job：每个 Job 表示一个完整的训练目标，其中的 Task 都有唯一的目标，为同一个训练目标进行任务拆分。
- Cluser：集群集合，管理多个 Job，一般一个集群对应一个专门的神经网络，不同的 Job 负责不同的目标，如梯度计算、参数优化和任务训练等。
- TensorFlow Server：处理服务节点过程，并且对外提供 Master Server 和 Worker Server 的接口服务。
- Master Server：和远程分布式设备进行交互，协调多个 Worker Server 工作。
- Worker Server：TensorFlow 图计算过程中，任务进程处理的服务单独运行各自的任务。
- Client：客户端，用来管理和启动 AI 工作，与远程服务集群交互。

TensorFlow 的多机多卡部署模式主要有以下几种。

- In-graph 模式：在多机多卡模式下，各自的节点和运算服务都通过单一的节点进行数据分发，拥有集中化的管理方式，最终将数据归并到统一的节点上。
- Between-graph 模式：训练的数据保存在各自的节点上，不进行分发。每个节点的权重都是平等的，当计算节点各自计算完以后需要告诉参数服务器，并且更新优化参数，是推荐的分布式方式。

根据 TensorFlow 的分布式机器学习方案，可以总结它存在的一些缺点，具体如下：

- TensorFlow 在分布式的计算方式中分为训练和参数更新服务，极大地扩展了规模化的计算能力，但是在数据归并和多级分层上，并没有提供非常好的解决方案。
- TensorFlow 在分布式的计算模型中主要分为训练任务、梯度计算、参数更新等，却没有提供一个较好的计算模型构造的方式，用以提供分布式 AI 所需的任务分发、数据归并和模型更新等功能。
- TensorFlow 在分布式的组织方式上更像一个平级层次的分布式，最终统一归并为一个模型，完成的是一个集中化的单一专家系统，无法提供群体智能，也无法形成多群体博弈对抗的协调决策，也无法支持多专家系统的兼容协调。
- TensorFlow 需要高性能计算机（包括高性能的 GPU），难以支持小型设备、物联网等多设备的边缘化集群计算。

1.7.2　Spark 分布式机器学习

TensorFlow 在机器学习并行计算的多层结构上没有较好的解决方案。Spark 根据它在大数据领域的分布式框架，很好地解决了分层任务划分的处理。

在 Spark 中，计算模型可以设计成有向无环图（DAG），无环图的顶点是 RDD，它是 Spark 的核心组件。RDD 是一种弹性的分布式数据集，可以支持多个 RDD 分片的依赖、变换（transformation）和动作（action），也可以从 RDD_A 变换成 RDD_B，transformation 是 DAG 的边。通过 DAG 的表示方法建立计算模型，并且编译成为 Stage。这个模型的表示如图 1-18 所示。

　　Spark 运用它的分布式机制，可以支持多个 Stage 并行计算，也能支持 Stage 下属 Stage 模型分层结构。Spark 基于它的 master-worker 架构，可以将 DAG 中的 Stage 分割并指定到不同的机器上执行任务。它的驱动器（Driver）负责协调任务和调度器组件 scheduler，调度器分为 DAG 和 Task 调度器，用来分配 Task 到不同的运算单元。Spark 分布式并行计算分层示意如图 1-12 所示。

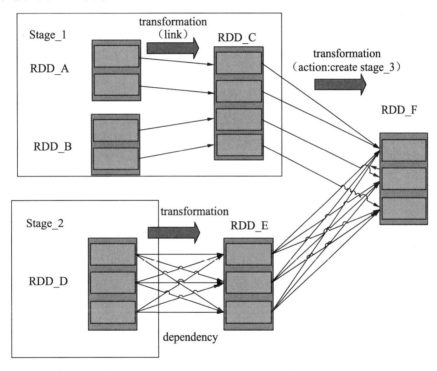

图 1-18　Spark 计算模型和 Stage 形成的 DAG

　　在分布式 AI 的训练环节，通过 Driver 规划整体模型，通过节点 Executor 端分别计算，再回归汇总给 Driver，具体要点如下：

- 一个具体的 AI 系统总结为一个工作流 Work Process，包含 action 算子操作。
- action 算子将不同的工作类别划分为不同的 Job。
- Job 根据模型的宽依赖，划分给不同的 Stage 小模型。
- Stage 的内部可以再划分成为多个小型的 Stage 模型。
- Stage 将功能相同的 DAG 中的边运算归纳为不同的 Task。
- Task 可以提交 Executor 做最小运算单元的运算，最终反馈给 Driver 进行模型更新和存储。

通过 Spark 的分布式计算框架与机器学习 Caffe 运算库进行结合,伯克利大学 Michael I.Jordan 发布了论文 "SparkNet: Training Deep Network in Spark", 其开发的 SparkNet 库是基于 Spark 的深度神经网络架构,主要功能如下:

- 提供易用的用于神经网络的接口,可以快速访问 RDD。
- 提供 Scala 的接口,可以与 caffe 进行交互。
- 提供轻量级的卷积 Tensor 库。
- 提供简单的并行机制和通信机制。
- 即插即拔,易于部署。
- 兼容现有的 Caffe 模型。

根据 Spark 的分布式机器学习机制,我们可以总结它存在的缺点,具体如下:

- Spark 支持大规模的模型计算分层,但是计算消耗较大,不适合用在较小规模的分布式方案中。
- Spark 在节点和节点之间的数据路由不灵活。
- Spark 难以在小型设备上进行联合学习运算,无法部署在小型设备上。
- Spark 的框架是一个并行计算框架,它的模式是任务确认调度-模型划分-分片计算-归并总结,更适合大数据集的机器学习,不适合多节点博弈等强化学习方法。

1.7.3　Google 联合学习方案

针对小型设备,Google 在文章 "Federated Learning: Collaborative Machine Learning without Centralized Training Data" 中提出了联邦联合学习的概念。它的工作原理如下:

(1) 在手机或者其他小型设备中下载云端的共享模型。

(2) 每个小型设备的用户通过自己的历史数据来训练和更新模型。

(3) 将用户个性化更新后的模型抽取成为一个小的更新文件。

(4) 提取模型的差异化部分进行加密,并上传到云端。

(5) 在云端将新用户的差异化模型和其他用户模型进行平均化,然后更新改善现有共享模型。

这样工作的好处如下:

- 聚合边缘的小型化设备(如手机),增加 AI 的数据来源和计算能力来源。
- 在机器学习的模型结果上更加适应广泛用户的行为数据模型。
- 不同群体之间可以产生博弈和不断强化的模型结果,模型可以在广泛的分布式基础上不断迭代更新。

基于大数据和集群化的专家系统人工智能,已经拥有具体的应用,但是在实际环境中它们依然有一些问题,于是我们开发了更具兼容性、更易用的分布式智能核心。本书将在后面章节结合实际研发,为读者讲解分布式 AI 计算核心的开发和架构原理。

1.8　分布式与多人博弈

在群体智能中，多人博弈方式利用分布式系统实现智能博弈协调，让多个智能系统或个体相互博弈、协调，达到动态的均衡智能效果。

在现实世界中，非对称博弈的游戏时时刻刻出现在我们的身边，如在我们进入菜市场买菜的时候，与卖家进行沟通、讨价还价，卖家知道商品的全部信息，买家只知道部分信息，这种情况就是非对称博弈分析。在多智能体系统中，就会通过不同的 AI 模拟买卖双方的情况，相互进行对抗，最终达成相互一致的动态决策方案。

博弈论是重要的数学理论，用来研究竞争态势下的决策方式和战略基础。多智能体演化的动态平衡系统需要基于对称博弈论进行分析。比如囚徒困境理论可以帮助我们了解多智能体系统模拟运行的方法，实现符合多个智能体纳什均衡的理想结果。在这个方面，英国的人工智能公司 DeepMind 主要的工作成果就是应用博弈论到 AI 的多智能体交互中。其工作重心之一就是应用新技术，帮助研究人员在复杂的非对称博弈游戏中寻求纳什均衡策略。纳什均衡策略通常可以归纳为如下三种。

- 决定：所有智能体达成一致的决定方案。
- 强制：部分智能体达成一致的决定方案，其余智能体进行妥协或者强制。
- 混合：智能体达成部分有倾向的决定方案，部分情况不执行。

第三种是不稳定决策，我们还可以分解和博弈，找到内部的纳什均衡点，在动态中形成平衡。

三种纳什均衡点的分布如图 1-19 所示。

在分布式环境下，矩阵博弈算法是最常用的纳什均衡策略。矩阵博弈的学习算法主要分为如下两类。

（1）学习自动机

通过环境交互和奖励函数，更新动作空间中动作的概率，优化提升策略，是一种完全分布式的算法，智能体的策略与奖励都是独立的。

学习自动机可以表示为 (A, r, p, U)，A 表示动作集；r 表示奖励值；p 表示动作集的概率分布（学习策略）；U 表示学习算法。下面是一种 LR-i（Linear Reward-inaction）的算法示例：

L_{R-1} 算法的实现步骤如下：

1）对智能体 i 的每个动作值 a_j 进行动作概率初始化计算：

$$p_j^i(0) = \frac{1}{|a_i|}$$

2）循环 k 次动作，针对每个智能体执行以下步骤：

① 智能体 i 根据当前的环境策略集合 $\pi_i(\ldots)$ 选择并执行动作 a_c。

② 智能体 i 执行动作后获得奖励值 $r_i(k)$。

③ 根据获得的奖励值更新智能体 i 的动作策略概率 $p_j^i(0)$。具体计算如下：

$p_c^i(k+1) = p_c^i(k) + \eta r^i(k)(1 - p_c^i(k))$，$a_c$ 是智能体第 k 次步骤执行的动作。

$p_j^i(k+1) = p_j^i(k) + \eta r^i(k) p_j^i(k)$，前置条件是当动作 $a_j \neq a_c$ 时。

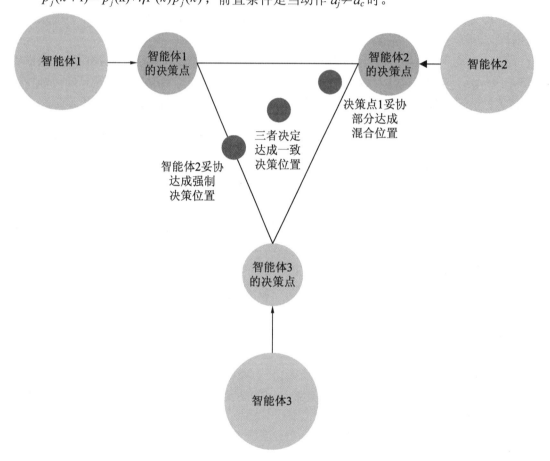

图 1-19　纳什均衡点的分布

其中，k 表示时间；p 表示动作分布；n 表示学习速率；r 表示动作执行奖励函数。相关的算法还有 LR-p 算法，读者可以自行了解。

（2）梯度提升学习算法

它的思路是在参数的更新方向跟随积累的回报，增加最大梯度的方向，经常用于一些特定约束条件下的纳什均衡。常用的算法有 WoLF-IGA、Lagging Anchor 等。本书将在后面的算法章节带领读者详细学习和开发这些算法。

另外，多智能体的博弈环境需要大规模的开放性、分布式的计算场景，OpenAI 发布的训练平台 Neural MMO 是一个大型游戏 MMO 模拟平台，有兴趣的读者可以研究和使用。在后面的章节，我们也会介绍分布式智能核心与计算平台之间的联合运用。

1.9　分布式与群体智能决策

除了博弈的纳什均衡可以形成群体智能外，通过层层递进的决策也是常用的群体智能方法。这类群体智能决策方法，通常与分布式并行计算技术联合运作。

2017 年 7 月 8 日，党中央、国务院发布了《新一代人工智能发展规划》，明确提出了群体智能的研究工作，用以推动新一代人工智能的发展。

在规划中提出了新一代群体智能的战略目标，具体分三步：

（1）到 2020 年，人工智能总体技术和应用与世界先进水平同步，人工智能产业成为新的重要经济增长点，人工智能技术应用成为改善民生的新途径，有力支撑进入创新型国家行列和实现全面建成小康社会的奋斗目标。

新一代人工智能理论和技术取得重大进展。大数据智能、跨媒体智能、群体智能、混合增强智能、自主智能系统等基础理论和核心技术实现重大进展，人工智能模型方法、核心器件、高端设备和基础软件等方面取得标志性成果。

人工智能产业竞争力进入国际第一方阵。初步建成人工智能技术标准、服务体系和产业生态链，培育若干全球领先的人工智能骨干企业，人工智能核心产业规模超过 1500 亿元人民币，带动相关产业规模超过 1 万亿元人民币。

人工智能发展环境进一步优化，在重点领域全面展开创新应用，聚集一批高水平的人才队伍和创新团队，部分领域的人工智能伦理规范和政策法规初步建立。

（2）到 2025 年，人工智能基础理论实现重大突破，部分技术与应用达到世界领先水平，人工智能成为带动我国产业升级和经济转型的主要动力，智能社会建设取得积极进展。

新一代人工智能理论与技术体系初步建立，具有自主学习能力的人工智能取得突破，在多领域取得引领性的研究成果。

人工智能产业进入全球价值链高端。新一代人工智能在智能制造、智能医疗、智慧城市、智能农业、国防建设等领域得到广泛应用，人工智能核心产业规模超过 4000 亿元人民币，带动相关产业规模超过 5 万亿元人民币。

初步建立人工智能法律法规、伦理规范和政策体系，形成人工智能安全评估和管控能力。

（3）到 2030 年，人工智能理论、技术与应用总体达到世界领先水平，成为世界主要的人工智能创新中心，智能经济、智能社会取得明显成效，为跻身创新型国家前列和经济强国奠定重要基础。

形成较为成熟的新一代人工智能理论与技术体系。在类脑智能、自主智能、混合智能和群体智能等领域取得重大突破，在国际人工智能研究领域具有重要影响，占据人工智能科技制高点。

人工智能产业竞争力达到国际领先水平。人工智能在生产生活、社会治理、国防建设各方面应用的广度、深度极大拓展，形成涵盖核心技术、关键系统、支撑平台和智能应用的完备产业链和高端产业群，人工智能核心产业规模超过 1 万亿元人民币，带动相关产业规模超过 10 万亿元人民币。

形成一批全球领先的人工智能科技创新和人才培养基地，建成更加完善的人工智能法律法规、伦理规范和政策体系。

群体智能主要包含四个方面的研究任务：群体智能的结构理论与组织方法、群体智能激励机制与涌现机理、群体智能学习理论与方法、群体智能通用计算范式与模型。

在《新一代人工智能发展规划》中主要提出了 7 个方向的研究任务，具体如下：

- 群体智能的主动感知与发现；
- 知识获取与生成；
- 协同与共享；
- 评估与演化；
- 人机整合与增强；
- 自我维持与安全交互；
- 服务体系架构及移动群体智能的协同决策与控制。

服务体系的架构和群体智能的协同决策与控制是本书介绍的重点内容。本书将介绍群体智能的系统架构，以及支持群体智能的分布式计算核心的底层原理与运用方法。

1.10　分布式与群体智能的未来和价值

我国拥有丰富的人力资源，但是群体智能没能充分发挥作用，没能支撑国家的创新体系。构建一个群体智能创新平台是我国科技化、工业化、数字经济化的重要保证。在未来的社会中，推动群体智能技术在智能制造、智能医疗、智能经济、智慧城市和智能农业等领域的广泛应用，是重要的国家级目标。

在当今中国特色社会主义新时代，新经济、新制造、新城市已经呈现出强烈的群体智能需求，例如：

- 在学术评审、知识产权、创新业务的评价系统中的多模态组织方式；
- 智能制造中多设备的系统决策、人机交互协同以及在开放状态下的复杂问题决策；
- 智能经济中基于民生和社会提高经济利用率和资源利用率的重大问题；
- 在新社会形态下，基于创新业务不断涌现的方法和理论指导。

群体智能将加速传统产业向新兴产业的转化和发展，提高国家核心科技竞争力，成为未来"大众创新，万众创业"的重要支撑战略。

新一代互联网群体智能大脑构想如图 1-20 所示。

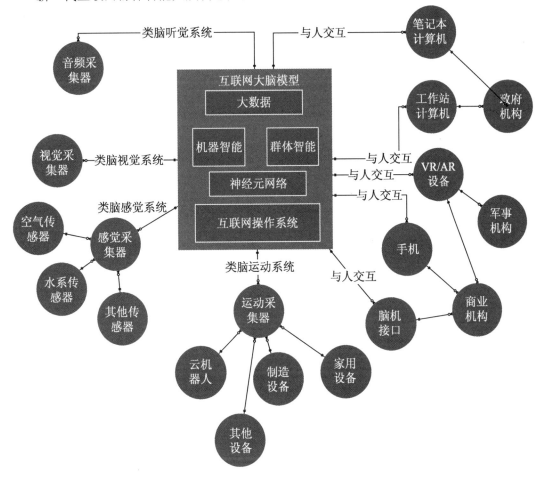

图 1-20　新一代互联网群体智能大脑构想

1.11　本 章 小 结

本章讲解了分布式系统的基础，以及分布式人工智能的相关知识，帮助读者初步了解本书所讲的主题和相关理论知识。学习完本章后，请思考以下问题：

（1）什么是分布式系统？它具有哪些特点？为什么要使用分布式系统？

（2）分布式系统的发展历史是什么样的？为什么会是这样的发展趋势？

（3）并行计算和分布式系统的区别与联系是什么？

（4）什么是边缘计算？为什么说边缘计算是未来社会发展的重要基础？

（5）什么是超算系统？它具有哪些特点？如何搭建一个超算系统？

（6）单体人工智能和群体人工智能的联系与区别是什么？

（7）我国对群体智能的发展规划是什么？群体智能具有哪些特点？为什么要重点学习群体智能？

第 2 章　分布式智能计算基础

第 1 章中讲解了分布式系统和它在智能计算中的应用场景，本节我们将进行深入分析，具体了解分布式系统的框架构成、体系结构、算法模型，以及 AI 算法模型的分布式改造、计算核心的原理和组成等。本章是基础知识的重要组成部分，读者需要认真掌握。

2.1　常用的分布式计算框架

随着互联网信息的急剧增长，特别是云计算的兴起，单一的计算机无法完成这样巨量的计算工作，需要将计算任务分配到不同的机器，这就是分布式计算最初的来源。分布式计算中有复杂的负载分配、信息维护、容错处理等工作，对此需要成熟的、易用的、高兼容性的、高容错能力的分布式框架。下面是几种主流的分布式系统框架。

- Hadoop：一个早期发展较为成熟的分布式计算框架。它的核心主要由两个部分组成，即 MapReduce 和 HDFS（Hadoop Distributed File System）。MapReduce 是一个并行计算的计算框架，HDFS 是一个分布式文件的存储框架。
- Storm：目前比较流行的分布式框架。它由 Twitter 提出，由 Lisp 语言开发，主要用于处理实时大数据、基于流计算的分布式框架。对比 Hadoop，它具有实时性和流计算分析的特点。它的任务使用拓扑（Topology）执行，使用 ZooKeeper 进行机器的分配。
- Spark：目前最流行、应用最广泛的分布式计算框架。它使用 Scala 编写，通过自身框架中的 RDD（Resilient Distributed Datasets）组件进行计算模型处理，极大地提高了任务之间的交互查询、任务的可控性，对通用算法和特殊算法都有非常好的支撑。

分布式框架计算还有许多其他的配套组件，形成了以框架为核心的生态环境。Hadoop 的生态核心模块也是许多分布式大数据平台的核心部分，如图 2-1 所示。

下面对 Hadoop 生态的重要模块进行讲解。

1. Ambari简介

Ambari 是 Apache Software Foundation 中的一个顶级项目，是用来支持 Apache Hadoop 的 Web 工具。它可以支持集群供应管理和监控能力，支持整个生态系统的模块，如 Hive、

Pig、Sqoop、Hbase、MapReduce、HDFS、ZooKeeper 等，是 Hadoop 的明星管理工具。

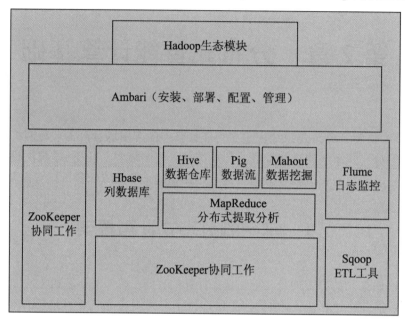

图 2-1　Hadoop 生态模块

2．ZooKeeper简介

ZooKeeper 是一个开放的分布式应用协调服务，是 Hadoop 生态和 Hbase 数据库的重要模块。它主要为分布式应用提供服务，包括如下功能：

- 配置维护；
- 域名服务；
- 分布式同步；
- 分组服务器服务。

ZooKeeper 的基础是 Fast Paxos 算法，它的主要流程如下：

（1）选举领导者 Leader。Leader 是对服务提交 Proposer 的节点。

（2）同步节点数据。

（3）达到选举标准算法的一致性。

（4）Leader 需要得到最高的 root 权限，执行 ID。

（5）集群节点响应，接收选出 Leader。

3．HDFS简介

HDFS 是一种分布式文件系统，它基于流的方式进行访问和处理超大文件。它的组成分为以下几部分。

- Client（客户端）：上传的时候负责文件切分。它与 NameNode 交互，可以获得文件的网络地址。它与 DataNode 交互，可以读取或者写入数据。Client 具有命令行系统，可以管理和访问 HDFS。
- NameNode：HDFS 文件系统的管理者，管理 HDFS 的名称控件，负责数据块（Block）的映射信息。它也可以配置备份策略，处理客户端的读取和请求等。
- DataNode：又命名为 Slave，它根据 NameNode 下达的命令，执行数据文件的存储和读写操作。
- Secondary NameNode：属于 NameNode 的辅助节点，它分担工作，负责合并 fsimage 和 fsedites，并且同步到 NameNode。在危险时刻，它可以帮助恢复 NameNode，但是它不属于 NameNode 的备份设备。

HDFS 的物理架构如图 2-2 所示。

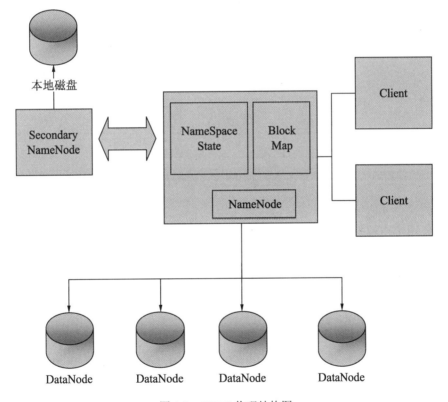

图 2-2　HDFS 物理结构图

HDFS 是运用广泛的 Hadoop 海量存储方案，具有以下几个特点：

- HDFS 将存储单元划分为不同的数据块，这些数据块可以分割，如果文件小于整个数据块的大小，并不会占用所有数据块。
- HDFS 具有主从架构，它分别由文件系统元数据和实际数据存储，作为分布式节点的存储架构。
- HDFS 适合用在高吞吐量的存储和读写上，不适合低延时的需求。
- HDFS 采用流的方式来读取，它不适合多个用户写入，也不适合在任意位置和节点上面写入。

HDFS 文件读取结构如图 2-3 所示。

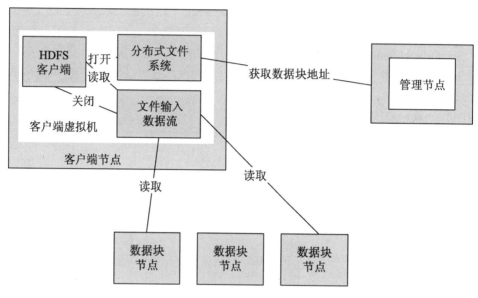

图 2-3　HDFS 文件读取结构

具体的文件读取原理可以总结为以下几步：
（1）使用客户端打开分布式文件系统，获取文件系统实例。
（2）通过分布式文件系统的计算，从管理节点获取存储节点的地址位置。
（3）通过文件流打开数据块节点的流。
（4）获取第一个节点以后，再接着读取下一个节点的流。
（5）读取文件以后关闭流。

HDFS 文件写入结构如图 2-4 所示。
具体的文件写入可以总结为以下几步：
（1）使用客户端打开分布式文件系统，获取文件系统实例。
（2）通过文件系统创建一个新的文件地址。
（3）通过权限校验和存储地址校验。
（4）获取文件输出流，把文件数据切成一个一个的包，并且排成队列。
（5）通过管理节点获取新的 Block 地址，然后把数据通过队列传到存储节点上。
（6）完成以后关闭流。
（7）标识存储节点的数据块为已经存储。

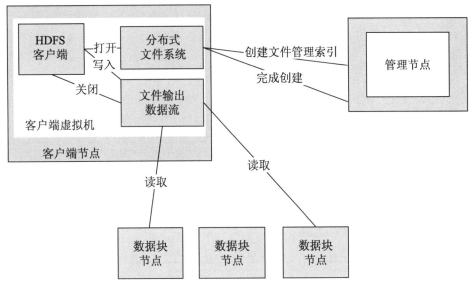

图 2-4　HDFS 文件写入结构

4．MapReduce简介

Map 是一个编程框架，运行在分布式程序上，是用户开发 Hadoop 数据分析的核心。它将用户编写的业务和组件组成分布式系统程序，并且发布到 Hadoop 集群。

MapReduce 主要解决的问题如下：

- 海量数据在单机没法处理，提供了分布式的解决方案。
- 解决了分布式集群系统的开发复杂度。
- 帮助开发人员集中精力到业务逻辑上，从底层处理分布式解决方案。

2.2　Spark 分布式框架介绍

Spark 是最流行的分布式大数据框架，现在也逐渐被用于分布式机器学习、智能超算等领域，如 TensorFlow、Caffe 等神经网络框架，都有基于 Spark 的分布式方案。它也是本书所讲的重要基础技术之一，读者需要认真了解。

Spark 是快速通用的集群计算平台，它的分布式计算以 MapReduce 计算模型为基础并对它进行了扩展，高效支持更广泛的计算模式。它的特点是完全内存分布式计算，速度更快；可以支持磁盘计算，比传统的 MapReduce 更高效。

Spark 的运行模式主要有以下 4 种。

- Local：本地开发模式，计算在本地集群中主要用于调试 Spark 的 Application。
- Standalone：使用 Spark 的资源管理调度集群机器，主要采用 Master/Slave 的架构，也可以使用 ZooKeeper 高可靠性的管理解决单点故障。

- Apache Mesos：运行在 Mesos 资源框架中，负责集群运行资源，Spark 只处理任务调度和计算模型。
- Hadoop YARN：运行在 YARN 资源管理器中，根据 Driver 集群的位置，可以使用 YARN-Client 模式和 YARN-Cluster 模式，Spark 处理任务调度和计算模型。YARN-Client 模式的工作流程如图 2-5 所示。

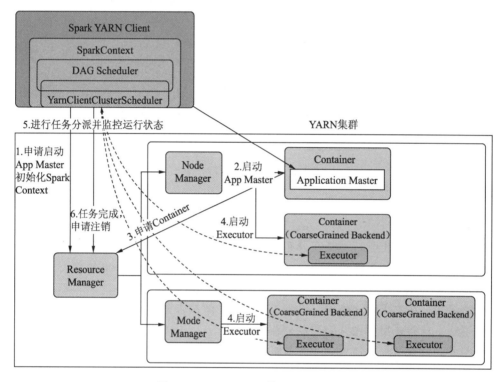

图 2-5　YARN-Client 模式的工作流程

YARN-Cluster 模式的工作流程如图 2-6 所示。

Spark 框架的工作流程可以归纳为以下几步：

（1）在 Spark 中构建应用 Application 的运行环境，生成上下文 SparkContext，SparkContext 注册到资源管理器（如 Standalone、YARN、Mesos 等），申请 Executor 运行资源。

（2）资源管理器为 Executor 分配资源，启动 StandaloneExecutorBackend，Executor 会定时发送心跳信息到资源管理器，资源管理器监听和维护 Executor。

（3）Spark 构建 DAG，DAG 分解成为不同的 Stage，这是 Spark 的计算模型，使用 RDD 来构建和编译。TaskSet 发送任务给 Task Scheduler。Executor 会去 SparkContext 申请任务 Task，任务调度 Task Scheduler 指派 Task 给 Executor 运行。

（4）在 Executor 中运行 Task，结束以后释放资源。

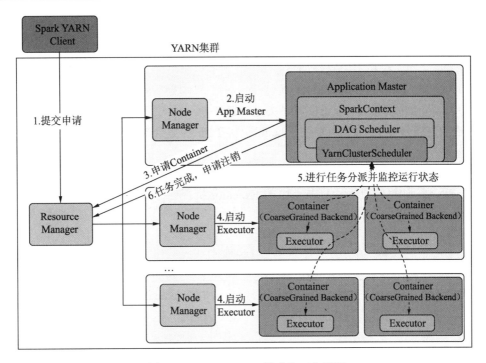

图 2-6 YARN-Cluster 模式的工作流程

相关工作流程如图 2-7 所示。

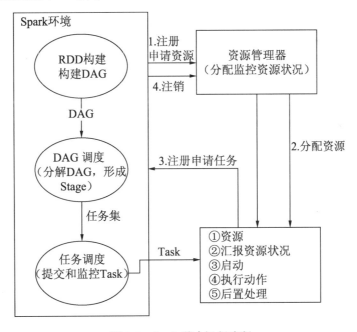

图 2-7 Spark 基本运行流程

在 Spark 中，计算模型和工作任务模型都被表示为 Stage，Stage 的组成使用 RDD（Resilient Distributed Datasets），形成 DAG 相关的计算模型在 1.7.2 节中介绍过。

RDD 的执行流程和工作原理如下：

（1）针对应用程序代码，Driver 通过 action 算子形成边界，连接成为 DAG。

（2）DAG Scheduler 以 shuffle 算子为边，划分 Stage，顺序是从 DAG 末端进行。Stage 划分完成后，划分多个 Task，DAG Scheduler 将 Task 的集合 TaskSet 传给 Task Scheduler，准备任务调用。

（3）Task Scheduler 根据分布式调度算法（可以自定义算法），将 TaskSet 中的 Task 分给 WorkNode 计算节点，计算节点中的 Executor 执行任务。

具体原理如图 2-8 所示。

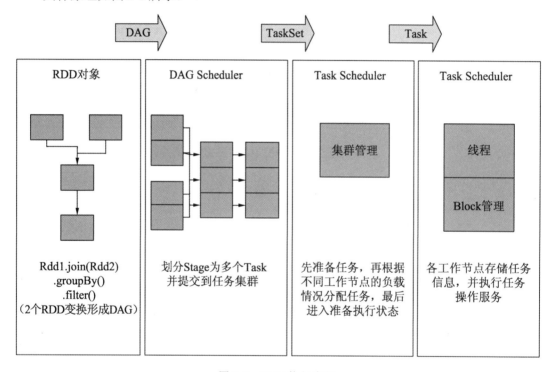

图 2-8　RDD 执行流程

在 Spark 中，执行计算的算子是作为 Task 来进行的，Task Scheduler 是 Spark 中重要的调度组件，Task Sheduler 负责调度 Task 给 Executor 执行。它的调度模式主要是 FIFO（先进先出）和 FAIR（公平调度）。Spark 适用于大型的任务并行计算，通过分布式的方式能极大地提高大规模和复杂问题的计算速度。

Spark 是重要的分布式计算技术框架，也是群体智能中的一种集中化的智能计算方案。由于篇幅原因，本章只为读者做了概要性介绍，读者如果有兴趣，可以再深入研究，具体操作，熟悉分布式并行计算的具体方法。

2.3　HLA 高层联邦体系

高层联邦体系（High Level Architecture，HLA）是一种联邦体系结构，是本书群体智能的三大体系之一，是联邦学习和群体智能的基础支撑。本节就来介绍它的概念和相关要点。

提到 HLA 体系，就离不开仿真与建模的工作，HLA 的设计也是为了在复杂的环境下对场景或者任务进行建模。HLA 的发展历程主要可以归纳为以下几点：

- 1978 年，Orent 和 Zeigler 在《先进的仿真方法学概念》中提出了建模和实验的分离，建模应该基于系统理论，而不是过程。
- 1984 年，Orent 提出"仿真是一种基于模型的活动"的概念，提出了仿真的基本框架——三段式结构，即"建模-实验-分析"。
- 1978 年，美国空军基地上尉 J.A.Thorpe 发表文章 "Future Views:Aircrew Training 1980-2000"，提出联网仿真。
- 1983 年，DARPA 制定了一个计划，名为 SIMNET（Simulation Networking），将各种兵种、单兵仿真器连接到网络上，形成共享的仿真环境，进行复杂任务的综合训练。
- 美军与工业界共同努力，在 SIMNET 基础上发布了异构网络互联的分布式技术——DIS。DIS 是 SIMNET 技术的标准化和扩展，是应用协议、通信服务标准、演练策略的操作重心技术。
- 1995 年，美国国防部发布了分布式技术框架，核心是高层联邦体系。
- 1996 年 8 月，HLA 完成基础定义，随后被北约各国采纳。
- 2000 年 9 月，HLA 被 IEEE 接受成为标准，美国国防部规定 2001 年后，所有国防部门的仿真必须与 HLA 相容。

HLA 是依据面向对象的思想和方法构建联邦的计算模型，它由若干个互相作用的联邦成员构造。所有参与到联邦中的运算程序都可以称作联邦成员。联邦成员有多种类型，例如：

- 数据采集器成员，用于联邦数据的采集与记录。
- 代理成员，用于和实物对接的工作成员。
- 管理器成员，用于管理联邦集体的工作成员。

在 HLA 中都应用实体模型来表示联邦中某一对象的动态行为，联邦成员由相互作用的多个对象构成。HLA 定义了联邦和联邦成员的主要数据，包括构建、描述、交互的基本规则和方法。

在现有的应用环境上主要使用的是 HLA 1.3 规范标准。HLA 主要考虑联邦成员集成联邦的方式，设计联邦成员的对象与交互，以达到仿真和整体运算模型的目的。HLA 采用面向对象的方法设计、开发和实现对象模型 OMT（Object Model Temple）的结构，以帮助高层次的相互操作与应用。

　　图 2-9 是 HLA 运行逻辑结构。

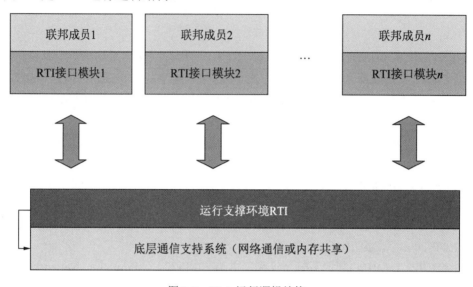

图 2-9　HLA 运行逻辑结构

　　在联邦成员运行过程中，最重要的是 RTI（Run-Time Infrastructure）运行支撑系统。它是 HLA 构成分布式系统的底层保障，让整个系统具有可扩充性。

　　RTI 是按照 HLA 的接口规范开发的底层服务程序，它实现了 HLA 标准接口规范中所有的功能，按 HLA 接口规范提供联邦成员之间相互操作的服务函数。它实现了 HLA 系统下的分层管理控制、可扩充性、数据同步的关键支撑，是 HLA 中的关键技术。联邦运行和联邦成员交互、协调，都需要使用 RTI。RTI 性能的高低决定了 HLA 分布式系统的关键指标。

　　RTI 是 HLA 的总线机制，让其他的 HLA 联邦实体都可以随时插入总线，支持联邦成员重用。

　　随着 HLA 成为 IEEE M&S 的正式标准，定位标准号 IEEE 1516 现行有 10 条规则，主要定义了联邦的规则要求和联邦成员的规则要求，具体如下：

- 每个联邦必须有一个联邦对象模型，该联邦对象模型必须与 HLA OMT 兼容。
- 联邦中所有和仿真有关的对象实例必须在联邦成员中描述，而不是在 RTI 中。
- 在联邦运行的过程中，联邦成员之间的交互必须通过 RTI 进行操作。
- 在联邦运行的过程中，联邦成员必须按照 HLA 的接口规范和 RTI 交互。
- 在联邦运行的过程中，同一时间一个实例属性只能被一个联邦成员拥有。
- 每个联邦成员必须有一个符合 HLA OMT 规范的对象模型。
- 每个联邦成员必须拥有更新/反射 SOM 中对象类的实例属性，并且能够发送/接收其他交互类的交互实例。

- 在联邦运行过程中，每个联邦成员必须具有动态接收/动态转移对象属性所有权的能力。
- 每个联邦成员改变 SOM 中的实例，必须规定属性值的条件。
- 联邦成员必须管理好自己局部的时钟，保证其他成员协同数据交换的一致性。

在 HLA 中运行一个大型的分布式系统，还需要有很好的联邦管理机制。联邦管理定义和管理了整个联邦中的创建、动态控制、修改和删除等工作。

联邦管理的基本过程是联邦成员调用 RTI 的过程，具体如下：

（1）当联邦成员调用 Create Federation Execution 服务时，联邦开始执行创建工作，并且广播联邦已经存在的消息。

（2）联邦成员调用 Join Federation Execution 服务，加到联邦执行中。

（3）获得联邦成员集合，进行联邦内模型的计算和操作。

（4）最后一个联邦成员调用 Resign Federation Excution 服务，则退出联邦，联邦执行中将不再有联邦成员。

（5）联邦连用 Destory Federation Execution 撤销联邦执行。

联邦中的同步、保存、恢复、执行都在生命周期 RTI 中服务，具体如图 2-10 所示。

联邦中成员之间的交互通过 RTI。RTI 与联邦成员的关系和交互过程如图 2-11 所示。

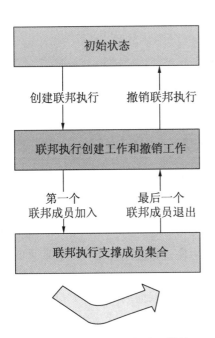

图 2-10　联邦执行的创建和撤销

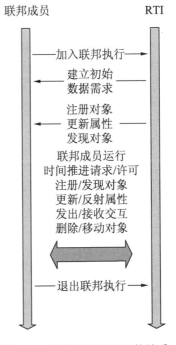

图 2-11　联邦成员和 RTI 的关系

在 HLA 中，单个系统可以作为多个联邦成员加入到一个联邦执行中，也可以作为一个联邦成员，加入到多个联邦执行中。

HLA 是本书重点介绍的三大分布式体系之一，本节为读者讲解了 HLA 的概念和核心要点，在后续的分布式核心章节中，我们还将具体介绍 HLA 在分布式核心中开发的作用和模块组成，读者需要重点掌握 HLA 与 RTI 相关的内容。

2.4 Multi-Agent 体系

在 1.6 节中提出了多智能体，形成了 Multi-Agent System。作为本书介绍的三大分布式体系之一，Multi-Agent 承载了博弈形式的群体智能计算方式。本节就来具体介绍 Multi-Agent 的体系要点和计算方式。

Agent 通过数据接口或者传感器感知外部的环境，然后由内部的执行器作用于环境中的对象。它可以是软件的形成，也可以是硬件的形式，或者相互结合。Agent 的要素可以总结为以下几个。

- 感知和信念：表达了 Agent 对环境的感知和分析方法。
- 决策和想法：表达了对各种情况的决策方式和对策想法。
- 目标和意图：表达了 Agent 最终实现的目标要点，决定了决策的要素。
- 行为和工作：在目标驱动下的决策，基于环境情况，Agent 会做出自己的行为，为整体环境工作。

Agent 要素间的工作关系如图 2-12 所示。

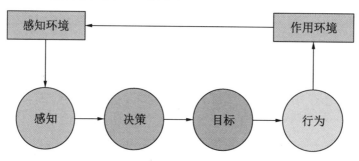

图 2-12　Agent 要素间的工作关系

Agent 是 Multi-Agent System 的关键技术，是协作工作的功能单元，它们之间的通信是最为重要的技术。

Agent 的通信可以通过 Talking 来完成，它们之间是双向的，可以归纳为两种方式，具体如下：

- 通过各自或共有的知识库、交互界面、逻辑语言相互同步知识，进行协调和通信。它们具有策略符号、事务表示和知识库识别等特点。
- 通过两者之间的直接调用，如 A 通过自己的语言输出命令 A-n，B 通过翻译 A 的命令形成自己的 B-n，直接进行调度工作。

　　多个 Agent 之间通过通信、协调、知识库的影响，形成了多智能体、多节点网络的共同作用系统，这就是多智能体（Multi-Agent System，MAS）。它与系统的归纳决策有所区别，以下是两种分布式求解方式。

- 分布式问题求解（Distrbuted Problem Solving，DPS）：系统规划一个总体的全局问题，各个子系统在逻辑上、计算节点上分布，划分任务协作计算，最终归并解决问题，2.3 节中的 HLA 体系正是这类分布式求解方式。
- 多智能体：系统各自的 Agent 都是独立的，整体是分散的，它们之间相互协作、协商、协调解决问题，但是它们并不总体归纳，是自治的，有各自的目标和决策方式。

MAS 系统的基本模型可以分为四大类：

- BDI 基于模型：基于图 2-13 所述的路径，进行深入决策。

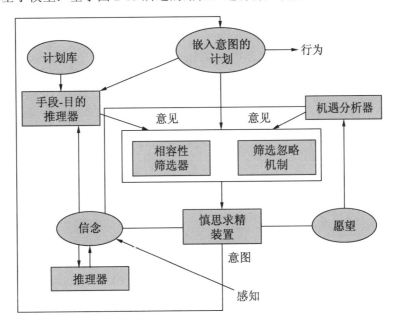

图 2-13　BDI 模型工作流程

- 协商与协调模型：多个 Agent 之间相互拒绝、统一、妥协，最终形成动态的平衡方式，如图 2-14 所示。
- 协作规划模型：通过多个 Agent 在规划条件下共同找寻相互协作的方式，完成整体框架下各自的工作。
- 自协调模型：主动寻找帮助，自我优化的模型方式。

在 MAS 中，根据通信方式可以分为以下几种体系结构。

- Agent 网格型：相互的 Agent 之间可以直接通信，系统框架、通信语言、语言库都是相互固定的。

- Agent 联盟型：相互的 Agent 组成各自的联盟局域网络，联盟局域网络之间通过助手 Agent 相互通信，局域网络之间是相互隔离的，知识库、系统框架、通信语言之间的相互联盟也是相对独立的。
- 黑板结构：局部的 Agent 采用公共存取的黑板，实现局域数据共享。局部的 Agent 设置控制外壳 Agent 和网络控制 Agent。黑板结构的数据共享要求群体中的 Agent 具有统一的知识库和表达方式。

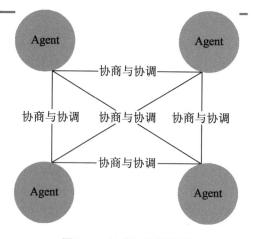

图 2-14　协商与协调模型

在 MAS 中，主要通过协作、协商、协调进行工作。

对策和学习是重点的 Agent 协作机制，Agent 根据外部环境和其余 Agent 的动作，形成和修正自己的协作工作基础，它协作的方式主要有以下几种。

- 决策网络无环图和递归建模；
- Markov 对策；
- Agent 遗传算法和学习机制；
- 决策树建模。

协商是策略之间的相互拒绝、妥协和博弈，我们可以分为协商协议、协商策略和协商处理几个部分，它们是 Agent 内外部状态相互工作的基本要素。

- 协商协议：Agent 直线通信的表示方式、语言的翻译和解释为工作流程的方式。
- 协商策略：Agent 针对外部的协议数据和知识库，得出处理、妥协、评价的方式。
- 协商处理：工作的行为。

协调是 MAS 系统中解决多个 Agent 之间冲突的方式，它主要包括以下几种方式。

- 集中规划协调：通过选举主控的 Agent，根据各自 Agent 的情况汇报，做总控的协调机制。
- 博弈协调：通过 Agent 两两之间的博弈和妥协，形成动态的平衡机制。
- 分组联盟机制：通过划分不同决策小组，让有共同意识的 Agent 达成各自小组的一致性。
- 妥协协调机制：根据不同 Agent 在求解任务中的权重，选择更高权重的决策方式。

在 MAS 中，每个 Agent 都需要有一定的智能，从而在整体上形成解决复杂问题及模拟复杂环境的处理机制。

我们在智能体的开发过程中需要考虑个体和整体协调的 AI 机制，将机器学习、推理方式及知识表达方式融合起来，让每个 Agent 都具有足够的知识和智能决策，完成各自独立的工作任务，同时在共同的目标驱动下形成群体智能。

图 2-15 是 Agent 在构造环节中的工作原理和机制。

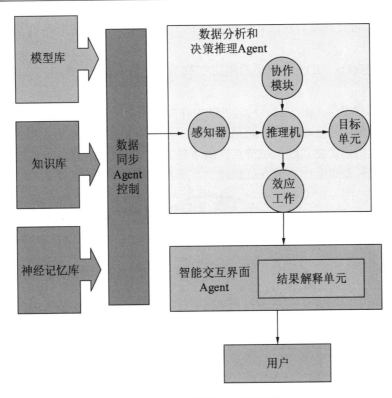

图 2-15　Agent 数据和决策原理结构

Agent 需要通过感知器感知外部情况。数据分析中，通过推理机制推理自身的决策模块，它需要拥有高效的计算能力及知识处理需要的决策单元。Agent 可以利用知识、模型、既定规则进行推理决策，从而完成任务。决策完成后，需要有工作单元采取行动，完成任务目标，并且与外部的工作进行协作，最终达成在既定环境和规则下的最优目标。

MAS 是一种博弈型的分布式人工智能体系，它是本书介绍的三大分布式体系中的一种，读者需要认真掌握它的核心原理。在后面的智能核心章节，我们将使用这种体系构建分布式智能计算核心。

2.5　RTI 与 RTOS 分布式计算核心

RTI 是原 HLA 体系中的底层支撑服务，在 RTI 的基础上，我们还可以继续补充和完善，最终形成一个高智能、高性能、高兼容性的计算核心，支撑分布式人工智能领域复杂的体系和计算模型，这就是 RTOS 分布式计算核心。

在 2.3 节中介绍了 RTI 在 HLA 体系下的运行原理，实际上在其他分布式体系如 DDS

和 MAS 下，依然可以开发对应的 RTI 进行协作工作。下面我们来看一下这 3 个体系的 RTI 原理和应用。

　　RTI 是联邦执行、DDS 中控等的底层支撑系统，它的逻辑结构主要有如下 3 种结构模型。

- 集中式结构模型（图 2-16）：这种结构在全局的功能中有一个底层的中心节点，在这个节点的中心上实现所有的功能服务。在整个 RTI 的成员之间不进行直接通信。所有的成员都需要通过中心节点提供消息的转发和交换。它具有结构简单、实现容易的优点，缺点是中心节点负担较大，不利于超大规模的扩展。

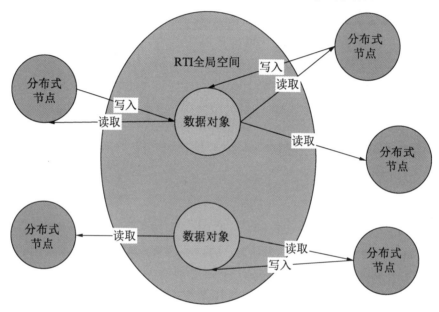

图 2-16　集中式结构模型

- 分布式结构模型（图 2-17）：这种结构模型下，没有中心节点，每个外部节点都有自己的本地 RTI（Local RTI），联邦成员只需要响应本地的 RTI 服务进程，本地的 RTI 响应处理，如果本地 RTI 无法响应，就请求外部连接的 RTI 协作进行响应。这种分布式结构模型解决了规模扩大的问题。它的缺点是缺乏全局管理，所有的局部 RTI 都需要进行协作完成，对时间管理、一致性算法要求比较复杂，系统运行的效率会极大地降低。
- 层次结构模型（图 2-18）：结合分布式和集中式的机构模型，克服它们独立工作的节点因异常停止运行的问题。它具有一个中心服务器执行全局操作，如时间管理、一致性协调等工作。中心服务器下面设置分组 RTI 服务（Sub-RTI），每个子服务负责一组联邦成员。全局请求则由全局 RTI 协调子 RTI 服务组共同工作。它减少了全局的延时效率，对系统的扩展性也有较好的表现。

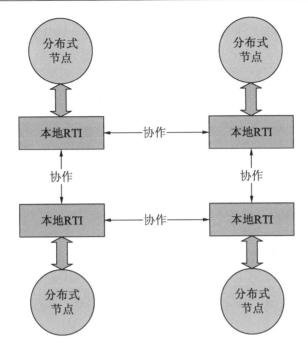

图 2-17　分布式结构模型

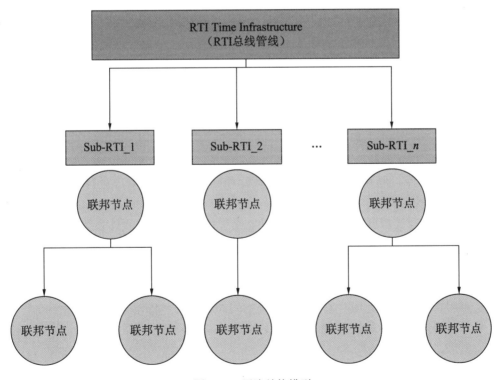

图 2-18　层次结构模型

　　RTI 模块主要由全局进程执行 RTIExec、联邦执行进程 FedExec、功能库 LibRTI 组成，如图 2-19 所示。

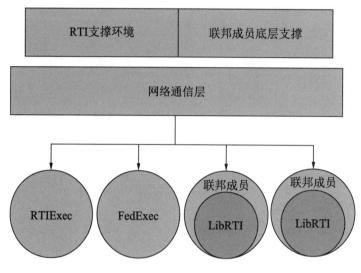

图 2-19　RIT 模块组成

相关模块的功能说明如下：

- RTIExec：全局进程主要用于管理联邦的创建和销毁，管理多个不同联邦。联邦成员需要通过 RTIExec 初始化，并且加入相应联邦，确保 FedExec 进程拥有唯一的联邦 ID 名称。RTIExec 是一个运行程序，在联邦执行之前就需要先运行它。
- FedExec：用于管理联邦成员的加入和退出，处理联邦成员之间的数据通信和协调运行。它的进程被第一个创建联邦的成员调用 Create Federation Execution 进行创建。每个加入联邦的成员都将分配唯一句柄。FedExec 是一个运行成员，在第一个联邦成员加入后，自动创建和启动。
- LibRTI：RTI 的接口函数库提供 RTI 中不同的分布式体系，如 HLA 与 DDS 相关的功能函数库。联邦成员通过这些函数库和回调函数，与 RTI 进行数据通信和交互操作。

　　RTI 作为底层支撑服务，它最主要的功能是进行分布式系统和体系结构的管理，有六大管理服务，集成上百个接口服务。

- 联邦管理：负责联邦的创建和销毁，负责联邦成员和分布式节点的加入、退出、保存、恢复等。
- 声明管理：用户处理对象类和交互类的发布、订阅、协调等。
- 对象管理：负责对象实例的注册、分发，以及实例属性数据的更新、反射、接收和发送。
- 所有权管理：负责实例所有权的转让和接收等。

- 时间管理：负责时间一致性算法、局部时间管理和辅助等。
- 数据分发管理：负责数据的分发、压缩和路由转发等。

RTI 提出了分布式底层框架结构，在实际应用中还需要适配多种操作系统，完善它在物联网、无人机、小型设备、手机等领域的应用，形成一个高兼容性、高实用性、高灵活性的操作系统和智能节点，这就是 RTI 形成 RTOS 实时操作系统的方向，也是本书介绍的分布式人工智能最核心的底层技术，我们将在第 4 章详细介绍。

RTI 和 RTOS 的应用和完善，将极大地帮助我们在实际的分布式人工智能和群体智能决策上提高系统开发效率，保证智能的多方协调和共同作用。如图 2-20 所示为联邦分层结构的应用示意；如图 2-21 所示为 DDS 在交通领域决策交通结构中的应用示意。

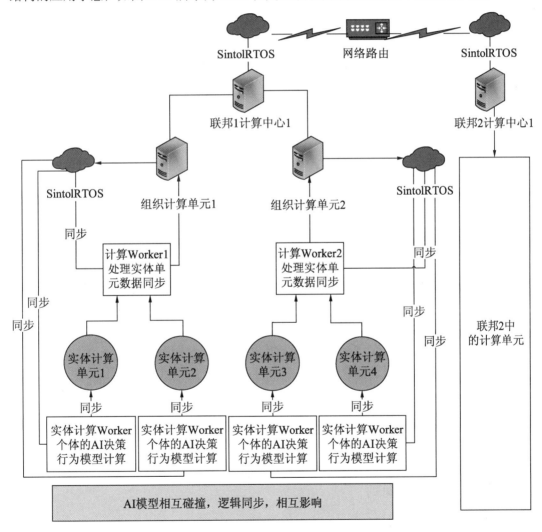

图 2-20　联邦分层结构应用示意

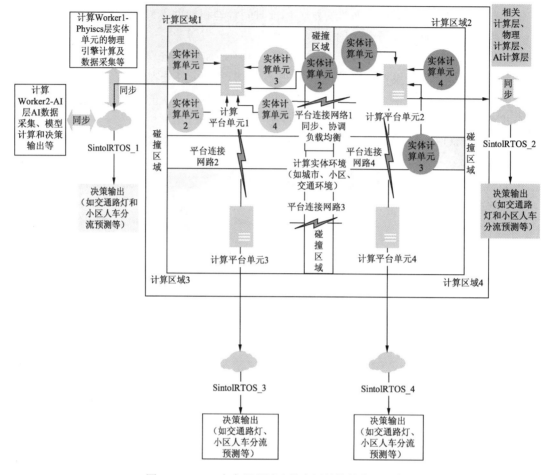

图 2-21　DDS 在交通领域决策交通结构的应用示意

2.6　分布式计算的原理和常用方法

第 1 章介绍了分布式系统的原理、历史、架构和发展等内容。作为一个分散节点的组成方式和系统结构，它具有特定领域的算法模型和计算方法。本节将针对分布式领域的算法原理和计算方法进行介绍。

2.6.1　分布式计算规则

分布式计算不是无目的的随意组合，在实际的研究和应用场景中也需要遵循一定的指导理论，让分布式计算具有可用性和可靠性，并且对比传统集中性计算，在特定场景中产生自身的价值，而不能"为了分布式而分布式"。

在分布式计算的原理中，最常被提及的是"CPA 理论"。

CPA 理论又被称作"帽子理论"，由 Eric Brewer 在 ACM 会议的研讨中提出，是分布式领域的重要理论。CPA 理论归纳了分布式系统的如下 3 个重要特性。

- C 表示一致性。在分布式系统中，各个备份节点的数据在同一时间是否保证一致。
- A 表示可用性。在集群故障发生的时候，部分节点失灵，整体集群是否还能维护客户的读写请求，分布式集群在应用上是否具有长期有效的工作能力。
- P 表示分区容忍性。不同分区在一定时间内无法达成完全的一致性，这就是分区效应，在操作中需要在 C 和 A 之间进行选择，如部分机器连接不通畅、机器失灵、负载过高、单点机房故障等。

在整个分布式系统中，高可用等、数据一致性的分布式系统通常是它的设计目标。在实际场景中，分区问题又不可避免，这就形成了分布式规则中的如下几种情况。

- CA without P：完全不要求分区，强调一致性和可用性。实际上在应用环境中分区是难以避免的，完全的 CA 系统只能是单机系统。
- CP without A：不要求完全的可用性，强调 Server 执行的一致性。这类规则下的同步时间会变得无限延长，如传统的分布式事务型的数据库。
- AP without C：高可用性，并且允许分区，这会放弃一定的一致性，让分布式系统的工作分散开来，如总舵的 NoSQL。

在 2002 年，Lynch 证明了 CAP 的规则定理，CAP 三者不可能同时满足，这是一个收窄的结果。在证明中，Lynch 提出了 CAP 规则下分布式系统明确的声明。

- C：将一致性称为原子对象，"原子性"是分布式领域常用的规则名词，任何读写操作都应该是"原子"的或者串行的。后面的操作必须能读写到前面的操作结果，它们的读写请求必须是有序排列的。
- A：任何失败的节点都需要有超时处理，在有限时间内给出请求回应。
- P：节点之间可以丢失任意消息，网络分区时节点之间的消息可能完全丢失。

在实际场景中，不应该为了完全的 P（分区容忍性），就必须只选择 A 或者 C。实际上分区难以避免，但并不是经常出现，应该在系统设计的环境通过策略去探知和影响处理。我们可以把这种设计计算原则称为"一致性的作用范围"，规定分区错误探知的规则，遵循以下 3 个步骤：

（1）探知分区错误发生的情况。

（2）进入已经显示发生的分区模式下，限制部分操作。

（3）启动恢复分区错误，达成新的数据一致性，纠正分区错误期间的错误内容。

分区的处理策略是分布式系统的难题，它是一种状态的定义和演化规则，如图 2-22 所示。

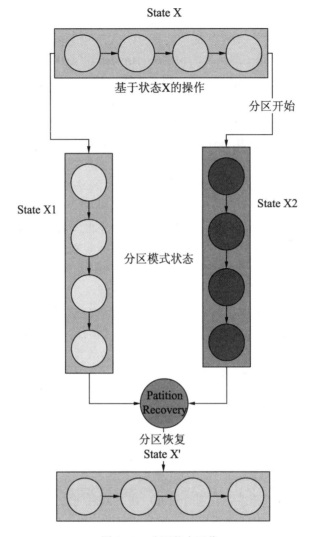

图 2-22　分区状态工作

　　X 状态是非分区状态，X1 和 X2 是分区模式演化而来的，最终通过分区恢复策略恢复到 X'状态。分区恢复的策略作为重要规则，可以分为以下几种。

- 可交换多副本数据策略：通过副本恢复。
- 回放合并策略：分区两侧保持一致，纠正分区期间内的错误内容。
- 有限制处理：就像自动归还数据，补偿一部分损失，做折中处理。

　　在分布式计算规则长期的发展中，无数研究人员也尝试打破 CAP 定理，读者可以自行去了解，它们都有利于分布式计算的发展，并且形成了优秀的成果，如 TiDB 等分布式数据库。

2.6.2　分布式与同步

分布式计算中，多个节点之间要保证数据的一致性就需要数据同步，这是分布式计算的关键技术之一。本节我们来讲解相关要点。

在分布式系统中，常用的同步模型算法主要有如下 5 种类型：
- 时钟同步模型；
- 互斥模型；
- 选举算法；
- 原子处理和事务模型；
- 分布式系统中的死锁。

下面我们来详细介绍这几种同步方式。

1．时钟同步模型

时钟同步模型最基本的原理可以用一句话来总结：每台机器都有自己的时钟，一个发生于另一个事件之后的事件可能会标记一个比另一个事件更早的时间。它的运行方式可以使用时间线来表示，如图 2-23 所示。

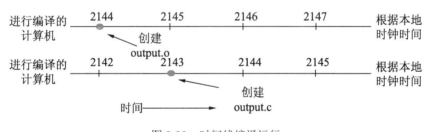

图 2-23　时间线编译运行

针对时钟的运行方式，分布式算法具有以下性质：
- 系统的数据信息分散在多台运行单元上。
- 每个进程决策的时候只能依赖本地的数据信息。
- 必须尽量避免系统单点故障。
- 没有全局统一时间和公用时钟。

在分布式系统中，我们使用时间一致性，需要同步所有分布式时钟，产生一个独一无二的时间标准，这就是时钟同步模型。

在处理时钟的时候，我们可以定义为一个逻辑时钟，它一般具有两种状态。

（1）先发生关系：a 发生在 b 之前，记作 $a \rightarrow b$，这时有如下两种情况：
- a 和 b 是一个进程中的两个事件，a 发生在 b 之前，$a \rightarrow b$ 为真。
- a 是一个进程的消息事件，b 是另一个进程，接收消息，$a \rightarrow b$ 为真。

所以先发生关系，a 与 b 具有传递性：若 $a{\rightarrow}b$ 且 $b{\rightarrow}c$ 为真，则 $a{\rightarrow}c$ 为真。

（2）并发事件：有两个事件 x 与 y，它们在不同进程中不交换消息，$x{\rightarrow}y$ 为假，$y{\rightarrow}x$ 也为假，这时称 x 和 y 为并发事件。

逻辑时钟模型常用于处理一致性，为 Lamport 算法。处理事件 a，先分配时间值 $C(a)$。时间值具有如下性质：

若 $a{\rightarrow}b$，那么 $C(a)<C(b)$。时钟时间值 C 必须是递增的，不能往后倒回时间。

例如，图 2-24 中有 3 个进程，每个进程拥有本地时钟，每个时钟的速率不同，保持一致的执行过程。

Lamport 算法的运行原则有如下几点：

- 在同一个进程中，如果 a 在 b 之前发生，则必须保证 $C(a)<C(b)$。
- 如果 a 和 b 表示消息的发送和接收，则必须保证 $C(a)<C(b)$。
- 任意两个不同事件 a 与 b，必须保证 $C(a)!=C(b)$。

完成了分布式系统的时钟模型，接着就可以通过时钟来进行系统的同步算法。常用的算法如下：

- Cristians 算法：使用时间服务器，其他机器同步时间系统和数据，如图 2-25 所示。

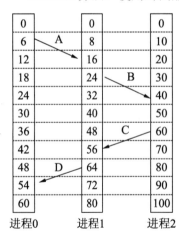

图 2-24　逻辑时钟算法　　　　图 2-25　时间服务器处理逻辑

- Berkeley 算法：通过时间服务器，轮番询问每台机器的时间，基于回答计算平均值，让其他机器将时钟调整到一个新值，如图 2-26 所示。
- 平均值算法：第 1 步，先把时间分为固定长度，同步间隔，第 i 次间隔为 T_0+iR，结束时间点为 $T_0+(i+1)R$，T_0 为过去约定的时间，R 是系统参数。第 2 步，每次间隔时，每台机器广播自己的当前时钟时间。第 3 步，启动本地计数器，收集 S 时间间隔内其他广播信息。第 4 步，所有广播到达，根据自定义算法得到新时间值，如求平均值或者去掉最大值和最小值后求平均值。

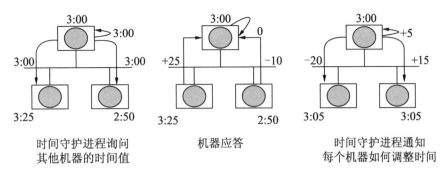

图 2-26　Berkeley 算法

2．互斥模型

类似于多线程同步的运行模式，在分布式系统中，通过互斥资源的请求和运行，让数据始终保持一致性。其常用算法如下：

- 集中式算法：选取一个协调者进程，当其他进程进入临界区时，它向协调者发送请求，协调者负责处理。它具有容易实现，交互消息少的优点；缺点是具有单点故障、规模化瓶颈和无法辨认崩溃服务器等问题。具体运行原理如图 2-27 所示。

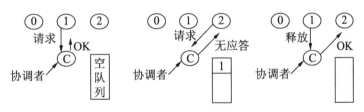

图 2-27　集中式算法

- 分布式算法：一个进程进入临界区，建立一个临界区名字、处理 ID 号和当前时间消息，将消息广播给所有进程，其他进程接收到一个进程请求消息。该算法通过接收方的状态和临界区命名处理如下 3 种情况：
  - 如果接收者不在临界区，也不进入临界区，它就回复发送者 OK 的信息。
  - 如果接收者已经在临界区，它不进行回答，只负责处理请求队列的排队。
  - 如果接收者需要进入临界区，就要对比发送消息和其他进程的时间戳，选取最小时间戳的消息。如果来的时间戳更小，接收者回复发送者 OK 的信息，否则不发送任何消息。

发送完临界区的进入请求后，如果得到允许，就进入临界区。从临界区退出的时候，需要向队列中的所有进程发送 OK 信息，然后将消息从队列中删除。

分布式算法的运行原理如图 2-28 所示。

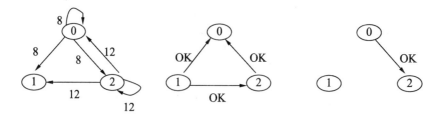

图 2-28　分布式算法处理的 3 种情况

- 令牌环状算法：构建一个逻辑处理的环，环中的每个位置都表示一个进程，每个进程都知道自己的下一个位置进程。与分布式算法相比，它消息更少，但是令牌会丢失，进程会崩溃，具有一定风险，它的运行原理如图 2-29 所示。

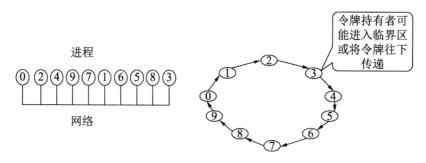

图 2-29　令牌环状算法

3. 选举算法

选举算法类似于投票选举的方式，它通过协调进行数据的同步。例如 bully 算法，它的流程如下：

（1）给每个进程设定一个特殊号码，寻找拥有最大号码的进程作为协调者。

（2）当进程发现协调者不再响应时就发起选举。例如，P 进程向所有比它的号码更大的进程发送选举消息，如果没人回复，P 成为协调者；如果有比它更大号码的响应者响应，则该响应者接管工作。

（3）最大的进程总是能取胜。

选举算法的运行原理如图 2-30 所示。

4. 原子处理和事务模型

原子处理和事务模型主要通过规范分布式处理的单元性，保证它的同步和一致性过程，在 2.6.1 节中已经介绍过。

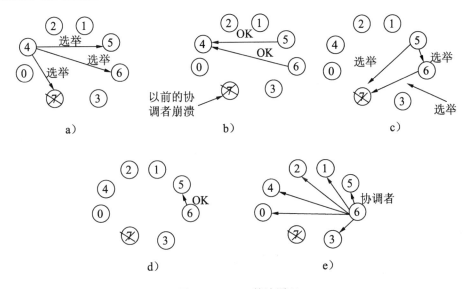

图 2-30　bully 算法原理

5. 分布式系统中的死锁

在多线程系统中经常会发生死锁问题，造成系统停止。在分布式系统中也容易出现同样的问题。一般可以有 4 种策略，来防范和处理死锁。

- 鸵鸟算法：对出现死锁的地方完全忽略，不再管理这个工作流。
- 检测算法：允许死锁发生，检测后需要有策略恢复；
- 预防算法：静态使用死锁，在结构上避免死锁发生；
- 避免：在分配资源上降低耦合，避免死锁发生。

由于篇幅原因，这里不做详细介绍，具体方法读者可以自行深入研究，该部分内容是操作系统的重要知识点。

同步模型和算法并不止于这几种方式，根据不同的场景，也需要调整相应的算法。读者需要结合自己的运算规模、同步目标和过程要求等，设计符合场景的分布式同步算法模型。

2.6.3　分布式与异步

在分布式系统中，同步处理需要进行消息等待或者互斥处理等，这会造成一定的资源浪费和计算速度浪费。本节将讲解如何在分布式系统中通过异步方式处理问题。

异步计算是分布式重要的计算方式之一，可以帮助开发人员降低硬件成本，以软件的方式和更低的成本实现大规模处理能力。

异步计算常用的有两种方式：多线程处理和多进程处理。

1．多线程处理

在一个程序中，独立运行的片段程序可以称为"线程"（Thread），使用多个线程进行任务处理就叫作"多线程处理"。

多线程处理的目的是同步完成多项任务，提高计算机的计算资源使用效率，实现同一时间多任务工作。

每个系统运行的程序都是一个进程，进程中可以包含多个线程。线程就是指令的集合，作为程序的特殊段在程序中独立运行；线程也是一种轻量级的进程，由操作系统进行多线程的调度和任务执行。

多线程允许进程有多控制权，让多个工作任务同时被激活和运行。这样可以极大地解放计算机的CPU计算资源，即使是单CPU，也可以多线程同时运行。

多线程是一种基本的并发系统，多个任务可以同时执行，并且共享资源，实现多个线程的同步问题。在多线程并发执行的情况下，由内核决定指令执行的先后顺序，在多线程系统中，无法解释哪个线程先执行，在多线程并发执行的情况下，需要注意同步synchronization资源，在同一时间只能由一个线程访问。

2．多进程处理

进程是程序在数据集上的一种动态执行过程，它主要由程序、数据集和进程控制3部分组成。

进程和线程之间的关系是相互依存的。进程是计算机数据集合的运行活动，是系统资源分配和调度的原子单位，具有独立的资源分配和调度能力。线程是进程中的一个实体，是CPU调度的派遣单位，是进程中更小的单位。它们之间的关系总结如下：

- 线程只能属于某一个进程，而进程至少有一个或多个线程。
- 每个进程有独立的资源分配空间，同一个进程中的线程共享资源。
- 线程可以获得分配CPU的权限，CPU的调度执行位置在每个线程中。

异步的并发处理表示在同一时间段中多个程序同时执行，多个程序都在同一CPU上处理，并且同时处理多个任务。它们在多线程和多进程上的应用如图2-31所示。

同步和异步的区别：同步是在请求以后需要等待返回信息再进行下一步处理，否则一直等待；异步表示请求以后不需要等待，而继续执行操作，这样可以极大地提高处理信息的效率，但是也会损失一些实时性。

在异步处理的时候，进程间通信是非常重要的，常用的有3种方式。

- Queues（队列）：两个进程中，通过队列先进先出的方式进行消息传输，保证消息队列的顺序。
- Pipes：管道通信，即在两个进程之间打通一个管道形式的通道进行实时通信。
- Managers：实现外部的共享数据管理，进行数据共享。

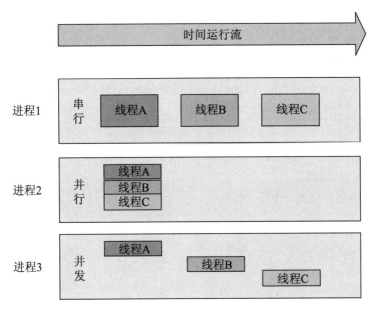

图 2-31　异步处理方式

3. 测试案例

下面我们通过 Python 编写一段程序，通过在多个进程中启动多个线程，实现最初的异步处理模型。代码如下：

```
# -*- coding: utf-8 -*-
"""
Created on Wed May  8 16:13:35 2019

@author: wangjingyi
"""

#Python 多进程处理演示
import multiprocessing                      #多进程模块
import time,threading                       #多线程模块

#逻辑处理函数
def run_thread():
    #打印线程 ID
    print(threading.get_ident())

def function_thread(name):
    time.sleep(2)
    print('sintolrtos hello',name)
    #在多进程调用的函数中创建一个多线程
    t_thread=threading.Thread(target= run_thread,)
    #启动线程
    t_thread.start()
```

```
if __name__ == '__main__':
    #启动 20 个多进程
    print('start')
    for i in range(20):
        p=multiprocessing.Process(target=function_thread,args= ('SintolRTOS
测试: %s'%i,))
        p.start()
        p.join()
```

运行成功以后，多进程和线程会打印多个调试信息。在多进程处理下，通过消息队列来进行数据传输。代码如下：

```
# -*- coding: utf-8 -*-
"""
Created on Wed May  8 16:13:35 2019

@author: wangjingyi
"""

from multiprocessing import Process ,Queue

def funticon_process(q1):
    #在子进程中添加数据
    q1.put(['sintolrtos process',100])

if __name__ == '__main__':
    #启动进程队列
    q_process=Queue()
    #启动子进程，并且赋值队列 q
    p_process=Process(target= funticon_process,args= (q_process,))
    p_process.start()
    #从父进程中获取数据并且打印出来
    print(q_process.get())
    p_process.join()
```

运行成功以后，在控制台会打印队列传输的数据，如图 2-32 所示。

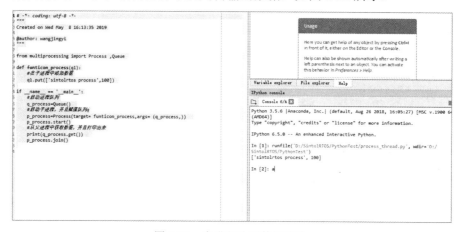

图 2-32　多进程队列数据传输

当进程和线程过多的时候，可以使用线程池的方式进行管理。代码如下：

```python
# -*- coding: utf-8 -*-
"""
Created on Wed May  8 16:40:57 2019

@author: dell
"""

from multiprocessing import Process,Pool
import time

def function_print(i):
    time.sleep(2)
    print('wait for 2 minutes')
    return i+50
def process_result(arg):
    print('结果: ',arg)

if __name__ == '__main__':
    #申请10个大小进程的进程池
    pool_process=Pool(processes= 10)

    #启动10个进程
    for i in range(10):
        #进程并行执行
        pool_process.apply_async(func= function_print,args=(i,),callback= process_result)
    print('process_poll_end')
    pool_process.close()
    #等待进程执行结束
    pool_process.join()
```

进程池管理了所有进程并且执行所有进程，运行结果如图 2-33 所示。

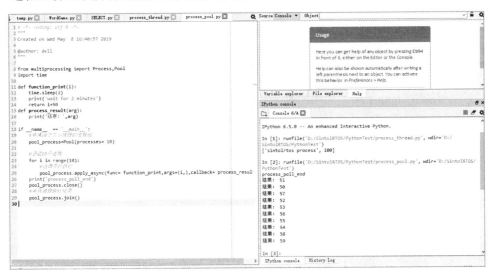

图 2-33　进程池运行

在异步处理中，处理多进程和多线程还有很多变种方式。

- 协程处理：在一个线程中，通过消费生成器，让两个函数在互不影响的情况下在同一个线程中分别执行任务。
- 多线程+全局解释锁+共享内存：适合用在密集型 I/O 的情况下。
- 多进程配合通信：如进程和 socket 协作通信，以及进程和 pipe 管道协作。
- 多进程配合协程：其实是应用了进程和线程的协作方式，线程再使用协程方法，这样可以更大程度地进行并发处理，适合任务非常密集的情况。
- 线程配合异步 I/O：如果资源不足够多，考虑执行任务的密集情况。
- 还有很多应用方式，读者可以对照基本原理，进行深入学习和研究。

2.6.4　处理同步与异步延时

同步和异步在分布式系统中都会产生一定程度的延时，影响系统的实时性。分布式系统对数据的一致性和同步性都有不同程度的要求，本节就来讲解这部分技术的原理。

分布式对延时的处理有很多方案。针对不同系统、不同数据、不同性能的需求，延时的处理有所不同，这里我们举几种常用的方案进行讲解，帮助读者掌握和理解延时处理的原理和思路。

先从任务的角度来理解延时处理的方法。延时任务和定时任务有以下区别：

- 定时任务明确启动时间，而延时任务的启动时间不确定。
- 定时任务的执行周期都需要明确确定，而延时任务没有固定周期。
- 定时任务需要批处理任务，而延时任务是单任务。

1．数据轮询

不同的机器之间因为同步和异步造成的数据不同步可以采用定时线程进行数据轮询扫描，以保证数据的一致性。

轮询的方法主要可以分为两类：长轮询（long poll）和短轮询（short poll）。

（1）长轮询（long poll）采用阻塞方式，不断地向中心对象发起消息要求，直到收到响应再开始下一个事件。长轮询对服务器的并发负载要求较高，需要同时容纳多个请求。下面通过一段 Python 代码来说明它的用法。

后端处理代码如下：

```
# -*- coding: utf-8 -*-
"""
Created on Fri May 10 16:14:24 2019

@author: wangjingyi
"""

from flask import Flask,render_template,request,session,redirect,jsonify
from uuid import uuid4
```

```python
from queue import Queue,Empty
import json
app = Flask(__name__)
app.secret_key = "sintolrtos"
ArrayData = {
    '1':{'username':'小王','count':1},
    '2':{'username':'小李','count':1},
    '3':{'username':'小赵','count':1},
}

# 保存登录用户的信息
USER_QUEUE_DICT = {

}

@app.before_request
def check_login():
    if request.path == '/login':
        return None
    user_info = session.get('user_info')
    if not user_info:
        return redirect('/login')

@app.route('/login',methods=['GET','POST'])
def login():
    if request.method == "GET":
        return render_template('login.html')
    else:
        user = request.form.get('user')
        nid = str(uuid4())
        USER_QUEUE_DICT[nid] = Queue()
        session['user_info'] = {'nid':nid, 'user':user }
        return redirect('/index')


@app.route('/index')
def index():
    return render_template('index.html',user_list = ArrayData)

@app.route('/query')
def query():
    """每个用户查询信息"""
    ret = {'status':True,'data':None}
    current_user_nid = session['user_info']['nid']
    queue = USER_QUEUE_DICT[current_user_nid]
    try:
        # {'uid':1, 'count':6}
        ret['data'] = queue.get(timeout=10) #10s 后断开，再连接
    except Empty as e:
        ret['status'] = False
    # return jsonify(ret)
    return json.dumps(ret)
```

```python
@app.route('/vote')
def vote():
    """
    投票 Vote
    :return:
    """
    uid = request.args.get('uid')
    old = ArrayData[uid]['count']
    new = old + 1
    ArrayData[uid]['count'] = new

    for q in USER_QUEUE_DICT.values():
        q.put({'uid':uid, 'count':new})

    return "投票成功"


if __name__ == '__main__':
    app.run(host='0.0.0.0',threaded=True)
```

前端处理代码如下：

```html
# -*- coding: utf-8 -*-
"""
Created on Fri May 10 16:20:37 2019

@author: wangjingyi
"""

<!DOCTYPE html>
<html lang="en">
<head>
    <meta charset="UTF-8">
    <title>长轮询</title>
</head>
<body>
    <ul>
        {% for k,v in user_list.items() %}
            <li style="cursor: pointer;" ondblclick="doVote('{{k}}')" id=
"user_{{k}}">{{k}}: {{v.name}} <span>{{v.count}}</span> </li>
        {% endfor %}
    </ul>
    <!--<script src="/static/jquery-1.12.4.js"></script>-->
    <script src="{{ url_for('static',filename='jquery-1.12.4.js') }}">
</script>
    <script>

        $(function () {
            get_data();
        })

        /*
        查询最新信息
        */
        function get_data() {
```

```
        $.ajax({
            url: '/query',
            type:'GET',
            dataType:'json',
            success:function (arg) {
                if(arg.status){
                    var liId = "#user_" + arg.data.uid;
                    $(liId).find('span').text(arg.data.count);
                }
                get_data();
            }

        })
    }

    /*
    投票
     */
    function doVote(uid) {
        $.ajax({
            url:'/vote', //      /vote?uid=1
            type:'GET',
            data:{
                uid:uid
            },
            success:function (arg) {

            }
        })
    }
    </script>
</body>
</html>
```

前端通过 AJAX 连接到后端,后端会建立线程,与前端保持一个长连接并不断地通信,实时更新相关的后端数据,同步延时。

(2) 短轮询是通过定时任务的方式,每隔几秒发送一次请求,询问服务器的信息,从而保证数据的一致性。代码如下:

```
# -*- coding: utf-8 -*-
"""
Created on Fri May 10 16:31:01 2019

@author: wangjingyi
"""

from flask import Flask,render_template

app = Flask(__name__)

UUUU = {
    '1':{'name':'王','count':1},
    '2':{'name':'李','count':1},
    '3':{'name':'赵','count':1},
```

```
}

@app.route('/index')
def index():
    return render_template('index.html',user_list = UUUU)

if __name__ == '__main__':
    app.run()
```

这部分后端代码并不创建线程，也不建立长连接，只通过异步的方式进行数据回复，通过定时的心跳请求保证数据延时情况下的同步一致性。

数据轮询的方式拥有简单、易于实现、集群操作兼容等优点。它的缺点如下：
- 大量消耗服务器的内存；
- 延时时间比较长，如轮询时间 10min，就需要 10min 保持同步；
- 数据库损耗较大，长期轮询会造成数据库一直处于 I/O 状态。

2．延时队列

队列的消费者通过一个无阻塞的消息队列延时读取数据，其他消费者通过轮询获取的方式获取数据，整体队列可以保证数据下发的一致性。其原理如图 2-34 所示。

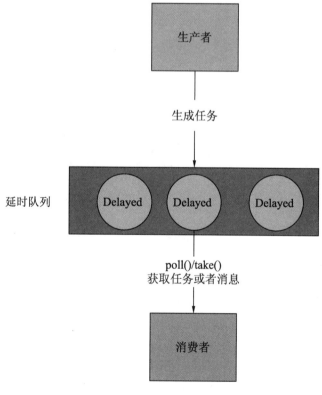

图 2-34　延时队列

其中有如下两个操作。
- poll()：获取消息，并且移除超时的队列元素，如果队列为空，返回空。
- take()：获取消息，并且移除超时的队列元素，如果队列为空，就会执行 wait() 线程，直到有数据可以获取，返回结果。

3．时间轮转算法

时间轮转算法基于分布式时钟，按一个方向固定转动，每次跳动是一次 tick。定时的时钟钟轮由 3 个主要属性构成。
- ticksPerWheel：每一轮 tick 的次数。
- tickDuration：一个 tick 的时间长度。
- timeUnit：时间的基本单位，如 1s、1min 等。

基于全局的分布式时钟，当一个任务需要 4s 时，那么下一个线程将会在第 5s 时准备执行下一个任务，依次类推，在整个轮转结构下，都有不同的线程等待任务的执行，以保证在数据延时的情况下都能确定具体执行的时钟点。它的原理如图 2-35 所示。

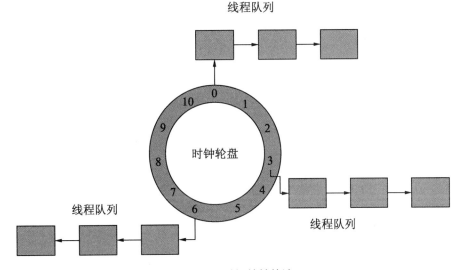

图 2-35　时间轮转算法

时间轮转算法的最大优点是效率高、无等待，时间轮盘时刻都在准备工作，任务延时时间比延时队列低，复杂度比延时队列低。它的缺点如下：
- 该算法基于分布式全局时钟，通过线程进行数据处理，如果服务器崩溃，数据将直接消失。
- 扩展集群的时候需要兼容整体的分布式时钟，这比较困难。
- 内存消耗较大。

4．缓存机制

Redis 是分布式系统中最常用的缓存机制。通过缓存数据，可以提高同步或异步的访问速度，也能在一定程度上解决消息数据的保存问题。

Redis 在延时任务上的处理有一套成熟的体制——Key Notifications（键空间机制），可以在 Key 失效以后给应用服务器发出通知消息，以防止延时消息的出错。

Redis 是常用的缓存数据库，读者应认真学习，掌握它的用法。它将在分布式系统的消息处理上为我们提供巨大的帮助。

在目前的互联网系统中，大部分分布式系统都需要有延时方案来辅助工作，所应用的算法和机制不局限于本节介绍的知识。本节介绍的相关原理和思想，读者在实际应用中可以作为参考，并结合实际业务进行针对性设计。

2.7　计算模型与任务分发

分布式智能计算与传统的 AI 人工智能模型有所区别。前者在算法设计和模型学习处理上，需要考虑模型结构的划分、计算任务的分发、同步和协调，让整体模型在分布式系统中进行计算，提高计算规模，并且产生多机协作的能力。本节就来讲解在分布式系统中构建计算模型，并进行任务分发协作的基础方法和原理。

在 1.7.2 节中介绍了 Spark 基于 RDD 和 DAG 形成的分布式计算模型，见图 1-18。

Spark 是一种典型的分布式计算模型和任务分发模式，在分布式模型中需要将原有的独立计算模型进行任务拆分，形成独立的计算模型，或者还能归并计算。

分布式计算模型的设计可以归纳为以下几个方面。

- 抽象数据格式和指令：将指令的结构抽象为特定的模型方法，将数据抽象成为固定的规则格式，如 SQL 语言、矩阵数据和图数据等。
- 抽象关系型数据模型：规定和定义数据模型之间的关系，利用分布式集群 CPU 处理，可以用来处理大规模的 TB 级别数据和多种数据格式，提高效率。其中，数据库的 Table 表、Spark 的 RDD、PTable-Google DataFlow 都属于这类。
- MapReduce 编程模型：在 1.1 节介绍过，需要对模型进行任务分发和归并计算时就可以使用这个计算模型。我们可以将分布式模型处理为一种函数编程的规范，实现数据切分、多任务运行和负载均衡，这是高并发的分布式计算模型。
- 关系型数据计算模型编程：对不需要归并的关联数据，需要有单独的算子结构，模型和模型之间需要相互转化。如在 Spark 中，RDD 与 DAG 之间转化形成 Stage 计算模型，其中 Spark.Cascading 模型语言是佼佼者，它具有高并发和数据本地化的优点。
- 分布式图计算模型：有 BSP 计算模型、ODPS Graph、Graph on MapReduce、Neo4j、

GraphLab、GrapChi 和 GraphX 等计算模型框架。

我们先来了解 MapReduce 计算模型的编程方式。它分为两步：Map 计算和 Reduce 计算。

Map 计算代码如下：

```
//Map 计算模型
public void map(LongWritable key, Text value, OutputCollector<Text,
IntWritable> output,
 Reporter reporter) throws IOException {
        //字符串大小写处理
            String line = (caseSensitive) ? value.toString() : value.toString().
toLowerCase();

            //过滤和跳过关键词
            for (String pattern : patternsToSkip) {
              line = line.replaceAll(pattern, "");
            }
            //分词处理，形成下一步的输入
            StringTokenizer tokenizer = new StringTokenizer(line);
            while (tokenizer.hasMoreTokens()) {
              word.set(tokenizer.nextToken());
              output.collect(word, one);
              reporter.incrCounter(Counters.INPUT_WORDS, 1);
            }

            if ((++numRecords % 100) == 0) {
              reporter.setStatus("Finished processing " + numRecords +
" records " + "from the
 input file: " + inputFile);
          }
      }
```

Reduce 计算代码如下：

```
public static class Reduce extends MapReduceBase implements Reducer<Text,
IntWritable,
Text, IntWritable> {
    public void reduce(Text key, Iterator<IntWritable> values, OutputCollector
<Text, IntWritable>
 output, Reporter reporter) throws IOException {
        int sum = 0;
        while (values.hasNext()) {
          sum += values.next().get();
        }
        //将集合打包，归并写入
        output.collect(key, new IntWritable(sum));
    }
}
```

MapReduce 是常用的分布式并行计算模型结构，这里以分词计算的形式来说明这个计算模型的工作模式，如图 2-36 所示。

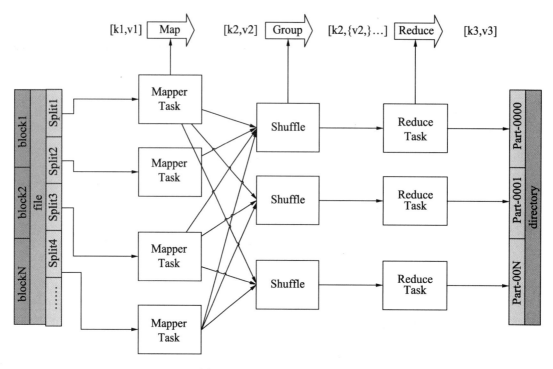

图 2-36　MapReduce 运行原理

MapReduce 具体的流程如下：

（1）接收传入的数据，解析成为<k,v>，针对每个键调用 map()函数，输出到下一阶段的<k,v>：<0,block you><10,block me>。

（2）替换 map()函数，对上一步的<k,v>数据进行处理，输出新的<k,v>，可以是对单个词进行分组统计，如<block,1> <you,1> <block,1> <me,1>。

（3）对输出的<k,v>进行分区处理。

（4）对不同的分区数据进行排序和分组处理，合并相同 key 到同一个集合，转换数据<k2,v2>为<block,{1,1}>　<me,{1}>　<you,{1}>。

（5）对分组后的数据进行归并和过滤处理，也可以先保持分区。

（6）对不同分区的输出传输到不同的 reduce 节点，准备下一步。

（7）对 map 的输出合并排序，处理 reduce()函数，处理分组后的数据，实现逻辑处理，例如数据统一，最后输出<block,2> <me,1> <you,1>。

（8）输出处理后的数据到其他模块。

图计算也是常用的分布式计算模型，特别是人工智能、神经网络的计算和设计与图计算息息相关。在分布式人工智能领域，图计算应用非常广泛。

这里以 Spark 的 GraphX 作为案例来进行讲解。分布式图计算的作用就是将巨型的计算操作包装成接口，存储到分布式系统中而成为计算模型，用于处理分布式处理的计算和并行计算等。它可以将复杂的计算网络和算法聚焦到图的模型设计上，而不用关心底层的实现细节。

图计算模型存储的模式主要有以下几种。

- 边线分割：每个顶点进行存储，有边的话进行打断，分配到不同的几台计算机上。这样可以极大地节省空间，但是图基于边计算的时候，两个顶点需要分配到分布式机器上计算，网络通信内网流量较大。
- 点分割：每个边只进行一次存储，在单个计算机上进行。相邻多点被复制到多台计算机上，这样计算数据会引发同步，内网的通信量相对边分割会减少。

图计算的模型依据的是 BSP 计算模式，全称为 Bulk Sysnchronous Parallell，它的程序由超步（Superstep）组合而成。它们之间的关系是垂直的，内部的计算都是通过进程进行并发处理。

BSP 的模式有两种成熟的计算模型。

（1）Pregel 模型：借鉴 MapReduce，提出了它的计算思想——"像顶点一样思考（Think Like A Vetex）"，实现每个顶点的计算方式，模型框架会将顶点的计算任务进行分布式分解。这段计算模型可以通过模板代码进行处理，具体如下：

```
void Compute(MessageIterator* msgs) {
    //遍历顶点入边消息
    for (; !msgs->Done(); msgs->Next())
        doSomething()
    //生成新的顶点值
    *MutableVertexValue() = ...
    //生成沿顶点出边发送的消息
  SendMessageToAllNeighbors(...);
}
```

（2）GAS 模型：通过邻点进行计算，更新数据。它偏向于内存共享的计算模型，允许定义函数，通过当前顶点遍历相邻顶点。这个计算模型可以归纳抽象为 3 个阶段，即 Gather、Apply 和 Scatter，因此称为 GAS。在模型模板编程中，需要实现如下 3 个独立函数。

```
//从邻点和边收集数据
  Message gather(Vertex u, Edge uv, Vertex v) {
      Message msg = ...
      return msg
  }
  //汇总数据，非模板函数
  Message sum(Message left, Message right) {
      return left+right
  }
  //更新顶点Master，主从更新
  void apply(Vertex u, Message sum) {
      u.value = ...
  }
  //更新邻边和邻点
  void scatter(Vertex u, Edge uv, Vertex v) {
      uv.value = ...
```

```
         if ((|u.delta|>ε) Active(v)
     }
```

　　GraphX 是 Spark 中图计算的核心，它的核心抽象是 Resilient Distributed Property Graph，是一种有向多重图。它的边和点都带有属性，主要用于扩展 Spark 的 RDD。它具有 Table 和 Graph 两种视图，用来表示计算模型。它的代码结构如图 2-37 所示。

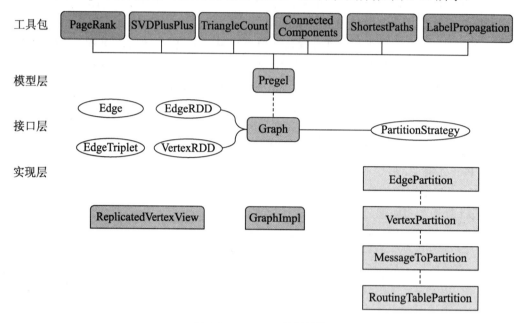

图 2-37　GraphX 代码结构

GraphX 代码结构底层的关键设计如下：
- 转换 Graph 的视图操作，成为关联的 Table 视图 RDD 操作，让图计算的方式等价于 RDD 的转换过程。形成 RDD 的 3 个关键特性：Immuable（不可变），Distributed 分布式，Fault-Tolerant（容错性）。图的转换操作在逻辑上可以形成一个新图。
- 视图共用物理数据，由 RDD 点 VertexPartion 和 RDD 边 EdgePartion 组成。它们在内部通过索引分片数据加快遍历速度。
- 图的分布式存储采用点分割的模式，通过 partionBy 方法分配存储方式。

　　在 GraphX 中，计算任务是通过 Pregel 接口接入图计算模型中，它是一种 GAS 的改进模型，代码模板如下：

```
def pregel[A](initialMsg: A, maxIterations: Int, activeDirection: Edge
Direction)(
    vprog: (VertexID, VD, A) => VD,
    sendMsg: EdgeTriplet[VD, ED] => Iterator[(VertexID,A)],
    mergeMsg: (A, A) => A)
: Graph[VD, ED]
```

//更新顶点

```
def vprog(vid: Long, vert: Vertex, msg: Double): Vertex = {
    v.score = msg + (1 - ALPHA) * v.weight
  }
  //发送消息
def sendMsg(edgeTriplet: EdgeTriplet[…]): Iterator[(Long, Double)]
      (destId, ALPHA * edgeTriplet.srcAttr.score * edgeTriplet.attr.
weight)
  }
  //合并消息
def mergeMsg(v1: Double, v2: Double): Double = {
    v1+v2
  }
```

GraphX 接口较简单，用户可以根据自己的复杂业务扩展定制 Pregel，实现自己的分布式图计算模型。

分布式计算模型还在不断发展。一些批量计算的流计算模型、实时引擎 Impala、Store 和 Spark，其计算模型的方法在不断融合。综合应用关系型、迭代算法和图计算可形成更大规模的模型。分布式计算模型在分布式智能计算中极大地简化了底层实现，让我们将精力集中在具体业务的计算模型设计上。

2.8　代理模型与 HLA 智能体

HLA 是本书介绍的核心的分布式体系之一，本节介绍如何在这种分布式体系中将计算模型、代理模型和智能计算结合起来。

在 2.3 节中讲解了 HLA 高层联邦体系的结构和原理，本节将介绍如何在 HLA 体系中定义整体的联邦计算模型，然后分发给联邦成员，通过代理模型形成智能体的联邦集合。

HLA 是一个开放的体系结构，它主要采用对象模型（Object Model）来描述联邦，在联邦中定义每个联邦成员，并且描述在运行过程中需要交换的数据和相关信息。这就是 HLA 使用的计算模型——对象模型模板（Object Model Template，OMT）。

OMT 具有以下优点：

- 提供通用的、易理解的机制，描述联邦成员之间的协作方式和数据交换。
- 提供标准机制，描述联邦成员已经有的、潜在可能的、对外交换协作的能力。
- 促进计算模型对象工具的开发应用。

OMT 主要定义两种对象模型：FOM（Federation Object Model，联邦对象模型），用来描述联邦中的对象属性；SOM（Simulation Object Model，成员对象没模型），用来描述系统之间和部件之间的相互操作。

在 HLA 体系中，可以发布 fed.xml 的联邦计算模型文件，具体如下：

```
//HLAFed.xml
<?xml version="1.0"?>
//定义联邦模型
```

```
<objectModel>
    //联邦模型类
    <objectClass
      name="HLAobjectRoot"
      sharing="Neither">
      <attribute
        name="HLAprivilegeToDeleteObject"
        dataType="NA"
        updateType="NA"
        updateCondition="NA"
        ownership="NoTransfer"
        sharing="Neither"
        dimensions="NA"
        transportation="HLAreliable"
        order="TimeStamp"/>
      //智能实体类
      <objectClass
        name="MultiEntity"
        sharing="PublishSubscribe">
        //智能实体人物属性
        <attribute
          name="playerAttribution"
          dataType="HLAopaqueData"
          updateType="NA"
          updateCondition="NA"
          ownership="NoTransfer"
          sharing="PublishSubscribe"
          dimensions="NA"
          transportation="HLAreliable"
          order="TimeStamp"/>
      </objectClass>
    </objectClass>
  </objects>
  //实体模型交互接口 1
  <interactions>
    <interactionClass
      name="HLAinteractionRoot"
      sharing="Neither"
      dimensions="NA"
      transportation="HLAreliable"
      order="TimeStamp">
      //接口交互分层 1 类别
      <interactionClass
        name="InteractionClass0"
        sharing="PublishSubscribe"
        transportation="HLAreliable"
        order="TimeStamp">
        <parameter name="parameter0"
                   dataType="HLAopaqueData"/>
      </interactionClass>
    </interactionClass>
  </interactions>
  //实体模型交互接口 2
  <transportations>
```

```
    <transportation
      name="HLAreliable"
      description="Provide reliable delivery of data in the sense that TCP/IP
delivers its data reliably"/>
    <transportation
      name="HLAbestEffort"
      description="Make an effort to deliver data in the sense that UDP
provides best-effort delivery"/>
  </transportations>
  //模型数据类型定义
  <dataTypes>
<basicDataRepresentations>
  //模型基础数据1
    <basicData
      name="HLAinteger16BE"
      size="16"
      interpretation="Integer in the range [-2^15, 2^15 - 1]"
      endian="Big"
     encoding="16-bit two's complement signed integer. The most significant
bit contains the sign."/>
    //模型基础数据2
    <basicData
      name="HLAinteger32BE"
      size="32"
      interpretation="Integer in the range [-2^31, 2^31 - 1]"
      endian="Big"
      encoding="32-bit two's complement signed integer. The most significant
bit contains the sign."/>
  </dataTypes>
</objectModel>
```

在 FED 计算模型中，我们可以关注以下对象。

- **objectModel**：表示计算模型中的模型对象。在一个联邦中有一个或者多个模型对象，每个模型对象在整个分布式体系中可以分发给联邦中的联邦成员，形成分布式的计算任务，并且数据相互同步，最终协同成为整体。
- **objectClass**：表示联邦对象中的对象类。它是对公共特性或者属性的抽象，对象类在联邦成员中可以生成实例，叫作对象类的实例。对象类结构表描述联邦或其他成员，在同一个 objectClass 范围中，对象和对象之间拥有继承关系。类和子类可以在其中通过嵌套结构直接表达。
- **attribute**：定义类对象中的属性，这些数据是可以通过类对象在整个联邦中进行同步的数据。
- **interactions**：交互结构表，指的是成员中的某个或者多个对象产生可以对其他对象进行影响的交互动作。
- **interactionClass**：交互类，描述实例中交互的方法和类型，它们之间也可以进行继承和嵌套，形成子类与父类的关系。交互类的参数是记录和反映交互特点的信息，在交互进行传输的时候是可以影响其他类属性的。

在 SOM 计算模型中,可以关注以下属性:

- T-可转移性,可以使用 HLA 中的 RTI 服务,转移某个联邦成员的属性所有权给其他联邦成员。
- A-可接收性,联邦成员接收其他联邦成员的所有权。
- N-不能接收也不能转移。

SOM 中会在联邦和联邦之间、联邦成员之间定义出它们的权限和角色能力,从而对整个任务系统进行分布式计算模型定义。

但是这样的模型文件无法定义复杂的 AI 计算模型,这个时候可以通过代理模型将 AI 复杂计算的方式,通过代理的方法给外部 AI 实体进行计算,再同步 AI 决策结果给联邦成员中的模型对象。

分布式联邦中的智能节点可以通过加载委托代理模型仿真 AI 算法,节点通过消息协议定义代理智能体,计算层连接到复杂的 AI 计算程序,设置拦截器拦截复杂的非法数据和不必要的结果,并同步 AI 决策数据给联邦成员对象,如图 2-38 所示。

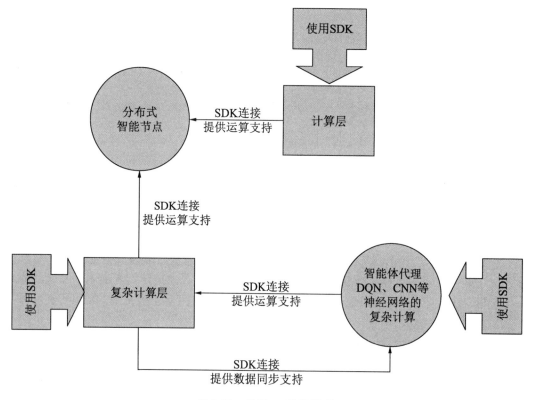

图 2-38　代理 AI 计算模型

由于篇幅原因,本节仅大致介绍了代理模型与 HLA 智能体的原理和方法,后面的章节将详细介绍相关的算法和基础细节。

2.9　分布式与决策模型

　　分布式智能系统最重要的功能之一，就是在复杂的环境下，在多系统协作的复杂信息下，决策出最符合全局情况的策略，本节就来介绍分布式智能系统下的决策模型。

　　随着计算机微型化及边缘计算的发展，"万物互联"和"万物智能"成为重要趋势，分布式人工智能也需要满足群体智能的决策能力，让所有的智能设备都能参与到分布式AI 的联邦体系中。随着时代的发展，在电子商务领域、新零售领域，需要适应小型化的社群经济模型，帮助人工智能走入生活智能设备，提升金融模型的计算精细度，决策复杂的商业信息，帮助社会走入数字化、智能化的新时代。

　　某分布式 AI 的社群经济模型如图 2-39 所示。

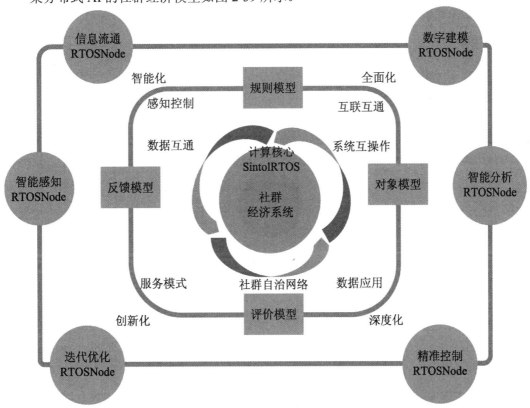

图 2-39　某分布式 AI 的社群经济模型

相比传统的经济模型，分布式社群经济模型的群体智能环境具有如下优势：

- 通过 RTOS 全面互通社群经济体，通过全面的数据采集和路由互通，让整个社群经济体具有智能的感知控制。

- 规则模型，定义和优化社群的运营和经营策略。
- 对象模型，模拟全网分布式自治环境下，所有用户、社群、经济交易体的活动。
- 评价模型，评价和强化社群运营规则策略、对象运行模式。
- 反馈模型，通过评价、对象、规则等数据，对规则模型进行优化和梯度计算等。
- 利用群体智能的能力，激发多专家系统博弈对抗、协调合作，发展创新，激发新经济时代的强大活力。

分布式决策模型中，应用最基础、最广泛的理论基础是 MDP 决策模型（马尔可夫决策模型）。

决策跟人们的日常生活息息相关，学习认识世界的知识，再应用知识去改造世界。决策对决定和选择有所不同。决策需要涉及整个过程，一个过程中有多个决定和选择，不同的行动最终形成不同的结果、不同的收益。决策需要考虑当前的环境与将来的整体环境，如在长跑过程中，如果一开始就使出全力，最终不会最快到达终点，只有合理地分配体力，才能在整个过程中得到最大收益。

对智能体而言，面对需要解决的问题，需要先从整个主观环境进行学习，对这个问题进行抽象描述，形成问题模型，这就是 MDP 模型建模，具体包含以下几个部分。

- 针对具体问题，建立所有可能的状态库。
- 针对问题发展的过程，建立问题环境演变规律的规则。
- 针对智能体处理问题的过程中，不同步骤下的决策方式。
- 针对智能体的期望奖励进行建库。

智能体决策就是在这个模型上，针对解决问题的整个过程，进行规划、选择、参与、改变，让整个决策过程不断地往自身期望的过程进行逼近，最终将问题解决。人工智能的发展中，马尔可夫决策模型是规划决策建模的基本理论模型，也是强化学习的基本理论。

在强化学习中，常用的方法是马尔可夫决策过程（Markov Decision Process，MDP），系统的每个状态不仅与当前状态关联，也关联选择动作。我们可以将当前环境定义为状态 s，动作为 a，下个状态为 s'，s' 是根据 s 和 a 随机生成，于是生成了马尔可夫模型关系，具体如表 2-1 所示。

表 2-1　马尔可夫模型关系

类　　型	不考虑动作	考　虑　动　作
状态完全可见	马尔可夫链（MC）	马尔可夫决策过程（MDP）
状态不完全可见	隐马尔可夫模型（HMM）	不完全可观察马尔可夫决策过程（POMDP）

马尔可夫决策过程就形成了一个四元结构体 $M = (S, A, \text{Psa}, R)$。MDP 的过程先是智能体初始化为 s_0 状态，从 A 中挑选动作 a_0，过程执行完成后，智能体按概率 Psa 跳转到下个状态 s_1，接着一直这样执行下去，如图 2-40 所示。

$$s_0 \xrightarrow{a_0} s_1 \xrightarrow{a_1} s_2 \xrightarrow{a_2} s_3 \xrightarrow{a_3} \cdots$$

图 2-40　马尔可夫状态执行

每次执行都有回报数值，加上回报参数，就是 MDP 回报模型，如图 2-41 所示。

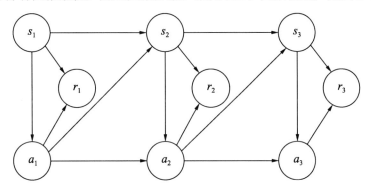

图 2-41　MDP 回报模型

在不断的 MDP 中，增强学习的决策模型就会从环境中进行延时回报，从而来定义策略的好坏，形成回报函数 $r(s,a)$，并且通过值函数表明当前状态下某个策略 V 的长长期影响。

V 策略的值函数常用的计算方法有以下 3 种。

有限 h 步期望立即回报：

$$V(s) = E\left[\sum_{i=0}^{\infty} \gamma^j r_i \mid s_0 = s\right]$$

期望平均回报：

$$V(s) = \lim_{h \to \infty} E\left[\frac{1}{h}\sum_{i=0}^{h} r_i \mid s_0 = s\right]$$

长期回报与当前回报因子复合：

$$V(s) = E\left[\sum_{i=0}^{\infty} \gamma^j r_i \mid s_0 = s\right]$$

V 策略的值函数的具体功能如下：
- 采用特定策略下，未来 h 步决策总体结合起来的期望立即回报的总值。
- 采用特定策略下，期望回报的平均值。
- 采用特定策略下，复合的回报计算，γ 为折算因子，值范围为[0,1]，表示未来回报相当于当前回报的重要程度。总体计算起来就是考虑未来与当前的期望是最常用的计算函数。

V 策略的值函数在强化学习中称为状态值函数（state value function）。它的初始状态 s 是初期给定，初始 a 由策略和双胎 s 决定，$a=\pi(s)$。

计算动作 a 的函数称为动作值函数，也叫 Q 函数（action value function Q），计算公式如下：

$$Q^{\pi}(s,a) = E\left[\sum_{i=0}^{\infty} \gamma^{i} r_{i} \mid s_{0} = s, a_{0} = a\right]$$

在 Q 函数决策下，将会考虑计算未来遵循的策略，系统将会计算当前策略概率 $p(s'|s,a)$，根据概率转向下的状态 s' 计算概率和相关的函数，计算公式如下：

$$Q^{\pi}(s,a) = \sum_{s' \in S} p(s'|s,a)[r(s'|s,a) + \gamma V^{\pi}(s')]$$

Q 函数中，策略和 s 是给定的，当前动作 a 也是根据当前环境给定，则 MDP 求解策略 π^{*} 为

$$\pi^{*} = \arg\max_{\pi} V^{\pi}(s), (\forall s)$$

下面我们通过一个案例来简单说明。在一个格子世界中，智能体 agent 将从左下角 Start 位置启动，右上角是目标，进入这个地方，给予回报 100，其他动作的回报是 0，计算回子 y 设置为 0.9。

我们将第 i 行、第 j 列状态设置为 s_{ij}，动作可以选择上下左右，设置为 au、ad、al、a，状态选择动作 a 概率为 1。于是我们建立了回报模型，如图 2-42 所示。

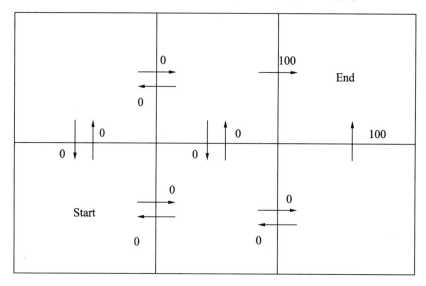

图 2-42　格子世界 MDP 建模

根据 V^{π} 的表达式，进行回报计算和策略 π 计算，有如下计算公式：

- $V^{\pi}(s_{12}) = r(s_{12},\text{ar}) = r(s_{13}|s_{12},\text{ar}) = 100$
- $V^{\pi}(s_{11}) = r(s_{11},\text{ar}) + \gamma \times V^{\pi}(s_{12}) = 0 + 0.9 \times 100 = 90$
- $V^{\pi}(s_{23}) = r(s_{23},\text{au}) = 100$

- $V^\pi(s_{22})=r(s_{22},\text{ar})+ \gamma\times V^\pi(s_{23})=90$
- $V^\pi(s_{21})=r(s_{21},\text{ar})+ \gamma\times V^\pi(s_{22})=81$

根据每次的策略、最优值和概率，我们将寻找到最大回报的决策过程。

以上部分都是在单机的计算模式下进行 MDP 的建模过程，在更大的复杂环境下，我们还可以使用分布式的方式，进行更大规模和复杂情况的建模。

对环境系统，我们可以采用一个仿真系统来进行环境的模拟、计算、优化，对 action 函数计算采用神经网络，对决策方面，在原先的 MDP 上给出了特定的计算方式 R，但是对不可知的环境情况，我们依然可以采用一个分布式系统来进行回报的模拟或者实际反馈，于是可以得出一个简单的分布式 MDP 模型，如图 2-43 所示。

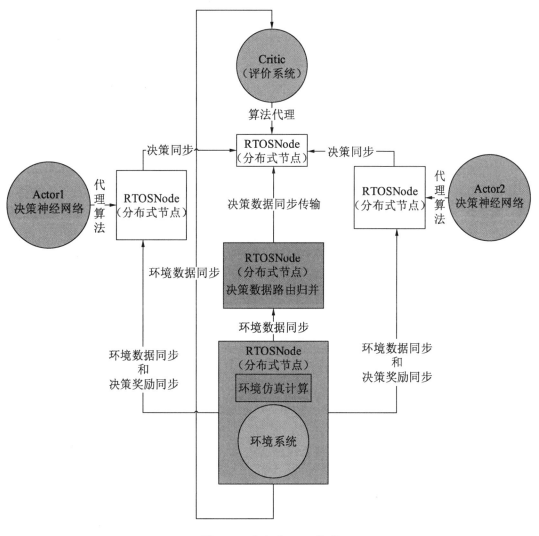

图 2-43 分布式 MDP 模型

在图 2-43 所示的分布式系统中,我们把 MDP 模型分解成为多个小系统,具体要点如下:

- RTOSNode 节点:分布式智能节点,将多个分布式系统连接起来,形成统一的模型系统,如 HLA 或者其他分布式任务分发。
- 任务模型分解:将 MDP 模型的内容分解到多个分布式系统,各自负责分解的任务。
- Actor1 和 Actor2:多个决策神经网络模块,它们可以是多个,各自都根据自己的情况,得出每个 s->s'的 action 决策。
- 决策数据路由归并:将多个决策数据归并,并且根据环境情况同步给评论系统。
- Critic:评价系统,根据多个决策和环境结合,得出最新的评价和最优的选择,特别是当我们不知道如何评价一个决策的时候,这里也可以采用单独的 AI 神经网络进行训练和学习。

上述分布式决策模型,实际上在强化学习中与 DDPG 模型是极为相似的,并且实现了分布式,本节就为读者介绍到这里,具体的算法模型和工程化的系统开发,将在后面的章节详细介绍。

2.10　底层计算核心 RTOS

在 2.5 节中,我们介绍了 RTOS 核心的原理,本节的分布式模型中,将运用 RTOSNode 分布式节点,这是底层计算核心 RTOS 的应用。它是分布式智能系统的基础部件,读者需要熟悉它的应用原理。

本书主要采用 3 种分布式体系——HLA、DDS、Multi-Agent,我们将采用一种 RTOS 计算核心,开发高兼容性、高灵活性、支持小型设备的智能节点 RTOSNode,并且提供 SDK 支持 TensorFlow、Unreal、多编程语言,从而打造分布式的群体智能系统。

群体智能是一个多智能专家系统协作的复杂的系统,在智能模型、子系统划分、分布式计算上既相互独立,又相互依赖,但是整个系统又具有目标的一致性,如工厂智能系统环境,是为了提高良品率和生产效率,降低成本;复杂环境的社群经济模型,是为了提高整体社群的活跃度以及社群经济的稳定性和增长率。

1. 系统设计与搭建步骤

SintolRTOS 搭建分布式群体智能系统步骤如下:

(1) 设计环节。

- 设计整体系统环境的任务目标。
- 设计分布式系统体系,如联邦体系、中控 DDS 体系、博弈体系、混合体系。
- 设计分布式联邦模型,编写模型任务文件。

- 根据分布式模型设计计算层和相关计算层算法模块。
- 设计计算层的协调接口、数据一致性算法、数据类型、同步和异步方法。
- 设计人工智能代理层、神经网络和 Agent 代理模型。

（2）开发、施工和部署环节。

- 根据设计的群体智能体系，部署分布式节点 RTOSNode。
- 启动联邦节点，启动其他节点，组成分布式联邦网络。
- 根据设计的计算层发布联邦模型，使用 SDK 编写计算模块，并且连接到对应的 RTOSNode 节点。
- 对应特殊的计算层如神经网络、物理仿真计算等，使用特定的 SDK 编写委托-代理的 Agent 模型，提供复杂的算法模块。
- 运行整体群体智能系统，启动中控系统，监听运行环境，在使用中迭代更新智能参数、调整群体智能体系。

2. 多分布式体系模型兼容

在多个分布式体系下，体系路由节点可以通过内部线程多任务的方式，兼容多个分布式体系的模型和功能，RTOSNode 可以支持外部网络分布式和内部线程分布式（3.3 RTOSNode 节点的原理和能力）。路由节点同时加载 Fed 模型和 IDL 模型，内部同步数据，对外支持多体系，具体的运行原理如图 2-44 所示。

节点对多分布式体系兼容的原理要点如下：

- 中心 RTOSNode 中，通过线程分布式的方式，在一个节点中形成多体系任务。
- 在分布式节点中，加载各自负责分布式体系的模型文件。
- 多体系之间的交互，通过节点中的线程通道进行信息的交换和同步。
- 各自的分布式节点，和外部的节点进行当前体系的模型加载、任务分发、计算层处理等工作。

3. 神经网络代理模型

在整个群体智能体系中，有一些复杂的算法模块或者专家系统协作，需要专一的、复杂的系统协作工作，对此定义的模型功能，在细节算法层面更需要代理给特定的模型进行计算工作，特别是神经网络。这是进行分布式智能系统开发的核心功能，读者需要进行大致的了解，然后应用到相关的基础领域。具体的 RTOS 底层原理、组织结构，以及系统开发的算法、架构和应用方式将在后面的章节里面详细介绍。

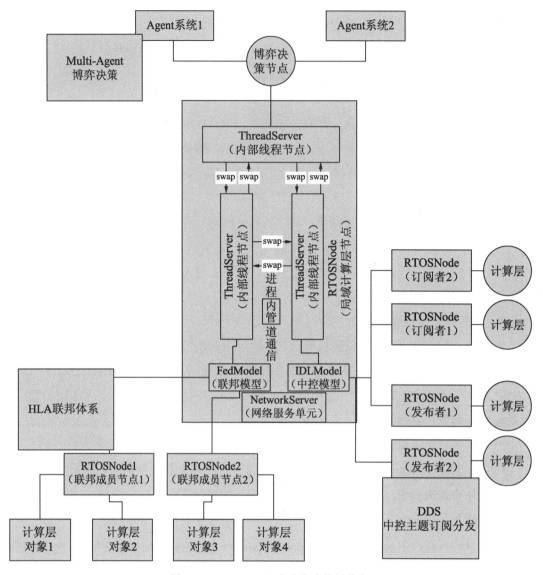

图 2-44　RTOSNode 多分布式体系兼容

2.11　分布式智能计算的价值

　　随着计算机网络的不断发展，特别是 5G 时代的来临，计算芯片的不断小型化、计算能力的不断提高，融合网络、存储、应用、决策的开放平台将智能计算的任务逐渐分布到边缘的计算设备上，以提供更加接近用户的智能互联服务。在新工业化、数字化、经济智能化的变革过程中，分布式智能计算变得更加分散、智能，却对相互的聚合、共同决策、数据互动操作、安全和隐私提出了更高的需求，分布式智能计算的价值正在进入爆发期。

在视频监控领域，我国部署了上千万监控摄像头，每周都会生成海量数据。如果所有终端设备都基于云计算进行智能分析和计算，带宽费用将是天文数字。应用边缘计算与分布式智能，将会对设备的实时性、智能化进行全面优化，并且极大地节约了相关成本。

在无人驾驶领域，传统的云计算中心解决方案会产生极大的延时计算，造成在极端情况下的网络失灵，在实用领域也将有极大的问题。采用边缘计算与云计算中心结合的方案，可以实现传输距离短、延时低、效率高等优点，如图 2-45 所示。

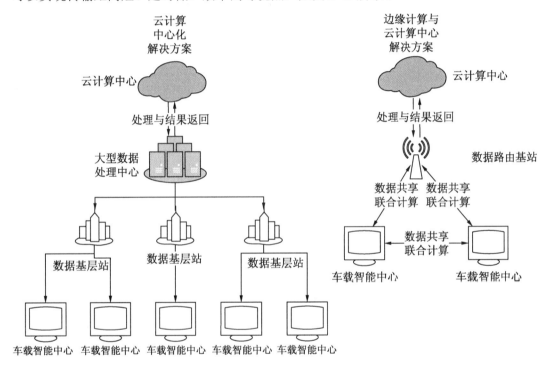

图 2-45　边缘计算与云计算中心结合的解决方案

分布式边缘智能计算在它的价值体系中主要有以下特点。

- 分布式和低延时：云计算在很多领域并不是最佳策略，分布式边缘计算更加靠近数据源头，最贴近执行端，拥有更高的响应速度，并且相互作用，对整体网络进行加速和转移。
- 可以极大地调用计算资源：中心化的计算方式，设备需要发送数据，然后将所有的计算都集中化运算，造成了大量终端设备计算能力的浪费。分布式智能计算，可以将整体分布式设备通过网络联合其他设备，集合大量的分散计算资源，给予缺乏资源的设备计算能力的补充。
- 节省能源消耗：云计算会消耗大量的能源，随着应用越来越多，能量的消耗将日益增加。提高能源利用效率，将小型化的设备进行小型计算，是非常必要的处理；通过边缘节点进行数据过滤和处理，只在云端做部分需要集中化的计算，可以极大地节省能源成本。

- 降低网络流量压力：云计算的应用中，大量的计算与云端进行通信和同步，将极大浪费网络带宽资源。更有策略地分配流量压力，通过边缘化的设备进行计算，多设备进行内网的协调工作，降低与云端的通信压力，可以极大地节省带宽成本。

- 更加灵活的智能化：在工业应用上，通过边缘节点进行分析工作，云端进行集中化的群体决策，再通过边缘节点分担计算工作，增强云端计算能力，将业务流程、运维流程、AI 智能决策，通过分布式智能节点结合，可以更加全面地提升工业的智能能力，实现全面的数字化。比较著名的是霍尼韦尔公司提出的工业领域 6 层架构，如图 2-46 所示。

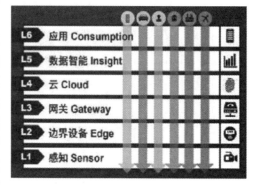

图 2-46　工业领域 6 层架构

随着分布式智能计算的发展，计算强度和数据传输，将极大地改变我们的工作生活。图 2-47 所示为分布式智能计算的两极发展。

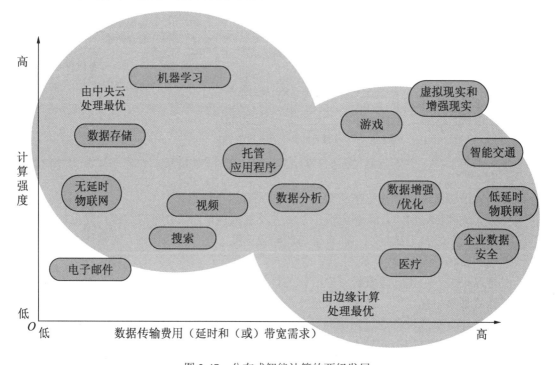

图 2-47　分布式智能计算的两级发展

2.12 本 章 小 结

本章介绍了分布式智能计算的基础概念、计算框架、计算体系和底层核心，并且对相关的算法模型和计算原理进行了介绍。学习完本章后，请思考以下问题：

（1）分布式常用的计算框架有哪些？它们分别有哪些特点？在什么情况下选用特定的框架？

（2）Spark 框架的核心概念是什么？它通过什么来实现分布式智能计算和计算模型开发？

（3）HLA 体系有什么特点？它适合应用在哪种分布式智能计算中？

（4）MAS 有什么特点？它适合应用在哪种分布式智能计算中？

（5）分布式计算的同步、异步、融合和延时处理的常用方法和原理是什么？

（6）分布式智能计算的模型和单机计算模型有什么不同？设计计算模型的理论基础和方法论是什么？

（7）分布式智能节点与 RTOS 是什么？在分布式智能计算中，如何结合 RTOS、分布式体系和计算模型？

第 2 篇
计算框架

在第 1 篇中,我们介绍了分布式人工智能和群体智能相关的基础概念。本篇将讲解在分布式人工智能和群体智能中所使用的框架技术,为算法学习和系统开发打下基础。

本篇内容包括:

▸▸ 第 3 章　TensorFlow 框架介绍

▸▸ 第 4 章　分布式智能计算核心

▸▸ 第 5 章　大数据与存储系统框架

第 3 章　TensorFlow 框架介绍

在分布式人工智能系统中，需要为系统的子系统或者智能个体提供经验学习数据和算法的自我进化能力，于是我们需要一个神经网络库，提供深度学习的能力。本书主要使用TensorFlow 作为深度学习的主要功能库进行讲解。

3.1　什么是 TensorFlow

TensorFlow 是一个开源软件库，是一个运用数据流图进行数值计算的数学库，它是由Google 基于 DistBelief 研发的，称为第二代人工智能学习系统。它的命名定义了它本身的重要特性。

- Tensor：翻译为张量，代表着 N 维数组，是 TensorFlow 计算结构的基本组成。
- Flow：翻译为流，代表了它基于数据流和图的计算为主。
- TensorFlow 定义了张量从流图中的一端到另一端的计算过程。

TensorFlow 通过这样的方式定义神经网络，将复杂的计算结构进行人工智能分析和处理。

TensorFlow 是灵活的框架，可以运行在个人计算机、服务器、单 CPU、多 CPU、单GPU 和多 GPU 上，也可以运行在移动设备上。它是 Google Brain 团队研究机器学习和神经网络开发的，具有通用性、广泛性。它有六大特点，如图 3-1 所示。

用 Google 在 Google Cloud Next 中演讲的主题"What's New with TensorFlow"，可以总结出 TensorFlow 有如下实际价值。

- 强大的机器学习框架：TensorFlow 是先进的机器学习框架，它将追踪人工智能的先进技术，帮助我们迅速使用最新技术，如深度学习、神经网络等。
- TensorFlow：提供简单的 Python 接口，让我们很轻松地通过 Python 语言进行编程和调试，与机器学习进行交互。

非常灵活（Deep Flexibility）	便携（True Portability）
它不仅可以用来做神经网络的算法研究，也可以用来做普通的机器学习算法，甚至只要你能够把计算表示成数据流图，就都可以用TensorFlow。	这个工具可以部署在各种场景的计算设备上。

研究和产品的桥梁（Connect Research and Production）	自动做微分运算（Auto-Differentiation）
在谷歌，科学家可以用TensorFlow研究新的算法，产品团队可以用它来训练实际的产品模型，更重要的是，这样就更容易将研究成果转化成实际的产品。另外，Google曾指出大多数产品都用到了TensorFlow，如搜索排序、语音识别、谷歌相册和自然语言处理等。	机器学习中的很多算法都用到了梯度，使用TensorFlow可以自动求出梯度，只要用户定义好目标函数，增加数据即可。

语言灵活（Language Options）	最大化性能（Mazimize Performance）
TensorFlow使用C++实现，用Python封装，暂时只支持这两种语言。谷歌号召社区通过SWIG开发更多的语言接口来支持TensorFlow。	通过对线程、队列和异步计算的支持（first-class support），TensorFlow可以运行在各种硬件上，同时根据计算的需要，合理将运算分配到相应的设备上，如将卷积分配到GPU上。

图 3-1　TensorFlow 的特点

- 构建神经网络：Google 提供了 Keras+TenorFlow，通过友好、简单的原型设计，更容易构建神经网络。示例代码如下：

```
#构建 mlp(Multi-Layer Perception)多层感知器，是一种前向结构的人工神经网络
@register("mlp")
def mlp(num_layers=2, num_hidden=64, activation=tf.tanh, layer_norm=False):
    """
    在策略/Q 函数逼近器中使用的全连接层的堆栈

    参数说明：
    ----------

    num_layers: int              全连通层数 (default: 2)

    num_hidden: int              全连通层的尺寸 (default: 64)

    activation:                  激活函数 (default: tf.tanh)

    Returns:
    -------

    该函数使用给定的输入张量/占位符构建完全连接的网络
    """
    def network_fn(X):
        #对张量进行扁平化
```

```
h = tf.layers.flatten(X)
for i in range(num_layers):
    #构建连接层
    h = fc(h, 'mlp_fc{}'.format(i), nh=num_hidden, init_scale=np.sqrt(2))
    if layer_norm:
        h = tf.contrib.layers.layer_norm(h, center=True, scale=True)
    #构建激活函数
    h = activation(h)

    return h

return network_fn
```

- 多语言支持：不仅支持 Python，而且还支持多种语言环境，如 R 语言、Swift、JavaScript 等。
- Web 跨系统的人工智能：支持在浏览器中训练和执行模型。
- 小型化：TensorFlow Lite 支持在移动设备和物联网上执行模型计算。
- 支持专用的人工智能硬件，如 Cloud TPU 等，将有更快的模型训练速度。
- 支持数据流：通过 tf.data 可以将输入表达得更加高效，提供流数据，与训练同步，速度快。
- 开源生态和模型组件：TensorFlow 是开源的系统，并且提供 TensorFlow Hub，执行别人训练的分享模型。

3.2　TensorFlow 的结构和应用概念

了解了 TensorFlow 的基本情况以后，我们就要开始使用 TensorFlow 了。首先需要了解 TensorFlow 的结构组成和应用方法。

应用 TensorFlow 的时候，需要将计算问题抽象，表达成框架可以计算的模型，它的基础数据概念主要包括以下几部分。

- 图模型：TensorFlow 中的神经网络、计算流程都需要表达成图的形式进行计算。
- Session：TensorFlow 中计算程序和神经网络计算执行的连接层，是执行入口，存储了计算的上下文关系，类似于 Spark 中的 SparkContext。
- Tensor：对计算问题的描述和特征值，需要表达为 Tensor，在整个计算中都表达为多维数组的张量。
- Variables，表示 TensorFlow 中的可变状态，通常用于函数权重的推导，如模型参数。
- feeds 和 fetches：通过图的运算节点进行数据的输入/输出。

我们可以把 TensorFlow 的工作方式表达成一张流程图，如图 3-2 所示。

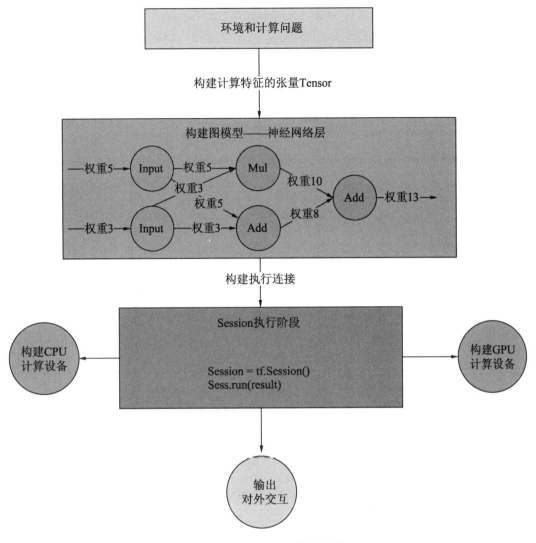

图 3-2　TensorFlow 工作流程原理

我们编写一段简单的代码,根据流程图进行编程说明。具体代码如下:

```
# -*- coding: utf-8 -*-
"""
Created on Mon May 27 15:55:13 2019

@author: wangjingyi
"""
import os
os.environ['TF_CPP_MIN_LOG_LEVEL'] = '2'

import TensorFlow as tf
# # 定义常量矩阵 a 和矩阵 b
# # name 只是定义 ss 这个操作的一个名称而已
```

```
a = tf.constant([[1,2],[3,4]],dtype=tf.int32,name='a')
#print(type(a))
# # 以 a 和 b 作为输入，进行矩阵的乘法操作
b = tf.constant([5,6,7,8],dtype=tf.int32,shape=[2,2],name='b')
c = tf.matmul(a,b,name='matmul')
# print(c)
# # 以 a 和 c 作为输入，进行矩阵的相加操作
g = tf.add(a,c,name='add')
# print(type(g))
# print(g)
# # 添加减法
h = tf.subtract(b,a,name='b-a')
l =tf.matmul(h,c)
r = tf.add(g,l)
#print("变量 a 是否在默认的图中：{}".format(a.graph is tf.get_default_graph()))

# # 使用新构建的图
graph = tf.Graph()
#此时在这个代码块中，使用的就是新定义的图 graph()，相当于把默认的图换成了 graph()
with graph.as_default():
    d = tf.constant(5.0,name='d')
    #print("变量 d 是否在新图 graph 中:{}".format(d.graph is graph))
with tf.Graph().as_default() as g2:
    e = tf.constant(6.0)
    #print("变量 e 是否在新图 g2 中: {}".format(e.graph is g2))
##这段代码是错误的用法。记住：不能使用两个图中的变量进行操作，而只能对同一个图中的变量
    对象(张量)进行操作(op)

#会话构建和启动[默认情况下（不给定 Session 的 graph 参数的情况下），创建的 Session 属
    于默认的图]
sess = tf.Session()
#print(sess)
## 调用 sess 的 run 方法来执行矩阵的乘法，得到 c 的结果值（所以将 c 作为参数传递进去）
## 不需要考虑图中间的运算，在运行的时候只需要关注最终结果对训练对象的影响，以及所需要
    的输入数据值
## 只需要传入所需要得到的结果对象，便会自动根据图中的依赖关系触发所有相关的操作
## 如果 op 之间没有依赖关系，TensorFlow 底层会并行地执行 op(有资源)-->自动进行
## 如果传递的 fetches 是一个列表，那么返回值是一个 list 集合
## fetches：表示获取那个 op 操作的结果值
result = sess.run(fetches=[r,c])
#print("type:{},value:\n{}".format(type(result),result))
##会话关闭
sess.close()
## 当一个会话关闭后，就不能再使用了，所以下面的两行代码会出错
#resut2 = sess.run(c)
#print(resut2)
##使用 with 语句块，会在 with 语句块执行完成后，自动关闭 session
#with tf.Session(config=tf.ConfigProto(log_device_placement=True)) as sess2:
    #print(sess2)
    #获取张量 r 的结果：通过张量对象的 eval 方法获取和 Session 的 run 方法一致
    #print("c eval:{}".format(r.eval()))
```

```
## 交互式会话构建
sess3 = tf.InteractiveSession()
#print(r.eval())

## 定义一个变量，必须给定初始值（图的构建，没有运行）
a = tf.Variable(initial_value=3.0,dtype=tf.float32)
## 定义一个张量
b = tf.constant(value=2.0,dtype=tf.float32)
c = tf.add(a,b)
#print(c)
## 定义初始化操作（推荐：使用全局所有变量初始化 API）
## 相当于在图中加入一个初始化全局变量的操作
init_op = tf.global_variables_initializer()
#print(type(init_op))
## 图的运行
with tf.Session(config=tf.ConfigProto(log_device_placement=True,allow_soft_
placement=True)) as sess:
    ## 运行 init_op 进行变量初始化，一定要放到所有运行操作之前
    sess.run(init_op)
## init_op.run()#这行代码也是初始化运行操作，但是要求明确给定当前代码块对应的默认
    session，(tf.get_default_session())可以获取，底层使用默认 session 来运行
##获取操作的结果
#print("result:{}".format(sess.run(c)))
#print("result:{}".format(c.eval()))


## 定义变量、常量
w1 = tf.Variable(tf.random_normal(shape=[10],stddev=0.5,seed=28,dtype=
tf.float32))
w2 = tf.Variable(w1.initialized_value()*a,name='w2')
a = tf.constant(value=2.0,dtype=tf.float32)
print("-------------------------------------------------------------------")
print(w1)
## 进行初始化操作（推荐：使用全局所有变量初始化 API）
#相当于在图中加入一个初始化全局变量的操作

init_op = tf.global_variables_initializer()
print(type(init_op))
## 图的运行
with tf.Session(config=tf.ConfigProto(log_device_placement=True, allow_
soft_placement=True)) as sess:
    #设置 GPU 进行运算的方式
    with tf.device('/gpu:1'):
        ## 运行 init_op 进行变量初始化，一定要放到所有运行操作之前
        sess.run(init_op)
## init_op.run() # 这行代码也是初始化运行操作，但是要求明确给定当前代码块对应的默认
    session(tf.get_default_session())是哪个，底层使用默认 session 来运行
## 获取操作的结果
#print("result:{}".format(sess.run(c)))
#print("result:{}".format(c.eval()))


## 定义变量和常量
```

```
# w1 = tf.Variable(tf.random_normal(shape=[10], stddev=0.5, seed=28,
dtype=tf.float32), name='w1')
# a = tf.constant(value=2.0, dtype=tf.float32)
# w2 = tf.Variable(w1.initialized_value() * a, name='w2')
#
## 进行初始化操作（推荐：使用全局所有变量初始化 API）
## 相当于在图中加入一个初始化全局变量的操作
# init_op = tf.global_variables_initializer()
# print(type(init_op))
#
```

运行结果如图 3-3 所示。

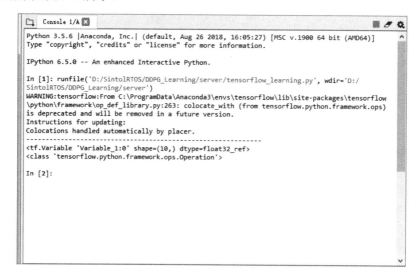

图 3-3　TensorFlow 流程运行结果

基于 TensorFlow 运行的特点，它的数据流图将应用节点（nodes）和线（edges）的有向图来描述整个数学计算模型。节点用于表示数据操作，也可以表示输入起点（feed in）和输入终点（push out）。线用来表述输入和输出的关系，一般以权重表示。它们可以大小动态调整多维数组，形成张量，并且节点可以支持并行计算和异步计算。为了支持 TensorFlow 强大的数学计算能力和高兼容性环境，官方给出了它的组件架构，如图 3-4 所示。

- 最下层为系统对接部分，支持多操作系统，支持 CPU 与 GPU 操作。
- 倒数第二层为它的分布式结构，在 TensorFlow 计算规模越来越大的情况下，它需要支持在分布式的机构下进行大规模计算。
- 倒数第三层是应用部分，包括多语言的支持，以及 TensorFlow 中层、图、数据结构、计算模型等的定义模块。

以上就是 TensorFlow 主要的工作流程和结构模型，读者如果希望更加深入地了解 TensorFlow，可以查阅相关材料，并且试读它的源码，进行深入学习。了解 TensorFlow 的细节部分，有利于在应用环境中快速定位问题，准确、快速地训练 AI 模型。

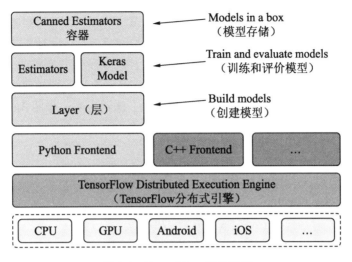

图 3-4　TensorFlow 组件架构

3.3　Graph 与并行计算模型

如何支持分布式的并行计算且兼容 TensorFlow 图计算模型，以支持大规模的计算和多样化的 AI 博弈环境，是 TensorFlow 主要的发展方向。本节就讲解这个部分的内容。

在机器学习中，神经网络机构一般都会表现为有向无环图的形式，通过多层网络形成神经元的层次深度结构，如图 3-5 所示。

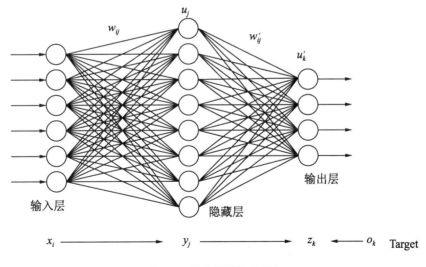

图 3-5　前向反馈神经网络

这个常用的前向反馈神经网络分为输入层、隐藏层与输出层，每层都有数量不定的神经元，前一层输入到后一层都会通过有向图的边设定权重。具体的计算方式会根据不同神经元的激活函数和线性函数，依据权重进行线性变换和非线性变换。

在 TensorFlow 中，我们通过一个最简单的单神经元来说明图的计算。神经元有多个输入，每个边输入有权重因子，神经元中有偏置量、激活函数，如图 3-6 所示。

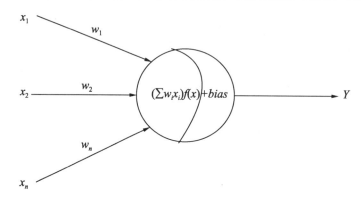

图 3-6　神经元图节点计算

其中，$f(x)$ 是激活函数，一般会选用非线性函数，$bias$ 是偏移量，与权重结合，形成一个线性函数的计算，它的值我们可以得出公式如下：

$$Y = \left(\sum w_i x_i\right) f(x) + bias$$

根据这个计算公式输入的三个参数使用张量来表示，激活函数使用 sigmoid 函数来进行计算，权重通过神经网络随机生成，可以得到 TensorFlow 中的代码，具体如下：

```
inputTensor = tf.placeholder(tf.float32, [None, numberOfInputDims], name
='inputTensor')
labelTensor=tf.placeholder(tf.float32, [None, 1], name='LabelTensor')
W = tf.Variable(tf.random_uniform([numberOfInputDims, 1], -1.0, 1.0), name
='weights')
b = tf.Variable(tf.zeros([1]), name='biases')
Y = tf.nn.sigmoid(tf.matmul(inputTensor, W) + b, name='activation')
```

另外，通过 TensorFlow 的工具 TensorBoard，我们可以将代码生成可视化的图模型，具体如图 3-7 所示。

根据 TensorFlow 的神经计算方式，我们可以将一张图通过像素的拆解、离散，提取不同层次的特征结构，形成识别它的卷积神经网络，如图 3-8 所示。

当整个神经网络的计算规模较大时，我们需要将图的计算、参数的更新、损失函数的计算都分到不同的计算节点进行工作，针对这个问题，TensorFlow 给出了它的分布式解决方案。

TensorFlow 将它的图计算分为前后两端的工作机制。

- 前端主要提供编程模型，负责计算图的构造工作。
- 后端主要提供分布式运行环境，并且负责图计算的执行管理。

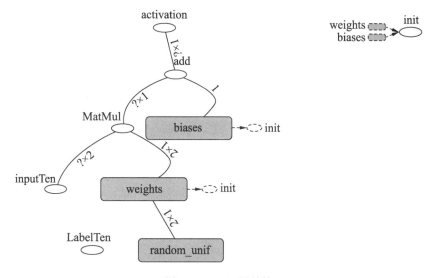

图 3-7　Graph 图结构

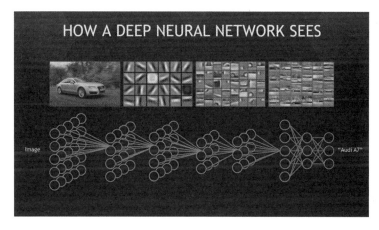

图 3-8　奥迪车识别的卷积神经网络

TensorFlow 的前后端工作机制如图 3-9 所示。

其中，Client 负责前端构造计算图和编程接口，建立 Session，负责与后端工作进行沟通，并负责传输 Graph 给后端分布式管理器 Distributed Master。

我们以一段流程工作来说明 Graph 的并行计算模型。

首先构建一个简单的 Graph，如下：

$$s=w\times x+b$$

TensorFlow 的图计算分布式工作模式如图 3-10 所示。

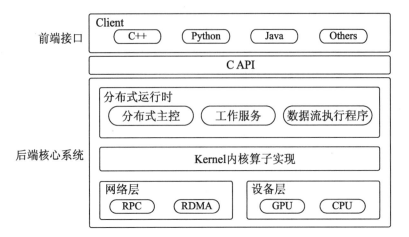

图 3-9　TensorFlow 的前后端工作机制

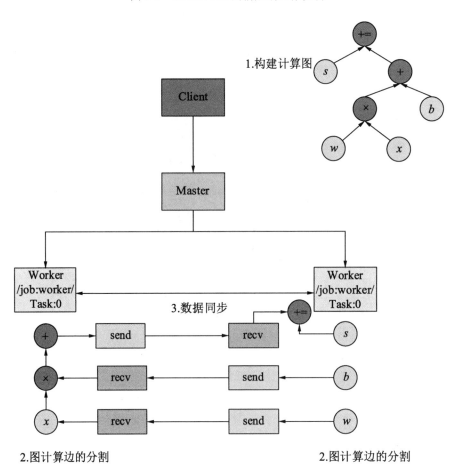

图 3-10　TensorFlow 的图计算分布式分割

Graph 分布式模型的工作内容主要分为四个要点：

- Client 构建计算内容的图模型。
- Master 将图模型的边进行分解，分给不同的计算 Work 进行工作。
- 在分布式计算中，通过 send/recv 进行数据的归并和同步。
- 得出图的计算结果。

在 TensorFlow 中，可以实现多 CPU 或者多 GPU 的运算模型，它的并行计算主要包括如下两种方式。

- 数据并行：数据并行将在不同的 GPU 上使用同样的计算模型，对不同模型使用不同的训练样本。数据并行的时候，根据它的参数更新方式又可以划分为"同步数据并行"和"异步数据并行"。在"同步数据并行"中，每个 GPU 会根据各自的 loss（损失）计算 gradient（梯度），然后汇总所有 GPU 的 gradient，并计算平均 gradient，再更新模型参数；在"异步数据并行"中，所有 GPU 都更新各自的参数，每个 GPU 不等待其他的同步，每个 GPU 更新的进度有差别。它的工作模式如图 3-11 所示。

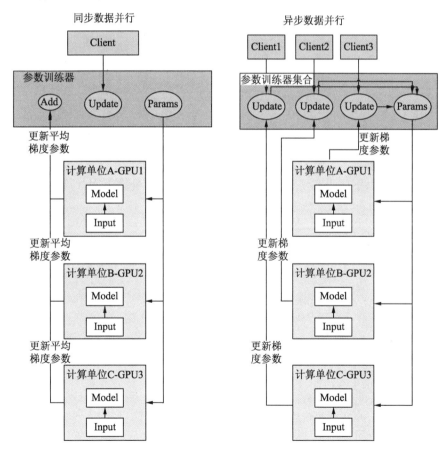

图 3-11　同步数据并行与异步数据并行

- 模型并行：将不同的模型分布到不同的计算设备上进行工作，同一个神经网络可以将输入层放到 GPU0，隐藏层放到 GPU1 等，Client、Master、Worker 在不同的机器上工作，如图 3-12 所示。

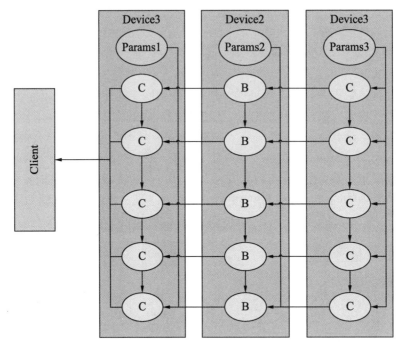

图 3-12　模型并行计算图

接着我们通过以下代码实现 TensorFlow 中的数据并行处理方案，具体如下：

```
# -*- coding: utf-8 -*-
"""
Created on Wed May 29 15:13:24 2019

@author: wangjingyi
"""

import TensorFlow as tf
from TensorFlow.python.client import device_lib
import os
import time

# 设置 tf 记录的参数级别：
# 0 = 记录所有的 log 信息
# 1 = 记录 INFO 级别的信息
# 2 = INFO 和 WARNING 信息不记录
# 3 = INFO、WARNING 和 ERROR messages 信息不记录
# 在 Linux 下，如果使用的语句是$ export TF_CPP_MIN_LOG_LEVEL=2
os.environ['TF_CPP_MIN_LOG_LEVEL'] = '2'
```

```
################# 获取当前设备所有 GPU 设备 #################
def check_available_gpus():
    local_devices = device_lib.list_local_devices()
    gpu_names = [x.name for x in local_devices if x.device_type == 'GPU']
    gpu_num = len(gpu_names)
    print('{0} GPUs are detected : {1}'.format(gpu_num, gpu_names))
    return gpu_num                              # 返回 GPU 个数

# 设置使用哪些 GPU, 实际的 GPU12 对我的程序来说就是 GPU0
# 这里 GPU 需要是英伟达的 GPU, 支持 CUDA 计算
os.environ['CUDA_VISIBLE_DEVICES'] = '12, 13, 14, 15'
N_GPU = 4                                       # 定义 GPU 个数

# 定义网络中的一些参数
BATCH_SIZE = 100*N_GPU
LEARNING_RATE = 0.001
EPOCHS_NUM = 1000
NUM_THREADS = 10

# 定义数据和模型路径
MODEL_SAVE_PATH = 'data/tmp/logs_and_models/'
MODEL_NAME = 'model.ckpt'
DATA_PATH = 'data/test_data.tfrecord'

#Dataset 的解析函数
def _parse_function(example_proto):
    dics = {
        'sample': tf.FixedLenFeature([5], tf.int64),
        'label': tf.FixedLenFeature([], tf.int64)}
    parsed_example = tf.parse_single_example(example_proto, dics)
    parsed_example['sample'] = tf.cast(parsed_example['sample'], tf.float32)
    parsed_example['label'] = tf.cast(parsed_example['label'], tf.float32)
    return parsed_example
#读取数据并根据 GPU 个数进行均分
def _get_data(tfrecord_path = DATA_PATH, num_threads = NUM_THREADS, num_epochs = EPOCHS_NUM, batch_size = BATCH_SIZE, num_gpu = N_GPU):
    dataset = tf.data.TFRecordDataset(tfrecord_path)
    new_dataset = dataset.map(_parse_function, num_parallel_calls=num_threads)              # 同时设置了多线程
# shuffle 必须放在 repeat 前面, 才能正确运行。否则会报错： Out of Range
    # shuffle 打乱顺序
    shuffle_dataset = new_dataset.shuffle(buffer_size=10000)
    # 定义重复训练多少次全部样本
    repeat_dataset = shuffle_dataset.repeat(num_epochs)
    batch_dataset = repeat_dataset.batch(batch_size=batch_size)
    iterator = batch_dataset.make_one_shot_iterator()       # 创建迭代器
    next_element = iterator.get_next()
    x_split = tf.split(next_element['sample'], num_gpu)
    y_split = tf.split(next_element['label'], num_gpu)
    return x_split, y_split
# 由于对命名空间不理解, 且模型的参数比较少, 把参数的初始化放在外面, 运行前只初始化一次
```

```
# 但是，当模型参数较多的时候，这样定义几百个会崩溃的。之后会详细介绍一下 TF 中共享变量
  的定义，它可以解决此问题
def _init_parameters():
    w1 = tf.get_variable('w1', shape=[5, 10], initializer=tf.random_normal_
initializer(mean=0, stddev=1, seed=9))
    b1 = tf.get_variable('b1', shape=[10], initializer=tf.random_normal_
initializer(mean=0, stddev=1, seed=1))
    w2 = tf.get_variable('w2', shape=[10, 1], initializer=tf.random_normal_
initializer(mean=0, stddev=1, seed=0))
    b2 = tf.get_variable('b2', shape=[1], initializer=tf.random_normal_
initializer(mean=0, stddev=1, seed=2))
    return w1, w2, b1, b2

# 计算平均梯度。平均梯度是对样本个数的平均
def average_gradients(tower_grads):
    avg_grads = []

    # grad_and_vars 代表不同的参数（含全部 GPU），如四个 GPU 上对应 w1 的所有梯度值
    for grad_and_vars in zip(*tower_grads):
        grads = []
        #循环不同 GPU
        for g, _ in grad_and_vars:
            #扩展一个维度代表 GPU，如 w1=shape(5,10)，扩展后变为 shape(1,5,10)
            expanded_g = tf.expand_dims(g, 0)
            grads.append(expanded_g)
        # 在第一个维度上合并
        grad = tf.concat(grads, 0)
        # 计算平均梯度
        grad = tf.reduce_mean(grad, 0)

        # 变量参数
        v = grad_and_vars[0][1]
        # 将平均梯度和变量对应起来
        grad_and_var = (grad, v)
        # 将不同变量的平均梯度 append 一起
        avg_grads.append(grad_and_var)
    # 返回平均梯度
    return avg_grads

# 初始化变量
w1, w2, b1, b2 = _init_parameters()
# 获取训练样本
x_split, y_split = _get_data()
# 建立优化器
opt = tf.train.GradientDescentOptimizer(LEARNING_RATE)
tower_grads = []

# 将神经网络中前馈传输的图计算，分配给不同的 GPU，训练不同的样本
for i in range(N_GPU):
    with tf.device("/gpu:%d" % i):
        y_hidden = tf.nn.relu(tf.matmul(x_split[i], w1) + b1)
        y_out = tf.matmul(y_hidden, w2) + b2
        y_out = tf.reshape(y_out, [-1])
```

```
        cur_loss = tf.nn.sigmoid_cross_entropy_with_logits(logits=y_out,
labels=y_split[i], name=None)
        grads = opt.compute_gradients(cur_loss)
        tower_grads.append(grads)
    ######   建立一个 session 主要是想获取参数的具体数值，以查看是否对每一个 GPU 来说
            都没有更新参数
    #####  在每个 GPU 上只是计算梯度，并没有更新参数
with tf.Session(config=tf.ConfigProto(allow_soft_placement=True,
 log_device_placement=False)) as sess:
        coord = tf.train.Coordinator()
        threads = tf.train.start_queue_runners(sess=sess, coord=coord)
        sess.run(tf.global_variables_initializer())
        sess.run(tf.local_variables_initializer())
        sess.run(tower_grads)
        print('===============  parameter test sy =========')
        print(i)
        print(sess.run(b1))
        coord.request_stop()
        coord.join(threads)
# 计算平均梯度
grads = average_gradients(tower_grads)

# 用平均梯度更新模型参数
apply_gradient_op = opt.apply_gradients(grads)
# allow_soft_placement 是当指定的设备 GPU 不存在，用可用的设备来处理
# log_device_placement 是记录哪些操作在哪个设备上完成的信息
with tf.Session(config=tf.ConfigProto(allow_soft_placement=True, log_device_
placement=True)) as sess:
    #线程池
    coord = tf.train.Coordinator()
    #设置多线程，进行分布式模拟测试
    threads = tf.train.start_queue_runners(sess=sess, coord=coord)
    #初始化参数
    sess.run(tf.global_variables_initializer())
    sess.run(tf.local_variables_initializer())
    #开始分布式的训练
    for step in range(1000):
        start_time = time.time()
        sess.run(apply_gradient_op)

        duration = time.time() - start_time
        if step != 0 and step % 100 == 0:
            num_examples_per_step = BATCH_SIZE * N_GPU
            examples_per_sec = num_examples_per_step / duration
            sec_per_batch = duration / N_GPU
            print('step:', step, grads, examples_per_sec, sec_per_batch)
            print('=======================parameter b1=========== :')
            print(sess.run(b1))
    coord.request_stop()
    coord.join(threads)
```

它的工作模式主要分为如下三个步骤：

（1）通过计算所有 GPU 的梯度更新，获得整体平均梯度，更新参数。

（2）通过计算所有 GPU 的损失函数，使用梯度更新参数。

（3）每个 GPU 都更新了新的参数以后，它们再同步更新平均参数。

运行完成以后，通过 TensorBoard 可以查看它的 graph 模型，在生成的模型目录下输入命令，打开 TensorBoard，具体如下：

```
tensorboard --logdir=路径
```

运行结果如图 3-13 所示。

图 3-13　启动 TensorBoard

通过浏览器打开 http://localhost:6006/#graphs，可以查看它的 graph 图计算模型，如图 3-14 所示。

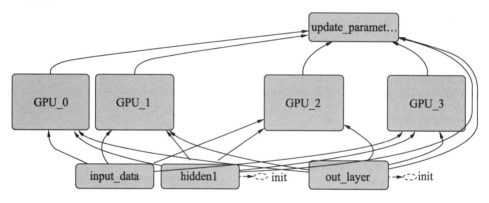

图 3-14　graph 计算图

以上就是 TensorFlow 并行计算模型和图计算的基本原理。初次接触 TensorFlow 的读者较难理解本节的内容，不要灰心，这是正常的。本节的目的是让读者初步认识 TensorFlow 在分布式并行计算模型上的能力，后面的实际开发章节将通过工程研发，让读者逐步熟悉它的运作原理。

3.4　Session 会话层

在 TensorFlow 中，大多数算法模型会接触到 Session，它是整个框架运行和启动的核心控制组件，本节我们就来了解它的原理和应用方式。

在 TensorFlow 中，tf.Session 是它的会话层类，表示客户端程序，及 C++ 后端执行 Run Time 的连接层，具体结构在 3.3 节中讲过。

　　tf.Session 可以帮助开发者访问本地计算机，获取设备和分布式运行设备的情况，并且缓存 tf.Graph 计算信息，帮助我们存储和加载模型。

　　tf.Session 管理着物理资源如网络连接和 GPU，在整个工程中，需要作为上下文的管理器，在代码快退出的时候，自动关闭会话，并且释放物理资源。

　　tf.Session 作为整个 TensorFlow 框架启动的组件，提供了 init 函数——tf.Session.init，它拥有四个主要参数。

- target：设置 TensorFlow 中的服务设备，可以默认留空，表示使用本地计算机作为运算设备。也可以指定 grpc://+URL，指定分布式设备作为服务。TensorFlow 提供了 tf.train.Server 来建立外部的分布式计算服务器。
- graph：默认情况下绑定当前的默认图，并且在当前程序中运行。在程序中也可以指定多个运算图，构建设置明确的 tf.Graph。
- config：设定控制会话层行为的配置 tf.ConfigProto。它包括四个部分：①allow_sof_placement 设置算法 GPU 分配资源；②allow_sof_placement 源；③cluster_def 设置分布式机器的工作流名称；④cluster_def 设置任务的牵引地址和映射地址。allow_sof_placement 设置算法是否分配到 gpu，或者只在 cpu 运行；cluster_def 设置分布式机器之间的作业名称、索引任务、地址映射等。
- gpu_options.allow_growth：设置 GPU 内存的分布是逐渐分配还是在启动时全部分配好。

　　tf.Session 初始化设置好以后，可以通过 tf.Session.run 启动 TensorFlow。其中传入的张量 tf.Tensor 和操作 tf.Operation，可以在启动时传递到会话层。

　　在 tf.Session.run 时，需要指定一组 fetch，可以确定返回值或张量类型。

　　下面我们通过示例，说明它的具体用法。

```
# -*- coding: utf-8 -*-
"""
Created on Thu May 30 13:46:17 2019

@author: wangjingyi
"""

import TensorFlow as tf
'''
wangjingyi TensorFlow 编程基础 session
'''


'''
1.编写 hello world 程序掩饰 session 的使用
  建立一个 session,在 session 中输出 hello TensorFlow
'''

#定义一个常量
```

```
hello = tf.constant('hello TensorFlow')

#构造阶段完成后才能启动图，启动图的第一步是创建一个 Session 对象，如果无任何创建函数，
  会话构造器将启动默认图
sess = tf.Session()
#通过 session 里面的 run()函数来运行结果
print(sess.run(hello))
#或者
print(hello.eval(session=sess))
#任务执行完毕，关闭会话，Session 对象在使用完毕后需要关闭以释放资源，除了显示调用 close()
  外，也可以使用 with 代码块
sess.close()


'''
2. with session 的使用
'''
a = tf.constant(3)
b = tf.constant(4)
with tf.Session() as sess:
    print(' a + b = {0}'.format(sess.run(a+b)))
    print(' a * b = {0}'.format(sess.run(a*b)))


'''
3.交互式 session
'''
#进入一个交互式 TensorFlow 会话
sess = tf.InteractiveSession()

x = tf.Variable([1.0,2.0])
a = tf.constant([3.0,3.0])

#使用初始化器 initializer op 的 run()初始化 x
x.initializer.run()

#增加一个减法算子 sub，它表示从 x 中减去 a。如果运行这个算子，会输出计算结果
sub = tf.subtract(x,a)
print(sub.eval())          #[-2. -1.]


'''
4.注入机制
'''
a = tf.placeholder(dtype=tf.float32)
b = tf.placeholder(dtype=tf.float32)
add = a + b
```

```
product = a*b
with tf.Session() as sess:
    #启动图后，变量必须先经过'初始化' op
    sess.run(tf.global_variables_initializer())
    print(' a + b = {0}'.format(sess.run(add,feed_dict={a:3,b:4})))
    print(' a * b = {0}'.format(sess.run(product,feed_dict={a:3,b:4})))
    #一次取出两个节点值
    print(' {0}'.format(sess.run([add,product],feed_dict={a:3,b:4})))


'''
5.指定 GPU 运算
'''
'''
设备用字符串进行标识。目前支持的设备包括：
    "/cpu:0": 机器的 CPU
    "/gpu:0": 机器的第一个 GPU，如果有的话
    "/gpu:1": 机器的第二个 GPU，以此类推
'''
with tf.Session() as sess:
    with tf.device("/cpu:0"):
        print(sess.run(product,feed_dict={a:3,b:4}))


'''
通过 tf.ConfigProto 来构建一个 config，在 config 中指定相关的 GPU，并且在 session
中传入参数 config='自己创建的 config'来指定 GPU 操作
tf.ConfigProto 参数如下：
log_device_placement = True: 是否打印设备分配日志
allow_soft_placement = True: 如果指定的设备不存在，允许 TF 自动分配设备
'''
config = tf.ConfigProto(log_device_placement=True,allow_soft_placement=True)
session = tf.Session(config = config)



'''
设置 GPU 使用资源
'''
#tf.ConfigProto 生成之后，还可以按需分配 GPU 使用的资源
config.gpu_options.allow_growth = True
#或者
gpu_options = tf.GPUOptions(allow_growth = True)
config = tf.ConfigProto(gpu_options = gpu_options)

#给 GPU 分配固定大小的计算资源,如分配给 TensorFlow 的 GPU 的显存的大小为:GPU 显存 x0.7
gpu_options = tf.GPUOptions(per_process_gpu_memory_fraction = 0.7)
```

运行结果如图 3-15 所示。

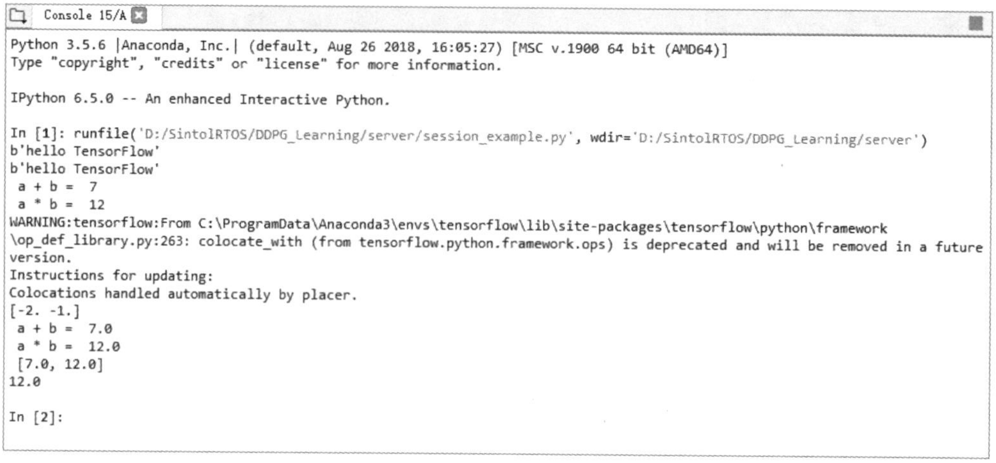

```
Console 15/A

Python 3.5.6 |Anaconda, Inc.| (default, Aug 26 2018, 16:05:27) [MSC v.1900 64 bit (AMD64)]
Type "copyright", "credits" or "license" for more information.

IPython 6.5.0 -- An enhanced Interactive Python.

In [1]: runfile('D:/SintolRTOS/DDPG_Learning/server/session_example.py', wdir='D:/SintolRTOS/DDPG_Learning/server')
b'hello TensorFlow'
b'hello TensorFlow'
 a + b =  7
 a * b =  12
WARNING:tensorflow:From C:\ProgramData\Anaconda3\envs\tensorflow\lib\site-packages\tensorflow\python\framework
\op_def_library.py:263: colocate_with (from tensorflow.python.framework.ops) is deprecated and will be removed in a future
version.
Instructions for updating:
Colocations handled automatically by placer.
[-2. -1.]
 a + b =  7.0
 a * b =  12.0
 [7.0, 12.0]
12.0

In [2]:
```

图 3-15　Session 运行测试结果

3.5　TensorFlow 中的数据类型与计算函数

　　了解 TensorFlow 的模型和会话运行机制以后，我们在实际的编程过程中还需要了解工作中常用的数据类型，从而灵活地进行计算任务的算法定义，本节就来了解 TensorFlow 中常用的数据类型和应用方法。

　　在 TensorFlow 中，张量是它的基础数据类型，它是一个 n 维的数组或者列表，Tensor 张量主要包含如下三种类型属性。

- 类型（type）：说明张量所属的数值类型和应用表示。
- 阶（rank）：表示数据的维度，它以中括号来表示，如一个三阶矩阵 a=[[7,8,9],[4,5,6],[1,2,3]]，在张量中表示的是二阶，因为它有两个中括号。
- 形状（shape）：表示张量内部组织关系，如二阶张量 a=[[7,8,9],[4,5,6]]，它作为矩阵，是两行和三列的，就描述为 shape(2,3)。

　　在 TensorFlow 中，Tesnor 的数据类型如表 3-1 所示。

表 3-1　Tensor的数据类型

数 据 类 型	Python类型	数 据 描 述
DT_FLOAT	tf.float32	32位浮点数
DT_DOUBLE	tf.float64	64位浮点数
DT_INT64	tf.int64	64位有符号整数
DT_INT32	tf.int32	32位有符号整数
DT_INT8	tf.int8	8位有符号整数
DT_UINT8	tf.uint8	8位无符号整数

（续）

数 据 类 型	Python类型	数 据 描 述
DT_STRING	tf.string	可变长度的字节数组
DT_BOOL	tf.bool	布尔型
DT_COMPLEX64	tf.complex64	由32位浮点数组成复数、实数、虚数
DT_QINT32	tf.qint32	用户量化Ops的32位有符号整数
DT_QINT8	tf.qint8	用户量化Ops的8位有符号整数
DT_QUINT8	tf.quint8	用户量化Ops的8位无符号整数

在 TensorFlow 中，rank（阶）和向量、矩阵的阶数对比，如表 3-2 所示。

表 3-2 rank类型表

Rank	实　　例	例　　子
0	标量：表示大小属性	A=1
1	向量：表示大小和方向属性	B=[1,1,1,1]
2	矩阵：表示一个数据表	C=[[1,1],[1,1]]
3	三阶张量：表示立体数据	D=[[[1],[1]],[[1],[1]]]
n	n阶	E=[[[[[...[[1],[1],]]]...]]]（n层括号）

在 TensorFlow 中，shape 是张量的内部属性，可以直接通过 a.shape()来获取形状。

在 TensorFlow 中，不同的数据类型之间的变换可通过 TensorFlow 提供的变换函数实现，如表 3-3 所示。

表 3-3 变换函数表

操　　作	描　　述
tf.string_to_number (string_tensor, out_type=None, name=None)	字符串转为数字
tf.to_double(x, name='ToDouble')	转为64位浮点类型–float64
tf.to_float(x, name='ToFloat')	转为32位浮点类型–float32
tf.to_int32(x, name='ToInt32')	转为32位整型–int32
tf.to_int64(x, name='ToInt64')	转为64位整型–int64
tf.cast(x, dtype, name=None)	将x或者x.values转换为dtype # tensor a is [1.8, 2.2], dtype=tf.float tf.cast(a, tf.int32) ==> [1, 2] # dtype=tf.int32

在 TensorFlow 中，张量的形状是主要的基础属性，它的变换函数如表 3-4 所示。

表 3-4　形状变换函数

操　作	描　述
tf.shape(input, name=None)	返回数据的shape # 't' is [[[1, 1, 1], [2, 2, 2]], [[3, 3, 3], [4, 4, 4]]] shape(t) ==> [2, 2, 3]
tf.size(input, name=None)	返回数据的元素数量 # 't' is [[[1, 1, 1], [2, 2, 2]], [[3, 3, 3], [4, 4, 4]]] size(t) ==> 12
tf.rank(input, name=None)	返回Tensor的rank 注意：此rank不同于矩阵的rank， Tensor的rank表示一个Tensor需要的索引数目来唯一表示任 何一个元素，也就是通常所说的 "order""degree"或"ndims" # 't' is [[[1, 1, 1], [2, 2, 2]], [[3, 3, 3], [4, 4, 4]]] # shape of tensor 't'is [2, 2, 3] rank(t) ==> 3
tf.reshape(tensor, shape, name=None)	改变Tensor的形状 # tensor 't' is [1, 2, 3, 4, 5, 6, 7, 8, 9] # tensor 't' has shape [9] reshape(t, [3, 3]) ==> [[1, 2, 3],[4, 5, 6],[7, 8, 9]] #如果shape中有一个元素[-1]，那么整个数据维度直接转换为 #一维，最终推导结果为9 reshape(t, [2, -1]) ==> [[1, 1, 1, 2, 2, 2, 3, 3, 3],[4, 4, 4, 5, 5, 5, 6, 6, 6]]
tf.expand_dims(input, dim, name=None)	插入维度1进入一个Tensor中 #该操作要求-1-input.dims() # 't' is a tensor of shape [2] shape(expand_dims(t, 0)) ==> [1, 2] shape(expand_dims(t, 1)) ==> [2, 1] shape(expand_dims(t, -1)) ==> [2, 1] <= dim <= input.dims()

在 TensorFlow 中，数据也有许多拆分、合并、选择、查询、合并、打包等操作，具体操作函数如表 3-5 和表 3-6 所示。

表 3-5　TensorFlow数据操作功能函数

f.slice(input_, begin, size, name=None)	对Tensor进行切片操作 其中Size[i] = input.dim_size(i)–begin[i] 该操作要求 0 <= begin[i] <= begin[i] + size[i] <= Di for i in [0, n] #'input' is #[[[1, 1, 1], [2, 2, 2]],[[3, 3, 3], [4, 4, 4]],[[5, 5, 5], [6, 6, 6]]] tf.slice(input, [1, 0, 0], [1, 1, 3]) ==> [[[3, 3, 3]]] tf.slice(input, [1, 0, 0], [1, 2, 3]) ==>[[[3, 3, 3],[4, 4, 4]]] tf.slice(input, [1, 0, 0], [2, 1, 3]) ==>[[[3, 3, 3]],[[5, 5, 5]]]

（续）

tf.split(split_dim, num_split, value, name='split')	沿着某一维度将Tensor分离为num_split tensors # 'value' is a tensor with shape [5, 30] # Split 'value' into 3 tensors along dimension 1 split0, split1, split2 = tf.split(1, 3, value) tf.shape(split0) ==> [5, 10]
tf.concat(concat_dim, values, name='concat')	沿着某一维度连接Tensor t1 = [[1, 2, 3], [4, 5, 6]] t2 = [[7, 8, 9], [10, 11, 12]] tf.concat(0, [t1, t2]) ==> [[1, 2, 3], [4, 5, 6], [7, 8, 9], [10, 11, 12]] tf.concat(1, [t1, t2]) ==> [[1, 2, 3, 7, 8, 9], [4, 5, 6, 10, 11, 12]] 如果想沿着Tensor一新轴连接打包,那么可以使 tf.concat(axis, [tf.expand_dims(t, 　axis) for t in tensors])等同于tf.pack(tensors, axis=axis)
tf.pack(values, axis=0, name='pack')	将一系列rank-R的Tensor打包为一个rank-(R+1)的tensor # 'x' is [1, 4], 'y' is [2, 5], 'z' is [3, 6] pack([x, y, z]) => [[1, 4], [2, 5], [3, 6]] # 沿着第一维打包 pack([x, y, z], axis=1) => [[1, 2, 3], [4, 5, 6]]等价于 tf.pack([x, y, z]) = 　np.asarray([x, y, z])
tf.reverse(tensor, dims, name=None)	沿着某维度进行序列反转 其中dim为列表，元素为bool型，size等于rank(tensor) # tensor 't' is[[[[0, 1, 2, 3],[4, 5, 6, 7],[8, 9, 10, 11]],[[12, 13, 14, 15],[16, 17, 18, 19],[20, 21, 22, 23]]]] # tensor 't' shape is [1, 2, 3, 4] # 'dims' is [False, False, False, True] reverse(t, dims) ==>[[[[3, 2, 1, 0],[7, 6, 5, 4],[11, 10, 9, 8]],[[15, 14, 13, 12],[19, 18, 17, 16],[23, 22, 21, 20]]]]
tf.transpose(a, perm=None, name='transpose')	调换Tensor的维度顺序 按照列表perm的维度排列调换Tensor顺序, 如为定义，则perm为(n-1…0) # 'x' is [[1 2 3],[4 5 6]] tf.transpose(x) ==> [[1 4], [2 5],[3 6]] # Equivalently tf.transpose(x, perm=[1, 0]) ==> [[1 4],[2 5], [3 6]]
tf.gather(params, indices, validate_indices=None, name=None)	合并索引indices所指示params中的切片
tf.one_hot (indices, depth, on_value=None, off_value=None, axis=None, dtype=None, name=None)	indices = [0, 2, -1, 1] depth = 3 on_value = 5.0 off_value = 0.0 axis = -1 #Then output is [4 x 3]: output = [5.0 0.0 0.0] // one_hot(0) [0.0 0.0 5.0] // one_hot(2) [0.0 0.0 0.0] // one_hot(-1) [0.0 5.0 0.0] // one_hot(1)

表 3-6 TensorFlow数据操作函数

tf.segment_sum(data, segment_ids, name=None)	根据segment_ids的分段计算各个片段的和，其中segment_ids为一个size与data第一维相同的tensor；id为int型数据，最大id不大于size c = tf.constant([[1,2,3,4], [-1,-2,-3,-4], [5,6,7,8]]) tf.segment_sum(c, tf.constant([0, 0, 1]))==>[[0 0 0 0][5 6 7 8]] 上面的例子分为[0,1]两id,对相同id的data相应数据进行求和，并放入结果的相应id中，且segment_ids只升不降
tf.segment_prod(data, segment_ids, name=None)	根据segment_ids的分段计算各个片段的积
tf.segment_min(data, segment_ids, name=None)	根据segment_ids的分段计算各个片段的最小值
tf.segment_max(data, segment_ids, name=None)	根据segment_ids的分段计算各个片段的最大值
tf.segment_mean(data, segment_ids, name=None)	根据segment_ids的分段计算各个片段的平均值
tf.unsorted_segment_sum(data, segment_ids,num_segments, name=None)	与tf.segment_sum函数类似，不同在于segment_ids中的id顺序可以是无序的
tf.sparse_segment_sum(data, indices, segment_ids, name=None)	输入进行稀疏分割求和 c = tf.constant([[1,2,3,4], [-1,-2,-3,-4], [5,6,7,8]]) # Select two rows, one segment. tf.sparse_segment_sum(c, tf.constant([0, 1]), tf.constant([0, 0]))==> [[0 0 0 0]] 对原data的indices为[0,1]位置的进行分割，并按照segment_ids的分组进行求和

针对复杂的张量计算和科学函数计算，TensorFlow 也提供了一系列功能函数，具体如表 3-7 所示。

表 3-7 张量计算函数

函　　数	描　　述
tf.add(x, y, name=None)	求和
tf.sub(x, y, name=None)	减法
tf.mul(x, y, name=None)	乘法
tf.div(x, y, name=None)	除法
tf.mod(x, y, name=None)	取模
tf.abs(x, name=None)	求绝对值
tf.neg(x, name=None)	取负 $(y = -x)$
tf.sign(x, name=None)	返回符号 $y = sign(x) = -1$, if $x < 0$; 0, if $x == 0$; 1,if $x > 0$
tf.inv(x, name=None)	取反
tf.square(x, name=None)	计算平方 $(y = x * x = x^2)$

（续）

函　　数	描　　述
tf.round(x, name=None)	含入最接近的整数 # 'a' is [0.9, 2.5, 2.3, -4.4] tf.round(a) ==> [1.0, 3.0, 2.0, -4.0]
tf.sqrt(x, name=None)	开根号（y =sqrt{x} = x^{1/2}）
tf.pow(x, y, name=None)	幂次方 # tensor 'x' is [[2, 2], [3, 3]] # tensor 'y' is [[8, 16], [2, 3]] tf.pow(x, y) ==> [[256, 65536], [9, 27]]
tf.exp(x, name=None)	计算e的次方
tf.log(x, name=None)	计算log，输入一个值时计算e的ln；输入两个值时，以第二个值为底
tf.maximum(x, y, name=None)	返回最大值（x > y ? x : y）
tf.minimum(x, y, name=None)	返回最小值（x < y ? x : y）
tf.cos(x, name=None)	三角函数cos
tf.sin(x, name=None)	三角函数sin
tf.tan(x, name=None)	三角函数tan
tf.atan(x, name=None)	三角函数ctan

在 TensorFlow 中，针对复杂的矩阵计算，提供相应的操作函数，具体如表 3-8 所示。

表 3-8　矩阵计算函数

函　　数	操　　作
tf.diag(diagonal, name=None)	返回一个给定对角值的对角Tensor # 'diagonal' is [1, 2, 3, 4] tf.diag(diagonal) ==>[[1, 0, 0, 0][0, 2, 0, 0][0, 0, 3, 0][0, 0, 0, 4]]
tf.diag_part(input, name=None)	功能与上面相反
tf.trace(x, name=None)	求一个二维Tensor足迹，即对角值diagonal之和
tf.transpose(a, perm=None, name='transpose')	调换Tensor的维度顺序 按照列表perm的维度排列调换Tensor顺序， 如为定义，则perm为(n-1…0) # 'x' is [[1 2 3],[4 5 6]] tf.transpose(x) ==> [[1 4], [2 5],[3 6]] # Equivalently tf.transpose(x, perm=[1, 0]) ==> [[1 4],[2 5], [3 6]]
tf.matmul(a, b, transpose_a=False,transpose_b=False, a_is_sparse=False,b_is_sparse=False, name=None)	矩阵相乘
tf.matrix_determinant(input, name=None)	返回方阵的行列式
tf.matrix_inverse(input, adjoint=None, name=None)	求方阵的逆矩阵，adjoint为True时，计算输入共轭矩阵的逆矩阵

（续）

函　　数	操　　作
tf.cholesky(input, name=None)	对输入方阵cholesky分解，即把一个对称正定的矩阵表示成一个下三角矩阵L和其转置的乘积的分解A=LL^T
tf.matrix_solve(matrix, rhs, adjoint=None, name=None)	求解tf.matrix_solve(matrix, rhs, adjoint=None, name=None) matrix为方阵，shape为[M,M],rhs的shape为[M,K],output为[M,K]

在 TensorFlow 中，有大量的张量归一化处理、梯度数据处理，需要大量的规约计算，如降低维度等，它提供了大量规约计算函数，如表 3-9 所示。

表 3-9　规约计算函数

函　　数	描　　述
f.reduce_sum(input_tensor, reduction_indices=None,keep_dims=False, name=None)	计算输入Tensor元素的和，或者按照reduction_indices指定的轴进行求和 # 'x' is [[1, 1, 1] # [1, 1, 1]] tf.reduce_sum(x) ==> 6 tf.reduce_sum(x, 0) ==> [2, 2, 2] tf.reduce_sum(x, 1) ==> [3, 3] tf.reduce_sum(x, 1, keep_dims=True) ==> [[3], [3]] tf.reduce_sum(x, [0, 1]) ==> 6
tf.reduce_prod(input_tensor,reduction_indices=None,keep_dims=False, name=None)	计算输入Tensor元素的乘积，或者按照reduction_indices指定的轴求乘积
tf.reduce_min(input_tensor,reduction_indices=None,keep_dims=False, name=None)	求Tensor中最小值
tf.reduce_max(input_tensor,reduction_indices=None,keep_dims=False, name=None)	求Tensor中最大值
tf.reduce_mean(input_tensor,reduction_indices=None,keep_dims=False, name=None)	求Tensor中平均值
tf.reduce_all(input_tensor,reduction_indices=None,keep_dims=False, name=None)	对Tensor中各个元素求逻辑'与' # 'x' is # [[True, True] # [False, False]] tf.reduce_all(x) ==> False tf.reduce_all(x, 0) ==> [False, False] tf.reduce_all(x, 1) ==> [True, False]
tf.reduce_any(input_tensor,reduction_indices=None,keep_dims=False, name=None)	对Tensor中各个元素求逻辑'或'
tf.accumulate_n(inputs, shape=None,tensor_dtype=None, name=None)	计算一系列Tensor的和 # tensor 'a' is [[1, 2], [3, 4]] # tensor b is [[5, 0], [0, 6]] tf.accumulate_n([a, b, a]) ==> [[7, 4], [6, 14]]

（续）

函　　数	描　　述
tf.cumsum(x, axis=0, exclusive=False,reverse=False, name=None)	求累积和 tf.cumsum([a, b, c]) ==> [a, a + b, a + b + c] tf.cumsum([a, b, c], exclusive=True) ==> [0, a, a + b] tf.cumsum([a, b, c], reverse=True) ==> [a + b + c, b + c, c] tf.cumsum([a, b, c], exclusive=True, reverse=True) ==> [b + c, c, 0]

在 TensorFlow 中，也提供了一些变量和初始化函数，帮助开发者在开发的初始阶段生成自己的数据结构。

- tf.global_variables()：主要用于返回全局变量，自动添加新的变量到共享空间。
- tf.local_variables()：用于返回局部变量，添加到局部的图 graph collection GraphKeys.LOCAL_VARIABLES。
- tf.variables_initializer(var_list, name='init')：初始化 Session 中的变量列表 var_list。
- tf.global_variables_initializer()：用于初始化所有变量的操作-op，通过把图投放进 Session，初始化所有全局变量。
- tf.local_variables_initializer()：初始化局部变量操作-op，通过把图投入 Session，初始化局部变量。

下面我们通过一个示例，简单使用一些函数来创建张量数据。

```
# -*- coding: utf-8 -*-
"""
Created on Mon Jun  3 18:43:54 2019

@author: wangjingyi
"""

from __future__ import print_function,division
import TensorFlow as tf

#fetch example
print("#data fetch example")
a=tf.constant([1.,2.,3.],name="a")
b=tf.constant([4.,5.,6.],name="b")
c=tf.constant([0.,4.,2.],name="c")
add=a+b
mul=add*c

with tf.Session() as sess:
    result=sess.run([a,b,c,add,mul])
    print("after run:\n",result)
```

```
print("\n\n")

#data feed example
print("data feed example")
input1=tf.placeholder(tf.float32)
input2=tf.placeholder(tf.float32)
output=tf.multiply(input1,input2)

with tf.Session() as session:
    result_feed=session.run(output,feed_dict={input1:[2.],input2:[3.]})
    print("result:",result_feed)
```

运行结果如图 3-16 所示。

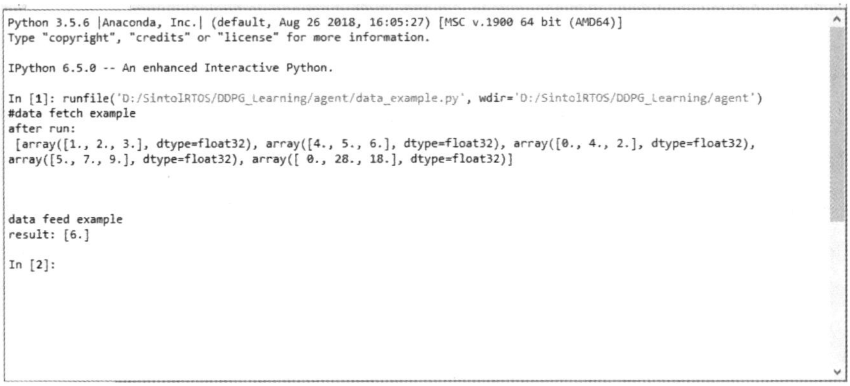

```
Python 3.5.6 |Anaconda, Inc.| (default, Aug 26 2018, 16:05:27) [MSC v.1900 64 bit (AMD64)]
Type "copyright", "credits" or "license" for more information.

IPython 6.5.0 -- An enhanced Interactive Python.

In [1]: runfile('D:/SintolRTOS/DDPG_Learning/agent/data_example.py', wdir='D:/SintolRTOS/DDPG_Learning/agent')
#data fetch example
after run:
 [array([1., 2., 3.], dtype=float32), array([4., 5., 6.], dtype=float32), array([0., 4., 2.], dtype=float32),
array([5., 7., 9.], dtype=float32), array([ 0., 28., 18.], dtype=float32)]


data feed example
result: [6.]

In [2]:
```

图 3-16   数据初始化测试结果

3.6 TensorFlow 与卷积神经网络

TensorFlow 一个重要的能力就是提供了神经网络结构，让机器学习的研究人员能够非常方便地搭建神经网络，本节我们来了解一种常用的结构-卷积神经网络。

卷积神经网络是 TensorFlow 中最常用的图像检测神经网络模型，我们将通过学习建立一个卷积神经网络来了解 TensorFlow 中神经网络和深度学习的入门知识。

在 3.3 节讲解了神经网络和 Graph 的结构，卷积神经网络（CNN）是一种特殊的神经网络结构，它的组成是 INPUT-CONV-RELU-POLL-FC，主要包含以下部分。

1. 卷积层

卷积层主要用于图像的特征数据提取，它输入图像并指定大小为 $32\times32\times3$，3 是它的深度属性，主要包含 RGB 三色通道；卷积层的 filter（感受野）是 $5\times5\times3$ 的，它的深度必须和输入图像深度相同。通过 filter 和输入图像，卷积将得到 $28\times28\times1$ 的特征图，如图 3-17 所示。

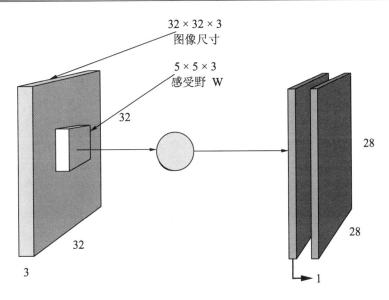

图 3-17　卷积层提取特征

如果单层的卷积层不足以完全提取，可以使用多层的卷积层进行工作。

卷积层的主要函数、参数定义如下：

- O：输出的图像尺寸。
- I：输入的图像尺寸。
- K：卷积层的核尺寸。
- N：核的数量。
- S：移动的步长。
- P：填充数。

基本计算公式为

$$O = \left[\frac{I - K + 2 \times P}{S} \right] + 1$$

式中　O——输出的图像尺寸；

　　　I——输入的图像尺寸；

　　　K——卷积层的核尺寸；

　　　N——核的数量；

　　　S——移动的步长；

　　　P——填充数。

例如输入的图像为 28×28，卷积核为 3×3，步长 $h=2$，$w=2$，计算出来的尺寸 $O = 14$。括号中的计算为分数，需要向上取整。

多层卷积求解的过程示例如图 3-18 所示。

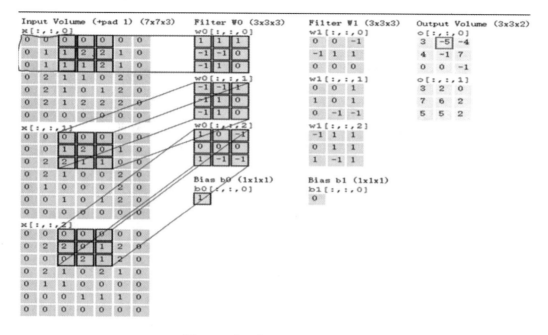

图 3-18　多层卷积求解的过程示例

输入图像为 5×5×3，filter 设置为 3×3×3，在 zero pad(P)中设置为 1，再加上 zero pad 后的输入为 7×7×3，卷积计算的特征图为 5×5×1[（7-3）/1+1]，与输入图像一样。卷积将生成多个特征神经元，每个神经元有多个连接、多个权值参数，并且进行"权值共享"，最终被多个神经元共享和训练。

2. 池化层

卷积神经网络中，池化层主要对特征图压缩，降低卷积层提取的特征图的复杂度，简化整体网络的计算复杂度。它也负责特征探索，提取出主要特征，具体工作如图 3-19 所示。

池化层的计算函数、参数结构定义如下：

- O：输出图像的尺寸。
- I：输入图像的尺寸。
- S：移动的步长长度。
- P_S：池化层的尺寸。

对不同的卷积层，池化层输出通道不变，在计算的括号中如果不为整数，则向下取整，它的计算公式为

$$O = \left[\frac{I - P_s}{S} \right] + 1$$

式中　O——输出图像的尺寸；

I——输入图像的尺寸；

S——移动的步长长度；

P_s——池化层的尺寸。

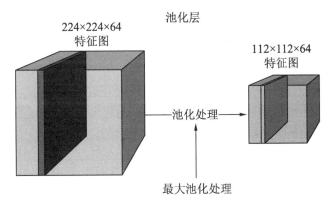

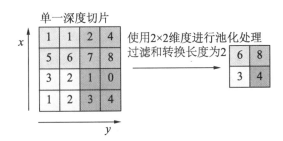

图 3-19　池化层压缩处理

它会将特征图进行压缩，如图 3-20 所示。

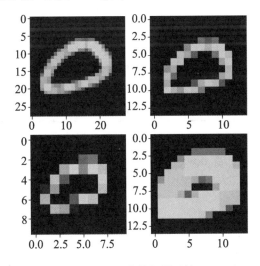

图 3-20　池化特征图压缩

3．全连接层

全连接层用于连接所有的特征结构，将输出值传给分类器，通常会选用 softmax 分类器，CNN 中卷积层参数比例大、计算量小；全连接层计算量大、参数参比小。参数优化和权值的裁剪都在全连接层进行处理。

下面我们设计一个 CNN 结构，它的卷积层设计如表 3-10 所示。

表 3-10　卷积层设计

CNN卷积操作	输入图像shape	激活函数	卷积核shape	步　　长	输出图像shape
第一层卷积	[batch,28,28,1]	LeakyReLU	[3,3,1,16]	[1,2,2,1]	[batch,14,14,16]
第二层卷积	[batch,14,14,16]	LeakyReLU	[3,3,16,32]	[1,2,2,1]	[batch,7,7,32]
第三层卷积	[batch,7,7,32]	LeakyReLU	[3,3,32,64]	[1,2,2,1]	[batch,4,4,64]
第四层卷积	[batch,4,4,64]	LeakyReLU	[2,2,64,64]	[1,2,2,1]	[batch,2,2,64]

它的全连接层设计如表 3-11 所示。

表 3-11　全连接层设计

MLP全连接网络	输入shape	激活函数	权重shape	偏值shape	神经元个数
第一层全连接	[batch,256]	LeakyReLU	[256,100]	[100]	100
第二层全连接	[batch,100]	LeakyReLU	[100,10]	[10]	10

整体神经网络的输入、特征标签、网络结构如表 3-12 所示。

表 3-12　神经网络结构设计

主　网　络	功能说明	字符类型	数据结构形状	其　　他
获取输入	占位符	类型: tf.float32	shape: [batch,28,28,1]	
获取标签	占位符	类型: tf.float32	shape: [batch,10]	
前向结构	获取卷积输出	[batch,2,2,64]		
	更改形状	[batch,2*2*64]		
	获取全连接输出	[batch,10]		
后向结构	损失	全连接输出	获取的标签	均值平方差

这里我们使用 TensorFlow 系统所带的例子中的数据 MNIST，下载地址：http://www.tensorfly.cn/tfdoc/tutorials/mnist_download.html。

使用 TensorFlow 实现 CNN 结构层次，具体代码如下：

```
# -*- coding: utf-8 -*-
"""
Created on Tue Jun  4 15:14:09 2019

@author: wangjingyi
"""
```

```python
import TensorFlow as tf
from TensorFlow.examples.tutorials.mnist import input_data
import numpy as np
import matplotlib.pyplot as plt
import time
mnist = input_data.read_data_sets(r'.\MNIST_data',one_hot=True)

#卷积层
class Convolution:
    def __init__(self):
        # 输出: [batch,14,14,16]
        self.filter1 = tf.Variable(tf.truncated_normal([3,3,1,16], stddev=0.1))
        self.b1 = tf.Variable(tf.zeros([16]))
        # 输出: [batch,7,7,64]
        self.filter2 = tf.Variable(tf.truncated_normal([3,3,16,32], stddev=0.1))
        self.b2 = tf.Variable(tf.zeros([32]))
        # 输出: [batch,4,4,64]
        self.filter3 = tf.Variable(tf.truncated_normal([3,3,32,64], stddev=0.1))
        self.b3 = tf.Variable(tf.zeros([64]))
        # 输出: [batch,2,2,64]
        self.filter4 = tf.Variable(tf.truncated_normal([2,2,64,64], stddev=0.1))
        self.b4 = tf.Variable(tf.zeros([64]))

    def forward(self,in_x):
        conv1 = tf.nn.leaky_relu(tf.add(tf.nn.conv2d(in_x,
                                        self.filter1,
                                        [1, 2, 2, 1],
                                        padding='SAME'), self.b1))
        conv2 = tf.nn.leaky_relu(tf.add(tf.nn.conv2d(conv1,
                                        self.filter2,
                                        [1, 2, 2, 1],
                                        padding='SAME'), self.b2))
        conv3 = tf.nn.leaky_relu(tf.add(tf.nn.conv2d(conv2,
                                        self.filter3,
                                        [1, 2, 2, 1],
                                        padding='SAME'), self.b3))
        conv4 = tf.nn.leaky_relu(tf.add(tf.nn.conv2d(conv3,
                                        self.filter4,
                                        [1, 2, 2, 1],
                                        padding="SAME"), self.b4))
        return conv4
#全连接层
class MLP:
    def __init__(self):
        self.in_w = tf.Variable(tf.truncated_normal([2*2*64, 100], stddev=0.1))
        self.in_b = tf.Variable(tf.truncated_normal([100]))

        self.out_w = tf.Variable(tf.truncated_normal([100, 10], stddev=0.1))
        self.out_b = tf.Variable(tf.zeros([10]))
    def forward(self,mlp_in_x):

        mlp_layer = tf.nn.leaky_relu(tf.add(tf.matmul(mlp_in_x, self.in_w), self.in_b))
```

```
        out_layer = tf.nn.leaky_relu(tf.add(tf.matmul(mlp_layer, self.out_w),
    self.out_b))

        return out_layer

#CNN 神经网络类
class CNNnet:
    def __init__(self):
        #卷积层
        self.conv = Convolution()
        #全连接层
        self.mlp = MLP()

        self.in_x = tf.placeholder(dtype=tf.float32, shape=[None,28,28,1])
        self.in_y = tf.placeholder(dtype=tf.float32, shape=[None,10])
        #向前网络结构图
        self.forward()
        #向后网络结构图
        self.backward()

    def forward(self):
        # (100, 2, 2, 64)
        self.conv_layer = self.conv.forward(self.in_x)
        mlp_in_x = tf.reshape(self.conv_layer,[-1,2*2*64])
        self.out_layer = self.mlp.forward(mlp_in_x)
    def backward(self):
        # pass
        self.loss = tf.reduce_mean((self.out_layer-self.in_y)**2)
        self.opt = tf.train.AdamOptimizer().minimize(self.loss)

#train the model
#训练神经网络
if __name__ == '__main__':
    cnn = CNNnet()
    with tf.Session() as sess:
        init = tf.global_variables_initializer()
        sess.run(init)
        saver = tf.train.Saver()
        loss_sum = []
        time1 = time.time()
        for epoch in range(10000):
            xs,xy = mnist.train.next_batch(100)
            loss,_ = sess.run([cnn.loss, cnn.opt],
    feed_dict={cnn.in_x: np.reshape(xs,[100,28,28,1]), cnn.in_y:xy})
            if epoch% 200 == 0:
                loss_sum.append(loss)
                saver.save(sess, r'.\CNN_Model\CNNTrain1.ckpt')
                test_xs,test_xy = mnist.test.next_batch(5)
                out_layer = sess.run([cnn.out_layer],
    feed_dict={cnn.in_x: np.reshape(test_xs,[5,28,28,1])})
                out_layer = np.array(out_layer).reshape((5,10))

                out = np.array(out_layer).argmax(axis=1)
                test_y = np.array(test_xy).argmax(axis=1)
```

```
        accuracy = np.mean(out == test_y)
        print('epoch:\t',epoch, 'loss:\t',loss,'accuracy:\t',accuracy,
'原始数据: ',test_y,"预测数据: ",test_y)
    time2 = time.time()
    print('训练时间: \t',time2-time1)
    plt.figure('CNN_Loss 图')
    plt.plot(loss_sum,label='Loss')
    plt.legend()
    plt.show()
```

```
#训练完成以后，使用模型测试识别准确率
#if __name__ == '__main__':
#    cnn = CNNnet()
#    with tf.Session() as sess:
#        init = tf.global_variables_initializer()
#        sess.run(init)
#        saver = tf.train.Saver()
#        accuracy_sum = []
#        time1 = time.time()
#        for epoch in range(1000):
#            saver.restore(sess, r'.\CNN_Model\CNNTrain1.ckpt')
#            test_xs,test_xy = mnist.test.next_batch(100)
#            out_layer = sess.run([cnn.out_layer],
feed_dict={cnn.in_x: np.reshape(test_xs,[100,28,28,1])})
#            out_layer = np.array(out_layer).reshape((100,10))
#
#            out = np.array(out_layer).argmax(axis=1)
#            test_y = np.array(test_xy).argmax(axis=1)
#            accuracy = np.mean(out == test_y)
#            accuracy_sum.append(accuracy)
#            print('epoch:\t',epoch, 'accuracy:\t',accuracy,)
#    time2 = time.time()
#    print('训练时间: \t',time2-time1)
#    total_accuracy = sum(accuracy_sum)/len(accuracy_sum)
#    print('总准确率: \t',total_accuracy)
#    # 正常显示中文标签
#    plt.rcParams['font.sans-serif'] = ['SimHei']
#    # 正常显示负号
#    plt.rcParams['axes.unicode_minus'] = False
#    plt.figure('CNN_Accuracy 图')
#    plt.plot(accuracy_sum,'o',label='Accuracy')
#    plt.title('Accuracy: {:.2f}%'.format(total_accuracy*100))
#    plt.legend()
#    plt.show()
```

我们先进行神经网络的训练，运行结果如图 3-21 所示。

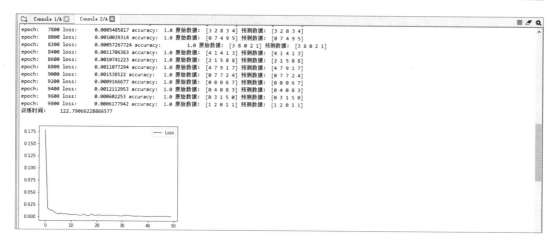

图 3-21　训练结果

训练完成以后，我们打开代码中测试部分的注释，并且注释训练代码，再进行测试运行，具体结果如图 3-22 所示。

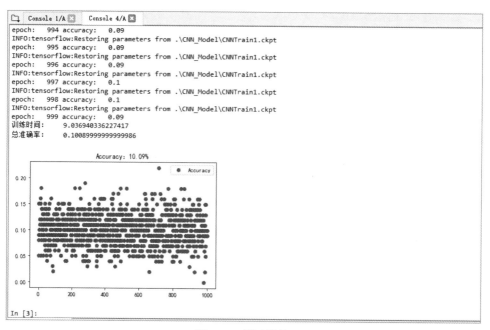

图 3-22　测试结果

3.7　准备 TensorFlow 的系统环境

熟悉了 TensorFlow 的系统结构以后，我们就将进入实际的开发测试环节，并且帮助读者实际开发智能体和对抗强化神经网络。本章将搭建 TensorFlow 的相关系统环境。

我们整体的系统环境首先在 Windows 上进行开发，是在 Centos 环境下部署的。本节开发系统的环境以 Windows 10 进行搭建，具体步骤如下：

1．下载Python

TensorFlow 支持的基础语言是 Python，我们需要先为系统安装 Python 语言环境。本书采用的 Python 版本为 Python 3.5.6，下载地址为 https://www.python.org/downloads/。打开网页以后选择 3.5.6 版本下载，如图 3-23 所示。

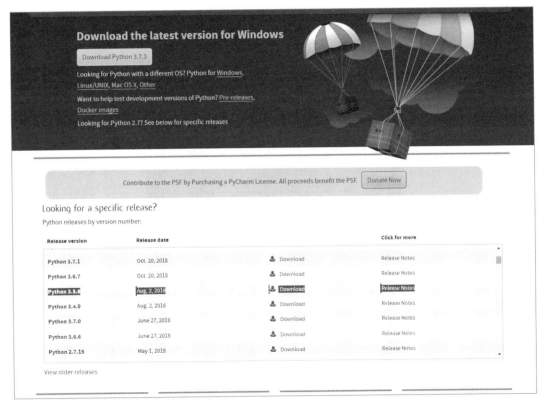

图 3-23　Python 下载

2．安装Python

下载完成以后，双击 Python 安装文件进行安装，如图 3-24 所示。

3．检查安装

Python 安装后，打开 Windows 10 的 cmd 终端环境，输入命令 python –version，如果打印版本正确，就表示安装完成，如图 3-25 所示。

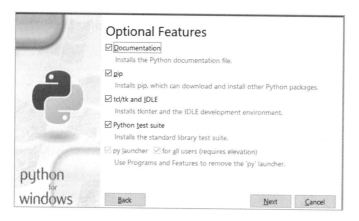

图 3-24　安装 Python

图 3-25　Python 安装完成

4．C++支持库

TensorFlow 是基于 VC++ 2015 开发的，如果没有安装，应下载安装，具体地址为 https://www.microsoft.com/en-us/download/confirmation.aspx?id=48145。打开网页（图 3-26），进行安装。

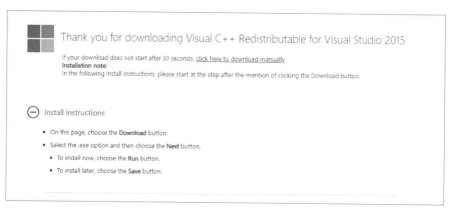

图 3-26　C++运行库安装

5．GPU异构运行库

如果你的计算机是英伟达的 Nvidia GPU 卡，可以支持 CUDA 3.0 及以上版本，就可以进行 TensorFlow 的 GPU 运算；如果不支持，就跳过此步。CUDA Toolkit 8.0 的下载地址为 https://developer.nvidia.com/cuda-downloads?target_os=Windows&target_arch=x86_64。选择 Windows 10 版本，如图 3-27 所示。

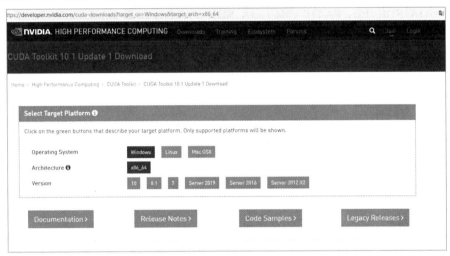

图 3-27　CUDA Toolkit 8.0 下载

安装 cuDNN，下载地址为 https://developer.nvidia.com/rdp/cudnn-download。它需要注册和登录英伟达的开发者，如图 3-28 所示。

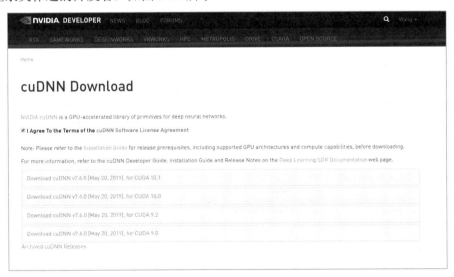

图 3-28　cuDNN 安装

安装完成以后，需要配置对应 CUDA 的环境变量，具体如下：

- CUDA_SDK_PATH = C:\ProgramData\NVIDIA Corporation\CUDA Samples\v9.0（这是默认安装位置的路径，如果路径设置安装成功，就应用自己的路径）
- CUDA_LIB_PATH = %CUDA_PATH%\lib\x64
- CUDA_BIN_PATH = %CUDA_PATH%\bin
- CUDA_SDK_BIN_PATH = %CUDA_SDK_PATH%\bin\win64
- CUDA_SDK_LIB_PATH = %CUDA_SDK_PATH%\common\lib\x64

在 Path 中添加变量值，具体如下：

- %CUDA_LIB_PATH%
- %CUDA_BIN_PATH%
- %CUDA_SDK_LIB_PATH%
- %CUDA_SDK_BIN_PATH%
- C:\Program Files\NVIDIA GPU Computing Toolkit\CUDA\v8.0\lib\x64（这些均为默认路径，有需要时应自行修改）
- C:\Program Files\NVIDIA GPU Computing Toolkit\CUDA\v8.0\bin
- C:\ProgramData\NVIDIA Corporation\CUDA Samples\v8.0\common\lib\x64
- C:\ProgramData\NVIDIA Corporation\CUDA Samples\v8.0\bin\win64

设置完成以后，变量结果如图 3-29 所示。

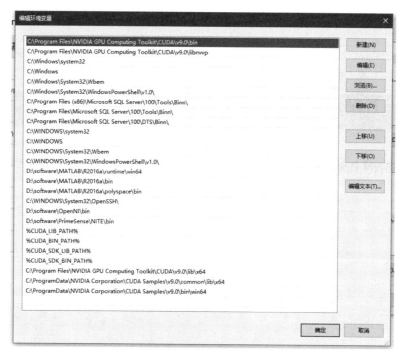

图 3-29   环境变量结果

完成安装以后，打开 cmd 终端，跳转到安装运行目录，运行 bandwidthTest.exe 和 deviceQuery.exe，查看安装是否成功，如图 3-30 所示。

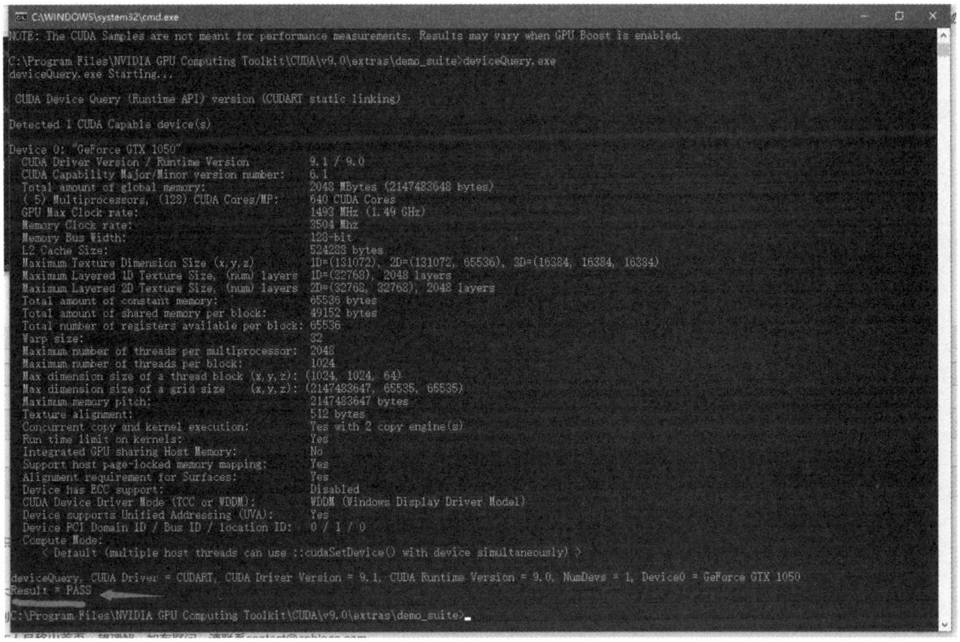

```
C:\WINDOWS\system32\cmd.exe
NOTE: The CUDA Samples are not meant for performance measurements. Results may vary when GPU Boost is enabled.

C:\Program Files\NVIDIA GPU Computing Toolkit\CUDA\v9.0\extras\demo_suite>deviceQuery.exe
deviceQuery.exe Starting...

 CUDA Device Query (Runtime API) version (CUDART static linking)

Detected 1 CUDA Capable device(s)

Device 0: "GeForce GTX 1050"
  CUDA Driver Version / Runtime Version          9.1 / 9.0
  CUDA Capability Major/Minor version number:    6.1
  Total amount of global memory:                 2048 MBytes (2147483648 bytes)
  ( 5) Multiprocessors, (128) CUDA Cores/MP:     640 CUDA Cores
  GPU Max Clock rate:                            1493 MHz (1.49 GHz)
  Memory Clock rate:                             3504 Mhz
  Memory Bus Width:                              128-bit
  L2 Cache Size:                                 524288 bytes
  Maximum Texture Dimension Size (x,y,z)         1D=(131072), 2D=(131072, 65536), 3D=(16384, 16384, 16384)
  Maximum Layered 1D Texture Size, (num) layers  1D=(32768), 2048 layers
  Maximum Layered 2D Texture Size, (num) layers  2D=(32768, 32768), 2048 layers
  Total amount of constant memory:               65536 bytes
  Total amount of shared memory per block:       49152 bytes
  Total number of registers available per block: 65536
  Warp size:                                     32
  Maximum number of threads per multiprocessor:  2048
  Maximum number of threads per block:           1024
  Max dimension size of a thread block (x,y,z): (1024, 1024, 64)
  Max dimension size of a grid size    (x,y,z): (2147483647, 65535, 65535)
  Maximum memory pitch:                          2147483647 bytes
  Texture alignment:                             512 bytes
  Concurrent copy and kernel execution:          Yes with 2 copy engine(s)
  Run time limit on kernels:                     Yes
  Integrated GPU sharing Host Memory:            No
  Support host page-locked memory mapping:       Yes
  Alignment requirement for Surfaces:            Yes
  Device has ECC support:                        Disabled
  CUDA Device Driver Mode (TCC or WDDM):         WDDM (Windows Display Driver Model)
  Device supports Unified Addressing (UVA):      Yes
  Device PCI Domain ID / Bus ID / location ID:   0 / 1 / 0
  Compute Mode:
     < Default (multiple host threads can use ::cudaSetDevice() with device simultaneously) >

deviceQuery, CUDA Driver = CUDART, CUDA Driver Version = 9.1, CUDA Runtime Version = 9.0, NumDevs = 1, Device0 = GeForce GTX 1050
Result = PASS

C:\Program Files\NVIDIA GPU Computing Toolkit\CUDA\v9.0\extras\demo_suite>
```

图 3-30　CUDA 安装结果测试

6．安装Anaconda 3

我们将使用 Anaconda 来管理 AI 的 Python 工程，它将提供运行环境的管理和配置，下载地址为 https://repo.continuum.io/miniconda/。

本书选用的版本为 Anaconda3-2019.03-Windows-x86_64.exe，如图 3-31 所示。

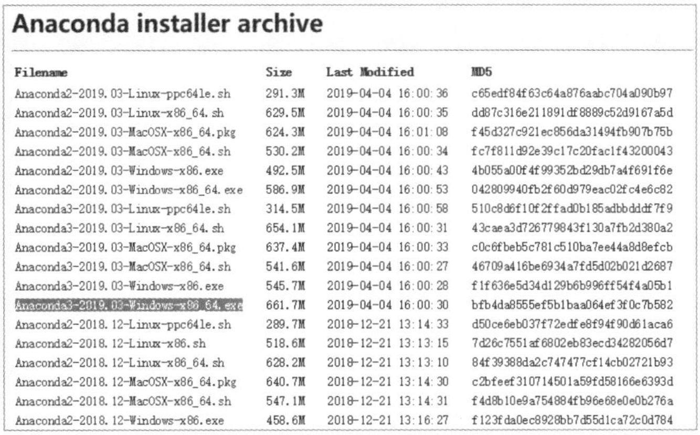

Anaconda installer archive

Filename	Size	Last Modified	MD5
Anaconda2-2019.03-Linux-ppc64le.sh	291.3M	2019-04-04 16:00:36	c65edf84f63c64a876aabc704a090b97
Anaconda2-2019.03-Linux-x86_64.sh	629.5M	2019-04-04 16:00:35	dd87c316e211891df8889c52d9167a5d
Anaconda2-2019.03-MacOSX-x86_64.pkg	624.3M	2019-04-04 16:01:08	f45d327c921ec856da31494fb907b75b
Anaconda2-2019.03-MacOSX-x86_64.sh	530.2M	2019-04-04 16:00:34	fc7f811d92e39c17c20fac1f43200043
Anaconda2-2019.03-Windows-x86.exe	492.5M	2019-04-04 16:00:43	4b055a00f4f99352bd29db7a4f691f6e
Anaconda2-2019.03-Windows-x86_64.exe	586.9M	2019-04-04 16:00:53	042809940fb2f60d979eac02fc4e6c82
Anaconda3-2019.03-Linux-ppc64le.sh	314.5M	2019-04-04 16:00:58	510c8d6f10f2ffad0b185adbbdddf7f9
Anaconda3-2019.03-Linux-x86_64.sh	654.1M	2019-04-04 16:00:31	43caea3d726779843f130a7fb2d380a2
Anaconda3-2019.03-MacOSX-x86_64.pkg	637.4M	2019-04-04 16:00:33	c0c6fbeb5c781c510ba7ee44a8d8efcb
Anaconda3-2019.03-MacOSX-x86_64.sh	541.6M	2019-04-04 16:00:27	46709a416be6934a7fd5d02b021d2687
Anaconda3-2019.03-Windows-x86.exe	545.7M	2019-04-04 16:00:28	f1f636e5d34d129b6b996ff54f4a05b1
Anaconda3-2019.03-Windows-x86_64.exe	661.7M	2019-04-04 16:00:30	bfb4da8555ef5b1baa064ef3f0c7b582
Anaconda2-2018.12-Linux-ppc64le.sh	289.7M	2018-12-21 13:14:33	d50ce6eb037f72edfe8f94f90d61aca6
Anaconda2-2018.12-Linux-x86.sh	518.6M	2018-12-21 13:13:15	7d26c7551af6802eb83ecd34282056d7
Anaconda2-2018.12-Linux-x86_64.sh	628.2M	2018-12-21 13:13:10	84f39388da2c747477cf14cb02721b93
Anaconda2-2018.12-MacOSX-x86_64.pkg	640.7M	2018-12-21 13:14:30	c2bfeef310714501a59fd58166e6393d
Anaconda2-2018.12-MacOSX-x86_64.sh	547.1M	2018-12-21 13:14:31	f4d8b10e9a754884fb96e68e0e0b276a
Anaconda2-2018.12-Windows-x86.exe	458.6M	2018-12-21 13:16:27	f123fda0ec8928bb7d55d1ca72c0d784

图 3-31　Anaconda 3 安装

7.　检测Anaconda环境

打开 cmd 终端，输入命令 conda --version，查看输出结果，如图 3-32 所示。

```
C:\Users\dell>conda --version
conda 4.6.11

C:\Users\dell>
```

图 3-32　conda 安装结果

8.　启动Spyder

打卡 Anaconda，然后选择 Spyder，如图 3-33 所示。

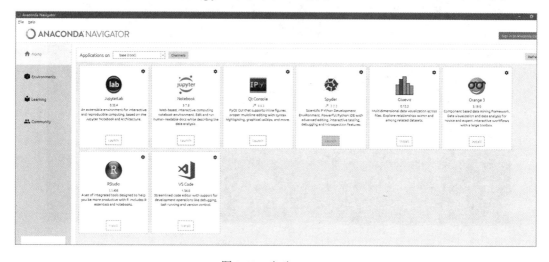

图 3-33　启动 Spyder

9.　测试编程环境

Spyder 就是我们通过 Python 进行 AI 编程的环境，打开 IDE 后，输入测试代码，具体如下：

```python
# -*- coding: utf-8 -*-
"""
Created on Wed Jun  5 16:51:15 2019

@author: wangjingyi
"""

print('hello this is sintolrtos!')
```

按下 F5，启动测试程序，结果如图 3-34 所示。

至此就完成了 TensorFlow 开发前系统环境和 IDE 的安装。Spyder 是一个强大的 IDE 工具，能够支持断点调试 Python 程序。具体用法读者可以自行查询，深入学习，以提高开发效率。

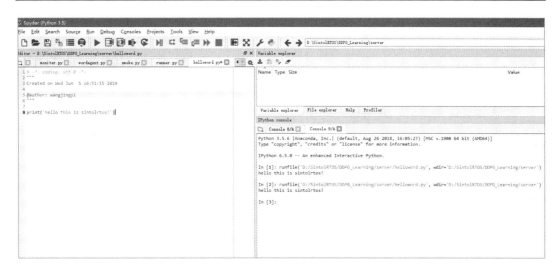

图 3-34　启动 Spyder 测试程序

3.8　下载和安装 TensorFlow

完成了系统环境的建立，我们就可以开始搭建 TensorFlow 的框架系统，本节就来完成这个工作，具体步骤如下：

（1）打开 cmd，输入创建 TensorFlow 的环境命令，并且指定 Python 版本为当前的 3.5.x，具体命令如下：

```
conda create --name TensorFlow python=3.5
```

运行成功以后，Aconda 会建立一个 TensorFlow 自主运行环境，如图 3-35 所示。

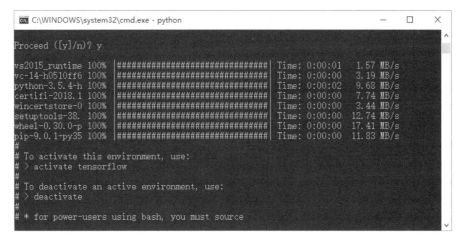

图 3-35　建立 TensorFlow 运行环境

（2）激活 TensorFlow 环境。

建立环境以后，输入命令 activate TensorFlow，激活并且进入 TensorFlow 环境，如图 3-36 所示。

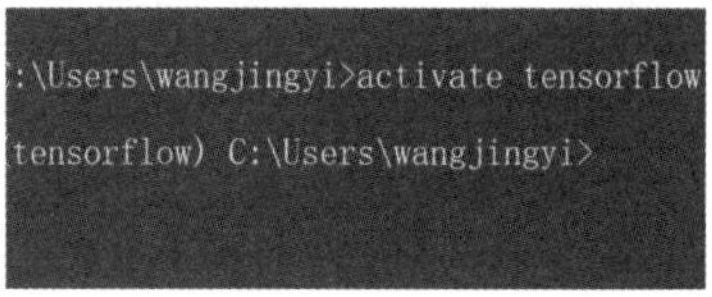

（3）下载 TensorFlow。

激活并且进入以后，就可以在当前环境下载和安装 TensorFlow，具体命令如下：

图 3-36　建立 TensorFlow 环境

- 安装 CPU 版本应输入：

```
pip3 install --ignore-installed --upgrade TensorFlow
```

- 安装 GPU 版本应输入：

```
pip3 install --ignore-installed --upgrade TensorFlow-gpu
```

输入以后，等待安装完成。如果网络不好，需要多次安装；如果缺少相关支持库，对应进行补充安装即可。安装情况如图 3-37 所示。

图 3-37　安装 TensorFlow

（4）测试安装。

安装完成以后，我们就可以使用 TensorFlow 了。输入命令 Python，进入 Python 环境，并且导入 TensorFlow，具体命令如下：

```
import TensorFlow as tf
```

如果导入失败，表示 TensorFlow 安装失败；导入成功，则不会报错，如图 3-38 所示。

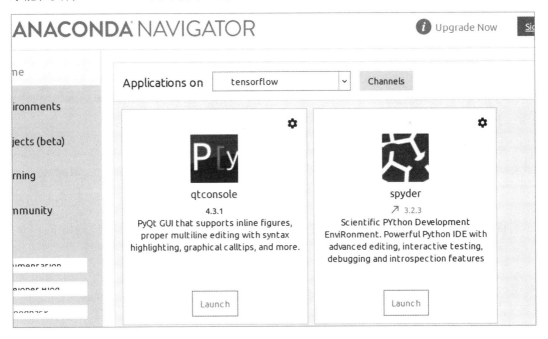

图 3-38　TensorFlow 安装测试

（5）启动 TensorFlow 环境下的 Spyder

启动 Aconda，在其中需要选择 TensorFlow 环境，在环境下安装 Spyder，这样 Spyder 才能在支持 TensorFlow 的环境下运行，如图 3-39 所示。

图 3-39　TensorFlow 环境下的 Spyder

这样就完成了 TensorFlow 的安装，在 Spyder 的 IDE 中就可以自由进行 TensorFlow 框架的程序开发了，这是本书进行程序开发的主要编程环境。

3.9　启动第一个测试程序

本书将使用 TensorFlow 作为神经网络库，进行多智能体的对抗和训练工作。本节以一个经典的深度强化学习算法 DQN 作为测试程序，带领读者进入 TensorFlow 的智能体开发程序。代码测试工程下载地址为 https://github.com/SintolRTOS/DQN_Example。

我们通过 Git 将工程更新到本地，并且使用 TensorFlow 环境下的 Spyder 打开工程，如图 3-40 所示。

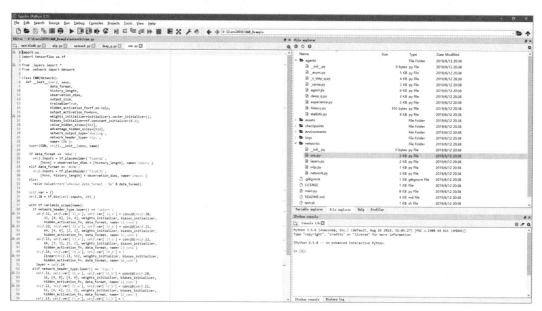

图 3-40　打开 DQN 测试程序

负责图像识别的神经网络的代码是 cnn.py，处理卷积神经网络的具体代码如下：

```
import os
import TensorFlow as tf

from .layers import *
from .network import Network

#创建卷积神经网络
#主要用于处理游戏中的像素图，形成特征值
class CNN(Network):
  def __init__(self, sess,
          data_format,
          history_length,
          observation_dims,
          output_size,
```

```
                    trainable=True,
                    hidden_activation_fn=tf.nn.relu,
                    output_activation_fn=None,
                    weights_initializer=initializers.xavier_initializer(),
                    biases_initializer=tf.constant_initializer(0.1),
                    value_hidden_sizes=[512],
                    advantage_hidden_sizes=[512],
                    network_output_type='dueling',
                    network_header_type='nips',
                    name='CNN'):
        super(CNN, self).__init__(sess, name)
        #初始化数据类型
        if data_format == 'NHWC':
          self.inputs = tf.placeholder('float32',
              [None] + observation_dims + [history_length], name='inputs')
        elif data_format == 'NCHW':
          self.inputs = tf.placeholder('float32',
              [None, history_length] + observation_dims, name='inputs')
        else:
          raise ValueError("unknown data_format : %s" % data_format)
        #初始化输入变量
        self.var = {}
        self.l0 = tf.div(self.inputs, 255.)

    with tf.variable_scope(name):
      #根据不同的参数，初始化不同的隐藏层
        if network_header_type.lower() == 'nature':
          self.l1, self.var['l1_w'], self.var['l1_b'] = conv2d(self.l0,
              32, [8, 8], [4, 4], weights_initializer, biases_initializer,
              hidden_activation_fn, data_format, name='l1_conv')
          self.l2, self.var['l2_w'], self.var['l2_b'] = conv2d(self.l1,
              64, [4, 4], [2, 2], weights_initializer, biases_initializer,
              hidden_activation_fn, data_format, name='l2_conv')
          self.l3, self.var['l3_w'], self.var['l3_b'] = conv2d(self.l2,
              64, [3, 3], [1, 1], weights_initializer, biases_initializer,
              hidden_activation_fn, data_format, name='l3_conv')
          self.l4, self.var['l4_w'], self.var['l4_b'] = \
              linear(self.l3, 512, weights_initializer, biases_initializer,
              hidden_activation_fn, data_format, name='l4_conv')
          layer = self.l4
        elif network_header_type.lower() == 'nips':
          self.l1, self.var['l1_w'], self.var['l1_b'] = conv2d(self.l0,
              16, [8, 8], [4, 4], weights_initializer, biases_initializer,
              hidden_activation_fn, data_format, name='l1_conv')
          self.l2, self.var['l2_w'], self.var['l2_b'] = conv2d(self.l1,
              32, [4, 4], [2, 2], weights_initializer, biases_initializer,
              hidden_activation_fn, data_format, name='l2_conv')
          self.l3, self.var['l3_w'], self.var['l3_b'] = \
              linear(self.l2, 256, weights_initializer, biases_initializer,
              hidden_activation_fn, data_format, name='l3_conv')
          layer = self.l3
        else:
          raise ValueError('Wrong DQN type: %s' % network_header_type)

        self.build_output_ops(layer, network_output_type,
```

```
        value_hidden_sizes, advantage_hidden_sizes, output_size,
        weights_initializer, biases_initializer, hidden_activation_fn,
        output_activation_fn, trainable)
```

在强化学习中，主要使用的神经网络为 mlp.py。MLP 多层网络感知机用于处理强化学习中的学习算法训练，具体代码如下：

```
import TensorFlow as tf

from .layers import *
from .network import Network


#多层网络感知机
#用于处理 DQN 的深度神经网络
class MLPSmall(Network):
  def __init__(self, sess,
                data_format,
                observation_dims,
                history_length,
                output_size,
                trainable=True,
                batch_size=None,
                weights_initializer=initializers.xavier_initializer(),
                biases_initializer=tf.zeros_initializer,
                hidden_activation_fn=tf.nn.relu,
                output_activation_fn=None,
                hidden_sizes=[50, 50, 50],
                value_hidden_sizes=[25],
                advantage_hidden_sizes=[25],
                network_output_type='dueling',
                name='MLPSmall'):
    super(MLPSmall, self).__init__(sess, name)
    #根据不同的参数初始化
    with tf.variable_scope(name):
      if data_format == 'NHWC':
        layer = self.inputs = tf.placeholder(
          'float32', [batch_size] + observation_dims + [history_length],
'inputs')
      elif data_format == 'NCHW':
        layer = self.inputs = tf.placeholder(
          'float32', [batch_size, history_length] + observation_dims, 'inputs')
      else:
        raise ValueError("unknown data_format : %s" % data_format)
      #初始化隐藏层
      if len(layer.get_shape().as_list()) == 3:
        assert layer.get_shape().as_list()[1] == 1
        layer = tf.reshape(layer, [-1] + layer.get_shape().as_list()[2:])

      for idx, hidden_size in enumerate(hidden_sizes):
        w_name, b_name = 'w_%d' % idx, 'b_%d' % idx

        layer, self.var[w_name], self.var[b_name] = \
            linear(layer, hidden_size, weights_initializer,
              biases_initializer, hidden_activation_fn, trainable, name=
'lin_%d' % idx)
```

```
#构建输出参数
self.build_output_ops(layer, network_output_type,
    value_hidden_sizes, advantage_hidden_sizes, output_size,
    weights_initializer, biases_initializer, hidden_activation_fn,
    output_activation_fn, trainable)
```

其中的强化学习算法为 DQN 深度强化学习，代码为 deep_q.py，主要用于 MDP（在 2.9 节中讲解过）的建模和算法学习的处理，具体如下：

```
import os
import time
import numpy as np
import TensorFlow as tf
from logging import getLogger

from .agent import Agent

logger = getLogger(__name__)

#用于构建 MDP 中的 DQN 环境中的观察者、Q 函数、策略决策
class DeepQ(Agent):
  def __init__(self, sess, pred_network, env, stat, conf, target_network=
None):
super(DeepQ, self).__init__(sess, pred_network, env, stat, conf,
 target_network=target_network)

    # Optimizer 优化梯度下降算法
    with tf.variable_scope('optimizer'):
      self.targets = tf.placeholder('float32', [None], name='target_q_t')
      self.actions = tf.placeholder('int64', [None], name='action')
      #根据目标网络和 action 进行优化
      actions_one_hot = tf.one_hot(self.actions, self.env.action_size,
1.0, 0.0,
 name='action_one_hot')
      pred_q = tf.reduce_sum(self.pred_network.outputs * actions_one_hot,
reduction_indices=1, name='q_acted')

      self.delta = self.targets - pred_q
      self.clipped_error = tf.where(tf.abs(self.delta) < 1.0,
                      0.5 * tf.square(self.delta),
                      tf.abs(self.delta) - 0.5, name='clipped_
error')
      #计算损失值
      self.loss = tf.reduce_mean(self.clipped_error, name='loss')
      #计算学习率
      self.learning_rate_op = tf.maximum(self.learning_rate_minimum,
        tf.train.exponential_decay(
          self.learning_rate,
          self.stat.t_op,
          self.learning_rate_decay_step,
          self.learning_rate_decay,
          staircase=True))
      #初始化 RMS 训练优化算法
      optimizer = tf.train.RMSPropOptimizer(
```

```
          self.learning_rate_op, momentum=0.95, epsilon=0.01)

      if self.max_grad_norm != None:
        grads_and_vars = optimizer.compute_gradients(self.loss)
        for idx, (grad, var) in enumerate(grads_and_vars):
          if grad is not None:
            grads_and_vars[idx] = (tf.clip_by_norm(grad, self.max_grad_norm),
var)
        self.optim = optimizer.apply_gradients(grads_and_vars)
      else:
        self.optim = optimizer.minimize(self.loss)
  #获得当前空间的奖励
  def observe(self, observation, reward, action, terminal):
    reward = max(self.min_r, min(self.max_r, reward))

    self.history.add(observation)
    self.experience.add(observation, reward, action, terminal)
    #更新完损失值以后，重置参数
    # q, loss, is_update
    result = [], 0, False

    if self.t > self.t_learn_start:
      if self.t % self.t_train_freq == 0:
        result = self.q_learning_minibatch()
      #计算目标值
      if self.t % self.t_target_q_update_freq == self.t_target_q_update_
freq - 1:
        self.update_target_q_network()

    return result

  def q_learning_minibatch(self):
    if self.experience.count < self.history_length:
      return [], 0, False
    else:
      s_t, action, reward, s_t_plus_1, terminal = self.experience.sample()

    terminal = np.array(terminal) + 0.
    #根据不同参数，选择 double_q 和 DQN 算法模块
    if self.double_q:
      # Double Q-learning
      pred_action = self.pred_network.calc_actions(s_t_plus_1)
      q_t_plus_1_with_pred_action = self.target_network.calc_outputs_with_
idx(
          s_t_plus_1, [[idx, pred_a] for idx, pred_a in enumerate(pred_action)])
      target_q_t = (1. - terminal) * self.discount_r * q_t_plus_1_with_
pred_action + reward
    else:
      # Deep Q-learning
      max_q_t_plus_1 = self.target_network.calc_max_outputs(s_t_plus_1)
      target_q_t = (1. - terminal) * self.discount_r * max_q_t_plus_1 + reward

    _, q_t, loss = self.sess.run([self.optim, self.pred_network.outputs,
self.loss], {
```

```
      self.targets: target_q_t,
      self.actions: action,
      self.pred_network.inputs: s_t,
    })

    return q_t, loss, True
```

项目的运行代码为 main.py，具体如下：

```
import gym
import random
import logging
import TensorFlow as tf

from utils import get_model_dir
from networks.cnn import CNN
from networks.mlp import MLPSmall
from agents.statistic import Statistic
from environments.environment import ToyEnvironment, AtariEnvironment


flags = tf.app.flags
#初始化 DQN 神经网络结构
# Deep q Network
flags.DEFINE_boolean('use_gpu', True, 'Whether to use gpu or not. gpu use
NHWC and gpu use NCHW for data_format')
flags.DEFINE_string('agent_type', 'DQN', 'The type of agent [DQN]')
flags.DEFINE_boolean('double_q', False, 'Whether to use double Q-learning')
flags.DEFINE_string('network_header_type', 'nips', 'The type of network
header [mlp, nature, nips]')
flags.DEFINE_string('network_output_type', 'normal', 'The type of network
output [normal, dueling]')
#设置 MDP 的环境参数
# Environment
flags.DEFINE_string('env_name', 'Breakout-v0', 'The name of gym environment
to use')
flags.DEFINE_integer('n_action_repeat', 1, 'The number of actions to repeat')
flags.DEFINE_integer('max_random_start', 30, 'The maximum number of NOOP
actions at the beginning of an episode')
flags.DEFINE_integer('history_length', 4, 'The length of history of
observation to use as an input to DQN')
flags.DEFINE_integer('max_r', +1, 'The maximum value of clipped reward')
flags.DEFINE_integer('min_r', -1, 'The minimum value of clipped reward')
flags.DEFINE_string('observation_dims', '[80, 80]', 'The dimension of gym
observation')
flags.DEFINE_boolean('random_start', True, 'Whether to start with random
state')
flags.DEFINE_boolean('use_cumulated_reward', False, 'Whether to use cumulated
reward or not')
#设置训练参数，包括训练与否、学习值、经验回放大小等
# Training
flags.DEFINE_boolean('is_train', True, 'Whether to do training or testing')
flags.DEFINE_integer('max_delta', None, 'The maximum value of delta')
flags.DEFINE_integer('min_delta', None, 'The minimum value of delta')
flags.DEFINE_float('ep_start', 1, 'The value of epsilon at start in e-
greedy')
```

```
flags.DEFINE_float('ep_end', 0.01, 'The value of epsilnon at the end in e-
greedy')
flags.DEFINE_integer('batch_size', 32, 'The size of batch for minibatch
training')
flags.DEFINE_integer('max_grad_norm', None, 'The maximum norm of gradient
while updating')
flags.DEFINE_float('discount_r', 0.99, 'The discount factor for reward')

# Timer
flags.DEFINE_integer('t_train_freq', 4, '')
```
#拆分数据
```
# Below numbers will be multiplied by scale
flags.DEFINE_integer('scale', 10000, 'The scale for big numbers')
flags.DEFINE_integer('memory_size', 100, 'The size of experience memory (*=
scale)')
flags.DEFINE_integer('t_target_q_update_freq', 1, 'The frequency of target
network to be updated (*= scale)')
flags.DEFINE_integer('t_test', 1, 'The maximum number of t while training
(*= scale)')
flags.DEFINE_integer('t_ep_end', 100, 'The time when epsilon reach ep_end
(*= scale)')
flags.DEFINE_integer('t_train_max', 5000, 'The maximum number of t while
training (*= scale)')
flags.DEFINE_float('t_learn_start', 5, 'The time when to begin training (*=
scale)')
flags.DEFINE_float('learning_rate_decay_step', 5, 'The learning rate of
training (*= scale)')
```
#梯度下降优化算法参数，包括学习率、魔化参数等
```
# Optimizer
flags.DEFINE_float('learning_rate', 0.00025, 'The learning rate of training')
flags.DEFINE_float('learning_rate_minimum', 0.00025, 'The minimum learning
rate of training')
flags.DEFINE_float('learning_rate_decay', 0.96, 'The decay of learning
rate of training')
flags.DEFINE_float('decay', 0.99, 'Decay of RMSProp optimizer')
flags.DEFINE_float('momentum', 0.0, 'Momentum of RMSProp optimizer')
flags.DEFINE_float('gamma', 0.99, 'Discount factor of return')
flags.DEFINE_float('beta', 0.01, 'Beta of RMSProp optimizer')

# Debug
flags.DEFINE_boolean('display', True, 'Whether to do display the game screen
or not')
flags.DEFINE_string('log_level', 'INFO', 'Log level [DEBUG, INFO, WARNING,
ERROR, CRITICAL]')
flags.DEFINE_integer('random_seed', 123, 'Value of random seed')
flags.DEFINE_string('tag', '', 'The name of tag for a model, only for
debugging')
flags.DEFINE_boolean('allow_soft_placement', True, 'Whether to use part or
all of a GPU')
#flags.DEFINE_string('gpu_fraction', '1/1', 'idx / # of gpu fraction e.g.
1/3, 2/3, 3/3')

# Internal
# It is forbidden to set a flag that is not defined
flags.DEFINE_string('data_format', 'NCHW', 'INTERNAL USED ONLY')
```

```
#初始化 GPU 运算
def calc_gpu_fraction(fraction_string):
  idx, num = fraction_string.split('/')
  idx, num = float(idx), float(num)

  fraction = 1 / (num - idx + 1)
  print (" [*] GPU : %.4f" % fraction)
  return fraction

conf = flags.FLAGS
#配置 DQN 算法模块
if conf.agent_type == 'DQN':
  from agents.deep_q import DeepQ
  TrainAgent = DeepQ
else:
  raise ValueError('Unknown agent_type: %s' % conf.agent_type)
#log 打印的模块
logger = logging.getLogger()
logger.propagate = False
logger.setLevel(conf.log_level)

# set random seed
tf.set_random_seed(conf.random_seed)
random.seed(conf.random_seed)
#主函数，启动模型训练
def main(_):
  # preprocess
  conf.observation_dims = eval(conf.observation_dims)

  for flag in ['memory_size', 't_target_q_update_freq', 't_test',
               't_ep_end', 't_train_max', 't_learn_start', 'learning_rate_
decay_step']:
    setattr(conf, flag, getattr(conf, flag) * conf.scale)
#根据是否能使用 gpu 进行阐述配置
  if conf.use_gpu:
    conf.data_format = 'NCHW'
  else:
    conf.data_format = 'NHWC'
#模型保存路径
  model_dir = 'checkpoints\Breakout-v0'

  print ("model_dir:%s" % model_dir)

  # start
  #gpu_options = tf.GPUOptions(
  #   per_process_gpu_memory_fraction=calc_gpu_fraction(conf.gpu_fraction))

  sess_config = tf.ConfigProto(
      log_device_placement=False, allow_soft_placement=conf.allow_soft_
placement)
```

```
      sess_config.gpu_options.allow_growth = conf.allow_soft_placement
#初始化 MDP 环境模块
   with tf.Session(config=sess_config) as sess:
      if any(name in conf.env_name for name in ['Corridor', 'FrozenLake']):
         env = ToyEnvironment(conf.env_name, conf.n_action_repeat,
                        conf.max_random_start, conf.observation_dims,
                        conf.data_format, conf.display, conf.use_cumulated_
reward)
      else:
         env = AtariEnvironment(conf.env_name, conf.n_action_repeat,
                        conf.max_random_start, conf.observation_dims,
                        conf.data_format, conf.display, conf.use_cumulated_
reward)
#初始化 CNN 神经网络
      if conf.network_header_type in ['nature', 'nips']:
         pred_network = CNN(sess=sess,
                        data_format=conf.data_format,
                        history_length=conf.history_length,
                        observation_dims=conf.observation_dims,
                        output_size=env.env.action_space.n,
                        network_header_type=conf.network_header_type,
                        name='pred_network', trainable=True)
         target_network = CNN(sess=sess,
                        data_format=conf.data_format,
                        history_length=conf.history_length,
                        observation_dims=conf.observation_dims,
                        output_size=env.env.action_space.n,
                        network_header_type=conf.network_header_type,
                        name='target_network', trainable=False)
#初始化 MLP 神经网络
      elif conf.network_header_type == 'mlp':
         pred_network = MLPSmall(sess=sess,
                        data_format=conf.data_format,
                        observation_dims=conf.observation_dims,
                        history_length=conf.history_length,
                        output_size=env.env.action_space.n,
                        hidden_activation_fn=tf.sigmoid,
                        network_output_type=conf.network_output_type,
                        name='pred_network', trainable=True)
         target_network = MLPSmall(sess=sess,
                        data_format=conf.data_format,
                        observation_dims=conf.observation_dims,
                        history_length=conf.history_length,
                        output_size=env.env.action_space.n,
                        hidden_activation_fn=tf.sigmoid,
                        network_output_type=conf.network_output_type,
                        name='target_network', trainable=False)
```

```
    else:
        raise ValueError('Unkown network_header_type: %s' % (conf.network_
header_type))

    stat = Statistic(sess, conf.t_test, conf.t_learn_start, model_dir,
pred_network.var.values())
    agent = TrainAgent(sess, pred_network, env, stat, conf, target_network=
target_network)
#启动智能体的训练过程或者直接运行游戏
    if conf.is_train:
        agent.train(conf.t_train_max)
    else:
        agent.play(conf.ep_end)

if __name__ == '__main__':
  tf.app.run()
```

　　我们打开 main.py，按 F5 键，就可以启动测试工程。工程将运行一个打砖块的小游戏，我们的智能体将不断练习，直到成为一个打砖块的游戏高手，这就是经典的 DQN 深度强化学习算法。它最早由 DeepMind 团队提出，成为深度学习和强化学习算法结合的经典案例。它的运行效果如图 3-41 所示。

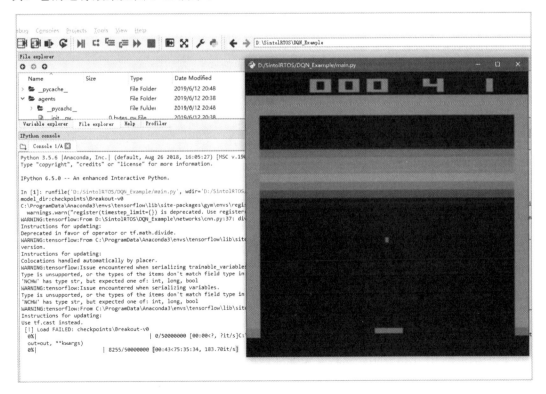

图 3-41　DQN 强化学习测试案例运行效果

3.10　使用 TensorFlow 构建算法框架

TensorFlow 作为一个通用的计算框架，不仅提供了基础的神经网络和计算能力，也附带了一些常用的算法框架，本节就来了解几个常用的算法框架。

3.10.1　使用 CIFAR-10 构建卷积神经网络

对图像计算而言，卷积神经网络是最常用的，用来处理图像特征。TensorFlow 的官方网站提供了 CIFAR-10 的模型，可以通过算法和数据构建一个识别物体的卷积神经网络模型。

本节例子下载的地址为 https://github.com/SintolRTOS/CIIFAR10-CNN-Example.git。

使用 Git 同步完成整个工程，使用 TensorFlow 环境下的 Spyder 打开工程，如图 3-42 所示。

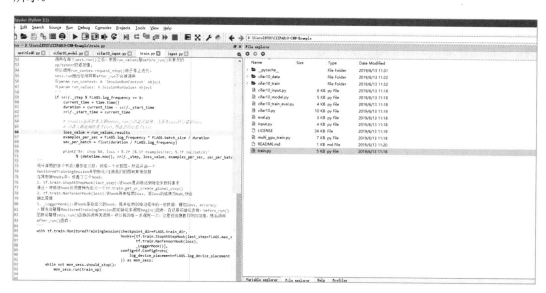

图 3-42　CIFAR-10 模型框架示例

其中，cifar10_input.py 文件用于处理数据集的输入，它的数据集在训练的时候会从互联网中下载，由 60 000 个大小为 32×32×3 的彩色图像组成，分为 10 个类别，每次有 50 000 张图用于训练，训练 5 个批次。它的训练输入非常大，所以使用了两个进程，建立两个图和 Session，使用 multiple input pipelines 的方法进行处理，主要分为两个步骤：

- 训练进程，用于读取训练数据并周期性处理，将训练好的模型变量存储到 checkpoint 文件。

- 评估进程，用于回复 interrence 模型，从 checkpoint 文件中获取模型评估数据。

具体代码如下：

```
# coding:utf-8
"""
CIFAR-10 的数据集共有 60 000 张 32×32×3 的图像，分为 10 类，每类 6 000 张图。
其中 50 000 张图用于训练，构成 5 个训练批，每一批次 10 000 张图，10 000 张图用于测试，
单独构成一批
"""
import TensorFlow as tf
import os

IMAGE_SIZE = 24

NUM_CLASSES = 10
NUM_EXAMPLES_PER_EPOCH_FOR_TRAIN = 50000
NUM_EXAMPLES_PER_EPOCH_FOR_EVAL = 10000


def read_cifar10(filename_queue):
    """从 CIFAR10 数据集中读取数据
    @param filename_queue: 要读取的文件名队列
    @return: 某个对象，具有以下字段
            height: 图片高度
            width: 图片宽度
            depth: 图片深度
            key:   一个描述当前抽样数据的文件名和记录数据标注字符串
            label:   一个 int32 类型的标签， 取值 0~9
            uint8image: 一个[height, width, depth]维度的图像数据
    """
    # 建立一个空类，方便数据的结构化存储
    class CIFAR10Record(object):
        pass
    result = CIFAR10Record()

    label_bytes = 1  # 2 for CIFAR-100
    result.height = 32
    result.width = 32
    result.depth = 3
    image_byte = result.height * result.width * result.depth
    record_bytes = label_bytes + image_byte

    # tf.FixedLengthRecordReader 读取固定长度字节数信息，下次调用时会接着上次读取
        的位置继续读取文件
    reader = tf.FixedLengthRecordReader(record_bytes=record_bytes)
    result.key, value = reader.read(filename_queue)
    # decode_raw 操作将一个字符串转换成一个 uint8 的张量
    record_bytes = tf.decode_raw(value, tf.uint8)
    # tf.strides_slice(input, begin, end, strides=None)截取[begin, end)之
        间的数据
    result.label = tf.cast(tf.strided_slice(record_bytes, [0], [label_
bytes]), tf.int32)
```

```
    depth_major = tf.reshape(tf.strided_slice(record_bytes, [label_bytes],
[label_bytes+image_byte]),
                            [result.depth, result.height, result.width])
    # convert from [depth, height, width] to [height, width, depth]
    result.uint8image = tf.transpose(depth_major, [1, 2, 0])
    return result


# 获取训练数据
def distorted_inputs(data_dir, batch_size):
    """对cifar训练集中的image数据进行变换，图像预处理
    param data_dir: 数据所处文件夹名称
    param batch_size: 批次大小
    return:
        images: 4D tensor of [batch_size, IMAGE_SIZE, IMAGE_SIZE, 3]
        labels: 1D tensor of [batch_size] size
    """
    filename = [os.path.join(data_dir, 'data_batch_%d.bin' % i) for i in
range(1, 6)]
    for f in filename:
        if not tf.gfile.Exists(f):
            raise ValueError('Failed to find file: ' + f)

    filename_queue = tf.train.string_input_producer(filename)

    # 数据扩增
    with tf.name_scope('data_augmentation'):
        read_input = read_cifar10(filename_queue)
        reshaped_image = tf.cast(read_input.uint8image, tf.float32)

        height = IMAGE_SIZE
        width = IMAGE_SIZE

        # tf.random_crop 对输入的图像进行随意裁剪
        distored_image = tf.random_crop(reshaped_image, [height, width, 3])
        # tf.image.random_flip_left_right 随机左右翻转图像
        distored_image = tf.image.random_flip_left_right(distored_image)
        # tf.image.random_brightness 在某范围随机调整图像亮度
        distored_image = tf.image.random_brightness(distored_image, max_
delta=63)
        # tf.image.random_contrast 在某范围随机调整图像对比度
        distored_image = tf.image.random_contrast(distored_image, lower=
0.2, upper=1.8)
        # 归一化，三维矩阵中的数字均值为0，方差为1
        float_image = tf.image.per_image_standardization(distored_image)

        float_image.set_shape([height, width, 3])
        read_input.label.set_shape([1])

        min_fraction_of_examples_in_queue = 0.4
        min_queue_examples = int(NUM_EXAMPLES_PER_EPOCH_FOR_TRAIN *
 min_fraction_of_examples_in_queue)
image_batch, label_batch = tf.train.shuffle_batch([float_image, read_
input.label],
```

```
      batch_size=batch_size,

 capacity= min_queue_examples + 3 *batch_size,min_after_dequeue=min_queue_
examples)

tf.summary.image('image_batch_train', image_batch)
    return image_batch, tf.reshape(label_batch, [batch_size])
```

```
# 获取测试数据
def inputs(data_dir, batch_size):
    """
    输入
    param data_dir: 数据所处文件夹名称
    param batch_size: 批次大小
    return:
     images: 4D tensor of [batch_size, IMAGE_SIZE, IMAGE_SIZE, 3]
     labels: 1D tensor of [batch_size] size
    """
    filenames = [os.path.join(data_dir, 'test_batch.bin')]
    num_examples_per_epoch = NUM_EXAMPLES_PER_EPOCH_FOR_EVAL

    for f in filenames:
        if not tf.gfile.Exists(f):
            raise ValueError('Failed to find file: ' + f)

    with tf.name_scope('input'):
        filename_queue = tf.train.string_input_producer(filenames)
        read_input = read_cifar10(filename_queue)
        reshaped_image = tf.cast(read_input.uint8image, tf.float32)

        height = IMAGE_SIZE
        width - IMAGE_SIZE
        # 剪裁或填充，会根据原图像的尺寸和指定目标图像的尺寸选择剪裁还是填充，如果原图
          像尺寸大于目标图像尺寸，则在中心位置剪裁，反之则用黑色像素填充
        resized_image = tf.image.resize_image_with_crop_or_pad(reshaped_
image, height, width)

        # 归一化，三维矩阵中的数字均值为 0，方差为 1
        float_image = tf.image.per_image_standardization(resized_image)
        float_image.set_shape([height, width, 3])
        read_input.label.set_shape([1])

        min_fraction_of_examples_in_queue = 0.4
        min_queue_examples = int(num_examples_per_epoch * min_fraction_of_
examples_in_queue)
        image_batch, label_batch = tf.train.batch([float_image, read_input.
label], batch_size=batch_size, capacity=min_queue_examples + 3 * batch_
size)
        tf.summary.image('image_batch_evaluation', image_batch)
    return image_batch, tf.reshape(label_batch, [batch_size])
```

cifar10_model.py 是它的卷积模型和参数训练的代码，它的神经网络是一个多层架构，由卷积层和非线性层共同作用，形成交替排列。它的结构模型如下：

```
conv1->pooling1->norm1->conv2->pooling_2->norm_2->local3->local4->softmax_
linear
```

由卷积层、池化层、正则处理、分类器等交替作用。它使用了 softmax 来定义损失函数，并且处理学习率，具体函数如下：

```
tf.nn.sparse_softmax_cross_entropy_with_logits(logits, lables)
```

具体代码如下：

```
# coding:utf-8
"""
构建 CIFAR-10 网络
"""
import TensorFlow as tf
import cifar10_input

# 参数
INITIAL_LEARNING_RATE = 0.1
DECAY_RATE = 0.96
DECAY_STEP = 300

IMAGE_SIZE = cifar10_input.IMAGE_SIZE
NUM_CLASSES = cifar10_input.NUM_CLASSES
NUM_EXAMPLES_PER_EPOCH_FOR_TRAIN =
 cifar10_input.NUM_EXAMPLES_PER_EPOCH_FOR_TRAIN
NUM_EXAMPLES_PER_EPOCH_FOR_EVAL =
 cifar10_input.NUM_EXAMPLES_PER_EPOCH_FOR_EVAL


BATCH_SIZE = 128
DATA_DIR = '/home/mary/PycharmProjects/cifar10/cifar10_data/cifar-10-
batches-bin'


def inference(images):
    """Build the CIFAR-10 model
    conv1-->pooling1-->norm1-->conv2-->pooling_2-->norm_2-->local3-->
local4-->softmax_linear
    @param images: 输入的数据[batch_size, height, width, 3]
    @return: logits: 预测向量
    """
    # conv1
    with tf.name_scope('conv1'):
        conv1_w = tf.Variable(tf.truncated_normal(shape=[5, 5, 3, 64],
mean=0, stddev=5e-2),
 name='weights')
        conv1_b = tf.Variable(tf.zeros(64), name='biases')
        conv1 = tf.nn.relu(tf.nn.conv2d(images, conv1_w, strides=[1, 1, 1,
1], padding='SAME') +
 conv1_b)
    tf.summary.histogram('conv1_w', conv1_w)
    tf.summary.histogram('conv1_b', conv1_b)

    # pooling_1
```

```
    pooling_1 = tf.nn.max_pool(conv1, ksize=[1, 3, 3, 1], strides=[1, 2, 2, 1],
                        padding='SAME', name='pooling_1')
    # norm1
    norm1 = tf.nn.lrn(pooling_1, 4, bias=1.0, alpha=0.001 / 9.0, beta=0.75,
name='norm_1')

    # conv2
    with tf.name_scope('conv2'):
        conv2_w = tf.Variable(tf.truncated_normal(shape=[5, 5, 64, 64],
mean=0, stddev=5e-2),
 name='weights')
        conv2_b = tf.Variable(tf.zeros(64), name='biases')
        conv2 = tf.nn.relu(tf.nn.conv2d(norm1, conv2_w, strides=[1, 1, 1,
1], padding='SAME') +
 conv2_b)
    tf.summary.histogram('conv2_w', conv2_w)
    tf.summary.histogram('conv2_b', conv2_b)

    # pooling_2
    pooling_2 = tf.nn.max_pool(conv2, ksize=[1, 3, 3, 1], strides=[1, 2, 2, 1],
                        padding='SAME', name='pooling_2')
    # norm 2
    norm2 = tf.nn.lrn(pooling_2, 4, bias=1.0, alpha=0.001 / 9.0, beta=0.75,
name='norm_2')

    #reshaped_output
    reshaped_output = tf.reshape(norm2, shape=[BATCH_SIZE, -1])
    dim = reshaped_output.shape[1].value

    # local 3
    with tf.name_scope('local3'):
        local3_w = tf.Variable(tf.truncated_normal(shape=[dim, 384], mean=0,
stddev=0.04),
 name='weights')
        local3_b = tf.Variable(tf.zeros(384), name='biases')
        local3 = tf.nn.relu(tf.matmul(reshaped_output, local3_w) + local3_b)
    tf.summary.histogram('local3_w', local3_w)
    tf.summary.histogram('local3_b', local3_b)

    # local 4
    with tf.name_scope('local4'):
        local4_w = tf.Variable(tf.truncated_normal(shape=[384, 192], mean=0,
stddev=0.04),
 name='weights')
        local4_b = tf.Variable(tf.zeros(192), name='biases')
        local4 = tf.nn.relu(tf.matmul(local3, local4_w) + local4_b)
    tf.summary.histogram('local4_w', local4_w)
    tf.summary.histogram('local4_b', local4_b)

    # softmax_linear
    with tf.name_scope('softmax_linear'):
        output_w = tf.Variable(tf.truncated_normal(shape=[192, 10], mean=0,
stddev=1 / 192.0))
        output_b = tf.Variable(tf.zeros(10))
        logits = tf.nn.relu(tf.matmul(local4, output_w) + output_b)
```

```
        return logits


def loss(logits, labels):
    '''
    损失函数
    param logits: 预测向量
    param labels: 真实值
    return: 损失函数值
    '''
    with tf.name_scope('loss'):
        labels = tf.cast(labels, tf.int64)
        # logits 通常是神经网络最后连接层的输出结果, labels 是具体哪一类的标签
        # 这个函数是直接使用标签数据的, 而不是采用独热编码形式
        cross_entropy = tf.nn.sparse_softmax_cross_entropy_with_logits(
            logits=logits, labels=labels, name='cross_entropy')
        cross_entropy_mean = tf.reduce_mean(cross_entropy, name='cross_
entropy_mean')
        return cross_entropy_mean


# 训练优化器
def train_step(loss_value, global_step):
    # 指数衰减学习率
    '''
    tf.train.exponential_decay(learning_rate, global_step, decay_steps,
decay_rate, staircase=True/False)
    learning_rate: 初始学习率
    global_step: 当前全局的迭代步数
    decay_steps: 每次迭代时需要经过的步数
    decay_rate: 衰减比例
    staircase: 是否呈现阶梯状衰减
    '''
    learning_rate = tf.train.exponential_decay(INITIAL_LEARNING_RATE,
global_step=global_step, decay_steps=DECAY_STEP, decay_rate=DECAY_RATE,
staircase=True)
    tf.summary.scalar('learning_rate', learning_rate)
    optimizer = tf.train.GradientDescentOptimizer(learning_rate).minimize
(loss_value)
    return optimizer


# 计算正确率
def accuracy(logits, lables):
    reshape_logits = tf.cast(tf.argmax(logits, 1), tf.int32)
    accuracy_value = tf.reduce_mean(tf.cast(tf.equal(reshape_logits, lables),
dtype=tf.float32))
return accuracy_value
```

在工程代码中，还提供了 multi_gpu_train、train.py 等单机训练、多机器多 GPU 训练的相关示例，读者可以自行查看。

下面我们打开 train.py，按 F5 键，模型就开始下载数据，并且启动训练工作，运行效

果如图 3-43 所示。

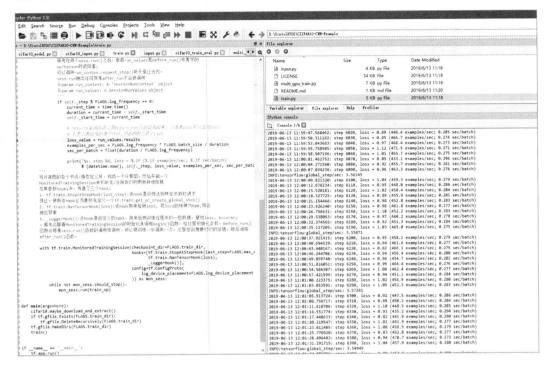

图 3-43　启动 CIFAR-10 训练

3.10.2　使用 RNN 构建记忆网络

　　RNN（循环神经网络）是一种常用的神经网络，称为循环神经网络。相比 CNN，它在时间上具有共享权重，具有"状态记忆"，可以有效表示序列数据中的处理模式。它的运行结构如图 3-44 所示。

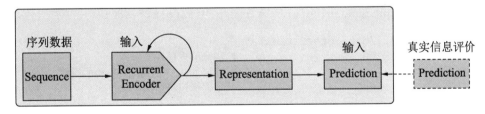

图 3-44　RNN 神经网络处理流程

　　下面我们通过构建 LSTM（Long Short-Term Memory，长短时记忆网络），提供 RNN 的构建结构。LSTM 的关键部分是类似细胞的传输模式，形成一个传送带，只有少量线性交互，保持信息在上面流转，并且保持不变。它的计算模型如图 3-45 所示。

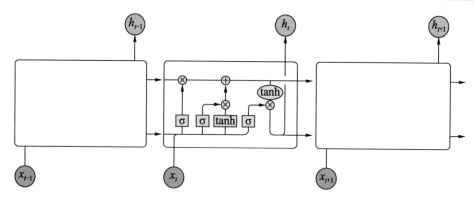

图 3-45 LSMT 的计算模型

具体的计算公式模型如下:

$$f_t = \sigma(W_f \cdot [h_{t-1}, x_t] + b_f)$$

$$i_t = \sigma(W_i \cdot [h_{t-1}, x_t] + b_i)$$

$$\overline{C_t} = \tan h(W_C \cdot [h_{t-1}, x_t] + b_C)$$

$$C_t = f_t \times C_{t-1} + i_t \times \overline{C_t}$$

$$o_t = \sigma(W_o \cdot [h_{t-1}, x_t] + b_o)$$

$$h_t = o_t \times \tan h(C_t)$$

通过 Git 获取测试代码示例,下载地址为 https://github.com/SintolRTOS/RNN_Example.git。
获取完成以后,可以查看具体代码:

```
# -*- coding: utf-8 -*-
"""
Created on Thu Jun 13 12:23:44 2019

@author: wangjingyi
"""

import numpy as np
import TensorFlow as tf
from TensorFlow.models.tutorials.rnn.ptb import reader

DATA_PATH = "../datasets/PTB/data"
HIDDEN_SIZE = 200                       # 隐藏层规模
NUM_LAYERS = 2                          # 深层 RNN 中的 LSTM 结构的层数
VOCAB_SIZE = 10000                      # 单词标识符个数

LEARNING_RATE = 1.0                     # 学习速率
TRAIN_BATCH_SIZE = 20                   # 训练数据大小
TRAIN_NUM_STEP = 35                     # 训练数据截断长度

# 测试时不需要截断
EVAL_BATCH_SIZE = 1                     # 测试数据大小
```

```
EVAL_NUM_STEP = 1            # 测试数据截断长度
NUM_EPOCH = 2                # 使用训练数据轮数
KEEP_PROB = 0.5              # 节点不被 dropout
MAX_GRAD_NORM = 5            # 控制梯度膨胀参数


# 定义一个类来描述模型结构
class PTBModel (object):
  def __init__(self, is_training, batch_size, num_steps):

    self.batch_size = batch_size
    self.num_steps = num_steps

    # 定义输入层
    self.input_data = tf.placeholder (tf.int32, [batch_size, num_steps])
    self.targets = tf.placeholder (tf.int32, [batch_size, num_steps])

    # 定义使用 LSTM 结构及训练时使用 dropout
    lstm_cell = tf.contrib.rnn.BasicLSTMCell (HIDDEN_SIZE)
    if is_training:
      lstm_cell = tf.contrib.rnn.DropoutWrapper (lstm_cell, output_keep_
prob=KEEP_PROB)
    cell = tf.contrib.rnn.MultiRNNCell ([lstm_cell] * NUM_LAYERS)

    # 初始化最初的状态
    self.initial_state = cell.zero_state (batch_size, tf.float32)
    embedding = tf.get_variable ("embedding", [VOCAB_SIZE, HIDDEN_SIZE])

    # 将原本单词 ID 转为单词向量
    inputs = tf.nn.embedding_lookup (embedding, self.input_data)

    if is_training:
      inputs = tf.nn.dropout (inputs, KEEP_PROB)

    # 定义输出列表
    outputs = []
    state = self.initial_state
    with tf.variable_scope ("RNN"):
      for time_step in range (num_steps):
        if time_step > 0: tf.get_variable_scope ().reuse_variables ()
        cell_output, state = cell (inputs[:, time_step, :], state)
        outputs.append (cell_output)
    output = tf.reshape (tf.concat (outputs, 1), [-1, HIDDEN_SIZE])
    weight = tf.get_variable ("weight", [HIDDEN_SIZE, VOCAB_SIZE])
    bias = tf.get_variable ("bias", [VOCAB_SIZE])
    logits = tf.matmul (output, weight) + bias

    # 定义交叉熵损失函数和平均损失
    loss = tf.contrib.legacy_seq2seq.sequence_loss_by_example (
      [logits],
      [tf.reshape (self.targets, [-1])],
      [tf.ones ([batch_size * num_steps], dtype=tf.float32)])
    self.cost = tf.reduce_sum (loss) / batch_size
```

```
        self.final_state = state

        # 只在训练模型时定义反向传播操作
        if not is_training: return
        trainable_variables = tf.trainable_variables ()

        # 控制梯度大小，定义优化方法和训练步骤
grads, _ = tf.clip_by_global_norm (tf.gradients (self.cost, trainable_
variables),
 MAX_GRAD_NORM)
        optimizer = tf.train.GradientDescentOptimizer (LEARNING_RATE)
        self.train_op = optimizer.apply_gradients (zip (grads, trainable_
variables))



# 使用给定的模型 model 在数据 data 上运行 train_op 并返回在全部数据上的 perplexity 值
def run_epoch(session, model, data, train_op, output_log, epoch_size):
  total_costs = 0.0
  iters = 0
  state = session.run(model.initial_state)

  # 训练一个 epoch
  for step in range(epoch_size):
    x, y = session.run(data)
    cost, state, _ = session.run([model.cost, model.final_state, train_op],
               {model.input_data: x, model.targets: y, model.initial_
state: state})
    total_costs += cost
    iters += model.num_steps

    if output_log and step % 100 == 0:
      print("After %d steps, perplexity is %.3f" % (step, np.exp(total_costs /
iters)))
  return np.exp(total_costs / iters)


# 定义主函数并执行
def main():
  train_data, valid_data, test_data, _ = reader.ptb_raw_data(DATA_PATH)

  # 计算一个 epoch 需要训练的次数
  train_data_len = len(train_data)
  train_batch_len = train_data_len // TRAIN_BATCH_SIZE
  train_epoch_size = (train_batch_len - 1) // TRAIN_NUM_STEP

  valid_data_len = len(valid_data)
  valid_batch_len = valid_data_len // EVAL_BATCH_SIZE
  valid_epoch_size = (valid_batch_len - 1) // EVAL_NUM_STEP

  test_data_len = len(test_data)
  test_batch_len = test_data_len // EVAL_BATCH_SIZE
  test_epoch_size = (test_batch_len - 1) // EVAL_NUM_STEP
```

```
    initializer = tf.random_uniform_initializer(-0.05, 0.05)
    with tf.variable_scope("language_model", reuse=None, initializer=
initializer):
        train_model = PTBModel(True, TRAIN_BATCH_SIZE, TRAIN_NUM_STEP)

    with tf.variable_scope("language_model", reuse=True, initializer=
initializer):
        eval_model = PTBModel(False, EVAL_BATCH_SIZE, EVAL_NUM_STEP)

    # 训练模型
    with tf.Session() as session:
        tf.global_variables_initializer().run()

train_queue = reader.ptb_producer(train_data, train_model.batch_size,
 train_model.num_steps)
eval_queue = reader.ptb_producer(valid_data, eval_model.batch_size,
 eval_model.num_steps)
        test_queue = reader.ptb_producer(test_data, eval_model.batch_size,
eval_model.num_steps)

        coord = tf.train.Coordinator()
        threads = tf.train.start_queue_runners(sess=session, coord=coord)

        for i in range(NUM_EPOCH):
            print("In iteration: %d" % (i + 1))
            run_epoch(session, train_model, train_queue, train_model.train_op,
True, train_epoch_size)

            valid_perplexity = run_epoch(session, eval_model, eval_queue, tf.no_
op(), False,
 valid_epoch_size)
            print("Epoch: %d Validation Perplexity: %.3f" % (i + 1, valid_
perplexity))

test_perplexity = run_epoch(session, eval_model, test_queue, tf.no_op(),
False,
 test_epoch_size)
        print("Test Perplexity: %.3f" % test_perplexity)

        coord.request_stop()
        coord.join(threads)

if __name__ == "__main__":
    main()
```

其中，TensorFlow.models 为 TensorFlow 的第三方模型库，读者需要自行安装，它的下载地址为 https://github.com/TensorFlow/models.git。

读者需要同步到本地 TensorFlow 的安装目录。安装完成以后，使用 Spyder 运行测试。

3.10.3　搭建生成对抗网络

GAN（Generative Adversarial Network，生成对抗网络）是现在热门的深度学习网络。它可以通过模型学习一些数据，再生成类似的数据，可以帮助我们解决许多深度学习训练中的问题，是 TensorFlow 中重要的算法框架之一。

GAN 主要包含如下两个模型。

- 生成模型 G：接收均匀分布的随机 z 噪声，输出生成模型 G 生成的图像。
- 判别模型 D：用于判别生成的图像是真实图像的概率。

它的损失函数如下：

$$G\min D\max V(D,G') = -\{E_p \sim data(x), \log D(x) + E_z \sim P_z(z), \log[1 - D(G(z))]\}$$

训练目标是让损失函数最小化，让 $D(x)$ 最大化。

我们使用 Git，获取搭建 GAN 神经网络的示例地址为 https://github.com/SintolRTOS/GAN_Example.git。

具体代码如下：

```
# -*- coding: utf-8 -*-
"""
Created on Thu Jun 13 20:34:19 2019

@author: wangjingyi
"""

# GAN Paper https://arxiv.org/pdf/1406.2661.pdf
import os
import matplotlib.pyplot as plt
import numpy as np
import TensorFlow as tf
from TensorFlow.examples.tutorials.mnist import input_data

# 以 MNIST 数据集为例
mnist = input_data.read_data_sets("MNIST_data", one_hot=True)

num_steps = 100000
batch_size = 128
learning_rate = 0.0002
image_dim = 784
model_path = "./save/model.ckpt"

gen_hidden_dim = 256
disc_hidden_dim = 256
```

```
noise_dim = 100


# Xavier 初始化，注意权重都是 Xavier 初始化生成的
def xavier_glorot_init(shape):
    # 正态分布中取随机值
    # stddev=1. / tf.sqrt(shape[0] / 2.)保证每一层方差一致
    return tf.random_normal(shape=shape, stddev=1. / tf.sqrt(shape[0] / 2.))


# G 是一个生成图像的网络，它接收一个随机的噪声 z，通过这个噪声生成图像，记作 G(z)
# D 是一个判别网络，判别一幅图像是不是"真实的"，它的输入参数是 x，x 代表一幅图像，输
    出 D(x)代表 x 为真实图像的概率
# 如果为 1，就代表 100%是真实的图像，而输出为 0，就代表不可能是真实的图像


# 权重 w 和 b 设置
weights = {
    "gen_hidden1": tf.Variable(xavier_glorot_init([noise_dim, gen_hidden_
dim])),
    "gen_out": tf.Variable(xavier_glorot_init([gen_hidden_dim, image_dim])),
    "disc_hidden1": tf.Variable(xavier_glorot_init([image_dim, disc_hidden_
dim])),
    "disc_out": tf.Variable(xavier_glorot_init([disc_hidden_dim, 1])),
}

biases = {
    "gen_hidden1": tf.Variable(tf.zeros([gen_hidden_dim])),
    "gen_out": tf.Variable(tf.zeros([image_dim])),
    "disc_hidden1": tf.Variable(tf.zeros([disc_hidden_dim])),
    "disc_out": tf.Variable(tf.zeros([1])),
}


# G 是一个生成图像的网络，它接收一个随机的噪声 z，通过这个噪声最终生成图像，记作 G(z)
def generator(x):
    # 隐藏层 y=wx+b，然后经过激活函数 relu 处理
    hidden_layer = tf.nn.relu(tf.add(tf.matmul(x, weights["gen_hidden1"]),
biases["gen_hidden1"]))
    # 输出层 y=wx+b，然后经过 sigmoid 函数处理
    out_layer = tf.nn.sigmoid(tf.add(tf.matmul(hidden_layer, weights
["gen_out"]), biases["gen_out"]))

    return out_layer


# D 是一个判别网络，判别一幅图像是不是"真实的"，它的输入参数是 x，x 代表一幅图像，输
    出 D(x)代表 x 为真实图像的概率
```

```
# 如果为 1，就代表 100% 是真实的图像，而输出为 0，就代表不可能是真实的图像
def discriminator(x):
    # 隐藏层 y=wx+b，然后经过激活函数 relu 处理
    hidden_layer = tf.nn.relu(tf.add(tf.matmul(x, weights["disc_hidden1"]),
biases["disc_hidden1"]))
    # 输出层 y=wx+b，然后经过 sigmoid 函数处理
    out_layer = tf.nn.sigmoid(tf.add(tf.matmul(hidden_layer, weights["disc_out"]),
biases["disc_out"]))

    return out_layer



# G 和 D 的输入 placeholder 变量
gen_input = tf.placeholder(tf.float32, shape=[None, noise_dim], name=
"input_noise")
disc_input = tf.placeholder(tf.float32, shape=[None, image_dim], name=
"disc_input")
# 建立 G 网络
gen_sample = generator(gen_input)
# 建立两个 D 网络，一个以真实数据输入，一个以 G 网络的输出作输入
disc_real = discriminator(disc_input)
disc_fake = discriminator(gen_sample)

# 定义两个损失函数，G 网络的损失函数是生成的样本的 D 网络输出的对数损失函数，D 网络的损
    失函数是交叉熵损失函数
gen_loss = -tf.reduce_mean(tf.log(disc_fake))
disc_loss = -tf.reduce_mean(tf.log(disc_real) + tf.log(1. - disc_fake))

# G 网络和 D 网络的变量
gen_vars = [weights["gen_hidden1"], weights["gen_out"], biases["gen_hidden1"],
biases["gen_out"]]
disc_vars = [weights["disc_hidden1"], weights["disc_out"], biases["disc_
hidden1"], biases["disc_out"]]

# G 网络和 D 网路都使用 Adam 算法优化
train_gen = tf.train.AdamOptimizer(learning_rate=learning_rate).minimize
(gen_loss, var_list=gen_vars)
train_disc = tf.train.AdamOptimizer(learning_rate=learning_rate).minimize
(disc_loss, var_list=disc_vars)

if not os.path.exists("./save/"):
    os.mkdir("./save/")
# 定义 saver 对象，用来保存或恢复模型
saver = tf.train.saver(max_to_keep=5)

# 训练 G 和 D 网络
with tf.Session() as sess:
```

```
sess.run(tf.global_variables_initializer())
# 恢复模型
if os.path.exists("./save/checkpoint"):
    # 判断最新的保存模型检查点是否存在，如果存在，则从最近的检查点恢复模型
    saver.restore(sess, tf.train.latest_checkpoint("./save/"))
for i in range(num_steps):
    # 只用图像数据进行训练
    batch_x, _ = mnist.train.next_batch(batch_size)
    # 生成噪声，数值从-1 到 1 的均匀分布中随机取值
    z_input = np.random.uniform(-1., 1., size=[batch_size, noise_dim])
    # D 网络输入即真实图像，G 网络输入为生成的噪声，它们的数量都是 batch_size
    feed_dict = {disc_input: batch_x, gen_input: z_input}
    _, _, g_loss, d_loss = sess.run([train_gen, train_disc, gen_loss,
disc_loss], feed_dict=feed_dict)
    if i % 1000 == 0:
        print("Step:{} Generator Loss:{:.4f} Discriminator Loss:{:.4f}".
format(i, g_loss, d_loss))
        save_path = saver.save(sess, model_path, global_step=i)
        print("模型保存到文件夹:{}".format(save_path))
        if g_loss <= 3 and d_loss <= 0.4:
            break

f, a = plt.subplots(4, 10, figsize=(10, 4))
# 生成 40 张图片（4 张×10 轮）
for i in range(10):
    # 随机生成噪声，噪声也是均匀分布中随机取值，用训练好的 G 网络生成图片
    z_input = np.random.uniform(-1., 1., size=[4, noise_dim])
    g_sample = sess.run([gen_sample], feed_dict={gen_input: z_input})
    g_sample = np.reshape(g_sample, newshape=(4, 28, 28, 1))
    # 使用反差色可以更好地显示图片，g_sample 中每个像素点上都是[0,1]内的值
    g_sample = -1 * (g_sample - 1)
    # 把 40 张图片画出来
    for j in range(4):
        # 每个像素点在 2 号维度扩展成 3 个值，3 个值都是原来的第一个值
        img = np.reshape(np.repeat(g_sample[j][:, :, np.newaxis], 3, axis=2),
newshape=(28, 28, 3))
        # 画出每张子图
        a[j][i].imshow(img)

f.show()
plt.draw()
plt.waitforbuttonpress()
```

　　示例中使用的是 MNIST_data 手写数据，生成模型 G 的损失函数,计算 G 生成的图片,
得到概率，再获得损失函数，进行最小化处理。整个示例会生成 40 张 G 模型生产的图片。
　　我们使用 Spyder 运行示例，运行情况如图 3-46 所示。

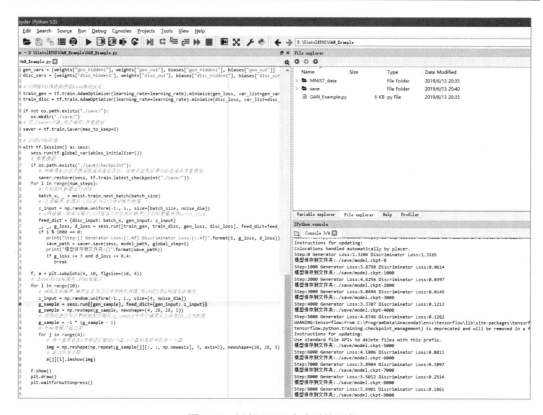

图 3-46　运行 GAN 生成对抗网络

运行结果生成的图片跟正常的手写字非常接近，如图 3-47 所示。

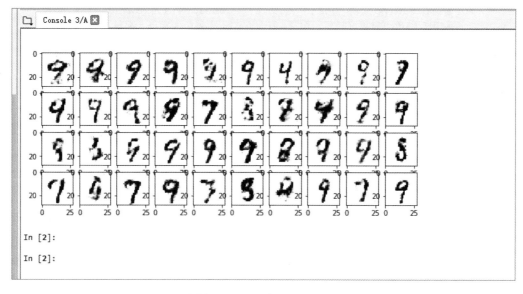

图 3-47　GAN 生成的手写字

　　TensorFlow 还支持非常多的算法框架，它是一个灵活的、高可靠性的神经网络计算库，由于篇幅原因，这里就不再多做介绍了，读者可以自行了解。

　　在 TensorFlow 中，还有需要读者自行体会的地方，如在训练的时候，进行参数优化、特征值归一化处理、噪声参数的处理、模型的收敛、激活函数的选用和作用。读者需要深入研究每一个部分，这样才能让模型具有足够可靠的运行能力。

3.11　TensorFlow 的发展与价值

　　TensorFlow 从发展之初，人们就希望它成为一个人人可用的机器学习平台，帮助更多的人进行探索性的研究，开发自己的系统，落地具体场景的 AI 应用和产品。到目前为止，TensorFlow 已经正被下载了上千万次，受到了全球开发者的喜爱。

　　为了提高 TensorFlow 对深度学习的能力，Google 设计了新硬件 TPU，现在已经发展到了第三代，它能够极大地提高推理和训练的计算能力 Google 还开放了 Google 云平台，并开放了 TensorFlow Research Cloud，读者可以通过网站 g.co/tpusignup 进行申请。

　　在 AI 的应用方面，最出名的是 AlphaGo，它是 DeepMind 团队基于早期 TensorFlow 开发的系统。现在 TensorFlow 大量应用于各个人工智能领域，如自动驾驶、天文观测、农业分析、森林保护、医疗领域、人文和艺术领域等。天文学家使用 TensorFlow 搜索到类似于地球的行星 Kepler-90i；研究人员使用 TensorFlow 进行应用开发，检测植物的健康状况；艺术家使用 TensorFlow 开发应用，对音乐进行创作，做出音符的提示等。

　　TensorFlow 的工具集合被不断完善，它不仅支持 CPU、GPU、TPU，在不同的大型机器上运行，现在也在逐步支持 Android、IOS 等小型化设备，应用十广泛的边缘计算领域。

　　人们不断增加 TensorFlow 所支持的机器学习模型包，如决策树、SVM、概率方法、随机森林等，也在增加更加易用的高层 API，可以直接进行调用。

　　人们也在完善 TensorFlow 的可视化工具链，如 TensorBoard，让研究人员能够更加直观地观测模型结构和计算性能，不断降低人工智能的入门门槛，帮助更多人学习和使用相关知识。

　　TensorFlow 对源的支持，不仅针对 Python，也增加了 TensorFlow.js，支持 WebGL，可以在网页和浏览器中运行 AI，对 C++、Java 等语言的支持也在不断增强。

　　随着分布式的发展，TensorFlow 也发展了自己的大规模计算架构，支持大规模的运算模型，让人工智能能够支持更大规模的运算，不仅解决单个的 AI 问题，也能支持全社会、全网络的大规模群体智能领域。

　　目前，TensorFlow 已经成为人工智能领域最重要的开源项目。

3.12　本 章 小 结

本章我们讲解了 TensorFlow 的基础知识，帮助读者快速上手 TensorFlow，由于篇幅原因，不能深入讲解，读者在实际的运用中还需要注意很多问题，如参数优化、模型收敛、噪声处理、激活函数、神经元的选用等。学习完本章后，请思考以下问题：

（1）TensorFlow 的基本结构是什么样的？

（2）TensorFlow 如何支持 CPU 和 GPU 的运行方式？它的分布式结构是如何运行的？

（3）神经网络的基本结构是什么样的？图计算和 TensorFlow 的计算模型有什么关系？

（4）TensorFlow 的 API 主要有哪些部分？如何运行一个 TensorFlow 程序？

（5）搭建 TensorFlow 的开发环境需要注意哪些部分？

（6）TensorFlow 常用的数据结构和类对象结构有哪些？它们有哪些作用？在实际工作中应该如何运用？

（7）卷积神经网络和循环神经网络的核心原理分别是什么？它们适用于什么样的场景？在 TensorFlow 中如何开发它们？

（8）TensorFlow 如何进行多智能体的开发，以支持群体智能环境？

（9）如何在多智能、复杂的群体环境中灵活应用 TensorFlow 常用的神经网络模型和框架？

第 4 章　分布式智能计算核心

随着机器学习和深度学习的发展,特别是神经网络的突破,人工智能了得到巨大进步。在研究和应用方面,人工智能的发展大多集中在图像、分析、推荐等领域。SintolRTOS的研究和开发希望解决群体智能的问题。它可以促进交通、集群控制、协调操作、微观细胞研究等领域的人工智能发展。它的应用领域广泛,是未来社会研究、军事开发、工业制造、科研计算、数字化转型的重要技术。人工智能的发展需要深入底层技术。在分布式人工智能方面,SintolRTOS 具有一定程度的突破性。基于这样的技术,我们希望在群体智能和分布式人工智能方面做出一些创新性的架构。

SintolRTOS 已经开源了部分组件和演示 Demo,开源地址为 http://www.github.com/SintolRTOS。

4.1　什么是 SintolRTOS

Sintol 是产品的标志,RTOS 的英文为 Real-Time Operating System,叫作实时操作系统。SintolRTOS 是围绕分布式人工智能和群体智能进行设计的计算核心。它提供的核心能力主要包括以下几部分。

- 分布式多网络节点:提供了 RTOSNode 节点,可以帮助我们随时启动计算节点,将单体计算平台(包括计算机、智能硬件、移动设备等)连接起来,形成一个多网络节点的分布式计算平台。
- 计算层接口:各个逻辑和算法可以通过计算层接口连接分布式节点,发布和接收分布式任务,为群体智能做决策,并运算个体逻辑和智能 AI 算法。
- 任务并行和数据同步:支持不同计算层发布和相互订阅,可以通过路由节点在不同运算层之间实现发布计算模型和订阅模型的部分任务、同步数据、归并数据及并行计算等功能。
- 多语言 SDK:提供多语言计算层的 SDK,包括 C++、Python、Unreal 等 SDK,让计算层可以支持 TensorFlow 深度学习、C++逻辑和智能仿真、Unreal 图形和物理计算等,支持多样化的智能模型。
- 多种模型定义和分布式规则:提供 HLA、DDS、Multi-Agent 等分布式规则,支持不同 AI 智能模型的定义,支持 AI 模型的并行计算、任务拆分、数据归并、模型共享。

- 负载均衡：负载均衡计算层 Worker 的计算实体 Entity，有效分配和管理计算资源。
- 中控管理：中心化的监控工具，检测和控制多个平台、Worker、Entity 计算资源。

在 SintolRTOS 的实际应用中，需要结合不同的应用场景和计算组合方式，通过其他人工智能库（如 TensorFlow）进行架构，做到大规模、分布式、单体 AI 节点计算，做到集群人工智能的总体决策，并且互相激发、互相协作。

要了解 SintolRTOS 的底层原理和运用方式，还需要学习它的研发技术和相关组件，下面就进行详细介绍。

4.2　SintolRTOS 支持的组织协议体系

SintolRTOS 作为分布式智能计算核心，其最重要的功能就是能支持不同的分布式 AI 计算架构，需要多种分布式计算模型，主要包括以下几种。

- HLA 高层联邦体系；
- DDS 数据分发服务；
- Multi-Agent 多智能体代理结构。

下面我们就来了解这几种模型的原理，以及在 SintolRTOS 中的实现方式。

4.2.1　HLA 高层联邦体系

HLA 最早应用在分布式军事仿真体系中，是由 IEEE 定义的接口体系标准。在它的规范里面定义了在整个分布式体系中的联邦单位、分层模型、模型实体单位、模型属性、交互接口等。

在 HLA 体系里面，如果需要多个分布式系统协同工作，建立群体智能体系的联盟结构，就需要遵循标准化的类型定义和格式。对此，需要建立相同的 FOM 和 RTI。

1. FOM（联邦对象模型）

每一个分布式系统联邦模型的建立都需要建立 FOM，它定义了整个分布式系统所使用的属性、接口、映射、对象、交互等相关标准。通过使用统一的 FOM，可以具备如下功能：

在 FOM 模型下的分布式运算个体，能够和其他个体在相同体系下相互连接。整个 FOM 可以定义成为固定的配置文件，实现 FOM 模型的建立。

2. RTI（运行支持系统）

为了将分布式系统抽象成为联邦成员，系统需要提供组合和交互。RTI 是 HLA 的核心功能之一，它需要为整个分布式系统提供底层的支撑服务，为整个 HLA 中的联邦成员、对象、交互等提供相应的接口。在 HLA 的分布式体系里面，运行的系统都需要 RTI 提供的接口来进行功能的开发。在 SintolRTOS 中，我们提供的分布式节点组建 SintolRTOSNode 中就继承了 RTI 相应的功能。

　　了解了 HLA 中的重要概念后，我们还需要了解 HLA 体系中需要注意的几个规则标准。

- 整个联邦体系里面必须有联邦对象模型，提供联邦模型里面的对象、交互等处理标准。
- 在整个联邦中，FOM 中所有对象生成的实例（一般通过模型映射类来生成对象）属于各个联邦成员（SintolRTOS 中的计算层），而不是在 RTI 中。
- 联邦执行的过程中，联邦成员之间的 FOM 规定的数据在交互的时候，必须通过 RTI（SintolRTOS 中的 RTOSNode 组件）来进行交互。
- 联邦成员和成员之间必须使用 HLA 提供标准的接口来与 RTI 进行交互处理。对此，需要提供计算层的 SDK，与 RTOSNode 进行标准化连接和交互。
- 在联邦中每隔一段时间，一个对象都是需要锁定的，一个对象在同一时间只能为一个成员所拥有。
- 联邦成员中必须有对象符合 OMT 规范，也就是 SOM。
- 每个成员对 SOM 的属性可以更新和映射处理，也可以对 SOM 的交互协议进行发送和接收。
- 联邦成员可以在联邦中执行对象的所有权转换和接收。
- 联邦成员可以根据 SOM 中规定的条件，改变、更新对象的属性和规范条件。
- 联邦成员可以管理自身局部分布式节点时间，保证能够协调其他的联邦成员，进行数据和智能模型同步。
- IILA 的分布式计算过程就是联邦成员之间的交互过程，由对象和对象之间的算法交互组成，从而把每个 AI 算法模型抽象成为联邦成员，如图 4-1 所示。

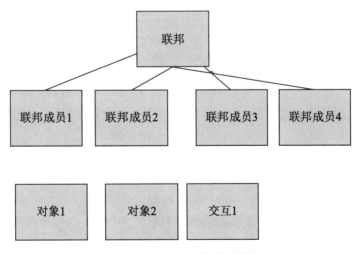

图 4-1　HLA 高层联邦体系结构

HLA 发展到今天，主要有如下三种标准体系。

- HLA13：这是在 1998 年美国国防部系统大纲中定义的"原型联邦"，为了解决分布式军事仿真中对象和对象之间的交互标准，通过反复修订，才形成了如今的 HLA13 标准体系。

- HLA1516：为了满足分布式仿真和联邦模型的发展，更加适合开放性的国际标准，IEEE 重新定义了 HLA 的国际性标准，称为 IEEE HLA1516。对比 HLA13，它改造了很多方面，主要是 DDM 管理和联邦模型的 XML 定义。SintolRTOS 中对 HLA 的支持主要是这个协议。

- HLA Evolved：它出自 Interoperability Standards Organization 的 HLA Evolved 文档。HLA Evolved 中定义的 FOM 联邦以模块的方式组成，可以把 FOM 联邦分为不同的模块子集，数据传感器、通信机制、AI 模型、可重用的数据都可以被定义为模块。本地的模型模块也可以对标准模型模块进行扩展，并且发布到联邦中，在 SintolRTOS 定义分布式群体智能模型的时候，也需要借鉴这个能力。

在 SintolRTOS 中，为了支持国际化的分布式系统接口，采用了较为通用的 HLA1516 协议，在此基础上进行扩展，让 FOM 联邦模型和 AI 机器学习的计算模型能够兼容。在 HLA 的联邦分层基础下，传统的机器学习模型可以通过 HLA 联邦 FOM 的规则进行分布式任务的划分，将任务向下分发，形成多任务并行计算，并且可以归并群体决策的 HLA 联邦 AI 智能模型。

下面我们通过一个多摄像头、并行计算、机器学习的实例，看一下 SintolRTOS 在 HLA 体系下的架构和应用，如图 2-20 所示。

这个架构中，系统运用不同的监控摄像头形成自有的小型组网。通过组网结合 RTOSNode，形成更大的组织网络。组织网络和中心化云平台结合，充分发挥摄像头的计算能力。系统通过并行计算识别任务，通过组网共享机器学习模型、视频编解码计算资源、共享数据，再通过组网计算层归纳、总结、决策和中心化云服务交互，形成群体智能决策；还可以减小中心化云服务的计算和带宽压力，有效提高整个系统的计算能力，极大地减小系统成本。

多个摄像头之间通过 SintolRTOS 主要解决了分布式人工智能的以下几个问题：

- 不同区域的摄像头可以自组局域网，形成不同区域的组网。
- 组网之间的摄像头都有自己的独立计算层，支持机器学习和视频编码、解码。
- 不同摄像头可以通过 SintolRTOS 在组网之间进行并行计算，共享计算模型和数据。
- 组网和组网之间也可以通过 SintolRTOS 进行并行计算，共享组网之间的计算模型和数据。
- 通过对 HLA 联邦 FOM 的定义，与 AI 模型结合形成分布式 AI 智能模型。

以上就是 HLA 的相关介绍和其在 SintolRTOS 中的应用，我们将在后面的章节中介绍详细的开发过程。

4.2.2　数据分发服务

数据分发服务（Data Distribution Service，DDS）是一种基于分布式系统的通信模型，它基于发布/订阅模式，是相对比较简洁和直观的分布式系统结构，适合用在数据的分发、同步等领域。它主要包括如下两种角色。

- Publisher：数据的发布者，主要负责创建和发送数据。
- Subscriber：数据的订阅者，主要负责数据的接收，也可作为中间件转发数据。

DDS 在组织上是以数据模型为基础的分布式架构，它定义了网络环境下的数据分发和交互行为标准，最早是被美国海军用来解决舰队复杂网络环境的兼容性模型。2003 年，DDS 被 OMG（Object Management Group，对象管理组织）接受，成为实时操作系统 RTOS 设计的分布式数据分发和订阅标准，广泛用在国防、智能工业、航天等领域。

在 DDS 的整体架构中，主要有如下两层规范。

- DLRL：数据本地重构层（Data Local Reconstruction Layer），它将 DCPS 层进行服务抽象化，跟底层建立起服务映射。
- DCPS：数据中心发布/订阅层（Data-Centric Publish-Subscribe），它是 DDS 的基础核心，提供底层的通信服务。

在 DDS 中，所有成员都是 Entity，实体数据角色主要包含以下几种。

- Domain（域）：应用程序的基本结构，它将 DDS 体系下的各种应用联合起来，形成分布式组网，进行通信。
- Domain Participant（域参与者）：Domain 中的服务入口，应用需要获取 Domain Participant，才能再获取其他服务角色，如 Publisher 和 Subscriber 等。
- Data Writer（数据写入者）：应用程序可以使用 Data Writer 写入数据到 DDS 体系中，然后其他应用程序可以订阅和同步数据。
- Publisher（发布者）：需要负责实际的底层数据通信对象 DCPS，它可以拥有多个 Data Writer，数据会传输到 DDS 分布式网络中，然后分发给其他实体对象。
- Data Reader（数据读取者）：应用程序可以使用 Data Reder 读取 DCPS 中心订阅的数据，一个 Data Reader 关联一个订阅的模型主题。
- Subscriber（订阅者）：需要负责实际的底层数据接收对象 DCPS，它可以拥有多个 Data Reader。Subscriber 需要通过向 DDS 分布式网络订阅数据，通过积极的轮询，去获取 Data Reader 的新数据。
- Topic（主题）：数据模型的定义，定义了在 DDS 网络中数据通信的标准和规则，然后通过 Publisher 和 Subscriber 在 DDS 体系下进行分布式计算和同步。

在整个 DDS 的标准体系下，分布式数据的订阅/分发结构如图 4-2 所示。

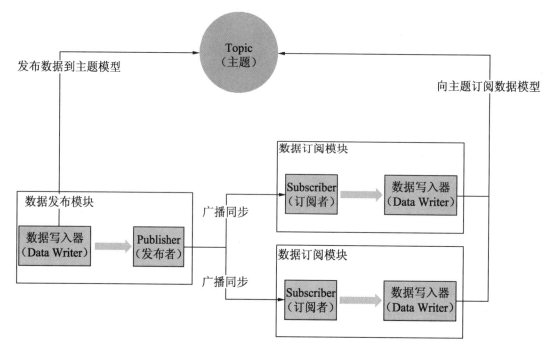

图 4-2　DDS 数据订阅发布标准体系

在实际操作中，DDS 也需要 RTOS 底层的 RTI 通信接口，具体有如下标准。

- DDS 初始化，创建 Domain Participant，接口如下：

DDS_ReturnCode_t rti_dds_init(int domainId);

- 数据写入者初始化，创建 Data Writer，接口如下：

DDS_StringDataWriter* rti_dds_create_datawriter(const char* topicName,const struct DDS_DataWriterListener* listener = NULL);

- 数据读取者初始化，创建 Data Reader，接口如下：

DDS_StringDataReader* rti_dds_create_datareader(const char* topicName,const struct DDS_DataReaderListerner* lisetern = NULL);

- 数据读取者获取句柄，接口如下：

DDS_StringDataReader* rti_dds_stringdatareader_narrow(DDS_DataReader *);

- 数据对外发布，接口如下：

DDS_ReturnCode_t rti_dds_stringdata_publish(DDS_StringDataWriter* self,const char* instance_data);

- 从主题订阅数据，接口如下：

DDS_ReturnCode_t rti_dds_stringdata_subscribe(DDS_StringDataReader* self,char* instance_data);

- DDS 释放域参与者，接口如下：

DDS_ReturnCode_t rti_dds_dispose();

在实际的应用中，如果不是联邦接口作为平行结构的分布式系统，就可以采用 DDS 体系来作为分布式体系，如图 2-21 所示。这里是一个平面地形环境，协调多实体（多人、多车辆等情况）的计算，包括 AI 模拟、AI 协调（交通协调）等方式的架构。

架构把整个地形分为 4 个区域，不同区域发布不同的 DDS 主题，相关的计算实体（车辆）可以通过各自的主题进行分布式数据的同步与模型计算，也可以通过 SintolRTOS 和其他主题同步和并行计算，实现分布式的群体 AI 决策。

4.2.3　Multi-Agent 体系结构

MAS 系统的英文为 Multi-Agent System，即多智能体系统。在该系统中，拥有多个智能体 Agent，它们可以协调服务，通过群体智能完成同一个任务。它最主要的功能是将一个复杂、巨大的任务拆分，形成不同的小型任务，多个智能体分别完成，并且相互协调，共同管理。

在 MAS 系统中，Agent 是独立的，拥有自己的计算逻辑和智能，它在独立思考的情况下也可以与其他成员进行数据和计算模型的沟通，相互协调，解决矛盾，最终达到复杂问题解决的一致性。

MAS 的数据和处理有以下特点：

- 数据和知识具有分散性。
- 系统是完全分散的，没有唯一的全局中控节点。
- 智能体 Agent 具有独立解决一个任务的能力和数据。
- 智能体 Agent 之间的数据交互是异步通信的。
- MAS 系统是开放的，可以支持 Agent 随时加入与退出。

在实际的分布式人工智能系统解决方案中，Multi-Agent 结构的系统具有以下优势：

- 在 MAS 系统中，Agent 的独立性可以很好地解决子问题，也能通过自己影响周围的 Agent 决策。
- MAS 系统可以很好地支持分布式人工智能应用，它具有良好的模块性，即插即拔，可以将相当复杂的系统拆分成多个子任务，降低管理难度和成本。
- MAS 系统不追求单个 Agent 的复杂性，它在设计理念上追求多层次、多 Agent 的架构，降低单个 Agent 求解的难度。
- MAS 是一个高度协调的系统，由多个 Agent 协调决策，通过群体智能求解高层的决策方法，通过信息集成，形成复杂的大规模运算架构。
- MAS 突破了传统人工智能的单一专家系统，它可以通过多个专家系统协调决策，提高决策的适应性和处理能力。
- MAS 中的 Agent 是异步和分布式的，它可以是一个组织（由多个 Agent 形成的更大 Agent），也可以是小型个体 Agent，它们可以是多语言和多设计模式的。

- MAS 中 Agent 的处理是异步的，互相之间的进程和数据的协调可以用不同的算法来进行处理。

在 MAS 系统中，主要有如下三种组织结构：

- 集中式结构；
- 分布式结构；
- 混合式结构。

集中式结构是一种组织领导的结构形式，它将整个系统的任务拆分成多个组，每组都有一个"领队"。它负责协调统一本小组的智能决策，最终与其他"领队"的决策再相互协调，形成最终的决策。它具有易于管理、易于调度的优势。它的缺点是在 Agent 规模性增加的时候，局部和整体的决策矛盾会越来越严重。集中式结构如图 4-3 所示。

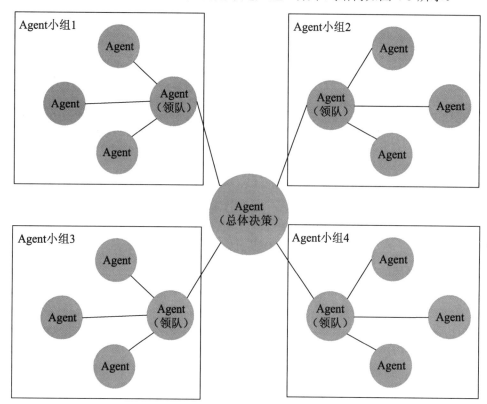

图 4-3 Multi-Agent 集中式结构

分布式结构指的是 Agent 之间相互的地位和功能都是完全平级的，没有上下级关系。Agent 的激活和工作都受外部的 MAS 系统数据所驱动。它的优势是让整个系统更加灵活，具有较高的自主性。它的缺点是少了决策分层，很难达成最终的全局决策一致性。分布式结构的概念，如图 2-14 所示。

混合式结构混合了集中式结构和分布式结构。在 MAS 系统中，一些复杂的集中化的群体智能可以使用集中式结构来构建，一些微小服务和个体智能通过分布式结构来工作，再通过中控节点进行总体决策。这种模式是未来 MAS 主流的架构模式，具有高复杂性和高灵活度等优点。混合式结构如图 4-4 所示。

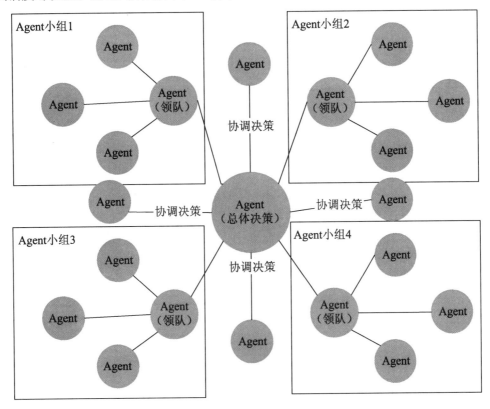

图 4-4　Multi-Agent 混合式结构

在 SintolRTOS 中，通过 SintolSDK 与 Agent 计算层的结合，支持多计算实体与 Agent 的协调操作，通过 RTOSNode 作为 Multi-Agent 共享计算模型和数据的消息路由通道。

SintolRTOS 支持 TensorFlow 与 Agent 的异步计算和数据同步机制，支持分布式机器学习，做到多智能体间的协作机制。具体的分布式机器学习系统结构图如图 4-5 所示。

其中，常用的机器学习算法类别，如归纳学习、类比学习、强化学习、分析学习、遗传算法等，通过分布式模型任务拆分的方式，让多智能体之间独立工作，数据和计算模型相互协调。Multi-Agent 之间的协作体系结构主要有以下几种：

- Agent 网络：将所有的 Agent 连接成整体的网络，不管距离远近都直接通信，两两之间的数据和计算模型都可以互相获取和影响。
- 黑板结构：联盟系统通过联盟和联盟之间的数据进行影响，各个联盟之间通过局域网进行协调。联盟对外只开放局部数据和计算模型。

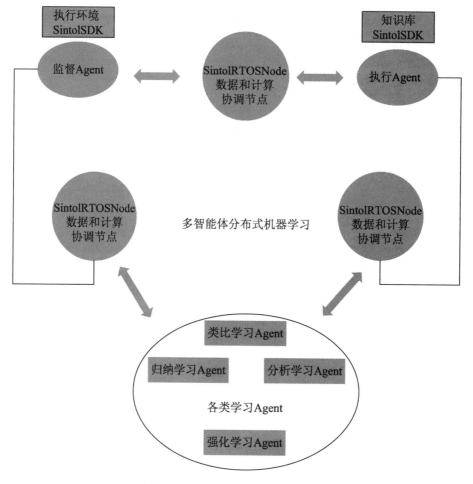

图 4-5 分布式机器学习系统结构图

Multi-Agent 是一种重要的分布式人工智能体系，SintolRTOS 中会重点支持。这种计算模式大量应用在航天、生物细胞、环境模拟和经济体决策等大规模人工智能计算领域。

4.3 SintolRTOS 核心组件和系统架构

基于 RTOS 组件、分布式体系结构、常用的人工智能算法库、第三方功能计算库等，SintolRTOS 形成了以计算核心、分布式体系为基础的分布式群体智能体系架构，如图 4-6 所示。

SintolRTOS 生态系统的架构主要分为如下四层结构。

- Refrence lib 层：一些引用的底层库，主要以网络通信协议 TCP/UDP、网络协议 Protobuf、GRPC 等相互辅助。

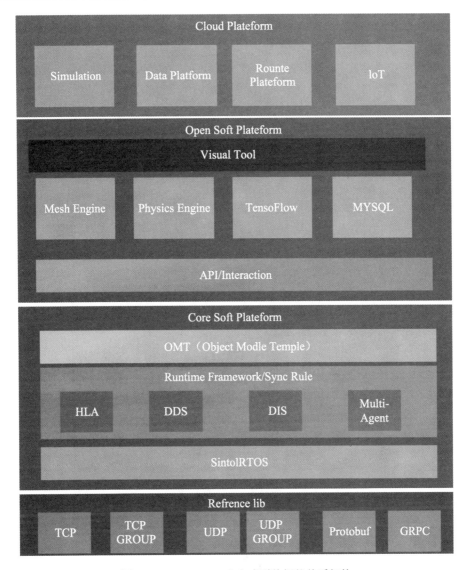

图 4-6　SintolRTOS 分布式群体智能体系架构

- Core Soft Plateform 层：核心软件平台层，主要有两个部分，一是 SintolRTOS 的组件，包括 RTOSNode 智能路由节点、多语言 SintolSDK 计算层 SDK；二是计算模型和分布式体系，包括 HLA、DDS、Multi-Agent 和 DIS 等。
- Open Soft Plateform 层：开放软件层，这一层结合其他的开源框架，用于提高 SintolRTOS 的功能适用范围，如深度学习平台 TensorFlow、Mesh Engine（网格引擎如三维点云库 PCL）、Physics Engine（物理引擎）、数据库（如 MySQL、MongoDB 等），并且结合 SintolSDK 开放的 API 和 SDK，接入 SintolRTOS 的计算模型和分布式节点。

- Cloud Plateform：云平台，支持包括仿真平台、智能大数据平台、网络中控节点管理平台、智能硬件（边缘计算平台）。

SintolRTOS 整体生态系统架构是一个大型的、高兼容性的架构体系，下面将详细讲解几个核心层次的架构和原理。

4.3.1　Core Soft Plateform

Core Soft Plateform 是 SintolRTOS 的核心组件，它的构成可以分为三层：计算核心层 SintolRTOS、分布式体系协议层 Runtime Framework/Sync Rule、计算模型层 OMT（Object Moudle Temple）。

SintolRTOS 负责处理智能计算、数据路由、负载均衡、操作系统兼容等，它主要由网络节点组件 RTOSNode（多操作系统版本）、计算层组件 SintolSDK（多语言、多操作系统版本）组成，具体架构如图 4-7 所示。

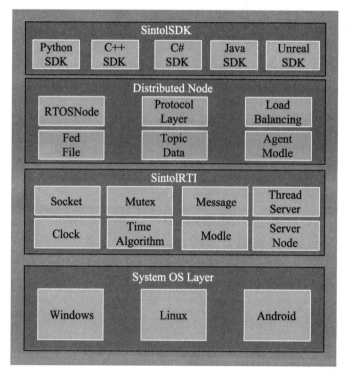

图 4-7　SintolRTOS 核心组件

SintolRTOS 核心的组成可以分为如下四层。

（1）System OS Layer：操作系统层，RTOS 的底层，需要去适配操作系统底层模块，主要是 Socket 和 Thread，不同的操作系统有所不同。核心支持大型服务器（Windows、

Linux）和小型智能硬件（Android）。

（2）SintolRTI：Run Time Infrastructure，公共基础服务支撑框架，是服务接口、模型加载、数据路由、算法交互的核心层，提供对外的 API 服务支持。它的主要模块包含以下几部分。

- Socket：支持 TCP/IP 的数据通信以及跨平台数据传输。
- Mutex：提高单体 RTOS 内部的数据交换和多线程处理，实现高效率的加锁策略。对于 SintolRTOS，不仅对外可以多节点分布，RTOS 节点内部也需要多线程并行计算。
- Message：数据信息压缩、数据分发及多种分布式体系结构的数据协议。
- Thread Server：多线程服务器，充分发挥 RTOSNode 中单节点的处理能力，调动单节点机器的 CPU 计算核心。
- Clock：时间一致性组件，是整个分布式系统中的分布式时钟，保证数据时钟的一致性。
- Time Algorithm：时间一致性算法模块，根据 HLA、DDS、Agent 等分布体系和业务需求，设计不同的时间算法，支持串行时间、并行时间等数据流。
- Modle：模型模块，是底层框架接口，支持对外继承扩展，支持 HLA 的联邦 FED 模型、DDS 的主题 Topic 模型和 Agent 的 Data 模型等。
- Server Node：服务节点模块，支持在多种系统和计算层中启动节点、连接节点、退出节点、断线重连和心跳维护等工作。

（3）Distributed Node：分布式节点，在 SintolRTOS 所组成的计算网络中，计算实体、计算层、路由节点、联邦中央节点等都属于 RTOS 中的节点层，SintolRTOS 中的路由节点组件 RTOSNode 就是这一层的重要产物。它包括如下几个主要模块。

- RTOSNode：SintolRTOS 的核心组件，是 SintolRTOS 的路由节点。它的功能包括加载计算模型、连接节点形成分布式网络、数据分发、数据路由、数据订阅管理、计算任务分发、计算结果并行归并等。
- Protocol Layer：协议层，根据不同的分布式小系统模块，使用不同的分布式体系规则（HLA、DDS、Agent）进行数据处理，并且对数据进行压缩和加密。
- Load Balancing：负载均衡，根据当前节点的负载，分配其余节点的连接，调节 SintolRTOS 中与本身节点相关的其余节点的计算资源。
- Fed File：HLA 的联邦模型加载。
- Topic Data：DDS 的主题数据处理模块。
- Agent Modle：Agent 代理 AI 模型加载。

（4）SintolSDK：对外提供的 SDK。AI 计算层、物理计算层、数据计算层、三维仿真计算层等可以使用对应的 SDK，成为一个 SintolRTOS 的节点，成为系统功能计算层。SDK 提供了对多种语言和工具的支持，如 Python、C++、C#、Java、图形引擎 Unreal。

SintolRTOS 核心是一个高性能的计算核心，可以充分调动不同系统平台的计算资源。它是一个高兼容性的核心，可以支持多种分布式体系、多种数据一致性算法、多种计算层模型等。

RunTime Framework 主要支持整个 SintolRTOS 运行时的分布式体系，相关的 HLA、DDS 和 Agent 在 4.2 节中已经讲解过。

OMT 是模型模板层，提供在不同的分布式体系中计算模型的定义、分层和分发等，与相关的分布式体系相对应。下面来看一下模型文件的定义方式。

以下是 HLA 中 Fed 联邦模型的定义文件：

```
//MultiAI.xml
<?xml version="1.0"?>
//定义联邦模型
<objectModel>
  < >
    //联邦模型类
  <objectClass
     name="HLAobjectRoot"
     sharing="Neither">
    <attribute
      name="HLAprivilegeToDeleteObject"
      dataType="NA"
      updateType="NA"
      updateCondition="NA"
      ownership="NoTransfer"
      sharing="Neither"
      dimensions="NA"
      transportation="HLAreliable"
      order="TimeStamp"/>
    //智能实体类
  <objectClass
     name="MultiEntity"
     sharing="PublishSubscribe">
    //智能实体人物属性
    <attribute
      name="playerAttribution"
      dataType="HLAopaqueData"
      updateType="NA"
      updateCondition="NA"
      ownership="NoTransfer"
      sharing="PublishSubscribe"
      dimensions="NA"
      transportation="HLAreliable"
      order="TimeStamp"/>
    </objectClass>
   </objectClass>
  </objects>
  //实体模型交互接口 1
```

```
<interactions>
  <interactionClass
    name="HLAinteractionRoot"
    sharing="Neither"
    dimensions="NA"
    transportation="HLAreliable"
    order="TimeStamp">
    //接口交互分层 1 类别
    <interactionClass
      name="InteractionClass0"
      sharing="PublishSubscribe"
      transportation="HLAreliable"
      order="TimeStamp">
    <parameter name="parameter0"
              dataType="HLAopaqueData"/>
    </interactionClass>
  </interactionClass>
</interactions>
//实体模型交互接口 2
<transportations>
  <transportation
    name="HLAreliable"
    description="Provide reliable delivery of data in the sense that TCP/IP
delivers its data reliably"/>
  <transportation
    name="HLAbestEffort"
    description="Make an effort to deliver data in the sense that UDP
provides best-effort delivery"/>
</transportations>
//模型数据类型定义
<dataTypes>
<basicDataRepresentations>
//模型基础数据 1
    <basicData
      name="HLAinteger16BE"
      size="16"
      interpretation="Integer in the range [-2^15, 2^15 - 1]"
      endian="Big"
      encoding="16-bit two's complement signed integer. The most significant
bit contains the sign."/>
  //模型基础数据 2
    <basicData
      name="HLAinteger32BE"
      size="32"
      interpretation="Integer in the range [-2^31, 2^31 - 1]"
```

```
        endian="Big"
        encoding="32-bit two's complement signed integer. The most significant
bit contains the sign."/>
  </dataTypes>
</objectModel>
```

文件中主要定义了如下三个部分。

- 联邦模型：在 XML 文件中，可以定义模型的树形结构，从而定义群体智能的整体智能模型，在 SintolRTOS 与实际的 AI 框架结合时，可以将模型中的个体划分给不同的计算框架。
- 交互接口类：定义了不同数据和不同计算模型之间的交互与事件，用来协调分布式群体智能计算时，不同计算实体和不同计算层之间的交互。
- 数据类型：定义计算模型中使用的不同计算数据结构，如卷积数据、三维图形数据和二维矩阵等。

4.3.2　Open Soft Plateform

Open Soft Plateform 是一个开放平台层，结合了许多开源的系统框架，从而让 SintolRTOS 能够融合多种计算方式。

在 Open Soft Plateform 分层中，又细分了如下三个层。

- API/Interaction：接口和交互层，提供对接第三方和 SintolRTOS 核心的接口，处理深度学习卷积计算、三维点云算法计算、大数据计算等，与 SintolRTOS 分布式模型任务结合，并且提供交互功能。
- 计算框架层：集合了 TensorFlow 深度学习框架、Physics 物理引擎、PCL 三维点云 Mesh、数据库等框架，并且结合 API/Interaction，赋予 SintolRTOS 强大的智能计算能力和数据存储能力。
- Visual Tool：可视化工具层，提供开发人员通过可视化系统观测 SintolRTOS 中的分层结构、实体计算和交互信息等。某 RTOSNode 节点中控管理系统如图 4-8 和图 4-9 所示。

图 4-8　RTOS 中控登录界面

在图 4-9 中，左边的是这个 RTOSNode 中的计算实体，它们相互碰撞、互相协调。在右边的 VIEW 中，可以看到这个节点中的模型分层，分层下面可以看到处于本层的计算实体。计算实体可以选择颜色，然后改变左边网格中的实体颜色。

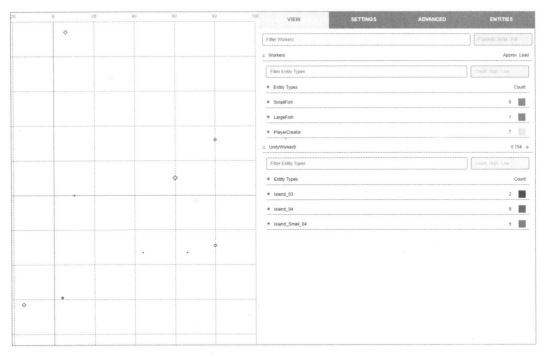

图 4-9　RTOS 节点控制界面

4.4　使用 SintolRTOS 系统组件的工作环境

SintolRTOS 的系统组件主要支持三个操作系统，即 Windows 10、Linux（Ubuntu 为主）和 Android。在不同系统中，可以通过专属库和运行组件来启动，具体如下：

- 在 Windows 环境下，SintolRTOS 的底层核心组件是通过 C++语言开发的，可以通过使用 rtosnode.exe 启动路由节点，使用.h 头文件和.dll 动态链接库使用 C++的 SDK。Python 语言在 Windows 环境下可以加载 CPSintolSDK.pdb 和.dll 文件，使用 SDK。Java 可以加载 Jar 文件和.dll 文件，使用 SDK。Unreal 可以使用专属的 Unreal C++的 SDK。
- 在 Linux 和 Android 环境下，可以使用对应的.so 文件和语言库使用 SDK。通过 SintolRTOS 提供的 RTOSNode 的.sh 文件，启动路由节点。

4.5　下载和安装 SintolRTOS

下面以 Windows 环境，来说明 SintolRTOS 的使用和分布式群体人工智能的开发方式。

SintolRTOS 在 Github 开放了多语言的 SDK 和 RTOSNode 组件，我们需要去同步组件，获取代码。

下载代码需要给环境配置 Git 环境，具体步骤如下：

（1）准备一台 Windows 10 系统的计算机。

（2）为本机安装 Git 环境，下载地址为 https://git-scm.com/download/win，如图 4-10 所示。

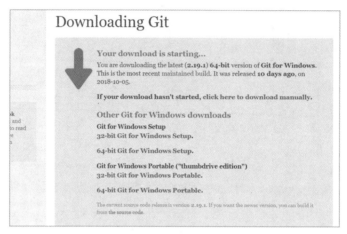

图 4-10　下载 Git

（3）下载完 Git，启动安装程序，按流程完成安装，如图 4-11 所示。

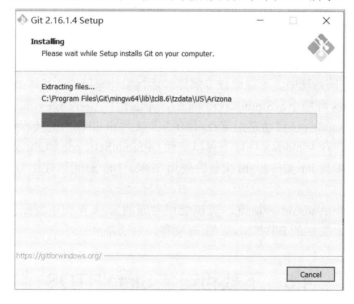

图 4-11　安装 Git 环境

（4）启动 Windows 的 cmd 命令行环境，对 Git 进行配置，输入如下命令：

```
git config --get core.autocrlf
```

假如获得的 autocrlf 的值为 true，我们需要设定它为 false，输入如下命令：

```
git config --global core.autocrlf false
```

结果如图 4-12 所示。

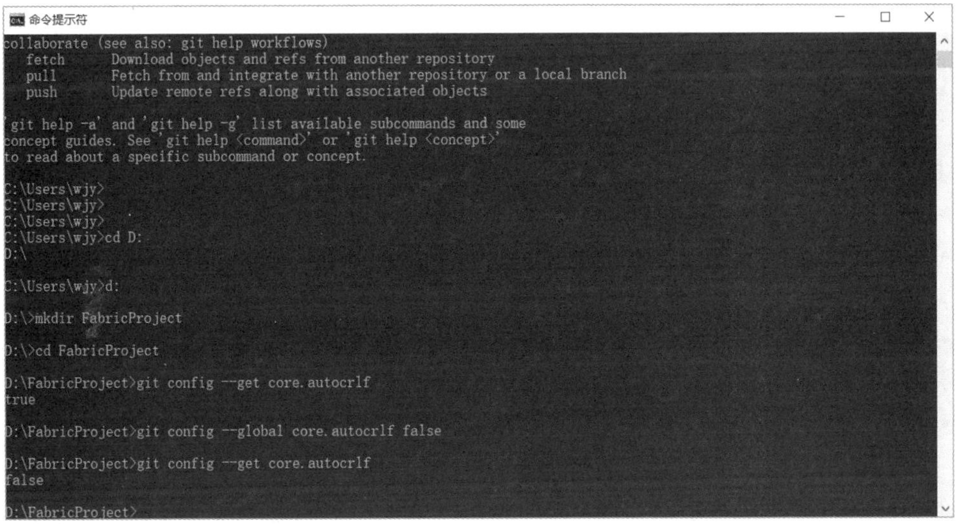

图 4-12　Git 设置

（5）下载好 Git 以后，先同步 RTOSNode 组件，在 cmd 命令环境下输入以下命令：

```
git clone https://github.com/SintolRTOS/RTOSNode.git
```

Git 开始同步 RTOSNode 组件，如图 4-13 所示。

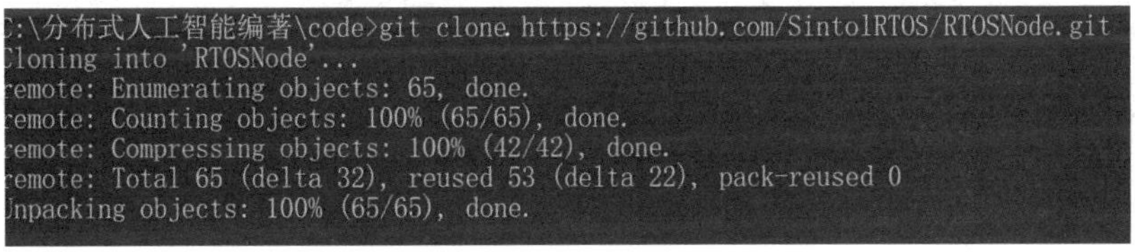

图 4-13　Git 同步 RTOSNode 组件

（6）同步完成以后打开下载文件夹，可以看到 rtosnode-config.xml 配置文件，它配置了当前启动的 RTOSNode 节点的信息，具体信息如下：

```
<?xml version="1.0"?>
<SintolRTIServerConfig version="1">
  <!-- This is an example configuration file for an rtos server. -->

  <!-- Connect to the given parent server. -->
  <!-- <parentServer url="rtic://root.SintolRTI.org:14321"/> -->
```

```
<!-- <parentServer url="rti://root.SintolRTI.org:14321"/>-->

<!-- The server default for time regulation. -->
<permitTimeRegulation enable="true"/>
<!-- The server default for compression for accepted connections. -->
<enableZLibCompression enable="true"/>

<!-- Listen on any network socket on the default port. -->
<!-- <listen protocol="rti" address="::" service="14321"/> -->
<listen url="rti://[192.168.86.163]:14321/"/>

<!-- Listen on a local unix domain socket. -->
<!-- <listen url="pipe:///tmp/rtos-server-socket"/> -->
</SintolRTIServerConfig>
```

具体配置要点如下：

- parentServer：当前 RTOSNode 的父节点如果没有父节点，就注释这条配置。
- permitTimeRegulation：允许时间规则、时间一致性算法或其他分布式时间算法的启动标志。
- enableZLibCompression：数据压缩标志，可以对交换数据进行压缩，提高通信速度，降低带宽压力。
- listen：当前路由节点的服务监听属性，在不同的分布式体系下，配置方法各自有所不同。

（7）路由节点配置好以后，可以在 cmd 命令环境下通过 rtosnode.exe 和 rtosnode-config.xml 启动分布式节点，具体命令如下：

```
rtosnode.exe -c C:/SintolRTOS/RTOSNode/rtosnode-config.xml
```

节点启动成功以后，会显示 RTOSNode 的启动信息，如图 4-14 所示。

图 4-14　启动分布式节点

（8）对于计算层方面的 SDK，SintolRTOS 提供了多语言版本的 SDK，使用 Git 命令可以同步如下部分。

```
C++: git clone https://github.com/SintolRTOS/CSintolSDK.git
Python: git clone https://github.com/SintolRTOS/CSintolSDK.git
Unreal: git clone https://github.com/SintolRTOS/UnrealRTOS.git
Java: git clone https://github.com/SintolRTOS/JSintolSDK.git
```

（9）这里以 C++ SDK 为例进行介绍，同步完成以后的文件目录如图 4-15 所示。

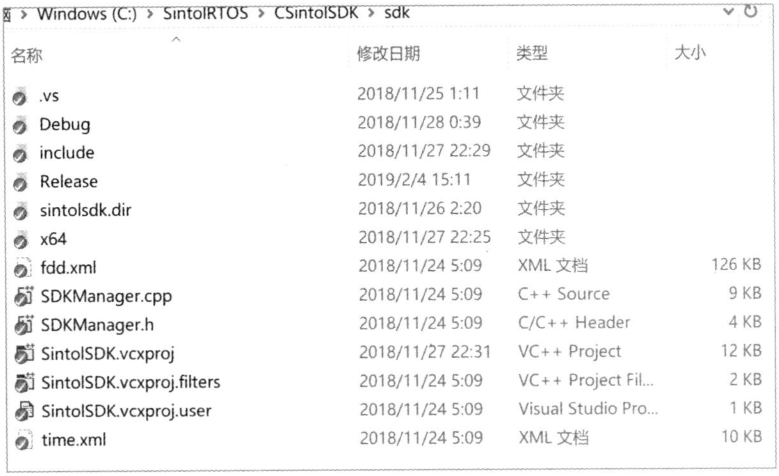

图 4-15　CSintolSDK 目录结构

主要结构如下：

第一部分 Include：包含 SintolRTOS 底层 Core 部分的接口.h 头文件，如图 4-16 所示。

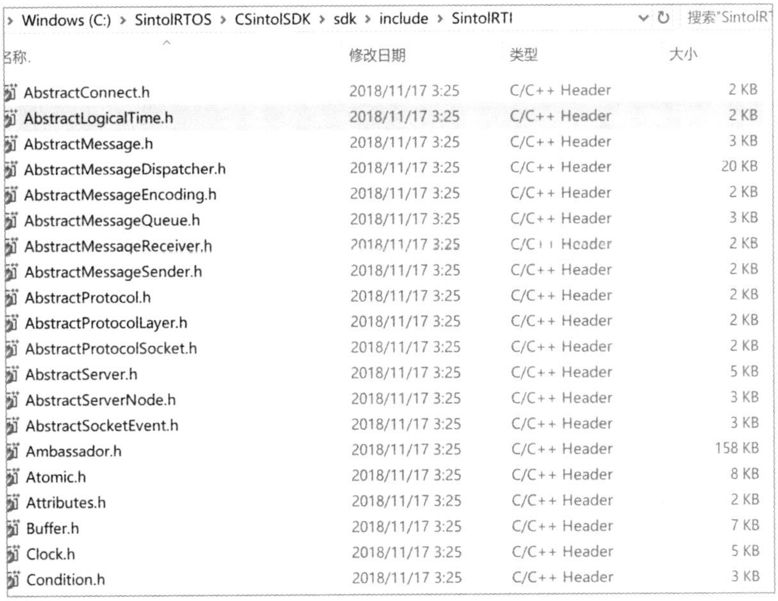

图 4-16　部分 Core 核心接口 h.头文件

第二部分：在 Release 中，有.dll 动态链接库和.lib 静态链接库，是 Core 层编译出来使用的运行核心，如图 4-17 和图 4-18 所示。

FedTime.dll	2019/2/4 4:54	应用程序扩展	35 KB
fedtime1516.dll	2019/2/4 4:54	应用程序扩展	66 KB
fedtime1516d.dll	2018/11/25 14:53	应用程序扩展	194 KB
FedTimed.dll	2018/11/25 8:01	应用程序扩展	114 KB
libfedtime1516e.dll	2019/2/4 4:55	应用程序扩展	11 KB
libfedtime1516ed.dll	2018/11/25 8:02	应用程序扩展	51 KB
librti1516e.dll	2019/2/4 4:55	应用程序扩展	1,356 KB
librti1516ed.dll	2018/11/25 8:01	应用程序扩展	4,282 KB
rti1516.dll	2019/2/4 4:54	应用程序扩展	881 KB
rti1516d.dll	2018/11/25 14:53	应用程序扩展	3,252 KB
RTI-NG.dll	2019/2/4 4:54	应用程序扩展	493 KB
RTI-NGd.dll	2018/11/25 8:01	应用程序扩展	1,624 KB
SintolRTI.dll	2019/2/4 5:18	应用程序扩展	1,836 KB
SintolRTId.dll	2018/11/25 8:01	应用程序扩展	7,793 KB

图 4-17　.dll 动态链接库

fedtime1516.lib	2019/2/4 4:54	Object File Library	62 KB
fedtime1516d.lib	2018/11/26 1:47	Object File Library	61 KB
fedtime1516e.lib	2019/2/4 4:55	Object File Library	4 KB
fedtime1516ed.lib	2018/11/26 1:47	Object File Library	4 KB
fedtime1516eStub.lib	2019/2/4 4:44	Object File Library	4 KB
fedtime1516eStubd.lib	2018/11/26 1:45	Object File Library	4 KB
fedtime1516Stub.lib	2019/2/4 4:44	Object File Library	62 KB
fedtime1516Stubd.lib	2018/11/26 1:45	Object File Library	61 KB
FedTimed.lib	2018/11/26 1:47	Object File Library	21 KB
FedTimeStub.lib	2019/2/4 4:44	Object File Library	21 KB
FedTimeStubd.lib	2018/11/26 1:45	Object File Library	21 KB
glog.lib	2019/2/4 3:59	Object File Library	491 KB
rti1516.lib	2019/2/4 4:54	Object File Library	504 KB
rti1516d.lib	2018/11/26 1:47	Object File Library	496 KB
rti1516e.lib	2019/2/4 4:55	Object File Library	876 KB
rti1516ed.lib	2018/11/26 1:46	Object File Library	861 KB
RTI-NG.lib	2019/2/4 4:54	Object File Library	69 KB
RTI-NGd.lib	2018/11/26 1:47	Object File Library	68 KB
SintolRTI.lib	2019/2/4 5:18	Object File Library	2,079 KB
SintolRTId.lib	2018/11/26 1:46	Object File Library	2,047 KB

图 4-18　.lib 静态链接库

第三部分 SDKManager：这是 SDK 的单例管理类，提供了 SDK 的初始化和常用接口，具体代码和接口说明如下：

```
//SDKManager.h
#ifndef _SDKMANAGER_H_
#define _SDKMANAGER_H_

#include <ScopeLock.h>
#include <algorithm>
#include <cstring>
#include <iterator>
#include <string>
#include <vector>
```

```
#include <iostream>
#include <fstream>

#include <RTI/FederateAmbassador.h>
#include <RTI/RTIambassadorFactory.h>
#include <RTI/RTIambassador.h>
#include <RTI/LogicalTime.h>
#include <RTI/LogicalTimeInterval.h>
#include <RTI/LogicalTimeFactory.h>
#include <RTI/RangeBounds.h>

namespace SintolRTI {
    class SintolRTI_LOCAL SDKManager {
    public:
        //获取单例实例
        static SDKManager* GetInstance();
        static void Clear();
        //初始化 SDK 核心
        bool InitSDK(
            rti1516::FederateAmbassador& federaambassador,
            std::wstring const & federationExecutionName,
            std::wstring const & federateType,
            std::wstring const & fullPathNameToTheFDDfile,
            std::wstring const connectaddress,
            std::wstring const localtimefactory = L"HLAinteger64Time");
        virtual ~SDKManager();
        //插入同步联邦到集合
        bool insertSyncfedearetionSet(std::wstring label);
        //通知同步节点到达
        void synchronizationPointAchieved(std::wstring label);
        //获取对象类的句柄
        rti1516::ObjectClassHandle getObjectClassHandle(std::wstring name);
        //获取类对象属性
        rti1516::AttributeHandle getAttributeHandle
          (rti1516::ObjectClassHandle rti1516ObjectClassHandle,
           std::wstring const & attributeName);
        //发布类对象属性，本地计算层的属性可以同步到联邦模型中
        void publishObjectClassAttributes(rti1516::ObjectClassHandle theClass,
            rti1516::AttributeHandleSet const & rti1516AttributeHandleSet);
        //从联邦模型中订阅对象的属性值
        void subscribeObjectClassAttributes(rti1516::ObjectClassHandle theClass,
            rti1516::AttributeHandleSet const & attributeList, bool active =
true);
        //注册发布对象实例，标志在当前计算层中订阅分布式联邦模型中的一个运算实体
        rti1516::ObjectInstanceHandle registerObjectInstance
            (rti1516::ObjectClassHandle rti1516ObjectClassHandle);
        //同步数据，同步当前计算层中计算实体的数据到分布式联邦模型中
        void updateAttributeValues(rti1516::ObjectInstanceHandle rti1516
ObjectInstanceHandle,
                const rti1516::AttributeHandleValueMap& rti1516AttributeValues,
                const rti1516::VariableLengthData& rti1516Tag);
        //销毁对象实例，销毁当前计算层中的某个计算实体
        void deleteObjectInstance(rti1516::ObjectInstanceHandle rti1516
```

```
ObjectInstanceHandle,
        const rti1516::VariableLengthData& rti1516Tag);
    //取消发布当前计算层中发布的模型类
    void unpublishObjectClass(rti1516::ObjectClassHandle rti1516Object
ClassHandle);
    //取消发布当前计算类中发布的模型属性
    void unpublishObjectClassAttributes
        (rti1516::ObjectClassHandle rti1516ObjectClassHandle,
         rti1516::AttributeHandleSet const & rti1516AttributeHandleSet);
    //取消从联邦模型中订阅的对象类，不再同步联邦中的属性
    void unsubscribeObjectClass(rti1516::ObjectClassHandle rti1516
ObjectClassHandle);
    //获取 RTI 联邦代理，获取反馈接口
    std::auto_ptr<rti1516::RTIambassador> getRTIambassador()
    {
        return ambassador;
    }
    //获取当前联邦类型
    std::wstring getFedarateType()
    {
        return _federateType;
    }
    //获取联邦名称
    std::wstring getFaderateName()
    {
        return _federateName;
    }
    //获取联邦句柄
    rti1516::FederateHandle getFedarateHandle()
    {
        return _federateHandle;
    }
    //获取联邦中的成员集合
    const std::set<std::wstring>& getFedarateSet()
    {
        return _federateSet;
    }
    //获取联邦参数列表
    const std::vector<std::wstring>& getFedrateList()
    {
        return _federateList;
    }
    //停止关闭本地核心
    bool StopSDK();
    //同步核心接口，保持本地心跳，激活本地计算层的功能
    void Update(double approximateMinimumTimeInSeconds);
private:
    //单例计算实例
    static SDKManager* _instance;
```

```
        //等待分布式联邦中的其他联邦成员
        bool waitForAllFederates();
        //SDK 是否启动的标志
        bool _isstarted;
        //加入联邦成功接口
        bool execJoined();
        //联邦句柄对象
        rti1516::FederateHandle _federateHandle;
        //联邦类型
        std::wstring _federateType;
        //联邦名称
        std::wstring _federateName;
        //联邦代理反馈接口
        std::auto_ptr<rti1516::RTIambassador> ambassador;
        //联邦实例
        std::set<std::wstring> _federateSet;
        //联邦参数列表
        std::vector<std::wstring> _federateList;
        //联邦同步节点计数
        int _synchronized = 0;
        //多线程互斥体
        static Mutex _mutex;
        //单例对象不对外开放构造函数
        SDKManager();
    };
}
#endif // !_SDKMANAGER_H_
```

SDK 计算核心层是 C++开发的，其他语言的版本也是用语言层 API+核心库的方式进行使用，在 Liunux 和 Android 系统下，可以使用.so 的底层库。

4.6　SintolRTOS 的分布式 RTOSNode 节点原理

在 SintolRTOS 的分布式 Node 节点原理的理解上，可以有三种方式，具体如下：

- 在单个 RTOSNode 中，通过多线程的方式，进行一个运行进程中的多个 Node 同步处理。
- 在局域网或者小规模网络中，根据 HLA、DDS、Agent 等体系，形成自己的小型网络联邦，并且组成独立的分布式计算模型。
- 在开放性网络中，不同联邦、区域计算的 Node 节点通过开放性网络与其他联邦和区域代表形成更大的分布式模型。在这种网络中，可以把一个联邦或一个区域的计算看作一个大型的 Node 节点。

相关的组成原理如图 4-19 所示。

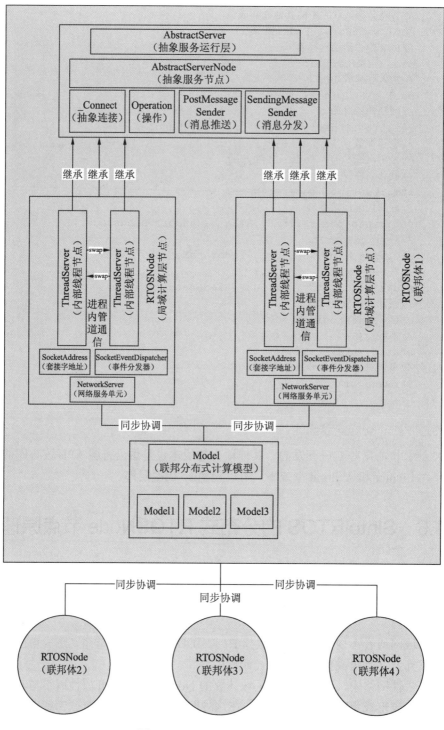

图 4-19　RTOSNode 的三层原理

在组成结构中，其设计和开发上基于以下原理。

- AbstractNode：抽象了节点相关的功能，包括数据队列、异构处理等。
- AbstractServer：抽象了相关 RTOSNode 节点，作为分布式节点服务的功能，包括连接、操作、数据推送、消息分发、数据队列、数据压缩等。
- ThreadServer：作为第一层的分布式节点，继承了 AbstractServer，实现了节点功能，提供了 RTOSNode 单节点内部的分布式结构，可以通过进程间的管道进行通信，充分发挥单节点的多 CPU 计算核心。
- RTOSNode：作为 SintolRTOS 中分布式节点的标准单位，通过分布式联邦模型进行数据同步、并行计算、智能决策，通过小规模网络，在一个联邦集团中形成小规模集团计算。
- 联邦网络：通过 RTOSNode 中的联邦模型和多个其余的联邦单位进行多联邦模型之间的协调计算。这部分可以通过互联网或多网络结构进行路由通信。

在实际运行中，可以通过不同的启动和连接方式实现三层 Node 的启动和连接，具体步骤如下：

（1）如果需要在内部计算层中启动 SDK，可以设定以线程单位进行启动，只需要修改 SDKManager 中的初始参数，具体代码如下：

```cpp
bool SDKManager::InitSDK(
        rti1516::FederateAmbassador& federaambassador,
        std::wstring const & federationExecutionName,
        std::wstring const & federateType,
        std::wstring const & fullPathNameToTheFDDfile,
        std::wstring const connectaddress,
        std::wstring const localtimefactory /*= L"HLAinteger64Time"*/)
    {
        std::wstring introduce =
L"|-----------------------------------------------------------|\r\n\
|    Welcome to SintolSDK                                    |\r\n\
|  It's created by wangjingyi                               |\r\n\
|  Email:langkexiaoyi@gmail.com                             |\r\n\
|  Wechat:18513285865                                       |\r\n\
|  It can help you create large-scale distributed computing |\r\n\
|  It is the basic calculation of distributed cluster artificial
                                            intelligence    |\r\n\
|  You can use sintolsdk to link sintolrtosnode             |\r\n\
|-----------------------------------------------------------|\r\n";


        std::wcout << introduce << std::endl;
        _federateName = federationExecutionName;
        _federateType = federateType;
        rti1516::RTIambassadorFactory rtifactory;
        std::vector<std::wstring> args;
        _federateList.clear();
        _federateList.push_back(_federateType);
        _federateSet.clear();
        _federateSet.insert(_federateType);
```

```
        args.push_back(L"protocol=thread");
        args.push_back(std::wstring(L"url=thread://sintolrtos") + connectaddress);
        ambassador = rtifactory.createRTIambassador(args);

        // 创造联邦执行单元（必须执行一次这段代码）
        try {
            ambassador->createFederationExecution(_federateName,
              fullPathNameToTheFDDfile, localtimefactory);
            std::wcout << L"createFederationExecution sucessful,
federation:" <<
              _federateName << ",fddfile:" << fullPathNameToTheFDDfile
<< std::endl;
        }
        catch (const rti1516::FederationExecutionAlreadyExists&) {
            // 这部分可以在测试中执行，用于处理一些测试信息
        }
        catch (const rti1516::Exception& e) {
            std::wcout << L"rti1516::Exception: \"" << e.what() << L"\""
<< std::endl;
            return false;
        }
        catch (...) {
            std::wcout << L"Unknown Exception!" << std::endl;
            return false;
        }
        // 加入联邦执行单元（必须执行这段代码）
        try {
            _federateHandle = ambassador->joinFederationExecution
(_federateType,
                _federateName, federaambassador);
            std::wcout << L"joinFederationExecution sucessful,
getFederateType:" <<
              _federateType << ",getFederationExecution:" << federation
ExecutionName << std::endl;
        }
        catch (const rti1516::Exception& e) {
            std::wcout << L"rti1516::Exception: \"" << e.what() << L"\""
<< std::endl;
            return false;
        }
        catch (...) {
            std::wcout << L"Unknown Exception!" << std::endl;
            return false;
        }

        if (!waitForAllFederates())
            return false;

        _isstarted = true;

        if (!execJoined())
            return false;

        return true;
    }
```

其中，联邦地址的参数设置如下：

```
args.push_back(L"protocol=thread");
args.push_back(std::wstring(L"url=thread://sintolrtos") + connectaddress);
```

以上设置表示启动的节点代理为线程节点，联邦地址为线程中的联邦 URL。

（2）在 4.5 节中介绍过启动 RTOSNode 节点的方式。下面通过 HLA 体系连接"子节点-父节点"的分布式体系，如图 4-20 所示。

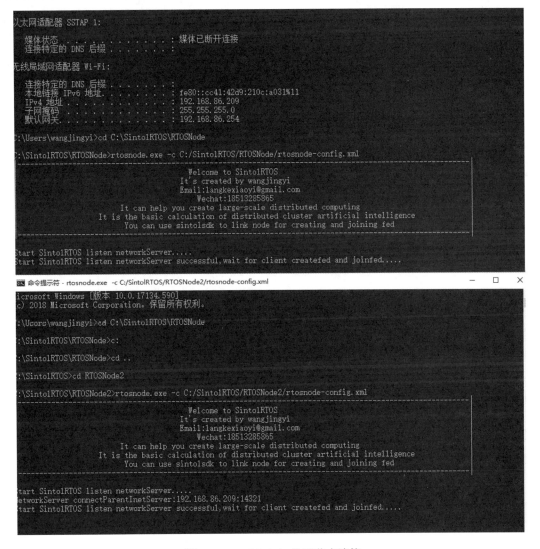

图 4-20　RTOSNode 父子节点连接

（3）用两台计算机，即两个联邦的父节点，通过互联网将其连接到一起，如图 4-21 所示。

图 4-21　多联邦集合连接

4.7　SintolRTOS 的联邦模型和文件定义

在 SintolRTOS 的节点中，计算层可以通过 SDK 创建联邦计算模型，从而分配联邦计算层中的分布式体系和群体协调方式。在不同的分布式体系下，对应的联邦模型也有所不同，以下就是 SintolRTOS 中不同联邦模型的文件定义形式。

4.7.1　FED 联邦模型文件定义

在 HLA 体系中，SintolRTOS 计算层可以通过发布一个 fed.xml 的联邦计算 FOM 代理模型文件，详见 4.3.1 节。

在 FED 代理模型中，SintolRTOS 的分布式群体智能主要有以下优势：

- 提供一个通用、易用的机制，说明联帮成员之间数据交换方式，解释多个分布式节点中计算模型的协调方式。
- 提供多联邦的标准机制，说明不同联邦之间数据交换和成员交互协调的方式。
- 有助于开发群体智能体对象模型的结构。

FED 代理模型主要有两种：FOM 联邦对象模型和 SOM 成员对象模型，它们共同组成了 HLA 的 OMT。OMT 中主要定义了以下 9 种属性表，SintolRTOS 可以通过它们来描述群体智能决策的结构体，帮助整个联邦进行分布式智能计算和归并决策。

- 对象模型鉴别表：对象模型的重要标识。
- 对象类结构表：如 multiAI.xml 中定义的，表示联邦之间、联邦成员之间类对象的父子结构、形成计算模型的森林结构。
- 交互类结构表：如 multiAI.xml 中定义的，表示联邦之间、联邦成员之间交互类的父子结构及形成计算模型交互的行为状态森林结构。
- 属性表：表示联邦、联邦成员中类对象的属性结构。
- 参数表：表示联邦、联邦成员中交互类的参数表（交互函数的参数）。
- 枚举数据参数表：可以定义在联邦中会使用的枚举数据，用于在整个联邦或下级联邦成员中将使用的枚举。
- 复杂数据结构表：可以在联邦中定义复杂的数据结构，用于在整个大型计算模型中进行交互，如多维矩阵、神经网络参数表等。
- 路径空间表：定义联邦中对象类属性和交互类存放的路径空间。
- 对象词典：描述定义 FOM/SOM 中定义的对象类、交互类、数据结构等。

通过这些定义方式，我们可以把一个复杂的 AI 模型分解成一个基于 HLA FED 的分布式群体决策森林，从而进行分布式并行计算。

4.7.2 IDL 主题模型文件定义

DDS 是一种集中式的分布式数据分发协议体系，在 4.2.2 节中已经介绍过。对于 SintolRTOS 中的模型 Model，也可以定义它，这就是 IDL 主题模型文件。

在 DDS 体系中，主要关注的是数据模型的分发/订阅，在 IDL 中，主要定义复杂的数据结构，DDS 体系的每个节点的计算是相对独立的。DDS 体系的数据定义与 C++的 Struct 类似，具体代码如下：

```
//multiAI.idl
#ifndef SINTOLRTOS_IDL_
#define SINTOLRTOS_IDL_

module Message {
    //PlayerPosition 人物的位置数据
    struct Location{
      double x;
      double y;
      double z;
    };

    //人物的旋转数据
    struct Orientation {
      double roll;
```

```
        double pitch;
        double yaw;
    };

    //用户的属性参数
    struct PlayerAttriution{
        string name;
        Location pos;
        Orientation ori;
    };

    //增加用户实体，通过数据参数的形式来定义交互接口
    struct AddPlayer {
        string name;
        string profile;
        Location pos;
        Orientation ori;
    };

    //删除用户实体，通过数据参数的形式来定义交互接口
    struct RemovePlayer {
      string name;
    };

    //用户实体添加成功的反馈数据，主题中确认实体完成以后，广播给订阅的计算层数据
    struct PlayerAdded {
        string name;
        string profile;
        Location pos;
        Orientation ori;
        boolean result;
    };

    // 用户实体删除成功的反馈数据，主题中确认实体销毁以后，广播给订阅的计算层数据
    struct PlayerRemoved {
      string name;
      boolean result;
    };
}; // 模块消息
#endif SINTOLRTOS_IDL_
```

在 SintolRTOS 中，RTOSNode 节点中的路由广播数据给它的下层订阅计算实体，需要在计算层发布 IDL 模型，然后其他用户可以订阅模块，一个主题中可以有多个模块。在 IDL 中，模型类、交互接口等都以数据体的形式来定义。在 SintolRTOS 中，如果需要中控系统，计算模型的层级结构较少、各计算实体计算方式交互较少、对数据广播要求较高的情况，可以选用这种形式来组织分布式智能计算。

常见的 IDL 模型文件的数据定义类型如表 4-1 所示。

表 4-1　IDL模型文件的数据定义类型

类　　　型	描　　　述	C++值
Boolean	真假值	bool
char	单字符值	char
wchar	宽字符值	wchar_t
string	可变长度的字符串	string
wstring	具有宽字符的可变长度字符串	wstring
octet	一个字节	
short	短整型值	short
unsigned short	无符号短整型值	unsigned short
long	32位整数值	int
unsigned long	无符号32位整数值	unsigned int
long long	64位整数值	long long
unsigned long long	无符号64位整数值	unsigned long long
float	单精度浮点数值	float
double	双精度浮点数值	double
fixed	大数值	Not supported at the moment

4.7.3　Agent 代理模型定义

Agent 的形式多种多样，在 SintolRTOS 中，主要作为智能代理模型的形式与 FED、IDL 模型等协作，代理不同的智能系统，与其他代理系统协同工作。SintolRTOS 提供了 Protobuf 作为消息协议体，用来编写 Agent 的智能代理属性，多语言、多平台地支持各种智能系统协同。

Multi-Agent 没有具体的定义方式，通过消息协议，我们只需要定义对外的委托人，然后通过委托互相调用和协调各自的分布式智能系统。

在 SintolRTOS 中，通过 Agent 调用 Modle 的体系，主要有 3 个部分：目标对象、拦截机对象、目标对象代理。具体的调用和拦截方式如图 4-22 所示。

在 SintolRTOS 中实现 Agent，主要是以下部分：

• 在 RTOSNode 之间，通过 TCP 连接，并且通过 Protobuf 实现 Agent 代理信息和协议

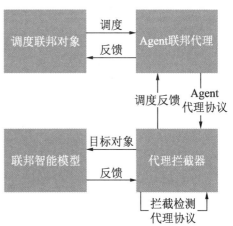

图 4-22　Agent 代理模型的调度和拦截

的编写。

- 在 4.3.1 节中介绍了 Protocol Layer（协议层），在模型中实现 Agent 的拦截以及与 Model 层的连接和调度。
- Model 中定义的 FED、IDL 等开放了代理接口，对非法调度，拦截层应该进行拒绝和错误反馈。

4.8　编写 AI 联邦模型和 Agent 代理

前面介绍了 SintolRTOS 的核心组成、结构原理和启动方法，本节使用 SintoRTOS 来编写一个 Demo，介绍实际工程中的运用方法。

在 Demo 中，我们需要使用多个 AI 人物互相对抗，它们拥有 4 种状态：原地监视、寻路找人、跟随活动、丢失目标。在运动过程中，AI 智能体需要绕开障碍，或者跳跃通过障碍。在工作过程中，智能体需要不断训练、不断提升，智能体之间的运算模型和数据都需要通过 SintolRTOS 来进行协调运算和群智处理。

1. 定义联邦计算模型

联邦定义模型需要定义在整个联邦中出现的对象类和交互接口，在 Demo 中，主要是智能体的属性，包括位置、速度、方向、运动状态、状态机参数等，智能体的交互包括跟随、停止、跳跃等。根据这些计算，我们定义了联邦计算模型 multiAI.xml，具体见 4.3.1 节。

2. 定义强化学习DQN神经网络模型的智能代理Agent

具体代码如下：

```
//Agent.py
import time
import random
import numpy as np
from tqdm import tqdm
import TensorFlow as tf
from logging import getLogger

from .history import History
from .experience import Experience

logger = getLogger(__name__)

def get_time():
  return time.strftime("%Y-%m-%d_%H:%M:%S", time.gmtime())

class Agent(object):
  def __init__(self, sess, pred_network, env, stat, conf, target_network=
None):
```

```
#初始化智能体
#初始化神经网络会话层
self.sess = sess
self.stat = stat

self.ep_start = conf.ep_start
self.ep_end = conf.ep_end
self.history_length = conf.history_length
self.t_ep_end = conf.t_ep_end
self.t_learn_start = conf.t_learn_start
self.t_train_freq = conf.t_train_freq
self.t_target_q_update_freq = conf.t_target_q_update_freq
self.env_name = conf.env_name
#初始化空间参数
self.discount_r = conf.discount_r
self.min_r = conf.min_r
self.max_r = conf.max_r
self.min_delta = conf.min_delta
self.max_delta = conf.max_delta
self.max_grad_norm = conf.max_grad_norm
self.observation_dims = conf.observation_dims
#初始化学习参数
self.learning_rate = conf.learning_rate
self.learning_rate_minimum = conf.learning_rate_minimum
self.learning_rate_decay = conf.learning_rate_decay
self.learning_rate_decay_step = conf.learning_rate_decay_step
#初始化 double_q 神经网络模型
# network
self.double_q = conf.double_q
self.pred_network = pred_network
self.target_network = target_network
self.target_network.create_copy_op(self.pred_network)
#复制环境对象
self.env = env
self.history = History(conf.data_format,
    conf.batch_size, conf.history_length, conf.observation_dims)
self.experience = Experience(conf.data_format,
    conf.batch_size, conf.history_length, conf.memory_size, conf.
observation_dims)

  if conf.random_start:
    self.new_game = self.env.new_random_game
  else:
    self.new_game = self.env.new_game
#训练函数
def train(self, t_max):
  tf.global_variables_initializer().run()
  #加载模型
  self.stat.load_model()
  self.target_network.run_copy()

  start_t = self.stat.get_t()
  #获得游戏启动的空间、奖励值、运行终端等
  observation, reward, terminal = self.new_game()
```

```
    for _ in range(self.history_length):
      self.history.add(observation)
  #计算 tqdm
  for self.t in tqdm(range(start_t, t_max), ncols=70, initial=start_t):
    ep = (self.ep_end +
        max(0., self.ep_start - self.ep_end)
          * (self.t_ep_end - max(0., self.t - self.t_learn_start)) /
self.t_ep_end))
      #预估行动
      # 1. predict 预测处理
      action = self.predict(self.history.get(), ep)
      # 2. Act 行动以后获得 MDP 下个状态
      observation, reward, terminal, info = self.env.step(action, is_
training=True)
      # 3. Observe 计算损失函数 q 函数
      q, loss, is_update = self.observe(observation, reward, action, terminal)

      logger.debug("a: %d, r: %d, t: %d, q: %.4f, l: %.2f" % \
          (action, reward, terminal, np.mean(q), loss))

      if self.stat:
        self.stat.on_step(self.t, action, reward, terminal,
                        ep, q, loss, is_update, self.learning_rate_op)
      if terminal:
        observation, reward, terminal = self.new_game()
  #游戏运行函数
  def play(self, test_ep, n_step=10000, n_episode=100):
    tf.initialize_all_variables().run()

    self.stat.load_model()
    self.target_network.run_copy()
    #游戏环境运行路径
    if not self.env.display:
      gym_dir = '/tmp/%s-%s' % (self.env_name, get_time())
      env = gym.wrappers.Monitor(self.env.env, gym_dir)

    best_reward, best_idx, best_count = 0, 0, 0
    #启动游戏训练迭代
    try:
      itr = xrange(n_episode)
    except NameError:
      itr = range(n_episode)
    for idx in itr:
      observation, reward, terminal = self.new_game()
      current_reward = 0

      for _ in range(self.history_length):
        self.history.add(observation)

      for self.t in tqdm(range(n_step), ncols=70):
        # 1. predict 预测推理
        action = self.predict(self.history.get(), test_ep)
        # 2. Act 行动以后获得 MDP 下一个状态
```

```
        observation, reward, terminal, info = self.env.step(action, is_
training=False)
        # 3. Observe 计算损失函数 g 函数
        q, loss, is_update = self.observe(observation, reward, action, terminal)

        logger.debug("a: %d, r: %d, t: %d, q: %.4f, l: %.2f" % \
            (action, reward, terminal, np.mean(q), loss))
        current_reward += reward

        if terminal:
          break

      if current_reward > best_reward:
        best_reward = current_reward
        best_idx = idx
        best_count = 0
      elif current_reward == best_reward:
        best_count += 1

      print ("="*30)
      print (" [%d] Best reward : %d (dup-percent: %d/%d)" % (best_idx,
best_reward, best_count, n_episode))
      print ("="*30)

      #if not self.env.display:
      #gym.upload(gym_dir, writeup='https://github.com/devsisters/DQN-
TensorFlow', api_key='')

  def predict(self, s_t, ep):
    if random.random() < ep:
      action = random.randrange(self.env.action_size)
    else:
      action = self.pred_network.calc_actions([s_t])[0]
    return action
  #计算 q_learning 学习的数据回放测试
  def q_learning_minibatch_test(self):
    s_t = np.array([[[ 0., 0., 0., 0.],
                [ 0., 0., 0., 0.],
                [ 0., 0., 0., 0.],
                [ 1., 0., 0., 0.]]], dtype=np.uint8)
    s_t_plus_1 = np.array([[[ 0., 0., 0., 0.],
                    [ 0., 0., 0., 0.],
                    [ 1., 0., 0., 0.],
                    [ 0., 0., 0., 0.]]], dtype=np.uint8)
    s_t = s_t.reshape([1, 1] + self.observation_dims)
    s_t_plus_1 = s_t_plus_1.reshape([1, 1] + self.observation_dims)

    action = [3]
    reward = [1]
    terminal = [0]

    terminal = np.array(terminal) + 0
    max_q_t_plus_1 = self.target_network.calc_max_outputs(s_t_plus_1)
    target_q_t = (1. - terminal) * self.discount_r * max_q_t_plus_1 + reward
```

```
    _, q_t, a, loss = self.sess.run([
        self.optim, self.pred_network.outputs, self.pred_network.actions,
    self.loss
        ], {
            self.targets: target_q_t,
            self.actions: action,
            self.pred_network.inputs: s_t
        })

    logger.info("q: %s, a: %d, l: %.2f" % (q_t, a, loss))
#更新目标网络参数值
def update_target_q_network(self):
    assert self.target_network != None
    self.target_network.run_copy()
```

这个部分的 Agent 描述了在 TensorFlow、DQN（强化学习神经网络）中计算的智能实体，它所计算的参数需要根据神经网络的参数表进行修正，但是数据的输入和输出都需要转化成和 MultiAI 中定义的智能体一致（DQN 相关的算法会在后面的章节中详细介绍），下面将进行计算层的编写，将 Fed 计算模型和数据与 Agent 结合起来。

4.9 分布式计算层的模型与数据

每个 Agent 运算一个 DQN 神经网络，要将多个计算实体结合起来，形成一个规模化的分布式神经网络，还需要使用 SintolSDK 去接入 Agent，在 Fed 联邦中实例化多个 AI 计算实体，这里我们使用 PSintolSDK 来接入 TensorFlow 的 Python 计算环境。

4.9.1 重构联邦实体的处理类

在 SintolSDK 创建或者加入联邦时，需要传入联邦实体的处理类，用于接收 Callback 信息，包括其他实体的数据、联邦模型和实体的改变等，具体代码示例如下：

```
//PFederateAmbassador.py
import copy
#HLA1516
#SintolRTOS 数据和模型的反馈接口类
class P1516FederateAmbassador:
    def setSDKManager(self,value):
        self.sdkmng = value
    #同步点注册成功
    def synchronizationPointRegistrationSucceeded(self,label):
        print("synchronizationPointRegistrationSucceeded info:" + label + " ");
    #同步点注册失败
    def synchronizationPointRegistrationFailed(self,label,reason):
        print("synchronizationPointRegistrationFailed:" + label + " ");
    #宣布同步点
    def announceSynchronizationPoint(self,label,theUserSuppliedTag):
```

```
        print("announceSynchronizationPoint:" + label + " ");
        self.sdkmng.synchronizationPointAchieved(label);
#联邦同步
def federationSynchronized(self,label):
        print("federationSynchronized:" + label + " ");
        self.sdkmng.insertSyncfedearetionSet(label);
#初始化联邦保存
def initiateFederateSave(self,label):
        print("initiateFederateSave:" + label + " ");
#初始化联邦保存
def initiateFederateSave(self,label,theTime):
        print("initiateFederateSave:" + label + " ");
#联邦保存
def federationSaved(self):
        print("federationSaved: ");
#联邦没有存储
def federationNotSaved(self,theSaveFailureReason):
        print("theSaveFailureReason:" + theSaveFailureReason + " ");
#联邦状态恢复
def federationSaveStatusResponse(self,theFederateStatusVector):
        print("federationSaveStatusResponse: ");
#联邦状态再次恢复成功
def requestFederationRestoreSucceeded(self,label):
        print("requestFederationRestoreSucceeded:" + label + " ");
#请求联邦状态再次恢复失败
def requestFederationRestoreFailed(self,label):
        print("requestFederationRestoreFailed:" + label + " ");
#开始联邦状态恢复
def federationRestoreBegun(self):
        print("federationRestoreBegun ");
#初始化联邦恢复
def initiateFederateRestore(self,label,handle):
        print("initiateFederateRestore:" + label + " ");
#联邦恢复
def federationRestored(self):
        print("federationRestored ");
#联邦恢复状态恢复
def federationRestoreStatusResponse(self,theFederateStatusVector):
        print("federationRestoreStatusResponse ");
#开始注册 ObjectClass
def startRegistrationForObjectClass(self,theClass):
        print("startRegistrationForObjectClass ");
#停止注册 ObjectClass
def stopRegistrationForObjectClass(self,theClass):
        print("stopRegistrationForObjectClass ");
#打开交互开关
def turnInteractionsOn(self,theHandle):
        print("turnInteractionsOn ");
#关闭交互开关
def turnInteractionsOff(self,theHandle):
        print("turnInteractionsOff ");
#对象实体名保留成功
```

```
    def objectInstanceNameReservationSucceeded(self,theObjectInstanceName):
        print("objectInstanceNameReservationSucceeded:" + theObjectInstance
Name + "  ");
    #对象实体名保留失败
    def objectInstanceNameReservationFailed(self,theObjectInstanceName):
        print("objectInstanceNameReservationFailed:" + theObjectInstance
Name + "  ");
    #对象实体名保留失败
    def objectInstanceNameReservationFailed(self,theObjectInstanceName):
        print("objectInstanceNameReservationFailed:" + theObjectInstance
Name + "  ");
    #发现对象实例
    def discoverObjectInstance(self,theObject,theObjectClass,theObject
InstanceName):
        print("discoverObjectInstance  ");
    #反射属性值
    def reflectAttributeValues(self,theObject,theAttributeValues,theUser
SuppliedTag,
        sentOrder,theType):
        print("reflectAttributeValues  ");
    #反射属性值
    def reflectAttributeValues(self,theObject,theAttributeValues,theUser
SuppliedTag,sentOrder,
        theType,theSentRegionHandleSet):
        print("reflectAttributeValues  ");
    #反射属性值
    def reflectAttributeValues(self,theObject,theAttributeValues,theUser
SuppliedTag,sentOrder,
        theType,theTime,receivedOrder):
        print("reflectAttributeValues  ");
    #反射属性值
    def reflectAttributeValues(self,theObject,theAttributeValues,theUser
SuppliedTag,sentOrder,
        theType,theTime,receivedOrder):
        print("reflectAttributeValues  ");
    #反射属性值
    def reflectAttributeValues(self,theObject,theAttributeValues,theUser
SuppliedTag,sentOrder,
        theType,theTime,receivedOrder,theHandle):
        print("reflectAttributeValues  ");
    #反射属性值
    def reflectAttributeValues(self,theObject,theAttributeValues,theUser
SuppliedTag,sentOrder,
        theType,theTime,receivedOrder,theHandle,theSentRegionHandleSet):
        print("reflectAttributeValues:%s" ,theAttributeValues.items());
    #接收交互
    def receiveInteraction(self,theInteraction,theParameterValues,theUser
SuppliedTag,sentOrder,
        theType):
        print("receiveInteraction  ");
    #接收交互
    def receiveInteraction(self,theInteraction,theParameterValues,the
UserSuppliedTag,sentOrder,
```

```
            theType,theTime,receivedOrder):
                print("receiveInteraction  ");
        #接收交互
        def receiveInteraction(self,theInteraction,theParameterValues,the
    UserSuppliedTag,sentOrder,
            theType,theTime,receivedOrder,theSentRegionHandleSet):
                print("receiveInteraction  ");
        #接收交互
        def receiveInteraction(self,theInteraction,theParameterValues,the
    UserSuppliedTag,sentOrder,
            theType,theTime,receivedOrder,theHandle):
                print("receiveInteraction  ");
        #接收交互
        def receiveInteraction(self,theInteraction,theParameterValues,the
    UserSuppliedTag,sentOrder,
            theType,theTime,receivedOrder,theHandle,theSentRegionHandleSet):
                print("receiveInteraction  ");
        #移除对象实例
        def removeObjectInstance(self,theObject,theUserSuppliedTag,sentOrder):
                print("removeObjectInstance  ");
        #移除对象实例
        def removeObjectInstance(self,theObject,theUserSuppliedTag,sentOrder,
    theTime,
            receivedOrder):
                print("removeObjectInstance  ");
        #移除对象实例
        def removeObjectInstance(self,theObject,theUserSuppliedTag,sentOrder,
    theTime,
            receivedOrder,theHandle):
                print("removeObjectInstance  ");
        #约束属性范围
        def attributesInScope(self,theObject,theAttributes):
                print("attributesInScope  ");
        #约束超过属性范围
        def attributesOutOfScope(self,theObject,theAttributes):
                print("attributesInScope  ");
        #提供属性值更新
        def provideAttributeValueUpdate(self,theObject,theAttributes,theUser
    SuppliedTag):
                print("attributesInScope  ");
        #打开对象实例更新
        def turnUpdatesOnForObjectInstance(self,theObject,theAttributes):
                print("turnUpdatesOnForObjectInstance  ");
        #关闭对象实例更新
        def turnUpdatesOffForObjectInstance(self,theObject,theAttributes):
                print("turnUpdatesOffForObjectInstance  ");
        #请求属性所有权假设
        def requestAttributeOwnershipAssumption(self,theObject,offeredAttributes,
            theUserSuppliedTag):
                print("requestAttributeOwnershipAssumption  ");
        #请求剥离确认
        def requestDivestitureConfirmation(self,theObject,releasedAttributes):
```

```
        print("requestDivestitureConfirmation ");
    #通知取得属性所有权
    def attributeOwnershipAcquisitionNotification(self,theObject,secured
Attributes,
        theUserSuppliedTag):
        print("attributeOwnershipAcquisitionNotification ");
    #属性所有权不可用
    def attributeOwnershipUnavailable(self,theObject,theAttributes):
        print("attributeOwnershipUnavailable ");
    #请求属性所有权释放
    def requestAttributeOwnershipRelease(self,theObject,candidate
Attributes,
        theUserSuppliedTag):
        print("requestAttributeOwnershipRelease ");
    #确认属性所有权博弈完成
    def confirmAttributeOwnershipAcquisitionCancellation(self,theObject,
theAttributes):
        print("confirmAttributeOwnershipAcquisitionCancellation ");
    #属性所有权信息
    def informAttributeOwnership(self,theObject,theAttribute,theOwner):
        print("informAttributeOwnership ");
    #属性没有被对象持有
    def attributeIsNotOwned(self,theObject,theAttribute):
        print("attributeIsNotOwned ");
    #属性被 RTI 持有
    def attributeIsOwnedByRTI(self,theObject,theAttribute):
        print("attributeIsOwnedByRTI ");
    #启动时间规则
    def timeRegulationEnabled(self,theObject,theAttribute):
        print("attributeIsOwnedByRTI ");
    #启动时间限制
    def timeConstrainedEnabled(self,theFederateTime):
        print("timeConstrainedEnabled ");
    #使用格兰特计时推进时间
    def timeAdvanceGrant(self,theTime):
        print("timeAdvanceGrant ");
    #请求回收句柄
    def requestRetraction(self,theHandle):
        print("requestRetraction ");
    #请求回收句柄
    def requestRetraction(self,theHandle):
        print("requestRetraction ");
```

4.9.2　DQN 神经网络与 PSintolSDK 构建计算层

编写完联邦处理类以后，再通过 PSintolSDK 发布联邦、加入联邦、同步联邦、订阅
AI 实体类、生成发布实体类，并且监听和订阅联邦中其他计算实体的数据和模型。具体
代码如下：

```python
import sys
# sys.path.append('C:\\SintolRTOS\\PSintolSDK\\PSintolSDK\\PSintolSDK')
import CPSintolSDK as sintolsdk
from PFederateAmbassador import P1516FederateAmbassador
import threading
import time

class SintolSDKManager:
    #单例模式多线程锁
    _instance_lock = threading.Lock()
    #单例模式获取 SDK 的对象
    def __new__(cls, *args, **kwargs):
        if not hasattr(SintolSDKManager, "_instance"):
            with SintolSDKManager._instance_lock:
                if not hasattr(SintolSDKManager, "_instance"):
                    SintolSDKManager._instance = object.__new__(cls)
        return SintolSDKManager._instance
    #初始化参数
    def __init__(self):
        self.isStarted = False
        self._synchronsized = 0
        self._federateSet = []

    def __del__(self):
        if self.isStarted == True:
            self.Stop()
    #关闭 SDK 功能
    def Stop(self):
        try:
            #去掉联邦执行过程
            self.ambassador.resignFederationExecution(
                        sintolsdk.CANCEL_THEN_DELETE_THEN_DIVEST)
            #销毁联邦执行过程
            self.ambassador.destroyFederationExecution(self._federateName)
            self._synchronsized = 0
            self.isStarted = False
        except Exception as e:
            print(e)
            return
    #初始化 SDK
    def InitSDK(self,federaambassador,
            federationExecutionName,
            federateType,
            fullPathNameToTheFDDfile,
            connectaddress,
            localtimefactory):
        #联邦执行过程名
        self._federateName = federationExecutionName
        #联邦类型
        self._federateType = federateType
        #联邦集合
        self._federateSet = []
        self._federateSet.append(federateType)
```

```
        try:
            #使用 RTI 启动模式
            arg0 = 'protocol=rti'
            arg1 = 'address=' + connectaddress;
            self.ambassador = sintolsdk.RTIambassador(arg0,arg1)
            #创建联邦执行过程
            self.ambassador.createFederationExecution(federationExecution
Name,
                        fullPathNameToTheFDDfile,localtimefactory)
        except Exception as e:
            print(e)

        try:
            #联邦回调句柄
            self.federateAmbassador = P1516FederateAmbassador()
            self.federateAmbassador.setSDKManager(self)
            #加入联邦后的句柄
            self._federateHandle = self.ambassador.joinFederationExecution
(self._federateType,
                        self._federateName,self.federateAmbassador)
        except Exception as e:
            print(e)

        if self.waitForAllFederates() == False:
            return False

        self.isStarted = True

        if self.execJoined() == False:
            return False

        return True
    #联邦心跳更新
    def Update(self,approximateMinimumTimeInSeconds):
        if self.isStarted == True:
            self.ambassador.evokeCallback(approximateMinimumTimeInSeconds)

    def execJoined(self):
        return True

    def waitForAllFederates(self):
        self._synchronized = 0
        try:
            #注册联邦同步点
            self.ambassador.registerFederationSynchronizationPoint
(self._federateType,
                        "python".encode())
            #唤起回调 10ms 之内
            self.ambassador.evokeCallback(10)
        except Exception as e:
            print(e)
            return False
        return True
    #插入联邦同步集合
```

```python
    def insertSyncfedearetionSet(self,label):
        if self._federateSet.count(label) == 0:
            self._federateSet.append(label)
            return True
        return False
    #重写联邦同步节点到达
    def synchronizationPointAchieved(self,label):
        if self._federateSet.count(label) == 0:
            self.ambassador.synchronizationPointAchieved(label)
    #重写获得对象类句柄
    def getObjectClassHandle(self,name):
        return self.ambassador.getObjectClassHandle(name)
    #重写获得属性句柄
    def getAttributeHandle(self,rti1516ObjectClassHandle,attributeName):
        return self.ambassador.getAttributeHandle(rti1516ObjectClass
Handle,attributeName)
    #重写发布对象类属性
    def publishObjectClassAttributes(self,theClass,rti1516Attribute
HandleSet):
        return self.ambassador.publishObjectClassAttributes(theClass,
rti1516AttributeHandleSet)
    #重写订阅对象类属性
    def subscribeObjectClassAttributes(self,theClass,attributeList,active):
        self.ambassador.subscribeObjectClassAttributes(theClass,attribute
List,active)
    #重写注册对象实例
    def registerObjectInstance(self,rti1516ObjectClassHandle):
        return self.ambassador.registerObjectInstance(rti1516ObjectClass
Handle)
    #重写更新属性参数
    def updateAttributeValues(self,rti1516ObjectInstanceHandle,rti1516
AttributeValues,
                              rti1516Tag):
        self.ambassador.updateAttributeValues(rti1516ObjectInstanceHandle,
                     rti1516AttributeValues,rti1516Tag)
    #重写删除对象实例
    def deleteObjectInstance(self,rti1516ObjectInstanceHandle,rti1516Tag):
        self.ambassador.deleteObjectInstance(rti1516ObjectInstanceHandle,
rti1516Tag)
    #重写取消发布对象类
    def unpublishObjectClass(self,rti1516ObjectClassHandle):
        self.ambassador.unpublishObjectClass(rti1516ObjectClassHandle)
    #重写取消发布对象属性
    def unpublishObjectClassAttributes(self,rti1516ObjectClassHandle,
rti1516AttributeHandleSet):
        self.ambassador.unpublishObjectClassAttributes(rti1516Object
ClassHandle,
rti1516AttributeHandleSet)
    #重写取消订阅对象类
    def unsubscribeObjectClass(self,rti1516ObjectClassHandle):
        self.ambassador.unsubscribeObjectClass(rti1516ObjectClassHandle)
#开始测试 SDK 的测试代码
#Test SintolSDKManager
```

```
print('Start Test SintolSDKManager')
#初始化回调类对象
federaambassador = P1516FederateAmbassador()
#初始化 SDK
sdkmng = SintolSDKManager()
federationExecutionName = 'UnrealRTOS'
federateType = 'Python'
#联邦模型文件路径
fedfile = 'C:/SintolRTOS/UnrealRTOS/Binaries/Win64/multiAI.xml'
connectAddress = '192.168.86.163:14321'
hlatime = 'HLAinteger64Time'
#启动 SDK 的联邦连接
sdkmng.InitSDK(federaambassador,federationExecutionName,federateType,
fedfile,connectAddress,hlatime)
_attributionset = [];
try:
    #获取对象类句柄
    _characterObjHandle = sdkmng.getObjectClassHandle('MultiEntity')
    #获取属性句柄
    _characterAttributeHandle = sdkmng.getAttributeHandle(_characterObj
Handle,
                                'playerAttribution')
    _attributionset.append(_characterAttributeHandle)
    #发布对象类属性
    sdkmng.publishObjectClassAttributes(_characterObjHandle,_attributionset)
    #订阅对象类属性
    sdkmng.subscribeObjectClassAttributes(_characterObjHandle,_attributionset,
True)
    _charactorObjInstance = sdkmng.registerObjectInstance(_character
ObjHandle)
    #持续更新
    while True:
        sdkmng.Update(0.01)
        time.sleep(0.01)
    #关闭
    sdkmng.deleteObjectInstance(_charactorObjInstance,'MultiAI_02')
    sdkmng.unsubscribeObjectClass(_characterObjHandle)

    sdkmng.Stop()
except Exception as e:
    print(e)
```

上面的代码要点如下：

（1）导入 Python 使用的 SintolSDK 模块，它是 C++编写的 Python 扩展模块 import CPSintolSDK as sintolsdk。

（2）编写 Python 的 SDK 管理单例 SintolSDKManager。

（3）发布和加入 MultiAI.xml 的联邦，如果在组网中已经发布，重复是无效的，具体代码如下：

```
federaambassador = P1516FederateAmbassador()
sdkmng = SintolSDKManager()
federationExecutionName = 'UnrealRTOS'
```

```
federateType = 'Python'
fedfile = 'C:/SintolRTOS/UnrealRTOS/Binaries/Win64/multiAI.xml'
connectAddress = '192.168.86.163:14321'
hlatime  = 'HLAinteger64Time'
sdkmng.InitSDK(federaambassador,federationExecutionName,federateType,
fedfile,connectAddress,hlatime)
```

（4）订阅和发布实体类，接收来自联邦的计算数据，具体代码如下：

```
try:
    _characterObjHandle = sdkmng.getObjectClassHandle('MultiEntity')
    _characterAttributeHandle = sdkmng.getAttributeHandle(_characterObj
Handle
    , 'playerAttribution')
    _attributionset.append(_characterAttributeHandle)

    sdkmng.publishObjectClassAttributes(_characterObjHandle,_attributionset)
    sdkmng.subscribeObjectClassAttributes(_characterObjHandle,_attributionset,
True)
    _charactorObjInstance = sdkmng.registerObjectInstance(_characterObjHandle)

    while True:
        sdkmng.Update(0.01)
        time.sleep(0.01)

    sdkmng.deleteObjectInstance(_charactorObjInstance,'MultiAI_02')
    sdkmng.unsubscribeObjectClass(_characterObjHandle)

    sdkmng.Stop()
except Exception as e:
print(e)
```

在实际的 DQN 计算层中，Agent 的训练模型和数据需要来自于这个部分的传入和代理，驱动 DQN 强化神经网络的学习训练的计算层，并且在实际应用中对抗博弈，这个部分的算法在后面的章节会详细讲解。

4.10　SintolRTOS 智能计算组织 Demo

定义了联邦模型和 Agent 智能代理计算层以后，接着启动 SintolRTOS 的 Demo，搭建分布式的联邦运行体系环境，并且开发智能实体模块。

4.10.1　Demo 分布式联邦智能架构设计

在 Demo 中，主要体现了在 SintolRTOS 的分布式集群中，多智能体在同一个联邦下进行协作、对抗、寻路、寻人、学习、强化。对此需要设计联邦体下的联邦结构、分布式体系、物理仿真计算层、智能 DQN 神经网络计算层、联邦节点等。

Demo 分布式体系网络结构如图 4-23 所示。

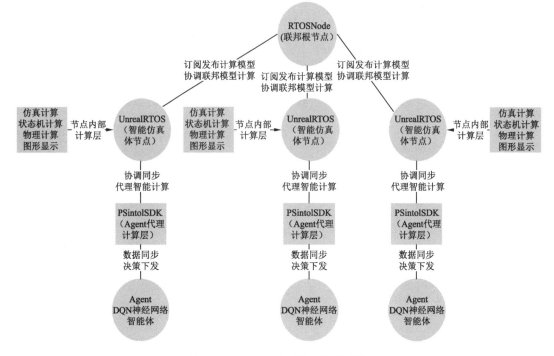

图 4-23　Demo 分布式体系网络结构

其中的结构要点如下：

- 整个体系都在一个联邦体系下，所有智能体都在一个联邦模型中，作为一个模型实体，进行运算和协调。
- 每个智能体通过 UnrealRTOS 和 CSintolSDK 组成实体，处理它的仿真、状态机、物理碰撞、图形渲染。
- 智能体通过 PSintolSDK 与 Agent 形成智能代理机制，智能体通过 DQN 神经网络进行强化学习，形成不同智能体的智能对抗训练和升级。
- 整个联邦可以容纳多个智能体，它们共同形成了这个小型联邦的群体智能。

4.10.2　使用 UnrealRTOS 和 CSintolSDK 搭建仿真演练场景

Demo 使用了 Unreal 引擎进行图形化场景和智能体的可视化开发。对此，SintolRTOS 提供了 Unreal 使用的 SDK 和使用案例 UnrealRTOS 工程，我们将用它和 CSintolSDK 搭建多智能体对抗的仿真演练场景，具体步骤如下：

（1）UnrealRTOS 需要 Unreal 图形引擎 4.18 或者以上版本支持，具体安装部分会在后续开发章节讲解，这里只是运行 Demo，可以不用安装。

（2）使用 Git 同步 SintolRTOS 中的 Unreal 组件和工程，打开 cmd 运行环境，具体命令如下：

```
git clone https://github.com/SintolRTOS/UnrealRTOS.git
```

（3）同步完成以后，查看 UnrealRTOS 的工程目录，如图 4-24 所示。

图 4-24　UnrealRTOS 目录

（4）其中，ThirdParty 里面集成了 SintolRTOS 的 C++库，并且适配了 Unreal 图形引擎，具体目录结构如图 4-25 所示。

图 4-25　UnrealRTOS 库文件目录

各目录具体包含内容如下：

- dll 包含 SintolRTOS 底层的.dll 动态链接库。
- include 包含底层库的接口.h 调用头文件。
- lib 包含 SintolRTOS 底层的.lib 静态链接库。

- SDKManager.h 是 CSintolSDK 的单例管理类，并且对 Unreal 做了适配工作。

（5）详细的 Demo 工程开发会在后面章节详细介绍。下面来看一下 RunClient 目录，通过这个 UnrealRTOS 工程，可以编译出仿真机器人和 SintolRTOS 结合的运行端，如图 4-26 所示。

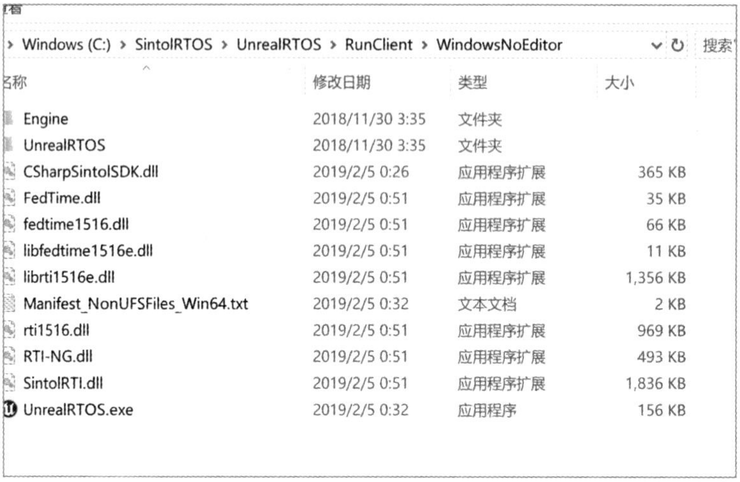

图 4-26　UnrealRTOS 运行目录

除了可执行文件，还需要依托 SintolRTOS 的.dll 文件动态链接库。

（6）在 RunClient 中，有 SintolRTOS 联邦的配置文件信息，路径为 C:\SintolRTOS\UnrealRTOS\RunClient\WindowsNoEditor\UnrealRTOS\Saved\Config\WindowsNoEditor\Game.ini，相关配置信息如下：

```
//Game.ini
[/Script/UnrealEd.ProjectPackagingSettings]
Build=IfProjectHasCode
StagingDirectory=(Path="D:/SintolRTOS/UnrealRTOS/RunClient")
ForDistribution=False
IncludeDebugFiles=False
BlueprintNativizationMethod=Disabled
bIncludeNativizedAssetsInProjectGeneration=False
bGenerateNoChunks=False
bBuildHttpChunkInstallData=False
HttpChunkInstallDataDirectory=(Path="")
HttpChunkInstallDataVersion=
IncludeAppLocalPrerequisites=False
ApplocalPrerequisitesDirectory=(Path="")
bCookAll=False
bCookMapsOnly=False
bCompressed=False
bEncryptIniFiles=False
bEncryptPakIndex=False
bNativizeBlueprintAssets=False
bNativizeOnlySelectedBlueprints=False
```

```
FullscreenMode=2

[/Script/Engine.GameUserSettings]
bUseVSync=False
ResolutionSizeX=1280
ResolutionSizeY=720
LastUserConfirmedResolutionSizeX=1280
LastUserConfirmedResolutionSizeY=720
WindowPosX=-1
WindowPosY=-1
bUseDesktopResolutionForFullscreen=false
FullscreenMode=1
LastConfirmedFullscreenMode=2


[RTOSConfig]
FedExecutionName=UnrealRTOS
FedName=MultiAI_03
FedFile=C:/SintolRTOS/UnrealRTOS/Binaries/Win64/multiAI.xml
NodeAddress=192.168.86.163:14321
```

其中，与 RTOS 相关的配置信息为 RTOSConfig，具体要点如下：

- **FedExecutionName**：本单元发布到分布式网络中的联邦模型名称。
- **FedName**：本计算单元在联邦中的名称。
- **FedFile**：使用的联邦模型文件，这里的示例都是 multiAI.xml，在 4.3.1 节中已经介绍过。
- **NodeAddress**：本计算单元连接的联邦节点 RTOSNode，这里配置连接 4.6 节中启动的任意联邦节点就可以了。

这样就完成了 UnrealRTOS 仿真场景和智能体的配置。

4.10.3　运行 UnrealRTOS 多智能体进行联邦对抗

在 Game.ini 中修改 FedName，标记在联邦中不同的计算实体名，启动多个 UnrelRTOS 的运行程序，路径如下：

```
C:\SintolRTOS\UnrealRTOS\RunClient\WindowsNoEditor\UnrealRTOS.exe
```

运行两个智能实体，这个时候还没有接入 Agent 代理智能决策层，可以看到几个智能实体在场景中会各自根据状态机算法和寻路判定算法随机地寻找、跟随其他智能体、越过障碍等，如图 4-27 所示。

以上智能体是根据联邦模型和状态机进行运行的，运行久了以后，可以发现智能体实际上在寻找其他智能体时，AI 能力没有提高。这个时候我们就需要使用 PSintolSDK 和 Agent 运行 DQN 强化神经网络，经过多智能体的互动和博弈训练，最终提高决策能力，如图 4-28 所示。

图 4-27　UnrealRTOS 多智能体协调互动

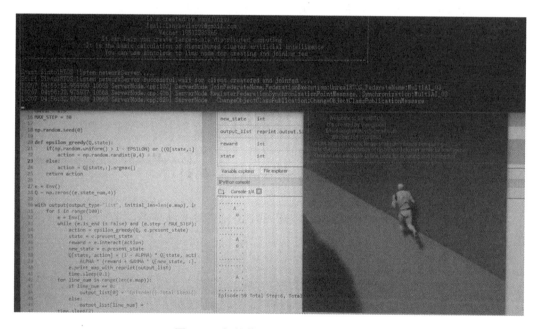

图 4-28　智能体 Agent 博弈强化训练

　　经过长时间的训练，智能体在寻找其他联邦对象和寻路能力上得到极大的提高，最终形成群体智能队列的共同行为。以上就完成了分布式群体智能 AI 的 Demo 演示，具体的算法会在后面的开发章节中详细介绍。

4.11　SintolRTOS 与分布式人工智能的未来

在未来的科技发展中,人工智能大规模的应用将遍布各行各业。随着社会化程度、物联网、边缘计算、航天科技、生物研究等的高速发展,人工智能的计算规模、训练时间、计算底层都将受到严峻的考验。如何提高人工智能的计算规模和计算能力,如何去满足复杂社会情况下的人工智能,如何去迎接"万物互联"的新世界,正是 SintolRTOS 与分布式人工智能需要解决的问题。

另外,随着计算机微型化、边缘计算的发展,"万物互联"和"万物智能"成为重要趋势。分布式人工智能也需要满足群体智能的决策能力,让所有的智能设备都能参与到分布式 AI 的联邦体系中。SintolRTOS 随时代的发展需要适配不同的智能硬件,适配工业化设备,帮助人工智能走入生活智能设备、改造升级工业环境,帮助社会走入数字化、智能化的新时代。

来看一个工业物联网系统与边缘计算流程如图 4-29 所示。

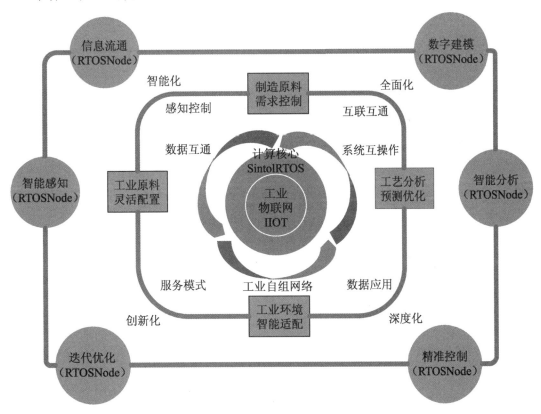

图 4-29　工业物联网系统与边缘计算流程

相比传统的工业制造，未来边缘计算驱动的群体智能环境将具有如下优势：

- 通过 RTOS 全面互通连接工业设备，通过全面的数据采集和路由互通，让整个工业环境具有智能的感知控制。
- 利用全网分布式联邦计算能力深度挖掘数据，进行全面智能预测，提高良品率，提高工业工艺能力，促进工业产品不断迭代升级。
- 利用群体智能的能力，激发多专家系统博弈对抗、协调合作，发展创新，激发新工业时代的强大活力。

4.12　本　章　小　结

SintolRTOS 分布式智能核心是整个分布式人工智能的核心底层基础，读者需要认真学习。学习完本章后，请思考以下问题：

（1）SintolRTOS 是什么？有哪些核心能力？

（2）SintolRTOS 的三种分布式体系是什么？它们分别有什么特点？

（3）SintolRTOS 架构分为几层？内容分别是什么？

（4）RTOSNode 组件的分布式网络有哪几种？如何理解？

（5）SintolRTOS 如何编写群体智能模型？如何与神经网络结合起来？

（6）SintolRTOS 的使用流程是什么？

（7）未来的分布式群体智能新工业是什么样的？

第 5 章　大数据与存储系统框架

分布式人工智能的应用大多面对复杂、庞大的群体智能问题。针对这样的问题，无论是训练 AI 智能体，还是常规的系统运作，都会产生和存储大量数据。本节就来了解大数据和相关的存储框架。

5.1　什么是大数据

大数据是一门数据科学（data science），它的英文是 big data，是一种对大规模数据进行研究的学科。从狭义上定义，大数据具有如下 3 个主要特点。

- 庞大的数据量：大数据工作中，数据量都是非常庞大的，规模可以从 TB（terabyte，兆）到 PB（petabyte，千兆）
- 数据的多样性：数据包括企业数据、视频数据、设备数据、人群画像数据等，种类非常繁杂，处理不同数据的协同工作，也是重要的研究目标。
- 高速的数据处理：在庞大的数据面前，对高速的系统处理能力也是大数据科学重要的技术研究方向，分布式系统处理与大数据息息相关。

大数据的规模体系可以用图来表示，如图 5-1 所示。

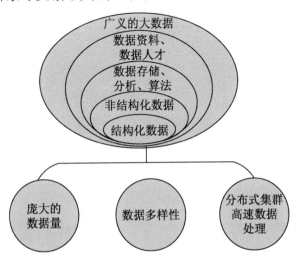

图 5-1　大数据定义图

从大数据的结构方面来说，它主要由结构化和非结构化数据组成。

在专一的特定领域，大数据使用结构化数据，如医疗图谱数据，研究人员拥有许多同一病例的数据，可以进行分析研究。

在更加普遍的环境下，非结构化数据逐渐成为主流。大数据是互联网发展下的一种必然表现，其以分布式云计算技术为支持，对多样性数据的分析和运用越加成熟，逐渐成为了互联网的基础科学之一。

大数据的存在是互联社会价值的体现。有人把大数据比喻为煤矿，随着互联网的发展，无论是金融分析、机器学习、营销推广，还是其他部分，都需要大数据作为支撑，源源不断地投入算法和应用，就像一个大型机器，需要煤矿燃烧去提供能量。

大数据的应用看案例如下：

- 使用大数据分析，可以预测、评估、解决问题，找寻根源，为企业节省成本。
- 在电商领域，根据用户画像个性推荐用户感兴趣的信息。
- 在大量的客户信息中，根据大数据筛选目标客户。
- 使用大数据处理安全问题，例如可以通过大数据学习，找出最新出现或者即将出现的安全问题。
- 在出行领域，可以预估交通情况，排解堵塞，做到车辆实时规划，实现智慧出行。
- 分析商业目标和成本规划，实现物品的利润最大化定价和库存规划。

5.2　大数据的关键技术

作为伴随着互联网兴起的概念，计算机技术在其中扮演了重要角色。本节就来讲解大数据中的一些关键技术。

大数据的关键技术如图 5-2 所示。

大数据的关键技术可以分为以下 4 个部分：

1. 大数据采集

大数据采集是大数据最初运行的基础，为整个系统采集数据。它可以通过传感器、互联网设备、社交网络、移动网络、网络爬虫等方式，采集一定范围内可以覆盖的数据。数据采集会根据不同的内容分为结构化和非结构化数据。它需要支持高速的并发，因为数据源可能是千万以上用户的并发行为。

2. 数据处理

刚采集的数据是杂乱无序的。大数据的第二步就是要对这些数据进行清理、集成等，留下真正有价值的数据。在这个部分，需要通过模式匹配等算法，清理虚假的、不完整的、无价值的数据，将有效数据进行填补、平滑、规格化处理，然后合并集成。

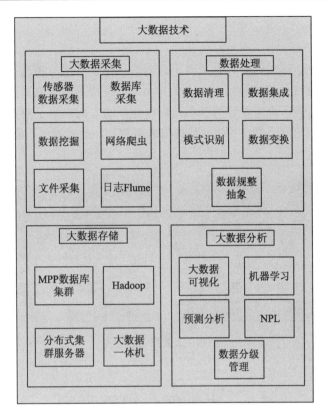

图 5-2　大数据的关键技术

3. 大数据存储

海量文件存储是大数据永恒的主题, 大数据系统的成本大量消耗在存储方面。一个系统是否能够实际应用落地, 与成本、效能、产业息息相关。在大数据存储方面, 也是技术研究的重点方向, 下面简单说明几个关键技术。

- MPP 数据库集群: 采用 Shared Nothing 架构, 对存储进行粗粒度索引处理, 采用 MPP 分布式架构, 具有高效的存储性能。它可以集中成本较低的 PC Server 成为一个集群, 具有高性能、高扩展性, 是企业青睐的新一代对象。
- Hadoop: 它是大数据中的明星产品, 最核心的部分是 HDFS、MapReduce 和 BigTable。其中, HDFS 提供一个分布式文件系统, 支持在低配置硬件上进行部署, 并且提供高吞吐量的应用程序接口; MapReduce 负责抽象分布式运算为 MapReduce 操作, 把 Key/Value 整合为输出 OutPut; BitTable 是一个大型的分布式数据库, 是一个巨大的表格, 用来处理结构化数据。关于这 3 部分的理论, 可以查看论文 "MapReduce: Simplified Data Processing on Large Clusters" "Bigtable: A Distributed Storage System for Structured Data" "The Google File System"。

4．大数据分析

大数据处理以后，展现给管理者或者用户的应该是最终的分析结果。数据分析结果的好坏，直接决定了系统价值的输出。在这个方面，也是技术结合的重点方向，它结合了人工智能、图形图像处理、概率统计等学科，数据分析的方向决定了业务的方向。在金融领域，数据分析具有非常广泛的应用，如数据报告可视化、金融搜索、量化交易、智能投顾，如图 5-3 所示。

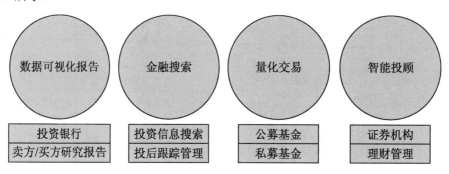

图 5-3　大数据金融业务

5.3　大数据与机器学习

在现有的机器学习方法中，基本都需要大量的数据，大数据的存储和读写是影响机器学习效率的重要原因之一。另外，针对大规模的分布式机器学习，不同节点的数据同步、清洗、训练、计算、归并、存储，都是极大的挑战，如何结合大数据技术与机器学习是现在大规模分布式人工智能、群体智能系统的重要研究方向。

机器学习的发展跟模式识别、统计学、数据挖掘、图像视觉、语音识别、自然语言处理等应用息息相关。它们之间互相交叉，互相促进，而支持在它们背后的都是庞大的数据。

在早期机器学习并不热门的时候，大家所使用的模式识别其实就是一种机器学习。有人说"模式识别源自于工业级，机器学习来自于计算机科学"，它们在同一领域，既相互独立，又相互促进。

数据挖掘是应用机器学习和数据库进行数据价值挖掘的工作，在大数据领域是重要的一个应用。它通过数据算法，在大规模的数据中进行计算、筛选、识别，挖掘出真正有价值的数据，而机器学习对数据的建模、挖掘智能化、算法的优化等方面都起到了举足轻重的作用，特别是在机器学习应用越加广泛的今天，大部分的数据挖掘算法都在依据机器学习算法，在不同的应用领域进行优化。

（1）统计学是机器学习的重要学科。机器学习是概率与算法的优化，通过训练趋近于最优值，它与统计学科高度重合。例如最为常用的机器学习算法——支持向量机算法，就源自统计学科。统计学科主要关注统计模型的发展和优化，机器学习关注实际解决的问题，机器学习的模型原理都需要对照相关的统计模型，统计模型也需要在大数据的基础上通过足够广泛的样本进行建立。

（2）计算机视觉是一种图像处理技术和机器学习相结合的产物，它通过算法进行模型构建。通过大量的图像数据识别出相关的计算模式，是机器学习研究的热门方向，特别是基于深度学习的计算机视觉，极大地提升了图像模式识别的效果，而图像的存储、压缩、传输也是大数据系统的重要能力，大规模的图像处理、分布式技术、高性能计算的结合，将推进计算机视觉技术的又一次提升。

（3）自然语言处理与语音识别是基于大数据和机器学习结合的另一个重要方向。它通过机器学习算法建模，并通过大数据进行广泛数据流的传输，在互联网模式下，可以形成高速、大规模的处理，而准确的词法分析，需要大数据技术提供大规模、高质量的数据样本。

AI 分布式人工智能与大数据的关系如图 5-4 所示。

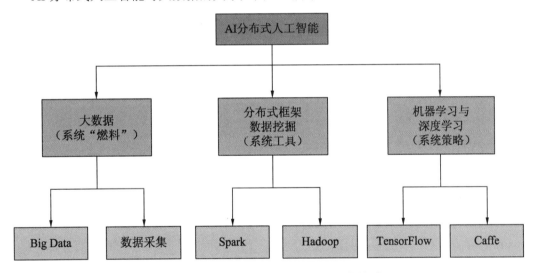

图 5-4　AI 分布式人工智能与大数据的关系

5.4　Hadoop 与分布式存储框架

在 2.2 节中，我们介绍了 Spark 分布式框架。Hadoop 也是一种经典的分布式框架，它包含许多分布式组件，在后面的实际应用中除了需要使用 Spark 提供分布式计算，也需要使用一些 Hadoop 的存储能力。Hadoop 生态模块在 2.1 节中已经介绍过，本节主要介绍 Hadoop 的分布式存储框架。

Hadoop 对文件的存储主要采用 HDFS，数据的存储采用的是列式数据库，它有利于在分布式环境中进行分片、搜索、索引、归并。

从概念上来说，分布式数据库可以分为物理分布和全方位分布。物理分布表示存储设备是分布的，但是存储逻辑是集中化的。全方位分布表示存储设备和数据库逻辑都是分布的，它们相对"自治"，具有高容错性和高扩展性，适合大规模集成。

分布式数据库一般包含两个部分：

- 分布式数据库管理系统（DDBMS）；
- 分布式数据库（DDB）。

应用程序通过和分布式数据库管理系统协作，对数据库进行操作。因为数据库在不同地理位置上，所以它的数据不存储在统一节点上，系统需要通过管理系统进行索引和管理，从而把数据集成分布给需要的用户。

分布式数据库的主要优点如下：

- 体系结构较为灵活；
- 适合分布式架构的管理机构；
- 具有较高的经济性；
- 高扩展性，即插即用；
- 局部响应较快；
- 系统可靠性高，具有高容灾性。

在 Hadoop 中，应用最为广泛的分布式数据库是 HBase，它和传统的关系型数据库有很大的区别，具体表现如下：

- 可伸缩性不同：关系型数据库难以实现横向扩展；HBase 可以在集群中即插即用，随时增加和减少存储硬件，实现性能的伸缩性。
- 数据索引不同：关系型数据库针对的数据结构不同，可以构建索引，提高性能；HBase 只有行键索引，所有的方法都通过行进行扫描和访问，具有高性能性。
- 存储方式不同：关系型数据库基于行进行数据存储；HBase 基于列进行存储，每个列都有多个文件保存，不同列的文件是相互分离的。
- 数据类型不同：关系型数据库具有丰富的类型，如 int、char、data 等；HBase 使用的数据模型很简单，数据存储为字符串。
- 数据操作方式不同：关系型数据库操作更为丰富，可以多表之间连接，可以跨数据库索引等；HBase 避免了复杂的设计，只有简单的插入、查询、清理和删除等操作。

HBase 系统运行架构如图 5-5 所示。

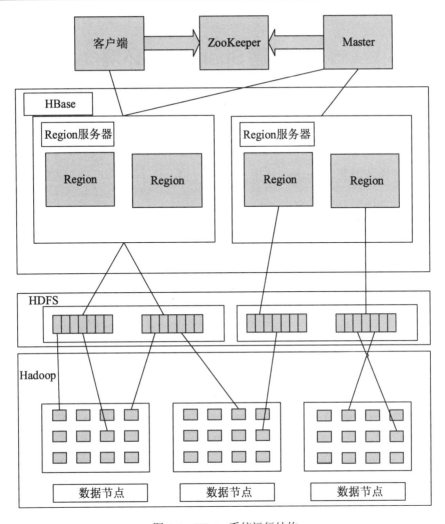

图 5-5 HBase 系统运行结构

在 HBase 中主要包含如下 4 个部分：

- 客户端：它包含 HBase 的访问接口，负责访问请求和缓存 Region 的位置信息。
- ZooKeeper 协同服务：负责选举 Master 集群总管节点，保证任何时刻都有 Master 节点，用于管理分布式计算，提供配置、域名、同步、集群组分布等管理工作。
- Master 节点：主要负责 BigTable 和 Region，管理用户的数据库操作，包括增加、删除、查询、修改等。它负责 Region 之间的负载均衡、容灾备份、迁移服务等。
- Region 服务节点：HBase 的核心模块，负责分配服务，响应用户的读写操作。

HBase 是开源的 BigTable 实现，它支持海量数据和分布式并发，具有高效率、高伸缩性、成本较低等优势，是大数据系统广泛使用的分布式数据库。

5.5　搭建 Spark 运行环境

在分布式机器学习中，我们已经了解了分布式的概念，其存储采用 Spark 进行数据处理，包括清洗、归一化、同步、结合等。本节就来搭建 Spark 的运行环境，为后续的开发做准备。

整个开发环境依旧在 Windows 环境下，部署在 Linux 环境下。下面主要是开发阶段的搭建步骤。

1．安装Java运行环境的JDK

进入下载页面，下载 JDK 安装文件，具体地址如下：

https://www.oracle.com/technetwork/java/javase/downloads/jdk8-downloads-2133151.html

选择 Windows 的相关版本进行下载，如图 5-6 所示。

See also:

- Java Developer Newsletter: From your Oracle account, select **Subscriptions**, expand **Technology**, and subscribe to **Java**.

- Java Developer Day hands-on workshops (free) and other events

- Java Magazine

JDK 8u211 checksum
JDK 8u212 checksum

Java SE Development Kit 8u211

You must accept the Oracle Technology Network License Agreement for Oracle Java SE to download this software.

○ Accept License Agreement　　● Decline License Agreement

Product / File Description	File Size	Download
Linux ARM 32 Hard Float ABI	72.86 MB	⬇jdk-8u211-linux-arm32-vfp-hflt.tar.gz
Linux ARM 64 Hard Float ABI	69.76 MB	⬇jdk-8u211-linux-arm64-vfp-hflt.tar.gz
Linux x86	174.11 MB	⬇jdk-8u211-linux-i586.rpm
Linux x86	188.92 MB	⬇jdk-8u211-linux-i586.tar.gz
Linux x64	171.13 MB	⬇jdk-8u211-linux-x64.rpm
Linux x64	185.96 MB	⬇jdk-8u211-linux-x64.tar.gz
Mac OS X x64	252.23 MB	⬇jdk-8u211-macosx-x64.dmg
Solaris SPARC 64-bit (SVR4 package)	132.98 MB	⬇jdk-8u211-solaris-sparcv9.tar.Z
Solaris SPARC 64-bit	94.18 MB	⬇jdk-8u211-solaris-sparcv9.tar.gz
Solaris x64 (SVR4 package)	133.57 MB	⬇jdk-8u211-solaris-x64.tar.Z
Solaris x64	91.93 MB	⬇jdk-8u211-solaris-x64.tar.gz
Windows x86	202.62 MB	⬇jdk-8u211-windows-i586.exe
Windows x64	215.29 MB	⬇jdk-8u211-windows-x64.exe

图 5-6　JDK 相关版本的下载

2．安装JDK

下载完文件，启动安装程序，根据条件提示将 Java 安装到指定的目录下。

3．设置Java的环境变量

（1）右击桌面上的计算机图标，选择"属性"|"高级"命令，弹出"系统属性"对话框，在这里可以选择设置环境变量，如图 5-7 所示。

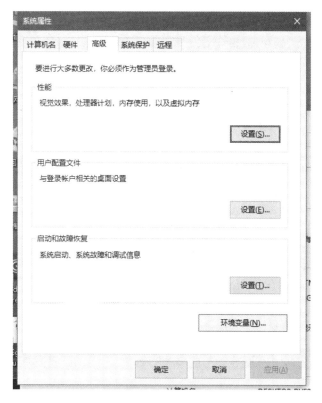

图 5-7　环境变量入口

（2）添加 JAVA_HOME，指向 JDK 的安装目录，如图 5-8 所示。

图 5-8　添加 JAVA_HOME 环境变量

（3）在 Path 下，设置 Java 启动的目录位置，包括 bin 和 javapath，如图 5-9 所示。

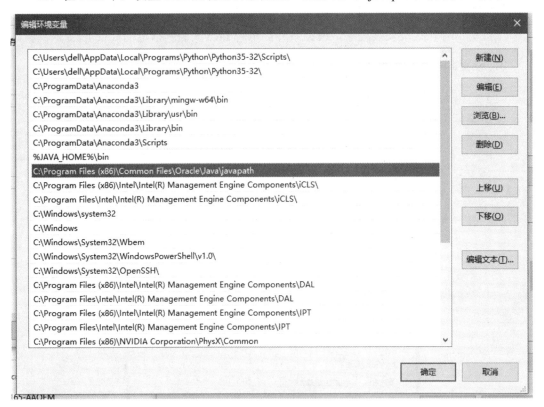

图 5-9　JDK 设置 Path 环境变量

（4）设置 CLASSPATH 的环境变量，指向 JDK 运行的.jar 文件，如图 5-10 所示。

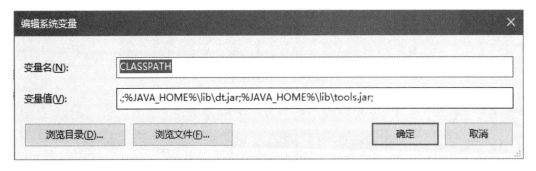

图 5-10　设置 CLASSPATH 环境变量

（5）设置完成以后，在 cmd 命令行环境下输入命令 java -version，屏幕输出安装的 JDK 版本，表示安装成功，如图 5-11 所示。

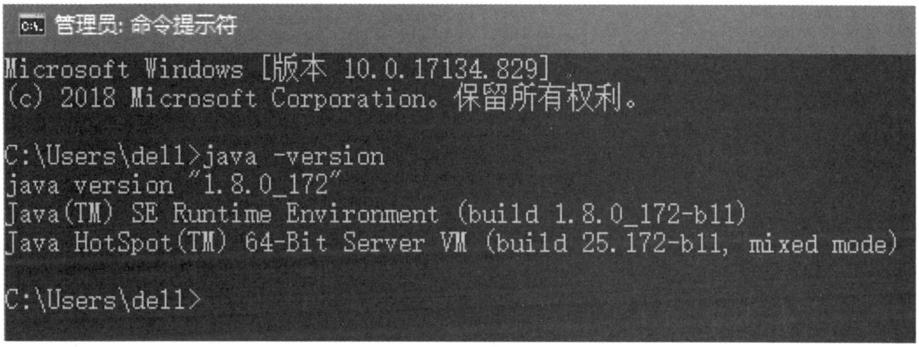
管理员: 命令提示符
Microsoft Windows [版本 10.0.17134.829]
(c) 2018 Microsoft Corporation。保留所有权利。
C:\Users\dell>java -version
java version "1.8.0_172"
Java(TM) SE Runtime Environment (build 1.8.0_172-b11)
Java HotSpot(TM) 64-Bit Server VM (build 25.172-b11, mixed mode)
C:\Users\dell>

图 5-11　安装 JDK 版本检测

4．安装Scala

在 Spark 中，需要大量使用 Scala 语言作为脚本语言，进行逻辑和功能编写，因此我们需要安装相关的运行库。我们将使用 Scala 2.11 版本，下载地址为 https://www.scala-lang.org/download/2.11.11.html

（1）选择 Scala 2.11 版本，选择 msi 安装文件，如图 5-12 所示。

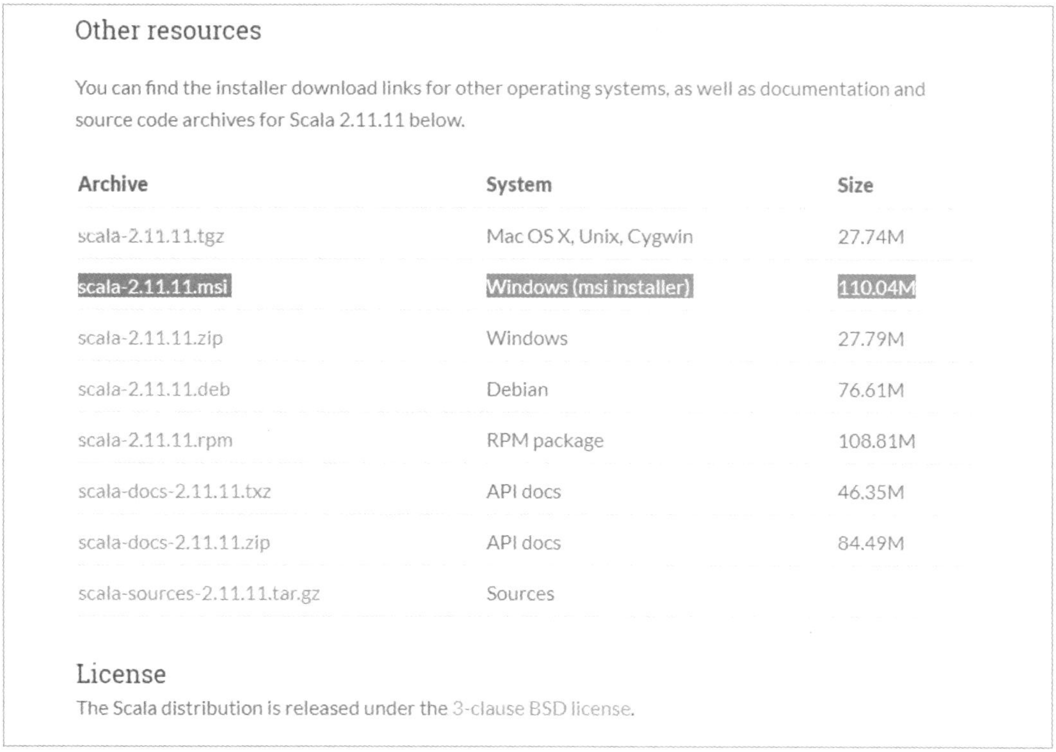
Other resources
You can find the installer download links for other operating systems, as well as documentation and source code archives for Scala 2.11.11 below.
Archive
System
Size
scala-2.11.11.tgz
Mac OS X, Unix, Cygwin
27.74M
scala-2.11.11.msi
Windows (msi installer)
110.04M
scala-2.11.11.zip
Windows
27.79M
scala-2.11.11.deb
Debian
76.61M
scala-2.11.11.rpm
RPM package
108.81M
scala-docs-2.11.11.txz
API docs
46.35M
scala-docs-2.11.11.zip
API docs
84.49M
scala-sources-2.11.11.tar.gz
Sources
License
The Scala distribution is released under the 3-clause BSD license.

图 5-12　下载 Scala

（2）运行 Scala 安装文件，指定安装位置，如图 5-13 所示。

图 2-13　安装 Scala 文件

（3）设置环境变量，主要包含两个部分。

（4）设置 SCALA_HOME，如图 5-14 所示。

图 5-14　设置 SCALA_HOME

（5）设置 Path 环境，指定 Scala 的运
行目录，如图 5-15 所示。

（6）在 cmd 命令行环境下输入命令
scala -version，屏幕输出 Scala 的版本，表
示安装成功，如图 5-16 所示。

图 5-15　Scala 运行环境

图 5-16　Scala 版本输出测试

5．安装IntelliJ IDEA与Maven

对于 Spark 的开发，我们将使用 IntelliJ IDEA 来作为编程环境，需要安装和配置。

（1）先登录官方网站，下载 IntelliJ 版本，可以下载商业付费的 Ultimate 版本，也可以下载 Community 免费版本。下载地址为 https://www.jetbrains.com/idea/download/，如图 5-17 所示。

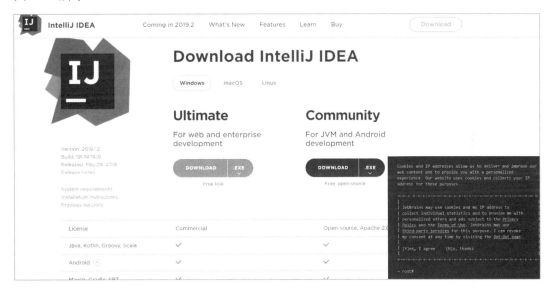

图 5-17　下载 IntelliJ IDEA

（2）下载完成以后，在指定目录下安装 IDEA，如图 5-18 所示。

（3）启动 IntelliJ IDEA，选用导入默认的选项和免费版，然后选择喜欢的版本风格，如图 5-19 所示。

（4）启动以后，单击右下角的 Configure 按钮进行插件的安装，如图 5-20 所示。

（5）选择安装 Scala 插件，如图 5-21 所示。

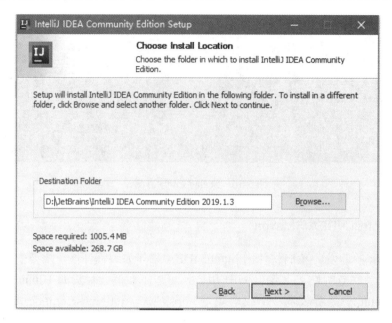

图 5-18   安装 IntelliJ IDEA

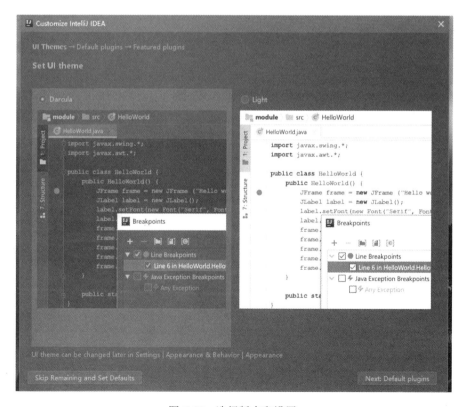

图 5-19   选择版本和设置

图 5-20　安装插件

图 5-21　安装 Scala 插件

（6）回到开始界面，单击 Configure 按钮，为默认的 Project 配置 JDK，如图 5-22 所示。

图 5-22　配置默认的 JDK 选项

（7）选择本机已经安装好的 JDK 1.8，完成配置，如图 5-23 所示。

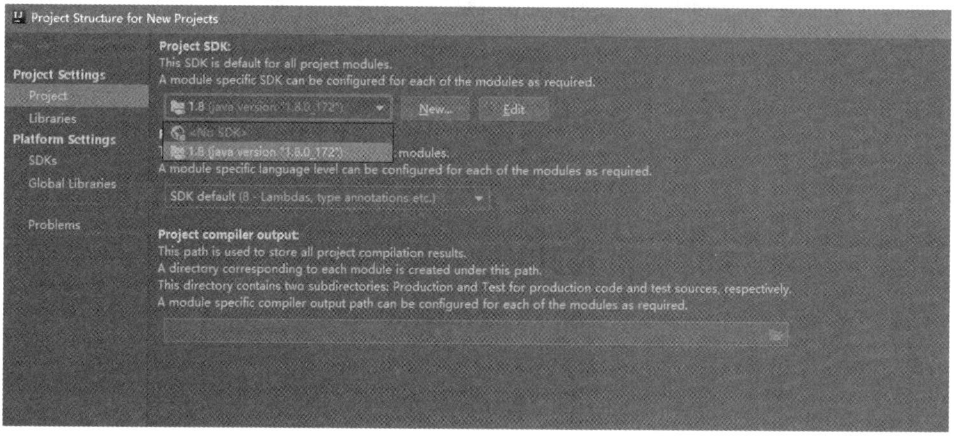

图 5-23　完成 JDK 配置

（8）选择 Global Libraries 配置 Scala，如图 5-24 所示。

图 5-24 配置 Scala

（9）回到开始界面，单击 Creat New Project，创建新的测试工程，选择 Maven 构建 Scala
开发 Spark 的环境，如图 5-25 所示。

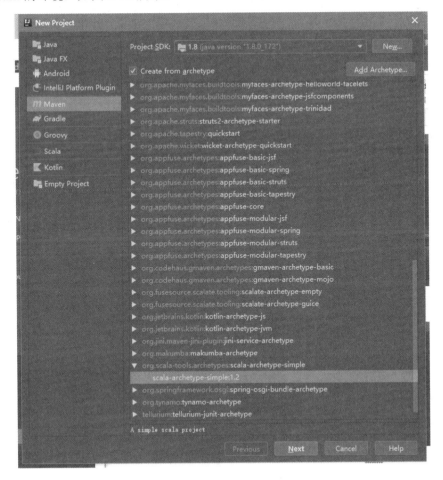

图 5-25 选择 Scala 版本

（10）配置 Maven 的 GroupId、ArtifactId 等版本创建，如图 5-26 所示。

图 5-26　配置 Maven 版本号

（11）继续配置工程地址，如图 5-27 所示。

图 5-27　配置工程地址

（12）进入工程后，系统会下载相关的关联库文件完成工程创建，如图 5-28 所示。

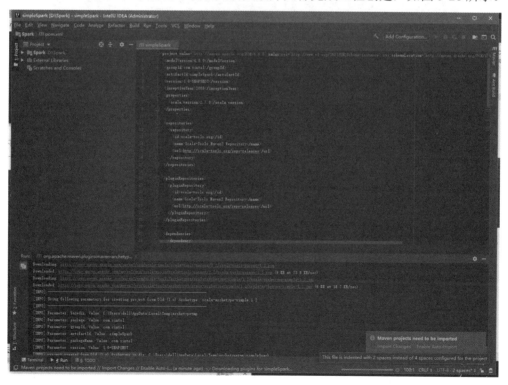

图 5-28　完成工程创建

（13）右击左边的工程目录，选择 Add Frameworks Support，配置 Scala，如图 5-29 所示。

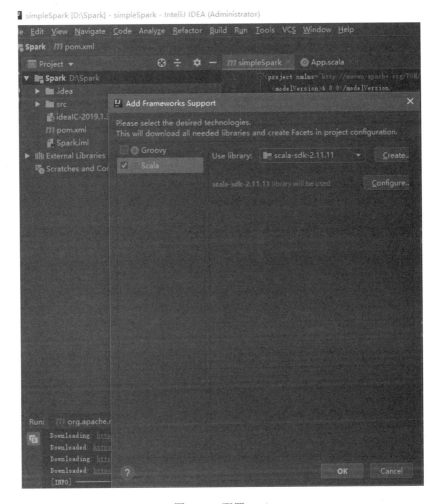

图 5-29　配置 Scala

6．为工程配置Spark

我们通过 Maven 来进行 Spark 的配置，选用 Spark 2.11 的 Maven 库，网址为 http://
mvnrepository.com/artifact/org.apache.spark/spark-core_2.11/2.4.3。

修改工程中的 pom.xml 文件，具体代码如下：

```
<project xmlns=http://maven.apache.org/POM/4.0.0
 xmlns:xsi="http://www.w3.org/2001/XMLSchema-instance" xsi:schemaLocation=
"http://maven.apache.org/POM/4.0.0 http://maven.apache.org/maven-v4_0_0.xsd">
  <modelVersion>4.0.0</modelVersion>
  <groupId>cn.sintol</groupId>
  <artifactId>simpleSpark</artifactId>
```

```xml
    <packaging>jar</packaging>
    <version>1.0-SNAPSHOT</version>
    <properties>
      <spark.version>2.4.3</spark.version>
    </properties>

    <repositories>
      <repository>
        <id>nexus-aliyun</id>
        <name>Nexus aliyun</name>
        <url>http://maven.aliyun.com/nexus/content/groups/public</url>
      </repository>
    </repositories>

    <dependencies>
      <!-- https://mvnrepository.com/artifact/org.apache.spark/spark-core_
2.10 -->
      <dependency>
        <groupId>org.apache.spark</groupId>
        <artifactId>spark-core_2.11</artifactId>
        <version>${spark.version}</version>
      </dependency>
    </dependencies>

    <build>
      <plugins>
        <plugin>
          <artifactId>maven-assembly-plugin</artifactId>
          <version>2.2</version>
          <configuration>
            <classifier>dist</classifier>
            <appendAssemblyId>true</appendAssemblyId>
            <descriptorRefs>
              <descriptor>jar-with-dependencies</descriptor>
            </descriptorRefs>
          </configuration>
          <executions>
            <execution>
              <id>make-assembly</id>
              <phase>package</phase>
              <goals>
                <goal>single</goal>
              </goals>
            </execution>
          </executions>
        </plugin>
      </plugins>
    </build>
</project>
```

工程将自动进行配置，如图 5-30 所示。

图 5-30　通过 Maven 配置 Spark

7. 编写测试程序

右击工程中 src 下的目录，新建一个 Scala Class，如图 5-31 所示。

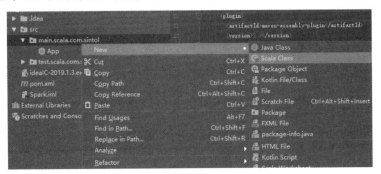

图 5-31　新建 scala 文件

在文件中编写测试程序，代码如下：

```
package src.main.scala.com.sintol
```

```
import org.apache.spark.SparkContext
import org.apache.spark.SparkConf

object simpleTest {
  def main(args: Array[String]) {
    val inputFile = "D:\\Spark\\Sintol.txt"
    val conf = new SparkConf().setAppName("WordCount").setMaster("local")
    val sc = new SparkContext(conf)
    val textFile = sc.textFile(inputFile)
val wordCount = textFile.flatMap(line => line.split(" ")).map(word => (word,
1)).reduceByKey((a, b) => a + b)
    wordCount.foreach(println)
  }
}
```

这是一段分词统计程序，通过空白字符进行分割。我们从网上下载一篇小说或者文章并命名为 sintol.txt，然后将其放到指定位置，右击代码文件，选择 Run simpleTest 命令，如图 5-32 所示。

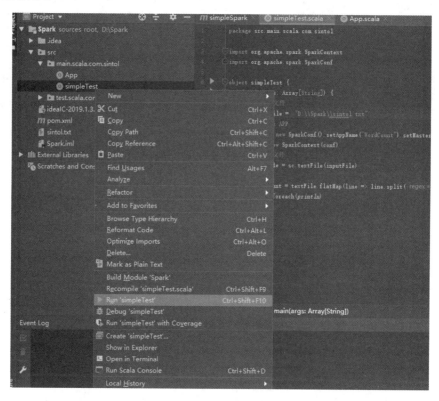

图 5-32　运行测试程序

在 Windows 上执行的时候，可能会遇到 Hadoop 指向查询不到的问题，这时候需要下载 Windows 下的运行库，网址为 https://github.com/srccodes/hadoop-common-2.2.0-bin。解压以后，设置 Path 环境变量指向运行目录，如图 5-33 所示。

图 5-33　设置 Windows 下 Hadoop 运行环境变量

完成以后运行程序，将下载的小说分词进行输出，如图 5-34 所示。

图 5-34　Spark 测试运行结果

8．安装Pyspark

在本机需要下载 Spark 的本地服务程序，下载网址如下：

https://www.apache.org/dyn/closer.lua/spark/spark-2.4.3/spark-2.4.3-bin-hadoop2.7.tgz
下载完成以后解压，并且配置 Spark 的环境变量，如图 5-35 和图 5-36 所示。

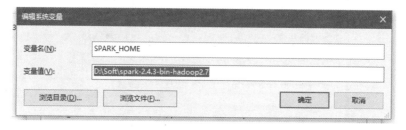

图 5-35　配置 Spark 根目录地址

图 5-36　配置 Spark 的 Path 环境变量

完成以后，打开 cmd 命令环境，输入 pyspark，运行结果如图 5-37 所示。

图 5-37　运行 pyspark 命令

这样整个系统环境就搭建完成了，在后续的开发中就可以使用了。

5.6　Spark、Hadoop 与 TensorFlow 结合

Spark 和 Hadoop 将会为我们处理大规模的分布式数据，进行清洗、归并、转换、模型建立、数据同步等工作。基于大量的分布式数据，我们还需要结合 TensorFlow 实现机器学习的算法模型，进行针对性的应用开发，本节就来尝试做这些工作。

5.6.1　分布式的图像数据处理和识别平台

在 3.6 节中，我们使用了 MNIST 数据集进行单机上的 TensorFlow 图像识别处理，本节我们将结合 Spark 和 TensorFlow，在集群上针对 MNIST 数据集进行图像处理，具体步骤如下：

1. 安装TensorFlowOnSpark

打开 cmd 命令行环境，输入 activate tensorflow，进入 TensorFlow 环境，通过 pip 安装 TensorFlowOnSpark。输入命令 pip3 install tensorflowonspark 进行安装，如图 5-38 所示。

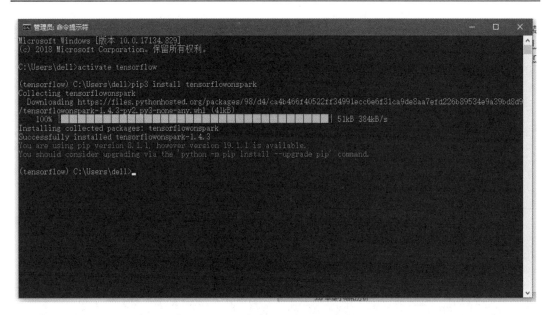

图 5-38　安装 TensorFlowOnSpark

完成安装后下载测试工程，使用 Git 下载，具体网址如下：

https://github.com/SintolRTOS/TensorFlow_Spark_Example.git

下载完成以后，可以查看整个工程，如图 5-39 所示。

.git	2019/6/24 18:17	文件夹	
docs	2019/6/24 18:09	文件夹	
examples	2019/6/24 18:09	文件夹	
lib	2019/6/24 18:09	文件夹	
minist	2019/6/24 18:17	文件夹	
scripts	2019/6/24 18:09	文件夹	
src	2019/6/24 18:09	文件夹	
tensorflowonspark	2019/6/24 18:09	文件夹	
test	2019/6/24 18:09	文件夹	
.gitignore	2019/6/24 16:28	文本文档	1 KB
.travis.settings.xml	2019/6/24 16:28	XML 文档	1 KB
.travis.yml	2019/6/24 16:28	YML 文件	3 KB
Code-of-Conduct.md	2019/6/24 16:28	MD 文件	8 KB
Contributing.md	2019/6/24 16:28	MD 文件	2 KB
LICENSE	2019/6/24 16:28	文件	10 KB
pom.xml	2019/6/24 16:28	XML 文档	8 KB
README.md	2019/6/24 16:28	MD 文件	5 KB
requirements.txt	2019/6/24 16:28	文本文档	1 KB
setup.cfg	2019/6/24 16:28	CFG 文件	1 KB
setup.py	2019/6/24 16:28	Python File	1 KB

图 5-39　TensorFlowOnSpark 工程

2. 启动Spark集群

在 Windows 上需要手动启动集群，我们打开在 5.5 节中安装好的 spark-shell 进行启动。在 cmd 命令环境下，输入命令 spark-shell，将启动本地的 spark master，运行结果如图 5-40 所示。

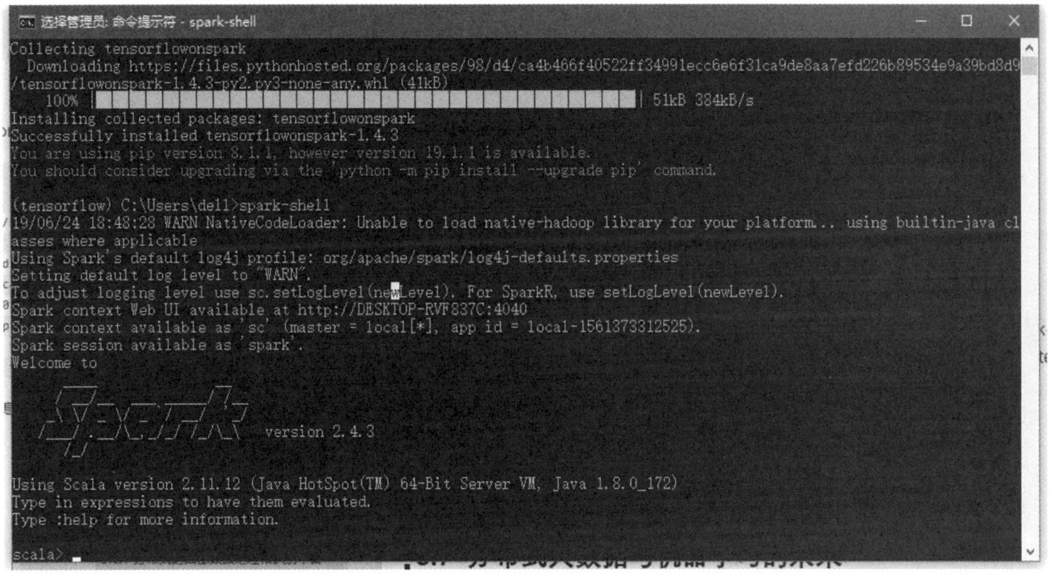

图 5-40　启动 Spark 集群

这个时候我们可以看到有一个 web-ui 的链接，复制这个链接并在浏览器中打开，进入可视化的界面，在其中可以查看集群工作情况，如图 5-41 所示。

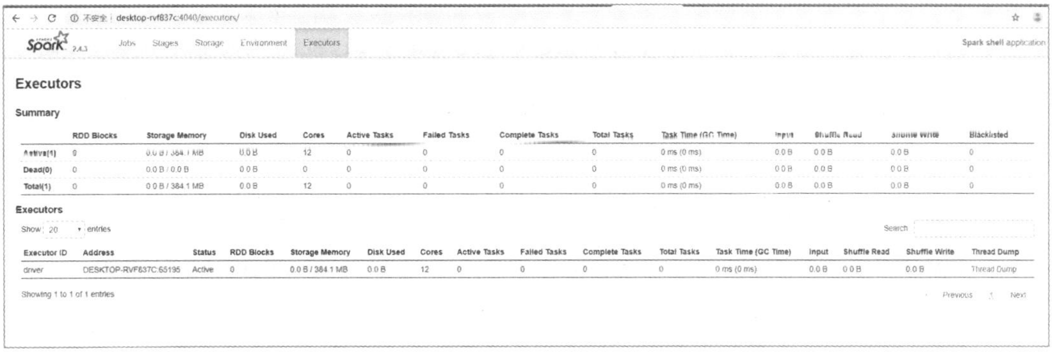

图 5-41　启动 Spark 可视化界面

3. 启动Pyspark

新打开一个 cmd 命令行环境，输入命令 pyspark，将启动 Spark 的 Python 工作环境，输入以下命令测试 TesnsorFlow 和 TesnorFlowOnSpark 的环境配置：

```
>>> import TensorFlow as tf
>>> from TensorFlowonspark import TFCluster
>>> exit()
```

运行结果如图 5-42 所示。

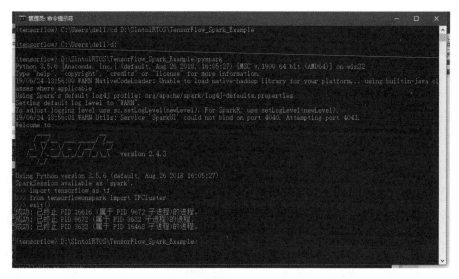

图 5-42　测试 TensorFlowOnSpark 运行环境

4．提交工作任务

我们将测试转换文件。新启动 cmd 命令行，跳转到 TensorFlow_Spark_Example 工程，通过 spark-submit 提交工作命令到集群中。Master 的地址可以通过可视化界面查询，具体命令如下：

```
spark-submit --master spark://DESKTOP-RVF837C:64187 ./examples/mnist/
mnist_data_setup.py
 --output ./examples/mnist/csv --format csv
```

运行结果如图 5-43 所示。

图 5-43　提交工作任务

使用同样的方式，我们可以提交工程下的分布式 MNIST 识别的程序到集群上。分布式识别代码如下：

```
# Copyright 2017 Yahoo Inc.
# Licensed under the terms of the Apache 2.0 license.
# Please see LICENSE file in the project root for terms.

# 基于 TensorFlow MNIST 实例的网格分布式 MNIST

from __future__ import absolute_import
from __future__ import division
from __future__ import print_function


def print_log(worker_num, arg):
  print("{0}: {1}".format(worker_num, arg))

//设定像素 map
def map_fun(args, ctx):
  from datetime import datetime
  import math
  import numpy
  import TensorFlow as tf
  import time

  worker_num = ctx.worker_num
  job_name = ctx.job_name
  task_index = ctx.task_index

  # 参数列表
  IMAGE_PIXELS = 28
  hidden_units = 128

  # 获得 TensorFlow 参数服务器实例集群
  cluster, server = ctx.start_cluster_server(1, args.rdma)

  # 为 spark 数据馈送创建生成器
  tf_feed = ctx.get_data_feed(args.mode == 'train')

  def rdd_generator():
    while not tf_feed.should_stop():
      batch = tf_feed.next_batch(1)
      if len(batch) == 0:
        return
      row = batch[0]
      image = numpy.array(row[0]).astype(numpy.float32) / 255.0
      label = numpy.array(row[1]).astype(numpy.int64)
      yield (image, label)

  if job_name == "ps":
    server.join()
  elif job_name == "worker":
    # 默认情况下，将操作分配给本地工作者
    with tf.device(tf.train.replica_device_setter(
```

```
        worker_device="/job:worker/task:%d" % task_index,
        cluster=cluster)):

    # 输入数据集
    ds = tf.data.Dataset.from_generator(rdd_generator, (tf.float32, tf.
float32),
        (tf.TensorShape([IMAGE_PIXELS * IMAGE_PIXELS]),
        tf.TensorShape([10]))).batch(args.batch_size)
    iterator = ds.make_one_shot_iterator()
    x, y_ = iterator.get_next()

    # 隐藏层的变量
    hid_w = tf.Variable(tf.truncated_normal([IMAGE_PIXELS * IMAGE_PIXELS,
hidden_units],
                    stddev=1.0 / IMAGE_PIXELS), name="hid_w")
    hid_b = tf.Variable(tf.zeros([hidden_units]), name="hid_b")
    tf.summary.histogram("hidden_weights", hid_w)

    # softmax 层的变量
    sm_w = tf.Variable(tf.truncated_normal([hidden_units, 10],
                    stddev=1.0 / math.sqrt(hidden_units)), name="sm_w")
    sm_b = tf.Variable(tf.zeros([10]), name="sm_b")
    tf.summary.histogram("softmax_weights", sm_w)

    x_img = tf.reshape(x, [-1, IMAGE_PIXELS, IMAGE_PIXELS, 1])
    tf.summary.image("x_img", x_img)

    hid_lin = tf.nn.xw_plus_b(x, hid_w, hid_b)
    hid = tf.nn.relu(hid_lin)

    y = tf.nn.softmax(tf.nn.xw_plus_b(hid, sm_w, sm_b))

    global_step = tf.train.get_or_create_global_step()

    loss = -tf.reduce_sum(y_ * tf.log(tf.clip_by_value(y, 1e-10, 1.0)))
    tf.summary.scalar("loss", loss)
    train_op = tf.train.AdagradOptimizer(0.01).minimize(
        loss, global_step=global_step)

    #测试训练模型
    label = tf.argmax(y_, 1, name="label")
    prediction = tf.argmax(y, 1, name="prediction")
    correct_prediction = tf.equal(prediction, label)
    accuracy = tf.reduce_mean(tf.cast(correct_prediction, tf.float32),
name="accuracy")
    tf.summary.scalar("acc", accuracy)

    saver = tf.train.Saver()
    summary_op = tf.summary.merge_all()
    init_op = tf.global_variables_initializer()

    # 创建一个“监督者”，监督训练过程并将模型状态存储到 HDFS 中
    logdir = ctx.absolute_path(args.model)
    print("TensorFlow model path: {0}".format(logdir))
```

```
summary_writer = tf.summary.FileWriter("tensorboard_%d" % worker_num,
 graph=tf.get_default_graph())

hooks = [tf.train.StopAtStepHook(last_step=args.steps)] if args.mode ==
"train" else []
 with tf.train.MonitoredTrainingSession(master=server.target,
                                        is_chief=(task_index == 0),
                                        scaffold=tf.train.Scaffold(init_op=
                                        init_op,
                                        summary_op=summary_op, saver=saver),
                                        checkpoint_dir=logdir,
                                        hooks=hooks) as sess:
    print("{} session ready".format(datetime.now().isoformat()))

    # 循环，直到会话关闭或提示没有更多数据
    step = 0
    while not sess.should_stop() and not tf_feed.should_stop():
        # 异步运行训练步骤
        # See 'tf.train.SyncReplicasOptimizer'的详细信息
        #执行*同步*培训
        if args.mode == "train":
         _, summary, step = sess.run([train_op, summary_op, global_step])
          if (step % 100 == 0) and (not sess.should_stop()):
            print("{} step: {} accuracy: {}".format(datetime.now().isoformat(),
step,
                    sess.run(accuracy)))
            if task_index == 0:
              summary_writer.add_summary(summary, step)
        else: # args.mode == "inference"
          labels, preds, acc = sess.run([label, prediction, accuracy])
          results = ["{} Label: {}, Prediction: {}".format(datetime.now().
isoformat(), l, p) for l,
                    p in zip(labels, preds)]
          tf_feed.batch_results(results)
          print("acc: {}".format(acc))

    print("{} stopping MonitoredTrainingSession".format(datetime.now().
isoformat()))

  if sess.should_stop() or step >= args.steps:
    tf_feed.terminate()


  # 解决方案为https://github.com/TensorFlow/TensorFlow/issues/21745
  # 等待其他节点完成（通过done文件）
  done_dir = "{}/{}/done".format(ctx.absolute_path(args.model), args.mode)
  print("Writing done file to: {}".format(done_dir))
  tf.gfile.MakeDirs(done_dir)
  with tf.gfile.GFile("{}/{}".format(done_dir, ctx.task_index), 'w') as
done_file:
    done_file.write("done")

  for i in range(60):
    if len(tf.gfile.ListDirectory(done_dir)) < len(ctx.cluster_spec['worker']):
      print("{} Waiting for other nodes {}".format(datetime.now().
```

```
isoformat(), i))
      time.sleep(1)
   else:
      print("{} All nodes done".format(datetime.now().isoformat()))
      break
```

使用 spark-submit 提交代码，并且进行分布式的模型训练，具体命令如下：

```
${SPARK_HOME}/bin/spark-submit \
--master ${MASTER} \
--py-files ${TFoS_HOME}/examples/mnist/spark/mnist_dist.py \
--conf spark.cores.max=${TOTAL_CORES} \
--conf spark.task.cpus=${CORES_PER_WORKER} \
--conf spark.executorEnv.JAVA_HOME="$JAVA_HOME" \
${TFoS_HOME}/examples/mnist/spark/mnist_spark.py \
--cluster_size ${SPARK_WORKER_INSTANCES} \
--images examples/mnist/csv/test/images \
--labels examples/mnist/csv/test/labels \
--mode inference \
--format csv \
--model mnist_model \
--output predictions
```

运行的预测结果如下：

```
2019-06-10T23:29:17.009563 Label: 7, Prediction: 7
2019-06-10T23:29:17.009677 Label: 2, Prediction: 2
2019-06-10T23:29:17.009721 Label: 1, Prediction: 1
2019-06-10T23:29:17.009761 Label: 0, Prediction: 0
2019-06-10T23:29:17.009799 Label: 4, Prediction: 4
2019-06-10T23:29:17.009838 Label: 1, Prediction: 1
2019-06-10T23:29:17.009876 Label: 4, Prediction: 4
2019-06-10T23:29:17.009914 Label: 9, Prediction: 9
2019-06-10T23:29:17.009951 Label: 5, Prediction: 6
2019-06-10T23:29:17.009989 Label: 9, Prediction: 9
2019-06-10T23:29:17.010026 Label: 0, Prediction: 0
```

5.6.2　分布式机器学习与分布式数据平台

当模型训练完成以后，大量的训练模型、数据、图片可以采用 HDFS 来进行分布式存储。由于篇幅原因，这里就不展开讲述了，读者可以自行研究一下如何使用 HDSF 加入上面的训练工程，实现图片、数据、模型三位一体的分布式同步和应用。

5.7　分布式大数据与机器学习的未来

分布式机器学习是随着大数据和机器学习的发展而兴起的。在大数据的大量应用前，研究者致力于研究提高机器学习效率的方法，主要使用多个处理器进行工作，这类似于一种"并行计算"的方式，通过任务的拆解-分配处理单元-归并的方式进行处理。

随着分布式和大数据的结合，将数据包和中间结果分布处理，大量数据存储和中间信息的存储需要更大规模的存储、吞吐、容错能力。随着机器学习对数据规模的要求，大量的分布式服务器和数据获取服务也会形成不同的处理单元，如搜索引擎对不同的网页类别进行不同的索引和数据建模，数据量和时间的不确定都是未来分布式机器学习的重要解决目标。

在电商平台，如淘宝、亚马逊等，每日都有不同的商品推荐，针对大规模的用户行为，整个系统平台的智能化需要能够模拟用户、分析用户、分析商品、匹配标签，从而形成一个大规模的群体智能系统，才能形成整体的智能推荐。如果是单一的机器学习，那么可能陷入局部的最优解问题。

大数据记录着互联网数十亿用户的信息，它的数据规模每日都在不停地增加，机器学习用于解决社会化、群体性的智能问题，一方面需要支持高速、大规模的数据处理，另一方面也需要解决模型的拆分和集合问题。

分布式机器学习系统可以从大数据中总结规律，归纳整个人类的知识库，如 Google 通过分布式机器学习建立语义学习系统，通过分布式的方式从上千亿条的文本和大规模的用户数据中进行机器学习，归纳汉语语义，形成相关性的训练模型。分布式机器学习系统可以在 1ms 之内就解析语句和理解歧义，将广告系统、搜索引擎及推荐系统的理解能力极大提升。

分布式机器学习将成为未来人类知识归纳、群体性问题和大规模智能的重要利器！

5.8　本章小结

本章介绍了大数据的基本框架，并且结合机器学习应用进行介绍，读者需要灵活掌握相关内容。学习完本章后，请思考以下问题：

（1）大数据的定义是什么？在当今时代它发挥着哪些作用？

（2）大数据常用的框架有哪些？它们分别有哪些组件？它们运作原理是什么？

（3）大数据和机器学习有什么关系？它们之间如何进行协作工作？

（4）Hadoop 和 Spark 的框架有哪些相同点和不同点？

（5）Spark 的搭建流程和应用开发方式分别是什么？

（6）如何使用 Spark 来运行多个机器学习任务，并且将它们的模型结合到一起？

（7）大数据分布式引擎和分布式智能核心的区别是什么？在未来，分布式机器学习能够应用在哪些行业？改变哪些行业？

第 3 篇
多智能体分布式 AI 算法

在前面的篇章中，我们学习了分布式、机器学习、智能核心等相关知识。在实际的业务处理中，还需要运用不同情况、不同环境的多智能体算法，才能真正形成群体智能。本篇将从多个方面讲解多智能体分布式 AI 的相关算法。

本篇内容包括：

▶▶ 第 6 章　机器学习算法与分布式改进

▶▶ 第 7 章　生成网络和强化学习

▶▶ 第 8 章　对抗和群体智能博弈

第6章　机器学习算法与分布式改进

监督学习是机器学习中常用的算法分类，在分布式系统下，如何应用和改造监督学习算法是本章重点探讨的问题。读者可以在本章中详细了解机器学习的监督学习算法，并且完成它的分布式改造，使其适应更大规模、更为复杂的应用场景。

6.1　逻辑回归

Logistic Regression 又称为 LR 算法、逻辑回归算法或回归分析，是一种广义的线性回归模型。它用于解决分类问题，帮助计算机实现逻辑的识别和决策，常用于点击率预估 CTR、计算机广告 CA 和智能推荐系统中，是我们在智能领域常用的算法模型之一。本节就来讲解它的原理和应用方法。

逻辑回归是一种常用的分类模型，它会将大量的数据拟合到一个 logistic()函数中，从而使用这个函数模型对后续的事件发生概率进行预测。

逻辑回归属于分类算法 Classification 的一种，我们可以定义它的功能，具体如下：

（1）当我们接收到一个邮件时，可以通过以往的历史数据形成模型，判断这个邮件是否是垃圾邮件。

（2）在金融系统中，可以通过历史数据形成模型，从而预测一个具体的债务是否是一个风险债务。

（3）在医疗上，可以通过大量的历史病例 X 光片进行分析，从而判定一个新的 X 光片是否显示为某种病症。

在分类算法模型中，最简单的是普通线性回归模型，它采用了一个线性函数，具体如下：

$$y=w^\mathrm{T}x+b$$

式中：

w——线性方程的斜率；

b——偏移量；

x、y——输入与输出数据。

最终它会将数据拟合，形成分类的线性单位，如图 6-1 所示。线性模型的分类基于一条直线，在分类的非线性规则下，它具有一定的限制性。于是我们希望得到一个非线性的函数模型。我们可以基于线性模型进行变换，形成以下几种函数模型。

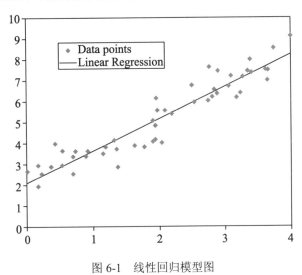

图 6-1　线性回归模型图

1. 对数线性回归（log-linear regression）

对左边的 y 取对数，形成了以下函数模型：

$$\ln y=w^{\mathrm{T}}x+b$$

这里 $\ln(y)$ 将 y 转换为对数值，它与右边的线性模型预测更加贴近，这种对数函数套在 y 函数外面的单调可微的函数叫作联系函数 link function，于是得出更加适合这类形式的一般函数模型：

$$y=g^{-1}(w^{\mathrm{T}}x+b)$$

2. 考虑二分类问题和函数的值域

我们考虑二分类的问题，将 y 的输出控制在 0 和 1 之间，它的输出标记如下：

$$y\in\{0,1\}$$

结合线性回归预测模型的输出，具体如下：

$$z=w^{\mathrm{T}}x+b$$

z 输出的值是一个连续域上的实值，如果要把 z 转换到 $\{0,1\}$ 的值域中，首先可以考虑单位阶跃函数 unit-step function 模型，具体如下：

$$y = \begin{cases} 0, z<0 \\ 0.5, z=0 \\ 1, z>0 \end{cases}$$

最终它的模型在整体图上会形成两个相互平行的直线和一个点，如图 6-2 所示。

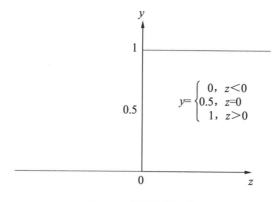

图 6-2　单位阶跃函数

单位阶跃函数将大于 0 的值分类到一个样例，将小于 0 的值分类到另一个样例，临界值作为单独判定，但是它的函数不连续，数学性质比较差，不能应用到广义的线性模型中，我们需要基于它再结合其他的函数模型进行处理。

3. 对数概率函数

为了让函数能够广义地作用于模型，我们需要寻找一个替代函数 surrogate function，近似地替代单位阶跃函数，这里我们选用 Sigmoid 函数。它的形状是一个 S 形曲线，在神经网络的激活函数中应用广泛，它将 z 值确定在接近 0 和 1 之间的值域，在 $z=0$ 的地方梯度较大，具体函数如下：

$$y = \frac{1}{1+\mathrm{e}^{-z}}$$

将线性函数模型带入 z 值可以得到一个模型，具体如下：

$$y = \frac{1}{1+\mathrm{e}^{-(w^{\mathrm{T}}x+b)}}$$

替代后的模型图像如图 6-3 所示。

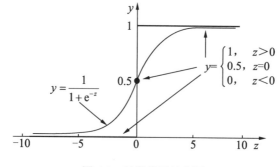

图 6-3　函数模型转化图

4．函数变换逻辑回归模型

接着我们需要结合对数模型和线性模型，将整个模型变化成为等号左边为对数函数，右边为广义的线性模型函数，具体变换如下：

$$y = \frac{1}{1 + e^{-(w^T x + b)}}$$

$$\frac{1}{y} = 1 + e^{-(w^T x + b)}$$

$$\frac{1-y}{y} = e^{-(w^T x + b)}$$

$$\ln \frac{1-y}{y} = -(w^T x + b)$$

$$-\ln \frac{1-y}{y} = w^T x + b$$

$$\ln (\frac{1-y}{y})^{-1} = w^T x + b$$

$$\ln \frac{y}{1-y} = w^T x + b$$

我们将 y 作为样本 x 为正例的可能性，那么 $1-y$ 就是反例的可能性，它们的比值称为概率 odds，具体如下：

$$\frac{y}{1-y}$$

我们处理这个概率，就取得它的对数概率，称为 logit，具体如下：

$$\ln \frac{y}{1-y}$$

5．逻辑回归模型的优点

从整体模型上来看，实际上就是使用线性回归模型的结果，逼近真实标记的对数概率，这个模型就称为对数概率回归。Logistic Regression 也就是我们的逻辑回归模型。

逻辑回归模型主要有以下优点：

- 模型对分类功能具有广泛性，可以直接针对分类进行建模，不需要先假设分布模型，避免分布假设的错误带来模型的不准确性。
- 可以同时输出预测类别和近似预测概率，预测数据对决策辅助更具有实用性。
- 对数概率函数任意阶可导，具有较好的数学性质，许多数值优化算法可以应用，获取最优解。

6. 训练模型

建立模型以后, 我们就可以通过大量的数据推导和训练, 获取模型中的参数 w 和截距 b, 它的推导训练方法如下:

得到模型情况:

$$\ln \frac{y}{1-y} = w^{\mathrm{T}}x + b$$

y 可以看作模型验证概率的估计, 具体如下:

$$p(y=1 \mid x)$$

根据这个式子, 可以将模型进行转换, 具体如下:

$$\ln \frac{p(y=1 \mid x)}{p(y=0 \mid x)} = w^{\mathrm{T}}x + b$$

在数据模型进入后, 算法根据正例和反例检验后的概率估计值进行推导和变换, 具体如下:

$$\ln \frac{p(y=1 \mid x)}{p(y=0 \mid x)} = w^{\mathrm{T}}x + b$$

$$\ln \frac{p(y=1 \mid x)}{1 - p(y=1 \mid x)} = w^{\mathrm{T}}x + b$$

$$\frac{p(y=1 \mid x)}{1 - p(y=1 \mid x)} = e^{w^{\mathrm{T}}x+b}$$

$$1 + \frac{p(y=1 \mid x)}{1 - p(y=1 \mid x)} = 1 + e^{w^{\mathrm{T}}x+b}$$

$$\frac{1 - p(y=1 \mid x) + p(y=1 \mid x)}{1 - p(y=1 \mid x)} = 1 + e^{w^{\mathrm{T}}x+b}$$

$$\frac{1}{1 - p(y=1 \mid x)} = 1 + e^{w^{\mathrm{T}}x+b}$$

$$1 - p(y=1 \mid x) = \frac{1}{1 + e^{w^{\mathrm{T}}x+b}}$$

$$p(y=0 \mid x) = \frac{1}{1 + e^{w^{\mathrm{T}}x+b}}$$

$$p(y=1 \mid x) = 1 - \frac{1}{1 + e^{w^{\mathrm{T}}x+b}}$$

$$p(y=1 \mid x) = \frac{e^{w^{\mathrm{T}}x+b}}{1 + e^{w^{\mathrm{T}}x+b}}$$

我们可以通过数据集, 使用极大似然法 (maximum likelihood method) 估算 w 和 b, 给定数据集, 具体如下:

$$\{(x_i, y_i)\}_{i=1}^{m}$$

概率回归模型极大似然的计算，具体如下：

$$\ell(w,b) = \sum_{i=1}^{m} \ln p(y_i \mid x_i; w, b)$$

使用数据进行标记，需要读者进行监督学习标记，每个样本属于它真实标记的概率如果越来越大，则说明训练的效果越好。我们可以申请两个值的变化：

$$\beta = (w; b)$$
$$\hat{x} = (x; 1)$$

可以将线性模型的式子进行变换，具体如下：

$$w^{\mathrm{T}} + b \rightarrow \beta^{\mathrm{T}} \hat{x}$$

对于概率函数，它的变换如下：

$$p_1(\hat{x}; \beta) = p(y = 1 \mid \hat{x}; \beta)$$
$$p_0(\hat{x}; \beta) = p(y = 0 \mid \hat{x}; \beta) = 1 - p(y = 1 \mid \hat{x}; \beta)$$
$$p(y_i \mid x_i; w, b) = y_i p_1(\hat{x}; \beta) + (1 - y_i) p_0(\hat{x}; \beta)$$

获得最大化对数似然函数转换，具体如下：

$$\ell(\beta) = \sum_{i=1}^{m} (-y_i \beta^{\mathrm{T}} \hat{x}_i + \ln(1 + e^{\beta^{\mathrm{T}} \hat{x}_i}))$$

这是一个关于 β 的高阶可导连续的凸函数，可以使用经典数值优化算法来进行求解最优解，如梯度下降法（gradient decent method）、牛顿法（Newton method），得到函数具体如下：

$$\beta^* = \arg\min_{\beta} \ell(\beta)$$

通过大量监督学习进行正反例子标签和概率的标记，就可以对逻辑回归模型完成训练。

7．代码实现

我们将使用 Sklearn 的 Python 库来支持，可以打开 cmd 环境，输入以下命令，进行库的安装：

```
activate tensorflow
pip3 install -U sklearn
```

安装情况如图 6-4 所示。

使用 Git 同步示例代码，网址如下：

https://github.com/SintolRTOS/LogisticRegression.git。

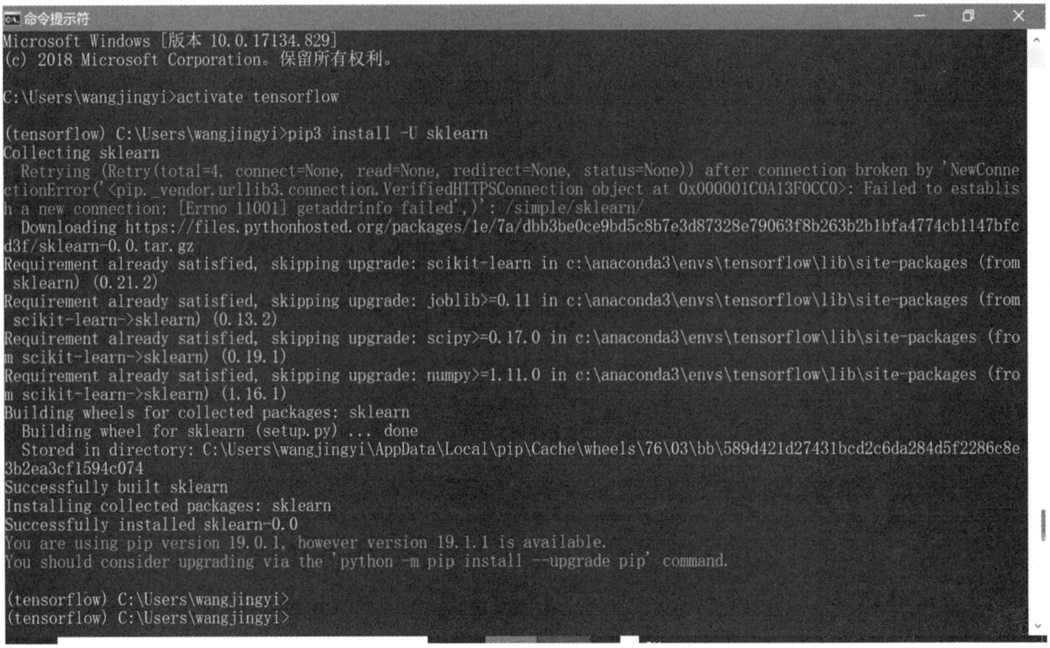

图 6-4 安装 Sklearn

具体代码如下：

```python
# -*- coding: utf-8 -*-
"""
Created on Wed Jul  3 16:56:09 2019

@author: wangjingyi
"""
from sklearn import datasets
from sklearn.model_selection import train_test_split
from sklearn.linear_model import LogisticRegression
from sklearn.metrics import f1_score as f1
from sklearn.metrics import recall_score as recall
from sklearn.metrics import confusion_matrix as cm


'''导入威斯康辛州乳腺癌数据'''
X,y = datasets.load_breast_cancer(return_X_y=True)

'''分割训练集与验证集'''
X_train,X_test,y_train,y_test = train_test_split(X,y,train_size=0.7,test_size=0.3)

'''初始化逻辑回归分类器，这里对类别不平衡问题做了处理'''
cl = LogisticRegression(class_weight='balanced')

'''利用训练数据进行逻辑回归分类器的训练'''
cl = cl.fit(X_train,y_train)
```

```
'''打印训练的模型在验证集上的准确率'''
print('逻辑回归的测试准确率: '+str(cl.score(X_test,y_test))+'\n')

'''打印 f1 得分'''
print('F1 得分: '+str(f1(y_test,cl.predict(X_test)))+'\n')

'''打印召回得分'''
print('召回得分(越接近 1 越好):'+str(recall(y_test,cl.predict(X_test)))+'\n')

'''打印混淆矩阵'''
print('混淆矩阵: '+'\n'+str(cm(y_test,cl.predict(X_test)))+'\n')
```

上面的代码使用乳腺癌数据作为样本,使用 sklearn.linear_model 中的 LogisticRegression
通过逻辑回归模型的分类器进行分类,并且打印训练完成后的验证准确度,在 Spyder 中
运行测试,运行结果如图 6-5 所示。

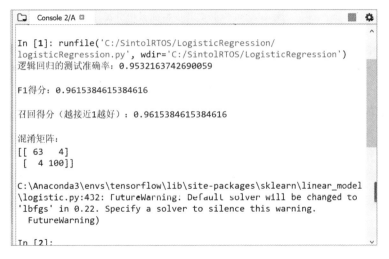

图 6-5　逻辑回归测试

这样就完成了逻辑回归算法的原理讲解和代码开发,读者可以再使用其他的数据集进
行测试,熟悉算法详细的运行情况。

6.2　支持向量机

支持向量机(Support Vector Machine,SVM)也是机器学习中非常常用的监督学习分
类算法之一。它是一个非常灵活、强大的机器学习模型,不仅能执行线性分类,也能支持
非线性模型分类。它可以支持回归和异常检测,是当今最流行的机器学习模型,适合用于
复杂的中小型数据集处理分类任务。

在线性分类上，对比传统的线性分类，支持向量机具有更高的实用性和准确性，我们通过一个样例来进行说明，如图 6-6 所示。

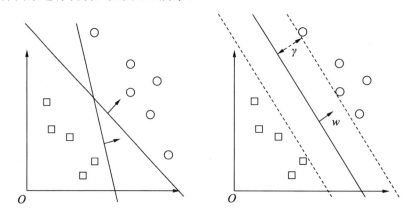

图 6-6　线性分类和支持向量机分类

在图 6-6 中，左侧图形显示为在一个数据集下，通过线性分类模型进行处理，我们可以得出两个分类模型，没有办法得到一个绝对准确的决策边界。SVM 模型可以生成更好的分割线，在更高的维度获得超平面。在右侧图中，SVM 通过向量转移，可以获得拟合一个尽可能宽的街道分类，称为最大间隔分类器。

这类通过决策边界的街道称为"支持"，实例的间距称为间隔（Margin），整体的实例称为支持向量机，具体如图 6-7 所示。

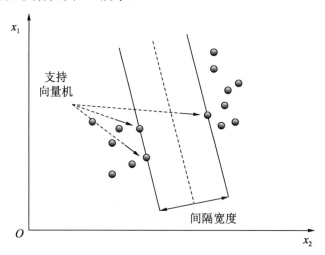

图 6-7　支持向量机线性分类模型

在线性不可分割的情况下，支持向量机可以通过选择的非线性映射（核函数），将输入变量映射到一个高维特征空间。支持向量机通过在 SVM 模型中进行数据分类，先和预先线性映射输入，然后进入高维特征空间映射对应的数据样本。

在高维属性中可以训练数据，实现超平面分割，避免原输入空间中的非线性曲面分割。

SVM 通过数据集训练形成分类函数，它具有以下性质：

- 它是一组线性组合，由多个支持向量为参数的非线性函数组成。
- 分类函数的表达式和支持向量的数量具有相关性。
- 独立于空间维度，特别是在高维度输入空间分类更为有效。

SVM 非线性分类的模型如图 6-8 所示。

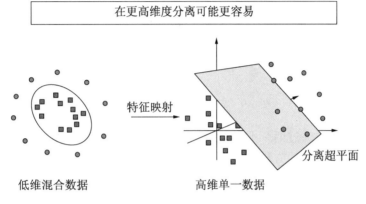

图 6-8　SVM 非线性分类

在非线性分类中，最为重要的是 Kernel 核函数的映射，它在特征空间中计算映射向量 x 和 y 点积的方法，可能有超高维度，核函数被称为广义点积（generalized dot product）。核函数的工作流程如下：

（1）假设有一个映射 $\phi:R^n \rightarrow R^m$，表示向量 R^n 和向量 R^m 相映射。

（2）x 和 y 计算内积空间，$\phi(x)^{\mathrm{T}}\phi(y)$。

（3）核对应点积 k 的函数，它的表达式如下：

$$k(x,y) = \phi(x)^{\mathrm{T}}\phi(y) \cdot k(x,y) = \phi(x)^{\mathrm{T}}\phi(y).$$

（4）核提供了特征空间计算点积的方法。

当 SVM 中需要多项式特征的时候，可以使用多项式核函数来进行处理，它的函数如下：

$$k(x,y) = (x^{\mathrm{T}}y + 1)^d$$

式中，d 就是多项式的度。

在 SVM 中，我们经常使用的一种核函数被称为高斯核函数、高斯 RBF 径向基函数，它的公式具体如下：

$$k(x,y) = \mathrm{e}^{-\gamma|x-y|^2}, \gamma > 0$$

例如圆形的核离散的数据集适合高斯核函数，如图 6-9 所示。

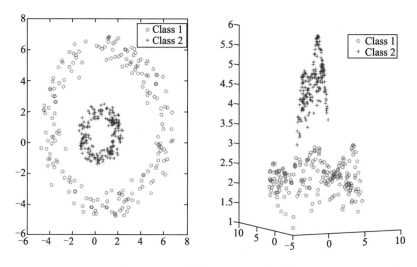

图 6-9　高斯核函数适用的数据集

圆形的数据集可以通过两个不同的圆圈和相关的噪声数据生成，用 X_1 和 X_2 表示二维平面的坐标，可以将圆圈的方程式写作二次曲线方程，具体如下：

$$a_1X_1 + a_2X_1^2 + a_3X_2 + a_4X_2^2 + a_5X_1X_2 + a_6 = 0$$

相对应，假如构造一个五维空间，它的坐标表示为 Z_i，可以得到如下方程式：

$$\sum_{i=1}^{5} a_iZ_i + a_6 = 0$$

上面的方程被称为 hyper plane 方程。我们可以设置一个映射，按照上面的规则映射，在新空间的数据将可以变成线性可分的，从而使用之前推导的线性分类算法处理，这就是 Kernel 核函数处理非线性问题的基本思想。

例如，我们将核函数映射到三维空间，通过平面进行分类，如图 6-10 所示。

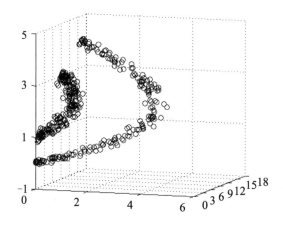

图 6-10　三维平面数据分割

作为通用的函数映射，对于非线性函数需要映射成为高维空间，实现线性分类。分类函数和映射后的空间函数如下：

$$f(x) = \sum_{i=1}^{n} a_i y_i \langle X_i, x \rangle + b$$

$$f(x) = \sum_{i=1}^{n} a_i y_i \langle \phi(X_i), \phi(x) \rangle + b$$

核函数的本质功能如下：

- 将样例特征映射到高维空间，相关特征分开，表达分类效果。
- 当线性不可分割时，映射到高维空间会产生维数灾难。因此，核函数可以先在低维计算，再将分类效果表现在高维，避免在高维空间的复杂计算。

SVM、Logistic、Decision Tree 等分类模型的对比效果如图 6-11 所示。

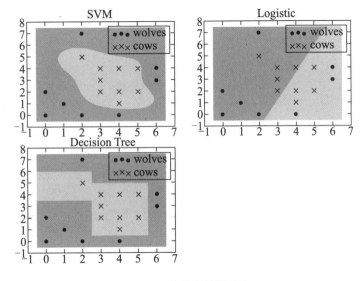

图 6-11　分类器效果对比

SVM 中还有一些其他常用的核函数，如表 6-1 所示。

表 6-1　SVM常用核函数

核函数名称	核函数表达式	核函数名称	核函数表达式
线性核	$\kappa(x,y) = x^{\mathrm{T}} y$	指数核	$\kappa(x,y) = \exp\left(-\dfrac{\|x-y\|}{2\sigma^2}\right)$
多项式核	$\kappa(x,y) = (ax^{\mathrm{T}} y + c)^d$	拉普拉斯核	$\kappa(x,y) = \exp\left(-\dfrac{\|x-y\|}{\sigma}\right)$
高斯核	$\kappa(x,y) = \exp\left(-\dfrac{\|x-y\|^2}{2\sigma^2}\right)$	Sigmoid核	$\kappa(x,y) = \tan h(ax^{\mathrm{T}} y + c)$

在 Python 中，我们也可以通过 Sklearn 来使用 SVM 分类器，工程下载地址如下：
https://github.com/SintolRTOS/SVM_Example.git。

其中，线性二分类的示例为 svm_linemodel.py，具体代码如下：

```
# -*- coding: utf-8 -*-
"""
Created on Thu Jul  4 19:00:17 2019

@author: wangjingyi
"""
from sklearn import svm
import numpy as np
import matplotlib.pyplot as plt

#准备训练样本
x=[[1,8],[3,20],[1,15],[3,35],[5,35],[4,40],[7,80],[6,49]]
y=[1,1,-1,-1,1,-1,-1,1]

##开始训练
clf=svm.SVC()                             ##默认参数: kernel='rbf'
clf.fit(x,y)

#print("预测...")
#res=clf.predict([[2,2]])                 ##两个方括号表面传入的参数是矩阵而不是 list

##根据训练出的模型绘制样本点
for i in x:
    res=clf.predict(np.array(i).reshape(1, -1))
    if res > 0:
        plt.scatter(i[0],i[1],c='r',marker='*')
    else :
        plt.scatter(i[0],i[1],c='g',marker='*')

##生成随机实验数据(15 行 2 列)
rdm_arr=np.random.randint(1, 15, size=(15,2))
##返回实验数据点
for i in rdm_arr:
    res=clf.predict(np.array(i).reshape(1, -1))
    if res > 0:
        plt.scatter(i[0],i[1],c='r',marker='.')
    else :
        plt.scatter(i[0],i[1],c='g',marker='.')
##显示绘图结果
plt.show()
```

运行结果通过两种颜色分成了两个部分，画图的是一部分，其他的是一部分，如图 6-12 所示。

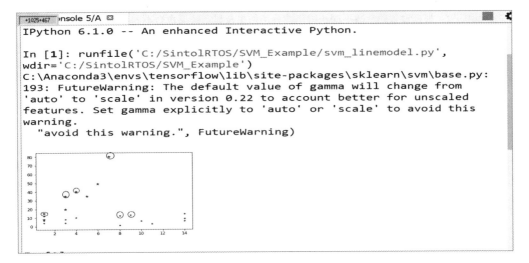

图 6-12　SVM 线性二分类

对多种核函数的对比，我们通过代码 svm_multikernel.py 实现，具体如下：

```python
# -*- coding: utf-8 -*-
"""
Created on Thu Jul  4 20:22:48 2019

@author: wangjingyi
"""

from sklearn import svm
import numpy as np
import matplotlib.pyplot as plt

##设置子图数量
fig, axes = plt.subplots(nrows=2, ncols=2,figsize=(7,7))
ax0, ax1, ax2, ax3 = axes.flatten()

#准备训练样本
x=[[1,8],[3,20],[1,15],[3,35],[5,35],[4,40],[7,80],[6,49]]
y=[1,1,-1,-1,1,-1,-1,1]
'''
```

说明 1：核函数（这里简单介绍了 Sklearn 中 SVM 的 4 个核函数，还有 precomputed 及自定义的）有如下 4 个：

LinearSVC，主要用于线性可分的情形。参数少，速度快，对一般数据的分类效果已经很理想。

RBF，主要用于线性不可分的情形。参数多，分类结果非常依赖于参数。

polynomial，多项式函数，degree 表示多项式的程度，支持非线性分类。

Sigmoid，在生物学中常见的 S 形的函数，也称为 S 形生长曲线。

　　　　说明 2：根据设置的参数不同，得出的分类结果及显示结果也会不同。

```
'''
##设置子图的标题
titles = ['LinearSVC (linear kernel)',
        'SVC with polynomial (degree 3) kernel',
        'SVC with RBF kernel',        ##这个是默认的
        'SVC with Sigmoid kernel']
##生成随机实验数据(15 行 2 列)
rdm_arr=np.random.randint(1, 15, size=(15,2))

def drawPoint(ax,clf,tn):
    ##绘制样本点
    for i in x:
        ax.set_title(titles[tn])
        res=clf.predict(np.array(i).reshape(1, -1))
        if res > 0:
            ax.scatter(i[0],i[1],c='r',marker='*')
        else :
            ax.scatter(i[0],i[1],c='g',marker='*')
     ##绘制实验点
    for i in rdm_arr:
        res=clf.predict(np.array(i).reshape(1, -1))
        if res > 0:
            ax.scatter(i[0],i[1],c='r',marker='.')
        else :
            ax.scatter(i[0],i[1],c='g',marker='.')

if __name__=="__main__":
    ##选择核函数
    for n in range(0,4):
        if n==0:
            clf = svm.SVC(kernel='linear').fit(x, y)
            drawPoint(ax0,clf,0)
        elif n==1:
            clf = svm.SVC(kernel='poly', degree=3).fit(x, y)
            drawPoint(ax1,clf,1)
        elif n==2:
            clf= svm.SVC(kernel='rbf').fit(x, y)
            drawPoint(ax2,clf,2)
        else :
            clf= svm.SVC(kernel='sigmoid').fit(x, y)
            drawPoint(ax3,clf,3)
    plt.show()
```

　　运行结果如图 6-13 所示。

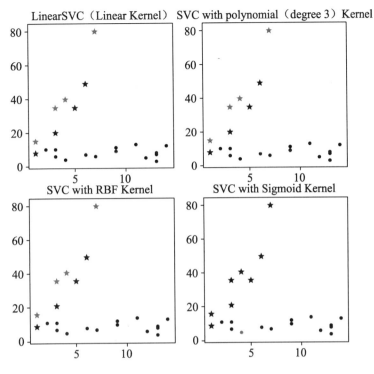

图 6-13 SVM 多种核函数分类效果对比

在 SVM 训练中还有如下两个重要的超参数。

• C 参数：决定 SVM 分类器边距的宽度。

• Y 参数：定义每个训练实例的影响能力。

读者可以自行调节这两个参数，熟悉 SVM 的原理和应用方法。

6.3　决　策　树

机器学习主要解决两大类问题：分类问题和回归问题。决策树主要解决分类的相关问题，也能解决部分回归问题，还可以用于集成学习。本节就来了解决策树的原理和实现方法。

决策树的优点如下：

• 易于实现和理解。

• 决策树可以快速处理大规模的数据集，具有良好的计算能力，可以并行处理多个计算任务。

• 决策树易于测试评估，可以通过静态测试模型可信度，易于推导相关逻辑表达式。

决策树的缺点如下：

• 连续性字段不易处理，需要数据分段。

- 对时间顺序的数据，需要先进行预处理工作。
- 对多类别工作，错误会快速增加。
- 分类算法常使用单字段分类。

决策树基本的工作流程可以分为以下几步：

（1）寻找数据划分特征，制定决策点。

（2）使用特征数据，将数据集划分成 n 个子数据集。

（3）数据集类型判定。如果不符合同数据集标准，继续划分，形成树状结构。

（4）将数据集分类形成指定的叶子粗粒度。

决策树产生分支的算法伪代码如下：

```
检测数据集，是否每个子项属于相同分类
if so return 类标签
else
寻找划分数据集的最好特征
划分数据集
创建分支节点
for 每个划分的子集
调用创建分支，并增加返回结果添加到分支节点中（递归调用）
return 分支节点
```

在决策树算法中，常用的算法包括信息熵（Entropy）、ID3 算法——信息增益（Information gain）、C4.5 算法、CART 算法——基尼指数等。

1. 信息熵

信息熵的意思是数据包含信息的概率，信息越确定，它的熵越低。在信息中，不确定性越高，熵越大，处理它的问题所需的信息量就越大。它是度量信息量的概念，表明了数据的有序和混乱程度。

我们可以按如下方法定义随机变量 X 的熵。

定义：

（1）假设随机变量 X 的取值可能为 $x_1, x_2, \cdots, x_n$。

（2）对于每个可能的取值 x_i，其概率为 $P(X=x_i) = p_i$（$i = 1,2, \cdots, n$）。

=>得出随机变量 X 的熵：

$$H(x) = \sum_{i=1}^{n} -p(x)\log_2 P(x)$$

对信息熵算法的公式，以上样本中的随机变量 X 是类别，假设样本分为 K 个类别，每个类别的概率为 $H(D)$，$|D_k|$ 表示某个样本类别 k 的个数，$|D|$ 是样本总数。对样本 D，它的条件熵计算公式如下：

$$H(D) = -\sum_{k=1}^{K} \frac{|D_k|}{|D|}\log_2 \frac{|D_k|}{|D|}$$

我们可以根据这个条件公式进行样本的划分。

2. ID3算法——信息增益

只使用熵仅能表达某个信息的确定性概率,但是无法再往下划分,我们需要使用算法衡量属性对熵的影响,这就是信息增益(Information gain)。

信息增益可以使用 Gain(D)进行表示,它指的是信息熵的有效减少量。信息增益越大,目标属性在参考属性中失去的信息熵越多。

我们可以按如下方法来定义。

定义:

(1)设置某特征,划分数据集,得到前后熵的差值。

(2)以确定的熵划分前样本集合 D-entropy(前),确定某特征 A,划分数据集 D,然后计算划分后的数据子集的熵-entropy(后),具体计算如下:

① 信息增益 = entroy(前)-entroy(后)

② $G(D,A) = H(D)-H(D/A)$

经过以上分析,可以按如下方法确定熵、联合变量的熵、条件熵的表达式。

(1)随机变量熵的表达式如下:

$$H(X)=-\sum_{i=1}^{n}p_i\log p_i$$

式中,n 表示 X 的离散取值;P_i 表示 X 取值为 i 的概率。

例如 X 取值可能有两种,当它们取值都是 1/2 时,X 熵最大,X 此时有最大不确定性,即 $H(X)=-(12\log12+12\log12)$。

(2)多个变量下,联合计算熵,如联合 X 和 Y,计算公式如下:

$$H(X,Y)=-\sum_{i=1}^{n}p(x_i,y_i)\log p(x_i,y_i)$$

(3)多条件下,条件熵类似一种条件概率,度量 X 知道 Y 以后的不确定性,表达式如下:

$$H(X|Y)=-\sum_{i=1}^{n}p(x_i,y_i)\log p(x_i|y_i)=\sum_{j=1}^{n}p(y_i)\log H(X|y_i)$$

可以用一张图来表示信息熵的分类情况,如图 6-14 所示。

图 6-14 中,左侧椭圆表示 $H(X)$,右侧椭圆表示 $H(Y)$,重合的部分 $I(X,Y)$表示信息增益,右侧去重复部分表示条件熵 $H(X|Y)$,两个椭圆合并就是 $H(X,Y)$。

我们可以通过一个例子来进行说明。有 15 个样本 D,输出 0 或 1,其中有 9 个输出 1,6 个输出 0。样本中有一个特征 A,它可以取值 A_1、A_2、A_3。在 A_1 的样本中,有 3 个输出 1,2 个输出 0。在 A_2 的样本中,2

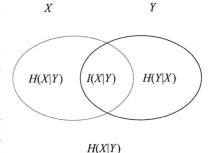

图 6-14　X 与 Y 相关的熵计算

个输出 1，3 个输出 3。在 A_3 的样本中，4 个输出 1，1 个输出 0。那么，我们的计算过程如下：

（1）样本 D 的熵：

$$H(D) = -\left(\frac{9}{15}\log_2\frac{9}{15} + \frac{6}{15}\log_2\frac{6}{15}\right) = 0.971$$

（2）条件熵的计算：

$$H(D \mid A) = \frac{5}{15}H(D_1) + \frac{5}{15}H(D_2) + \frac{5}{15}H(D_3) = 0.888$$

（3）信息增益计算：

$$I(D, A) = H(D) - H(D \mid A) = 0.083$$

整体信息增益算法的过程如下：

（1）输入 m 个样本，样本需要输出集合为 D，每个样本有 n 个离散特征，集合为 A，最终输出决策数 T。

（2）初始化信息增益的阈值，设定为 ϵ。

（3）判断样本，确定同类输出 D_i，如果为真，返回单节点树 T。整体标记为 D_i。

（4）判断特征是否为空，如果是，返回单节点树 T，标记类别，按实际样本输出最多的标记。

（5）计算 A 中所有特征，输出对样本 D 的信息增益，选择最大增益特征 A_g。

（6）如果 A_g 小于 ϵ 阈值，返回单节点树 T，按最大 D 实例数标记样本输出类别。

（7）如果 A_g 大于 ϵ 阈值，按特征 A_g 取值的不同将样本 D 划分为不同类别 D_i，每个类别会产生树的子节点，对应 A_{gi} 特征值，返回增加节点后的树 T。

（8）处理子节点，让 $D=D_i$，$A=A-\{A_g\}$，递归处理，通过（3）-（7）步，得到最终子树 T_i，返回结果。

ID3 算法存在的主要缺点如下：

- 没考虑连续特征，无法使用，只能支持离散特征值。
- 采用信息增益大的特征设定为决策点，在相同条件下，特征值较少的，特征信息增益较大。
- 对缺失的数据值没有考虑和优化。
- 拟合问题缺乏考虑。

3. C4.5算法

针对 ID3 算法的不足（主要是不能连续处理特征、偏向取值较多特征、缺失处理、拟合问题），C4.5 算法提出了自己的改进方案。

（1）针对不能连续处理特征，C4.5 的解决方案是离散化连续的特征。比如在 m 个样本中，假如有 m 个连续特征 A，我们将它从小到大排列，数据为 $a_1, a_2, a_3, a_4, \cdots, a_n$，C4.5 相邻的样本计算平均值，获得 $m-1$ 个划分节点，标记第 i 个点为 T_i，它的表达式如下：

$$T_i = \frac{a_i + a_{i+1}}{2}$$

处理 m-1 个点,将该点作为二元分类点的信息增益,计算该点,选择信息增益最大的点作为连续特征的二元离散分类点。假如取到增益最大的点为 a_t,小于 a_t 的类别标记为 1,大于的类别标记为 2,实现离散化连续特征。

（2）针对信息增益偏向取值较多的特征,C4.5 算法的解决方案是引入信息增益比变量,具体公式如下:

$$I_R(D,A) = \frac{I(A,D)}{H_A(D)}$$

D 是样本特征的输出集合, A 是样本特征, $H_A(D)$ 是特征熵,它的表达式如下:

$$H_A(D) = -\sum_{i=1}^{n} \frac{|D_i|}{|D|} \log_2 \frac{|D_i|}{|D|}$$

N 表示特征 A 类别的数量, D_i 表示特征 A 取值第 i 个的样本数量,|D|表示样本个数。当特征数越多的时候它的特征熵越大,可以作为分母矫正信息增益的偏向问题。

（3）缺失值处理的问题主要是两个,一是特征缺失下划分属性,二是确定划分属性后,该属性缺失样本特征的问题。

C4.5 算法的解决方案是对缺失特征 A 的,将数据划分为两部分,对样本设置权重,默认为 1,再划分数据,一部分是特征 A 的数据 D_1,一部分是没特征 A 的数据 D_2,没有特征的数据使用 D_1 和其他数据加权计算信息增益比,乘以一个系数,它就是无特征加权后的比例。

对划分后缺失的问题将缺失的样本划入所有子节点,按子节点样本权重进行数量比例分配。

（4）对数据拟合问题,C4.5 算法的解决方案是引入正则化系数进行初步剪枝。

4．CART算法-基尼指数

CART 算法也是决策树算法的重要算法之一,它的计算方式引用了经济学中的基尼（GINI）计算方式,具体说明如下:

- 它是一种不等性度量单位。
- 它用来度量收入的不平等,也应用于度量不均匀分布情况。
- 它的取值范围是 0~1,0 表示完全相等,1 表示完全不相等。
- 数据集中,包含的类别越混乱,GINI 指数越大。

CART 算法基尼不纯度表示随机样本中在子集中分错的可能性。基尼不纯度表示样本被选错的概率×被分错的概率。当节点样本都是同类时,基尼不纯度值为 0。

基尼指数的计算公式如下:

基尼指数 = 样本被选中的概率×样本被分错的概率

$$Gini(p) = \sum_{k=1}^{k} p_k(1-p_k) = 1 - \sum_{k=1}^{k} p_k^2$$

公式说明如下：

- P_k 表示样本中属于 K 类别的概率，分错的概率为 $1-P_k$。
- 样本中设计了 K 个类别，每个随机样本属于 K 类别的其中一个，可以对类别求和。
- 计算样本 D 的基尼指数，假设有 K 个类别，计算如下：

$$Gini(D) = 1 - \sum_{k=1}^{k} \left(\frac{|C_k|}{|D|} \right)^2$$

基尼指数的优点如下：

- 分类规则比较清晰，结果比较好理解。
- 计算工作量比较小，计算速度较快。
- 无须预选变量，能处理异常值、缺失值、不同量纲值等。

5．算法Demo实现

这里我们来实现 ID3 算法，它是决策树算法中最常用的算法，其他算法可以参考它。实验的数据库是天气数据库，如表 6-2 所示。

表 6-2　天气数据库

Outlook	Temperature	Humidity	Windy	PlayGolf?
sunny	85	85	FALSE	no
sunny	80	90	TRUE	no
overcast	83	86	FALSE	yes
rainy	70	96	FALSE	yes
rainy	68	80	FALSE	yes
rainy	65	70	TRUE	no
overcast	64	65	TRUE	yes
sunny	72	95	FALSE	no
sunny	69	70	FALSE	yes
rainy	75	80	FALSE	yes
sunny	75	70	TRUE	yes
overcast	72	90	TRUE	yes
overcast	81	75	FALSE	yes
rainy	71	91	TRUE	no

使用表 6-1 中的数据记录，决定是否出去打篮球，使用决策数形成有向无环树，它的构成是根节点、叶子节点、分割属性、分割规则、内部节点，基于信息论和最小基尼指数

进行分割。

```
# -*- coding: utf-8 -*-
"""
Created on Thu Jul 11 18:50:44 2019

@author: wangjingyi
"""

import math
import operator

#计算信息熵
def calcShannonEnt(dataset):
    numEntries = len(dataset)
    labelCounts = {}
    for featVec in dataset:
        currentLabel = featVec[-1]
        if currentLabel not in labelCounts.keys():
            labelCounts[currentLabel] = 0
        labelCounts[currentLabel] +=1

    shannonEnt = 0.0
    for key in labelCounts:
        prob = float(labelCounts[key])/numEntries
        shannonEnt -= prob*math.log(prob, 2)
    return shannonEnt

def CreateDataSet():
    dataset = [[1, 1, 'yes' ],
               [1, 1, 'yes' ],
               [1, 0, 'no'],
               [0, 1, 'no'],
               [0, 1, 'no']]
    labels = ['no surfacing', 'flippers']
    return dataset, labels

#数据分割
def splitDataSet(dataSet, axis, value):
    retDataSet = []
    for featVec in dataSet:
        if featVec[axis] == value:
            reducedFeatVec = featVec[:axis]
            reducedFeatVec.extend(featVec[axis+1:])
            retDataSet.append(reducedFeatVec)

    return retDataSet

#选择特征分割
def chooseBestFeatureToSplit(dataSet):
    numberFeatures = len(dataSet[0])-1
    baseEntropy = calcShannonEnt(dataSet)
    bestInfoGain = 0.0;
    bestFeature = -1;
    for i in range(numberFeatures):
```

```
        featList = [example[i] for example in dataSet]
        uniqueVals = set(featList)
        newEntropy =0.0
        for value in uniqueVals:
            subDataSet = splitDataSet(dataSet, i, value)
            prob = len(subDataSet)/float(len(dataSet))
            newEntropy += prob * calcShannonEnt(subDataSet)
        infoGain = baseEntropy - newEntropy
        if(infoGain > bestInfoGain):
            bestInfoGain = infoGain
            bestFeature = i
    return bestFeature
```

```
#计算概率
def majorityCnt(classList):
    classCount ={}
    for vote in classList:
        if vote not in classCount.keys():
            classCount[vote]=0
        classCount[vote]=1
    sortedClassCount = sorted(classCount.iteritems(), key=operator.
itemgetter(1), reverse=True)
    return sortedClassCount[0][0]
```

```
#创建决策树
def createTree(dataSet, labels):
    classList = [example[-1] for example in dataSet]
    if classList.count(classList[0])==len(classList):
        return classList[0]
    if len(dataSet[0])==1:
        return majorityCnt(classList)
    bestFeat = chooseBestFeatureToSplit(dataSet)
    bestFeatLabel = labels[bestFeat]
    myTree = {bestFeatLabel:{}}
    del(labels[bestFeat])
    featValues = [example[bestFeat] for example in dataSet]
    uniqueVals = set(featValues)
    for value in uniqueVals:
        subLabels = labels[:]
        myTree[bestFeatLabel][value] = createTree(splitDataSet(dataSet,
bestFeat, value), subLabels)
    return myTree
```

```
#主程序
myDat,labels = CreateDataSet()
tree = createTree(myDat,labels)
print('final tree:',tree)
```

运行结果如图 6-15 所示。

```
IPython console
Console 1/A

Python 3.5.6 |Anaconda, Inc.| (default, Aug 26 2018, 16:05:27) [MSC v.1900 64 bit (AMD64)]
Type "copyright", "credits" or "license" for more information.

IPython 6.5.0 -- An enhanced Interactive Python.

In [1]: runfile('D:/SintolRTOS/ID5_Example/id5_example.py', wdir='D:/SintolRTOS/ID5_Example')

In [2]: runfile('D:/SintolRTOS/ID5_Example/id5_example.py', wdir='D:/SintolRTOS/ID5_Example')
final tree: {'no surfacing': {0: 'no', 1: {'flippers': {0: 'no', 1: 'yes'}}}}

In [3]:
```

图 6-15　ID3 算法运行结果

6.4　分布式多算法结构的决策树

在 6.3 节中，我们构建了决策树算法，基于这个算法如何进行分布式的计算改造是本章的重点内容。本节就来介绍这部分内容，帮助读者熟悉算法的分布式结构改造和分布式机器学习算法的实现方式。

分布式机器学习主要解决 3 种问题：
- 计算量过于巨大；
- 训练数据过大；
- 训练规模过大。

对计算量过大的问题，可以采用以下方法解决。
- 共享内存、虚拟内存；
- 多线程；
- 并行计算。

对数据过大的问题，可以采用以下方法解决。
- 数据划分；
- 分配到多工作节点；
- 节点训练局部数据容量限制，训练子模型；
- 整合子模型，形成全局的机器学习模型。

对模型规模过大的问题，可以采用以下方法解决。
- 分配模型到不同工作节点训练；
- 模型之间需要完成通信工作；
- 整合模型协调整体工作。

对数据的划分，主要可以从两个方面进行，具体如下：

- 划分训练样本;
- 划分样本特征维度。

可以从两个方面对样本进行划分，具体如下:

- 基于随机采样方法，使用回放的方式对原训练数据集进行采样。根据不同工作节点的容量，分配不同的训练样本。保证每台机器的局部训练数据是原数据的独立分布情况。
- 基于置乱切分的方法，对原训练数据乱序排序，根据工作节点个数划分打乱后的数据顺序份额，分配到不同节点。各节点先根据自己的数据进行训练，一段时间后，再次进行全局打乱和数据分配，形成更有效的随机采样效果。

对样本特征维度的划分，也可以使用样本类似的划分方法。

下面我们使用 Hadoop 中的 MapReduce 进行工作，改进决策树算法中的 C4.5 算法，形成分布式决策树算法，设计思路如下:

- 将输入的样本数据集划分为 M 份，对 M 份样本进行扫描，转换为<key,value>格式，其中 key=属性 S，value=<对应的属性 S 值 s，属于 c 类别，原表记录为 id>。
- 对格式化数据进行 Map 操作，将 Map 任务划分归类，让它们具有相同的 key 键值对，并且写入对应文件。
- 使用 Partition 分配计算模块，相同的 key 将分配到相同的模块节点上，如图 6-16 所示。

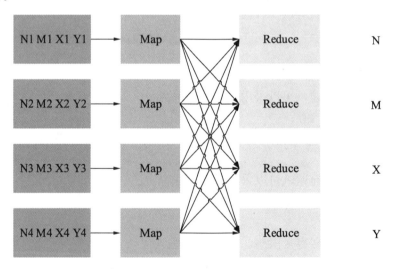

图 6-16　分配 key 到相同的模块上

- 处理 Map 输出的键值对，将连续值属性按从大到小的顺序进行排序形成直方图，记录属性的类分布，并且初始化为 0。
- 对 Reduce 任务，计算对应信息点，得到信息增益率，更新直方图。
- 对离散属性，不做处理。

- 扫描 Map 的输出记录，形成直方图。
- 计算子节点信息增益率。
- 获得 Reduce 节点、信息增益率和分裂点，并且分割属性列表。
- 使用列表索引号得到记录节点哈希值，存储分裂点两侧数据，形成决策树左右存储。
- 其中哈希表示决策树格式<key,value>键值对，value=<树节点号 nodeid>，它的子节点号为 subnodeid，其中 subnodeid 值为 0 时表示左节点，值为 1 时表示右节点。哈希表中第 n 条表示第 n 条记录划分的树节点号。
- 通过哈希表节点和属性表进行分割，形成属性直方图，建立决策树。

具体算法的伪代码如下：

```
Distribute_Decision_Tree
{
Input 训练样本集合 T;
Generate 有序属性列表 A and 直方图 G;
Create Queue 节点 Q
Set 首节点 N 为训练样本集所有数据记录
while(Queue is not Null)
{
Get Queue 首节点;
While
(
    节点数据样本 is not small class
    && attribution can be operated
    && 样本数据 is enough)
{
    Splite 节点训练样本集合，水平划分为 M 份额;
    InputFormat，数据划分为 InputSlite;
    发送到各个 Map 节点;
    进行垂直分割;
    Action Map 节点;
    Action Reduce 节点，Input 由 Map 节点输出的中间结果;
    Selete 最大信息增益节点，根据 Reduce 返回结果;
    以分裂点和哈希表数据集生成子节点 N1 and N2
    Insert 节点 N1 and N2, to Queue 队列
}
}
}
```

读者可以在自己的 Hadoop 环境下，对相关的代码进行具体实现，并且用同样的算法原理改造决策树的其他算法，形成对应的分布式决策树算法。

6.5　多任务并行计算算法改进

多任务进行并且形成多个算法之间的模型写作，扩大模型规模，形成群体智能模型

也是分布式人工智能的重要目的，本节就来了解它的原理，并且实现简单的、多任务并行计算的群体智能算法模型。

多任务并行计算算法的改进模式如图 6-17 所示。

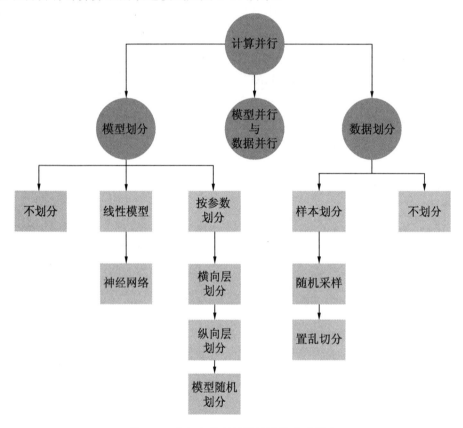

图 6-17　多任务并行计算算法的改进模式

6.5.1　数据并行

在分布式智能计算中，一个极大的问题是解决数据并行，实现大规模的数据应用，这可以借助大数据的技术赋能于机器学习领域，实现数据的价值。

计算中我们基于大数据让所有的工作节点都拥有共享内存，就像单机多线程环境，它们可以同步存储数据，使用并行的优化算法，这是计算并行模式。

本节我们将通过同步的方式实现随机梯度下降算法（SGD），作为模式介绍的算法改进方式，具体如下：

（1）假设 K 个计算节点，它们将共同协作运行随机梯度下降算法。

（2）每次迭代开始，计算节点将从数据系统中获取当前模型参数和单个样本数据。

（3）在每个节点计算当前模型和当前数据样本的梯度。

（4）将计算好的梯度×步长添加到当前模型中。

（5）等待左右计算节点完成。

（6）进入下一次迭代。

并行执行的随机梯度下降算法是依据 K 个样本上的梯度，用于更新模型，通过多线程、多进程的方式批量更新 K 个样本的梯度下降，它的伪代码算法如下：

```
void ssgd_algorithm()
{
    Initialize: 初始化 w0 点，设置局部计算节点 K，训练迭代次数 T
    for t = 0,1,…,T - 1 do
        for 局部计算节点 k = 1,2,…, K in parallel do
            从大数据模型平台获取当前模型 wt
            从训练数据集中随机抽取或者通过其他方式获取数据样本 i_t^k
            当前节点计算样本的随机梯度 ∇f_{i_t^k}(wt)
        end for
        更新全局的参数 w_{t+1} = w_t - σ_t * (1/K) Σ_{K=1}^K ∇f_{i_t^k}(wt)
}
```

另外，在数据的生成方式中，在线生成离线生成也会造成算法在收敛速率、理解数据方面有所不同，我们总结了一些在线数据生成和离线数据生成的规律，具体如下：

（1）在线并行随机梯度下降算法和收敛速率

假如并行计算方案中具有 K 个计算节点，它的损失函数 $f(w)$ 的属性是凸函数、B-光滑，它的随机梯度方差具有一个上界 σ^2，它的模型参数空间具有一个上界 D，它的步长计算如下：

$$p_t = \frac{1}{\beta + (\frac{\sigma}{D})\sqrt{t}}$$

它经过在线并行随机梯度下降法，在 m 个数据后具有一个上界，具体如下：

$$2D\sigma\sqrt{m} + KD^2\beta$$

（2）离线并行随机梯度下降算法和收敛速度

假如并行计算方案中具有 K 个计算节点，它的损失函数 $f(w)$ 的属性是 α-强凸函数、B-光滑的，它有一个条件函数 Q，它的随机梯度方差具有一个上界 σ^2，它的步长计算如下：

$$p_t = \frac{1}{at}$$

它经过离线并行随机梯度下降法，在 m 个数据后具有一个上界，具体如下：

$$\frac{Q^2 K^2 \sigma^2 \log m}{m^2} + \frac{\sigma^2}{m}$$

（3）在线-离线转换

算法在线具有一个上界,输出模型训练过程产生模型的平均,它具有离线情形的收敛速率,具体如下:

$$Ef(\overline{w_m}) - f(w^*) \leqslant \frac{1}{m} E[regret]$$

数据维度的划分适合用于如下两类算法模型:

- 决策树分布式算法;
- 线性模型,通过数据维度的划分进行训练。

6.5.2　模型并行

在分布式多任务并行计算中,还有一种是模型并行。当模型的规模过大或者需要多个子模型进行组合、协作,形成群体智能模型时,就需要模型并行的方式进行工作。系统可以使用模型划分,将模型放到不同的计算节点进行本地局部模型的参数更新。

模型并行的工作方式主要分为以下两类:

- 线性模型,包括线性回归、逻辑回归等,参数和它的数据维度一一对应。
- 非线性模型,以神经网络为主要代表,具有较强的非线性,参数之间的依赖关系比较强,不容易简单划分,难以实现高效的模型并行计算。

我们以神经网络为例来说明相关的模型划分在分布式算法中的算法。

1. 按横向层划分

将神经网络模型按横向的层划分为 K 个部分,每个工作节点承担一层或多层任务,在任务的划分上尽可能让工作节点计算平衡,如图 6-18 所示。

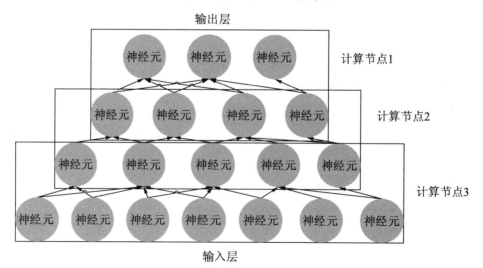

图 6-18　计算节点按横向层划分

以上是一个 4 层的神经网络模型，它包含输入层、隐藏层、输出层。它的计算节点有 3 个，分别并行存储划分后的网络结构。它们的工作内容具体如下：

- 每个节点都负责相关计算节点中的神经元，存储它们的参数、权重、输入、输出。
- 节点和节点之间需要连接激活函数和神经元权重之间的计算关系，通过节点之间传输同步数据。
- 神经网络训练时，前传过程是，上面的节点需要下面的节点通过更新隐含层激活函数的数值，最终更新输出层的分类数值。
- 神经网络训练时，后传过程是，下面的节点需要上面的节点传播误差值来更新模型的输入层和连边权重。

我们可以把以上流程的算法归纳如下：

```
void horizontal_division()
{
    Initialize: 初始化工作点 w0, 计算节点 K 个, 神经网络 N, 按层次划分的神经网络为
        {N1,N2,N3…, Nk}
    for I = 0,…,T-1
        for 计算节点 k 属于 {1,…,K} in parallel do
            等待，计算节点 k-1 完成对神经网络层 Nk-1 的参数前传
            传输到工作节点 k-1, 获得底层节点激活值 A_k-1
        前向传输误差：
            向前更新神经网络 Nk, 获得各层节点的激活值
            等待通信，等到计算节点 k+1, 完成对神经网络层 Nk+1 的参数后传
            传输到工作节点 k+1, 获得顶层节点误差值 E_k+1
        向后传输更新参数：
            向后更新神经网络 Nm 每个计算层中节点的误差值和参数 wt
        I = I + 1
        end for
    end for
}
```

在神经网络的分布式算法中，节点之间的通信和计算需要等待时间，我们可以再进行其他方面的优化，提高它的批量计算能力。

2. 按纵向层划分

神经网络的划分还可以按纵向层（宽度）进行划分，从而分配神经元到不同的计算节点，进行分布式并行算法的计算，如图 6-19 所示。

神经元按纵向层划分的工作流程将划分到两个节点之间分别计算，并且进行通信工作，具体如下：

- 在向前传输过程中，左右两个计算节点分别进行激活函数计算，更新技术函数值。两者直接以相互传输的神经元通过分布式的并行计算进行相互通信。
- 在向后传输过程中，左右两边的计算会相互请求误差值传输，更新自己的连边权重参数。

输出层

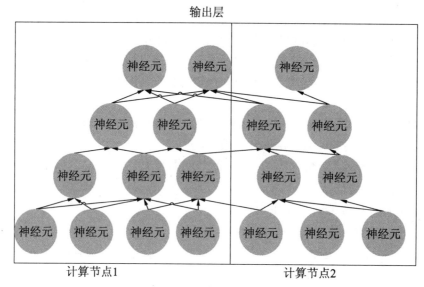

计算节点1　　　　　　　计算节点2

输入层

图 6-19　神经网络按纵向层划分

我们可以归纳它的算法过程，具体如下：

```
void vertical_partition()
{
    Initialize: 初始化工作点 w0，计算节点 K 个，神经网络 N，按纵向划分的神经网络为
        {N1,N2,N3…, Nk}
    for I = 0,…,T-1
        for 计算节点 k 属于 {1,…,K} in parallel do
        向前传输：
          按层次，从输入层往神经网络深处更新 Nk 层中每一层的神经元的激活函数
          沿着 Ek 的信息通信，等待计算节点中相邻节点更新完成
          请求通信 Vk
        向后传输：
          按层次，从输出层往神经网络浅处更新 Nk 层中神经元的误差传播值和连边权重参数
          沿着 Ek 的信息通信，等待计算节点中的相邻节点更新完成
          请求通信 Vk
        end for
    end for
}
```

除了上面的两种神经网络的分布式改进，还可以进行混合划分改进、随机并行改进等，读者可以根据对应的分布式原理进行算法改进。这种方法适用于混合改进数据场景和应用的情况，如图 6-20 所示。

输出层

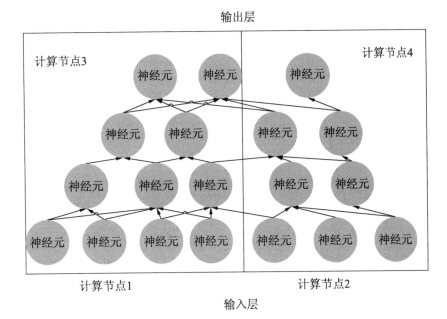

图 6-20　神经网络混合式分布式并行改进

6.6　单体算法与分布式算法的优化

在分布式算法改进后，算法因为分布式存在通信、等待、同步、异步等问题，导致算法的空间复杂度、时间复杂度没有达到预想的情况。本节介绍机器学习的单体算法和分布式算法的优化方法。

6.6.1　单体算法优化

针对机器学习的算法模块，我们需要将它定性为不同的功能模块对算法进行优化，并且拆解成为分布式的优化方法。本节先来探讨单体算法的优化方法。

我们先从简单的线性规划进行处理，线性回归的目标函数如下：

$$f(w)=\frac{1}{n}\sum_{i=1}^{n}f_i(w)=\frac{1}{n}\sum_{i=1}^{n}(w^2x_i-y_i)^2$$

在上面的线性函数模型中，w 是模型参数，数据 $\{(x_i, y_i):i=1, …, n\}$ 是用来训练的数据样本，可以通过梯度下降来更新模型训练参数，具体公式如下：

$$w_{t+1}=w_t-\gamma\nabla f(w_t)=w_t-\frac{2\gamma}{n}\sum_{i=1}^{n}x_i((w_t)^{\mathrm{T}}x_i-y_i)$$

如果使用梯度下降法，每次更新模型会随着数据量和数据维度计算量进行线性增加，我们需要采用一些方法降低它的计算规模。

1. 随机梯度下降

最常用的单体优化算法是随机梯度下降算法 SGD。它对数据样本进行随机采样，更新公式如下：

$$w_{t+1} = w_t - \gamma \nabla f_{i_t}(w_t)$$

在这个计算公式中，i_t 表示在第 t 轮次计算中随机采样的数据标记号。对模型 w_t，第 i_t 训练数据的损失函数值如下：

$$f_{i_t}(w_t) = \ell(w_t; x_i, y_i) + R(w_t)$$

算法描述如下：

```
void Stochastic_gradient_descent()
{
    initialize:初始化 w0 参数
        Iterate：for t= 0,1,…,T-1 遍历所有样本
        Selecte:随机选取样本 i_t∈{1,2,···,d}
        计算：获得梯度 ∇f_{i_t}(w_t)
        更新：更新参数 w_{t+1} = w_t - γ∇f_{i_t}(w_t)
}
```

对全局的样本都用来计算，会取得数据损失函数的平均值，我们采用随机更新、随机抽取样本的方式，可以大大减少计算量，使用随机梯度作为梯度的自然替代，可以极大提高学习效率。

2. 随机坐标下降

除了随机梯度的方式，也可以使用随机坐标下降对整体算法进行优化。它的原理是对模型维度进行随机采用，从而优化算法模型的训练，更新公式如下：

$$w_{t+1,j_t} = w_{t,j_t} - \gamma_i \nabla f_{j_t}(w_t)$$

式中，j_t 表示在 t 次迭代中，随机抽取模型维度标号，$\nabla_{j_t} f(w_t)$ 是它的损失函数，处理模型 w_t 中，处理 j_t 维度的偏导数，它的算法描述如下：

```
void random_coordinate_descent()
{
    Initialize: 初始化 w0 参数
      Iterate: for t= 0,1,…,T-1 遍历所有样本
        Selecte:随机选取模型维度 i_t∈{1,2,···,d}
        计算：获得梯度 ∇_{j_t}f(w_t)
```

更新：更新参数 $w_{t+1,j_t} = w_{t,j_t} - \gamma_i \nabla_{j_t} f(w_t)$

}

其中，梯度 $\nabla_{j_t} f(w_t)$ 是一个 d 维向量，模型的第 j_t 维度是 $\nabla_{j_t} f(w_t)$，因为计算一个维度的梯度只需要计算整体梯度向量的 $1/d$，它可以作为原始梯度的替代品提高效率，每次更新模型只更新一个维度。

3．牛顿法

牛顿法也是一个高效的优化算法，它的核心是使用泰勒展开式来实现优化，它的更新公式如下：

$$f(x) = \frac{f(x_0)}{0!} + \frac{f'(x_0)}{1!}(x-x_0) + \frac{f''(x_0)}{2!}(x-x_0)^2 + ... + \frac{f^{(n)}(x_0)}{n!}(x-x_0)^n + R_n(x)$$

我们使用一阶泰勒展开式，求取零点，计算方法如下：

（1）对函数 $f(x)$ 做一阶展开，具体计算如下：

$$g(x) \approx g(x_k) + g'(x_k)(x - x_k)$$

（2）近似处理 $g(x)$ 为线性方程，具体计算如下：

$$g(x_k) + g'(x_k)(x - x_k) = 0$$

（3）假如 $f'(x)!=0$，那么它下一次迭代得出的解如下：

$$x_{k+1} = x_k - \frac{1}{g'(x_k)} g(x_k)$$

从这里就可以看出 x_{k+1} 和 x_k 之间的关系。

我们接着对 $f(x)$ 进行二阶展开，具体公式如下：

$$g(x) \approx g(x_k) + g'(x_k)(x-x_k) + \frac{1}{2} g''(x_k)(x-x_0)^2$$

处理非线性问题 $\min f(x)$ 近似可以认为求解二次函数的最优解问题，公式如下：

$$\min\{g(x_k) + g'(x_k)(x-x_k) + \frac{1}{2} g''(x_k)(x-x_0)^2\}$$

对上述二次函数求导，求取最小值，具体公式如下：

$$g(x_k) + g'(x_k)(x - x_k)$$
$$\Rightarrow x_{k+1} = x_k - \frac{1}{g''(x_k)} g'(x_k)$$

由此，我们可以看出最优化求解最终迭代的形式，归纳方程如下：

$$x_{k+1} = x_k - k g'(x_k)$$

在上述方程中，k 是系数，$g'(x_k)$ 就是函数的梯度，代表函数值上升指向，$-g'(x_k)$ 就是下降指向。求解最优化问题形成标准形式。

求解目标函数最小值，不断迭代，沿着函数下降方向逐步到达最优解。牛顿法每次迭代步长值如下：

$$\frac{1}{g'(x_k)}$$

在实际的模型优化应用中，我们可以先对损失函数进行一阶、二阶求导。

（1）损失函数如下：

$$J(\theta) = \frac{1}{2} \sum_{i=1}^{n} (\theta^{\mathrm{T}} x^{(i)} - y^{(i)})^2$$

（2）一阶求导如下：

$$\frac{\partial J(\theta)}{\partial \theta_k} = \sum_{i=1}^{n} (\theta^{\mathrm{T}} x^{(i)} - y^{(i)}) x_j^{(i)}$$

（3）二阶求导如下：

$$\frac{\partial J(\theta)}{\partial \theta_j \partial \theta_k} = \sum_{i=1}^{n} \frac{\partial}{\partial \theta_k} (\theta^{\mathrm{T}} x^{(i)} - y^{(i)}) x_j^{(i)}$$

$$\Rightarrow \sum_{i=1}^{n} x_j^{(i)} x_k^{(i)} = (X^{\mathrm{T}} X)_{jk}$$

最终求和公式转换为一个矩阵乘法的转换，参数 1 和参数 0 之间的关系可以求解如下：

$$\theta^{(1)} = \theta^{(0)} - H^{-1} \nabla_{\theta} J(\theta^{(0)})$$

$$\Rightarrow \theta^{(0)} - (X^{\mathrm{T}} X \theta^{(0)} - X^{\mathrm{T}} \overrightarrow{y})$$

$$\Rightarrow (X^{\mathrm{T}} X)^{-1} X^{\mathrm{T}} \overrightarrow{y}$$

其中，H 就是二阶导数的简化，它被称为 Hessian 矩阵，J 函数表示对参数的一阶求导，大写的 X 和 y 表示矩阵，这就是牛顿法在最优参数求解的应用。

6.6.2　分布式异步随机梯度下降

在 6.6.1 节中，我们介绍了几个经典的单机优化算法，在分布式系统下，我们还可以借助分布式的计算能力，再次提高优化效率，本节应用随机梯度下降算法讲解分布式的算法优化方法。

假设我们有一个集群服务器，设置 4 个计算节点 W_1、W_2、W_3、W_4，W_1 负责迭代两个模型参数 a、d，W_2 负责迭代产生参数 b、e，W_3 负责迭代产生参数 c、f，W_4 作为最后的计算节点产生参数 g，把它们的参数传递顺序以数字标注。通过 BSP 协议，W_1、W_2、W_3 先将参数 a、b、c 传递给参数服务器，等待 W_4 传递参数 g 给参数服务器，参数服务器根据获得的数据计算平均真实梯度值，获得最新全局参数，同步全局参数到所有工作节点，

计算节点 W_1、W_2、W_3 获得参数，进入下次迭代，计算得到参数 d、e、f。具体工作流程如图 6-21 所示。

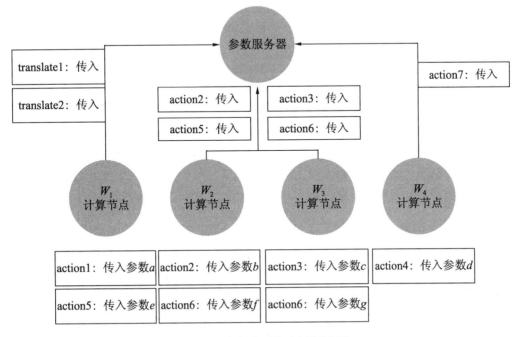

图 6-21　分布式环境下参数的同步

在异步更新的情况下，传递参数的顺序和上面相同，它不用进行等待，W_1、W_2、W_3 传递参数给参数服务器后会立即获得更新后的全局参数进入下次迭代，这样会导致产生多个全局参数的版本。在异步环境下，使用梯度值对全局进行更新对算法的收敛影响比较大。图 6-22 是异步参数的更新情况。

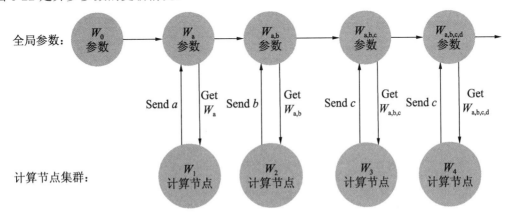

图 6-22　参数异步更新和变化

针对异步更新产生多个全局参数算法收敛的问题，我们可以进行如下处理：

（1）在计算节点上分别计算梯度值，不直接发送给参数服务器，使用梯度值计算本地权重参数。

（2）发送权重参数给参数服务器，参数服务器接收本地参数后使用本地参数，更新全局参数。

（3）使用 W_t 表示当前参数服务器的全局参数，W_{ct} 表示计算节点传的参数值，W_{t+1} 表示计算后的新全局参数，再引入变量 α 表示本地参数的全局权重，最终它的计算公式如下：

$$w_{t+1} = (1-\alpha)w_t + \alpha w_{ct} \quad (0 \leqslant \alpha \leqslant 1)$$

在工作节点更新的输入参数是不完全参数服务器上的参数，每个计算节点只能代表它这个节点的结果，全局更新时，需要根据所有工作节点的参数值和权重进行更新，这里可以使用线性插值法，具体计算如下：

（1）计算新的本地权值参数：

$$w_{local} = w - \gamma \nabla$$

（2）参数服务器接收到某个计算节点的参数，更新它的参数公式如下：

$$w_{t+1} = (1-\alpha)w_t + \alpha w_{local}$$

（3）合并上述两步，最终得到参数服务器参数，根据某个计算节点的权值参数修正全局参数的公式如下：

$$w_{t+1} = (1-\alpha)w_t + \alpha(w_t - \gamma \nabla)$$
$$\Rightarrow (1-\alpha)w_t + \alpha w_t - \alpha\gamma\nabla$$
$$\Rightarrow w_t - \alpha\gamma\nabla$$

如果计算节点只有一个，和同步 SGD 算法的公式也保持了一致性。算法的实现伪代码如下：

（1）客户端算法：

```
void SGD_Client()
{
    ProcedureWork(Parameterw,Mini-batch-sizeNc)
        Initialize:total gradientg = 0
        For all i∈{1...Nc} do
            g←g + ComputeGradient(data,w)
        End For
        Server.Update(c,g)
        stepc ←stepc +1
}
```

（2）参数服务器算法：

```
void SGD_Server()
{
    Procedure DispatchJob(Client c,Parameter wt)
        Call procedure Work(wt,Nc)for client c
    End
    Procedure Update(Client c,Gradient g)
```

```
    wt+1 ←wt − AdaGrad(g)
    t←t+1
    If c is the last client whose stepc =the server step then
        step←step+1
    End If
    If running then
        DispatchJob(c,wt)
    End If
    End
}
```

整体的运行工作流程如图 6-23 所示。

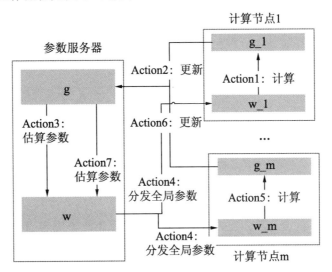

图 6-23　分布式异步 SGD 算法运行流程示意

至此我们就完成了随机梯度下降算法在分布式异步环境的算法改进，关于其他的算法改进，读者可以参考上述原理自行研究改进方法，以适应应用环境。

6.7　机器学习算法的维数灾难

在分布式机器学习中，随着计算规模的增大，梯度也不断增加，会逐渐产生越来越大的维数规模，形成计算灾难，导致算法无法正常执行或者效率低下。本节就来讲解一下这方面的具体问题和研究方向。

我们来举一个例子。假如有无穷的兔子和狗，随机选取 10 只兔子或者 10 条狗，这样形成 10 个训练样本，然后对无穷测试样本分类，具体步骤如下：

（1）选取一个颜色，形成一个特征，对兔子和狗进行分类。很明显，一个颜色是无法进行分类的。

（2）继续选取一个颜色，增加一个特征，依然无法完美地进行分类。

（3）继续添加第 3 个特征，特征空间将形成三维场景，我们可以通过超平面来进行分类，如图 6-24 所示。

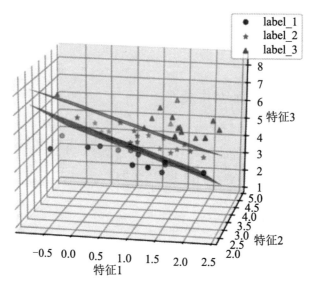

图 6-24　超平面分类

（4）随着特征不断加入，分类的效果会更加精确，特征维度和超平面的维度都会不断上升，但是样本的密度会呈指数下降，如一维度长度 5 单位，二维就是 25 单位，三维到达 125 单位，在样本固定的情况下，样本空间越来越大，密度下降。

以上说明当维度不断增加时，特征的超空间容量不变，单位容量会不断趋近于 0，再让散落在角落的数据对比中心数据更加难以分类，并且随着计算阶级的增加，计算的复杂度也会呈指数级增加。

机器学习在其发展中主要受到如下两个问题的挑战。

- 欠拟合(underfitting)：表示模型不能在已有的训练样本中获得足够低的误差。
- 过拟合(overfitting)：表示模型在训练时发生的误差和测试时发生的误差过大。

一般的方法可以通过调整模型容量让它偏向于过拟合或者欠拟合，但是当数据维度过高时，机器学习的问题就变得困难起来，发生维数灾难。

深度学习的发展与兴起，一个重要的原因就是解决机器学习泛化能力不足的问题。

6.8　深度学习的内在发展需求

在 6.7 节中，我们了解了深度学习发展的一个重要原因，它的突破让机器学习、人工智能领域真正开始步入爆发阶段，让机器学习的各项能力得到了突破性进展。本节就来了解它解决的问题及分布式环境下的运用方法。

6.8.1　解决维数灾难

　　为了解决维数灾难，我们可以确定这样几个问题：
- 变化维数小的时候，平滑假设是有效的；
- 为了降低维数灾难，可以增加样本数量；
- 为了降低维数灾难，可以增加假设的复杂度和实用度。

　　基于这样的想法，我们可以将算法的模型设置通用的假设，让它的复杂度多层次结构能够在数据中更好地挖掘和分层回归，这样使用少量的样本，增加指数增益来解决维数灾难，这就是深度学习的分层结构和突破之处，如图 6-25 所示。

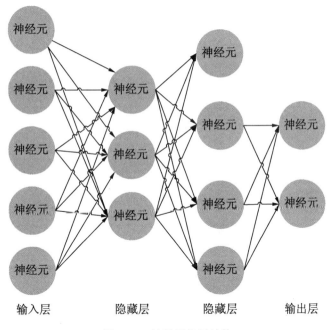

图 6-25　神经网络层结构

6.8.2　算法架构设计

　　加入深度学习以后，机器学习的能力在人工智能领域大放异彩，针对算法的架构设计也变得更加灵活、复杂。本节就来探讨一下机器学习和分布式结合在算法架构方面相关的原理和应用方法。

　　传统的软件架构讲究对整体系统的需求提取、任务合并，将系统抽象化、层次化，形成领域模型和层次模型,将组件固定化并且提供扩展基础。在算法领域,架构上也需要考虑这部分内容,但又有所不同。

在算法结构上需要考虑以下几点。

- 输入与输出:考虑输入数据和输出数据的标准化、格式化,如果数据不符合规格,需要考虑兼容性和转换流程。
- 层次混合:算法和软件架构的层次有所不同,软件架构讲究层次结构分明,降低耦合。算法结构讲究层次间互相优化,参数之间相互关联,有时需要拆解分层结构,注重模型的量化和训练的运动流程估计。
- 数据协议:软件架构之中,数据之间需要固定协议传输,或许会影响它的效率;而算法的运行,最注重计算效率、降低数据维度、符合特征空间,需要围绕具体的任务进行数据协议分类、设计、定义。
- 格式:算法的好坏不仅取决于输出、知识归纳,模型格式也是体现算法优良程度的重要关联。
- 黑盒问题:软件架构讲究每个模块独立承担任务,有时在架构上,以黑盒模式对模块内容进行屏蔽。能够进行追溯、测试,实现内部结构透明,是算法设计追求的目标,虽然通常不容易实现。
- 对数据的依赖:软件架构对数据的体系依赖不同,算法对数据训练的吞吐期望更大,它的数据结构需要能够支持频繁变化,对训练的持续性和推理环境要求的存储能力和效率在不同环境下都各有不同。

在分布式领域对数据的集合还需要结合图计算进行管理、更新、节点触发,形成大规模的基础算法支撑体系,如图 6-26 所示。

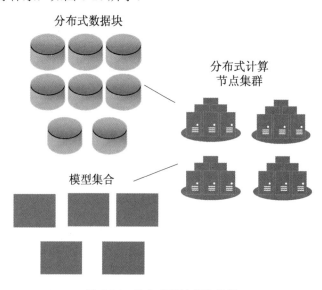

图 6-26　分布式算法架构设计

在分布式结构中，需要考虑数据存储模型对模型进行分类，在训练方面，需要考虑数据类型的分类、快熟检索、多模态处理，让巨量的数据能够通过分布式计算节点集群快速训练、推理形成模型，并且存储成为模型集合。

算法领域的架构更多考虑的是在实际应用环节的高效率、易用性、兼容性，读者需要针对实际应用，使用分解、解耦、聚合、联合、隔离等方法让算法更加优秀，改变一些传统的软件设计观念，更新算法思想。

6.8.3　深度学习与多任务学习

本节我们以设计一个多任务算法作为练习，熟悉分布式深度学习中对算法的架构和实际开发。

这里我们使用 TensorFlow 和它的高阶分布式 API，实现一段分布式深度学习的应用，具体步骤如下：

（1）通过 Git 获取测试工程目录，网址如下：

https://github.com/SintolRTOS/Distribution_DeepLearning.git。

（2）通过 Spyder 使用 TensorFlow 环境（在第 3 章已经配置好），打开工程目录，如图 6-27 所示。

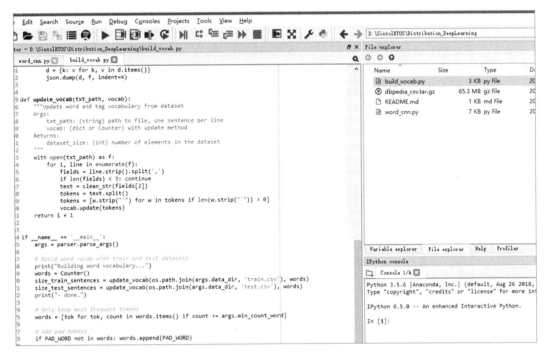

图 6-27　Spyder 下的测试工程目录

（3）解压数据文件 dbpedia_csv.tar.gz，如图 6-28 所示。

图 6-28　解压数据文件

（4）运行 build_vocab.py，执行数据预处理程序，具体代码如下：

```
"""从数据集构建单词和标签的词汇表"""
import argparse
from collections import Counter
import json
import os
import re

parser = argparse.ArgumentParser()
parser.add_argument('--min_count_word', default=1, help="Minimum count
for words in the dataset", type=int)
parser.add_argument('--data_dir', default='dbpedia/dbpedia_csv', help=
"Directory containing the dataset")

# vocab 的超参数
NUM_OOV_BUCKETS = 1 # number of buckets (= number of ids) for unknown words
PAD_WORD = '<pad>'


def clean_str(text):
    text = re.sub(r"[^A-Za-z0-9\'\']", " ", text)
    text = re.sub(r"\s{2,}", " ", text)
    text = re.sub(r"\'", "\'", text)
    text = text.strip().lower()
    return text
```

```python
def save_vocab_to_txt_file(vocab, txt_path):
    """为每一行写入一个令牌，基于 0 的行 id 对应令牌的 id
    Args:
        vocab: (可迭代对象)生成令牌
        txt_path:(stirng)路径到 vocab 文件
    """
    with open(txt_path, "w") as f:
        f.write("\n".join(token for token in vocab))


def save_dict_to_json(d, json_path):
    """将 dict 保存到 json 文件中
    Args:
        d: (dict)
        json_path: (字符串)json 文件的路径
    """
    with open(json_path, 'w') as f:
        d = {k: v for k, v in d.items()}
        json.dump(d, f, indent=4)


def update_vocab(txt_path, vocab):
    """从数据集中更新单词和标记词汇表
    Args:
        txt_path: (字符串)文件路径，每行一个句子
        vocab: (dict 或计数器)与更新方法
    Returns:
        dataset_size: (int)数据集中元素的数量
    """
    with open(txt_path) as f:
        for i, line in enumerate(f):
            fields = line.strip().split(',')
            if len(fields) < 3: continue
            text = clean_str(fields[2])
            tokens = text.split()
            tokens = [w.strip("'") for w in tokens if len(w.strip("'")) > 0]
            vocab.update(tokens)
    return i + 1


#执行主程序
if __name__ == '__main__':
    args = parser.parse_args()

    # 使用训练和测试数据集构建词库
    print("Building word vocabulary...")
    words = Counter()
    size_train_sentences = update_vocab(os.path.join(args.data_dir,'train.csv'), words)
    size_test_sentences = update_vocab(os.path.join(args.data_dir,'test.csv'), words)
    print("- done.")
```

```
# 只保留最常用的标记
words = [tok for tok, count in words.items() if count >= args.min_
count_word]

# 添加标记
if PAD_WORD not in words: words.append(PAD_WORD)

#将词汇保存到文件中
print("Saving vocabularies to file...")
save_vocab_to_txt_file(words, os.path.join(args.data_dir, 'words.txt'))
print("- done.")

# 将数据集属性存储在 json 文件中
sizes = {
    'train_size': size_train_sentences,
    'test_size': size_test_sentences,
    'vocab_size': len(words) + NUM_OOV_BUCKETS,
    'pad_word': PAD_WORD,
    'num_oov_buckets': NUM_OOV_BUCKETS
}
save_dict_to_json(sizes, os.path.join(args.data_dir, 'dataset_params.
json'))

# 打印 log 信息，显示数据大小
to_print = "\n".join("- {}: {}".format(k, v) for k, v in sizes.items())
print("Characteristics of the dataset:\n{}".format(to_print))
```

运行结果如图 6-29 所示。

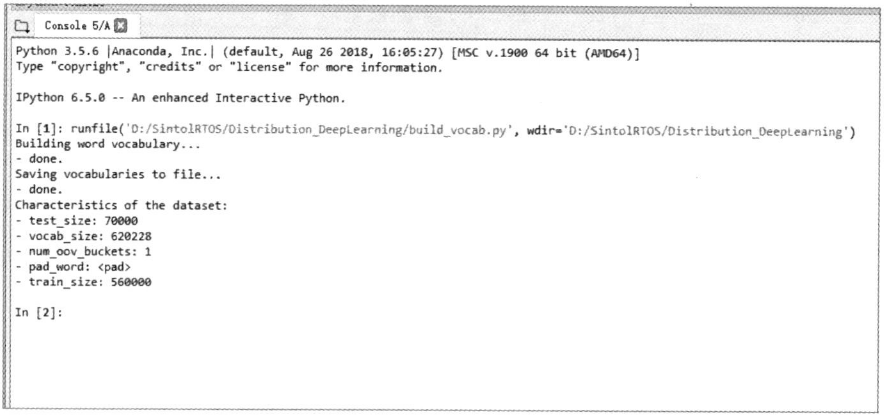

图 6-29　数据预处理结果

（5）使用命令运行 python word_cnn.py --train_steps=20000，启动训练和评估结果，具体代码如下：

```
from __future__ import absolute_import
from __future__ import division
from __future__ import print_function
import TensorFlow as tf
```

```python
import numpy as np
import re
import os
import json
# for python 2.x
#import sys
#reload(sys)
#sys.setdefaultencoding("utf-8")

#设定初始化的参数
flags = tf.app.flags
flags.DEFINE_string("model_dir", "./model_dir", "Base directory for the
model.")
flags.DEFINE_float("dropout_rate", 0.25, "Drop out rate")
flags.DEFINE_float("learning_rate", 0.001, "Learning rate")
flags.DEFINE_integer("embedding_size", 128, "embedding size")
flags.DEFINE_integer("num_filters", 100, "number of filters")
flags.DEFINE_integer("num_classes", 14, "number of classes")
flags.DEFINE_integer("shuffle_buffer_size", 1000000, "dataset shuffle
buffer size")
flags.DEFINE_integer("sentence_max_len", 100, "max length of sentences")
flags.DEFINE_integer("batch_size", 128, "number of instances in a batch")
flags.DEFINE_integer("save_checkpoints_steps", 5000, "Save checkpoints
every this many steps")
flags.DEFINE_integer("train_steps", 10000,
                     "Number of (global) training steps to perform")
flags.DEFINE_string("data_dir", "dbpedia/dbpedia_csv", "Directory containing
the dataset")
flags.DEFINE_string("filter_sizes", "3,4,5", "Comma-separated list of
number of window size in each filter")
flags.DEFINE_string("pad_word", "<pad>", "used for pad sentence")
FLAGS = flags.FLAGS
#粘贴线数据信息
def parse_line(line, vocab):
  def get_content(record):
    fields = record.decode().split(",")
    if len(fields) < 3:
      raise ValueError("invalid record %s" % record)
    text = re.sub(r"[^A-Za-z0-9\'\`]", " ", fields[2])
    text = re.sub(r"\s{2,}", " ", text)
    text = re.sub(r"\`", "\'", text)
    text = text.strip().lower()
    tokens = text.split()
    tokens = [w.strip("'") for w in tokens if len(w.strip("'")) > 0]
    n = len(tokens)  # type: int
    if n > FLAGS.sentence_max_len:
      tokens = tokens[:FLAGS.sentence_max_len]
    if n < FLAGS.sentence_max_len:
      tokens += [FLAGS.pad_word] * (FLAGS.sentence_max_len - n)
    return [tokens, np.int32(fields[0])]
  #生成数据结果
  result = tf.py_func(get_content, [line], [tf.string, tf.int32])
  result[0].set_shape([FLAGS.sentence_max_len])
  result[1].set_shape([])
  # 查找 Token 以返回其 ID
```

```python
        ids = vocab.lookup(result[0])
        return {"sentence": ids}, result[1] - 1


def input_fn(path_csv, path_vocab, shuffle_buffer_size, num_oov_buckets):
    """创建 tf.data csv 文件中的数据实例
    Args:
        path_csv: (字符串)每行包含一个示例的路径
        vocab: (tf.lookuptable)
    Returns:
        dataset: (tf.Dataset)生成每个示例的令牌 id 和标签列表
    """
    vocab = tf.contrib.lookup.index_table_from_file(path_vocab,
              num_oov_buckets=num_oov_buckets)
    # 加载 txt 文件，每行一个例子
    dataset = tf.data.TextLineDataset(path_csv)
    # 将行转换为令牌列表，用空格分隔
    dataset = dataset.map(lambda line: parse_line(line, vocab))
    if shuffle_buffer_size > 0:
      dataset = dataset.shuffle(shuffle_buffer_size).repeat()
    dataset = dataset.batch(FLAGS.batch_size).prefetch(1)
    print(dataset.output_types)
    print(dataset.output_shapes)
    return dataset

#处理我的模型
def my_model(features, labels, mode, params):
    #特征信息
    sentence = features['sentence']
    # 获取句子中标记每个的单词嵌入信息
    embeddings = tf.get_variable(name="embeddings", dtype=tf.float32,
                          shape=[params["vocab_size"], FLAGS.embedding_
size])
    sentence = tf.nn.embedding_lookup(embeddings, sentence) # shape:(batch,
 sentence_len, embedding_size)
    # 添加通道 dim，这是 conv2d 和 max_pooling2d 方法所要求的
    sentence = tf.expand_dims(sentence, -1) # shape:(batch, sentence_len/
height,
 embedding_size/width, channels=1)

    pooled_outputs = []
    #池化和滤波处理
    for filter_size in params["filter_sizes"]:
        conv = tf.layers.conv2d(
            sentence,
            filters=FLAGS.num_filters,
            kernel_size=[filter_size, FLAGS.embedding_size],
            strides=(1, 1),
            padding="VALID",
            activation=tf.nn.relu)
        pool = tf.layers.max_pooling2d(
            conv,
            pool_size=[FLAGS.sentence_max_len - filter_size + 1, 1],
            strides=(1, 1),
```

```
          padding="VALID")
      pooled_outputs.append(pool)
  #设定数据形状
  h_pool = tf.concat(pooled_outputs, 3) # shape: (batch, 1, len(filter_size)
* embedding_size, 1)
  h_pool_flat = tf.reshape(h_pool, [-1, FLAGS.num_filters * len(params
["filter_sizes"])]) # shape: (batch, len(filter_size) * embedding_size)
  if 'dropout_rate' in params and params['dropout_rate'] > 0.0:
    h_pool_flat = tf.layers.dropout(h_pool_flat, params['dropout_rate'],
training=(mode == tf.estimator.ModeKeys.TRAIN))
  #逻辑回归机器学习层
  logits = tf.layers.dense(h_pool_flat, FLAGS.num_classes, activation=None)
  #梯度下降优化模块
  optimizer = tf.train.AdagradOptimizer(learning_rate=params['learning_rate'])
  #损失值计算
  def _train_op_fn(loss):
    return optimizer.minimize(loss, global_step=tf.train.get_global_step())
  #多块头处理
  my_head = tf.contrib.estimator.multi_class_head(n_classes=FLAGS.num_classes)
  #返回评估空间
  return my_head.create_estimator_spec(
    features=features,
    mode=mode,
    labels=labels,
    logits=logits,
    train_op_fn=_train_op_fn
  )

def main(unused_argv):
  # 从数据集中加载参数，将大小等信息加载到 params 中
  json_path = os.path.join(FLAGS.data_dir, 'dataset_params.json')
  assert os.path.isfile(json_path), "No json file found at {}, run build_
vocab.py".format(json_path)
  # 从 json 文件加载参数
  with open(json_path) as f:
    config = json.load(f)
  FLAGS.pad_word = config["pad_word"]
  if config["train_size"] < FLAGS.shuffle_buffer_size:
    FLAGS.shuffle_buffer_size = config["train_size"]
  print("shuffle_buffer_size:", FLAGS.shuffle_buffer_size)

  # 获取词汇表和数据集的路径
  path_words = os.path.join(FLAGS.data_dir, 'words.txt')
  assert os.path.isfile(path_words), "No vocab file found at {}, run build_
vocab.py
 first".format(path_words)
  #words = tf.contrib.lookup.index_table_from_file(path_words,
        #num_oov_buckets=config["num_oov_buckets"])
  #训练数据路径
  path_train = os.path.join(FLAGS.data_dir, 'train.csv')
  path_eval = os.path.join(FLAGS.data_dir, 'test.csv')
  #评估过滤信息
  classifier = tf.estimator.Estimator(
```

```
      model_fn=my_model,
      params={
        'vocab_size': config["vocab_size"],
        'filter_sizes': map(int, FLAGS.filter_sizes.split(',')),
        'learning_rate': FLAGS.learning_rate,
        'dropout_rate': FLAGS.dropout_rate
      },
      #配置分布式训练任务和模型计算节点
      config=tf.estimator.RunConfig(model_dir=FLAGS.model_dir, save_checkpoints_
steps=FLAGS.save_checkpoints_steps)
  )
  #分布式空间训练
  train_spec = tf.estimator.TrainSpec(
    input_fn=lambda: input_fn(path_train, path_words, FLAGS.shuffle_buffer_
size,
            config["num_oov_buckets"]),
    max_steps=FLAGS.train_steps
  )
  #输入正则处理
  input_fn_for_eval = lambda: input_fn(path_eval, path_words, 0, config
["num_oov_buckets"])
  eval_spec = tf.estimator.EvalSpec(input_fn=input_fn_for_eval, throttle_
secs=300)

  print("before train and evaluate")
  #评估训练
  tf.estimator.train_and_evaluate(classifier, train_spec, eval_spec)
  print("after train and evaluate")


if __name__ == "__main__":
  tf.logging.set_verbosity(tf.logging.INFO)
  tf.app.run(main=main)
```

运行情况如图 6-30 所示。

图 6-30　分布式训练情况

6.9　自适应学习神经网络算法

除了标注数据进行监督学习，通过自适应学习自己获取数据和判断数据情况是神经网络算法的重要发展方向，本节就来了解神经网络相关的算法和优化。

6.9.1　Momentum 算法与优化

在训练深度神经网络的时候,一般会将数据分为多份进行分布式随机批量训练,也就是上面使用的 mini-batch SGD 训练算法。但是这类算法一般只会到达最优点附近,并且需要在训练开始时设定较好的学习率参数。特别在深度学习较多的参数中,为了让优化网络既具有快速的收敛速度又减少摆动幅度,就应使用 Momentum 算法。

Momentum 算法的原理是使用梯度移动指数进行加权平均。假如当前迭代第 t 步,Momentum 的优化计算公式如下:

$$V_{dw} = \beta V_{dw} + (1-\beta)dw$$
$$V_{db} = \beta V_{db} + (1-\beta)db$$
$$W = w - \alpha V_{dw}$$
$$b = b - \alpha V_{db}$$

公式中的 V_{dw}、V_{db} 表示累积损失函数在前 t-1 步中通过计算积累的梯度动量,α 为学习率,β 是梯度积累指数。Momentum 的主要思想是使用移动指数加权平均对网络参数平滑处理。

整个算法可以在神经网络中解决 mini-batch SGD 训练算法更新幅度、摆动过大问题,并且加快收敛速度。

6.9.2　RMSProp 算法与优化

不同于使用指数加权平均移动的方法,RMSProp 算法在深度神经网络中按元素平方将梯度进行指数加权移动平均,具体步骤如下:

(1)设定超参数 $0 \leqslant \gamma < 1$,当计算迭代步数为 t 时,它的梯度计算如下:
$$S_t = \gamma S_t + (1-\gamma)g_t \times g_t$$
(2)设定目标函数的学习率,通过元素进行调整,更新自变量,计算如下:

$$x_t = x_{t-1} + \frac{\eta}{\sqrt{S_t + \varepsilon}} \times g_t$$

式中,η 表示学习率,ε 为稳定常数,S_t 表示 $g_t \odot g_t$ 的指数加权移动平均。我们可以通过最近 $1/(1-\gamma)$ 步的小批量的随机梯度的平方项进行加权平均,自变量就可以保持学习率,在迭代过程中不需要一直降低。

我们通过对目标函数 $f(x) = 0.1x_1^2 + 2x_2^2$,进行自变量推挤迭代,可以同步示例工程,网址为 https://github.com/SintolRTOS/RMSProp.git。

具体代码如下：

```
# -*- coding: utf-8 -*-
"""
Created on Tue Jul 23 19:39:55 2019

@author: wangjingyi
"""

import d2lzh as d2l
import math
from mxnet import nd

#梯度优化计算
def rmsprop_2d(x1, x2, s1, s2):
    g1, g2, eps = 0.2 * x1, 4 * x2, 1e-6
    s1 = gamma * s1 + (1 - gamma) * g1 ** 2
    s2 = gamma * s2 + (1 - gamma) * g2 ** 2
    x1 -= eta / math.sqrt(s1 + eps) * g1
    x2 -= eta / math.sqrt(s2 + eps) * g2
    return x1, x2, s1, s2

#平面计算
def f_2d(x1, x2):
    return 0.1 * x1 ** 2 + 2 * x2 ** 2

#初始学习率、参数等
eta, gamma = 0.4, 0.9
#训练和绘制
d2l.show_trace_2d(f_2d, d2l.train_2d(rmsprop_2d))
```

运行结果如图 6-31 所示。

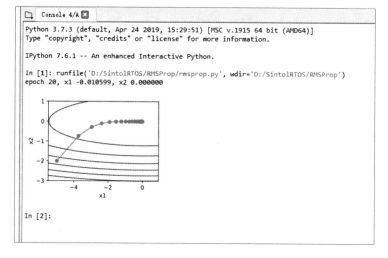

图 6-31　RMSProp 示例运行结果

6.9.3 Adam 算法与优化

Adam 算法结合 AdaGrad 和 RMSProp 算法的优点，通过对梯度进行一阶矩阵估计（通过梯度的均值）和二阶矩阵估计（通过梯度的去中心化方差）综合计算进行步长的计算，它具有以下优点：

- 实现较为简单、计算效率高、需要内存小；
- 参数的更新不受梯度伸缩的变换影响；
- 超参数解释性较好，调整比较少；
- 初始学习率和更新步长可以控制在可控范围内；
- 可以自动调整学习率进行步长回退；
- 非常适用于大规模、分布式的参数更新场景。

Adam 算法的伪代码实现过程如下：

```
-------------------------------------------------------------
Algorithm 1:Adam,our proposed algorithm for stochastic optimization.See
section 2 for details,and for a slightly more efficient(but less clear)order
of computation. g_t^2 indicates the elementwise square g_t×g_t.Good defaut
settins for the tested machine learning problems are α=0.001, β_1=0.9, β_2=
0.999 and ε=10^-8.All operations on vectors are element-wise.With β_1^t and β_2^t
we denoteβ_1 and β_2 to the power t.
-------------------------------------------------------------
Require: α:Stepsize
Require: β_1,β_2∈[0,1):Exponential decay rates for the moment estimates
Require:f(θ):Stochastic objective function with parametersθ
Require: θ_0:Initial parameter vector
      m_0←0 (Initialize 1^st moment vector)
      v_0←0 (Initialize 2^nd moment vector)
      t←0 (Initialize timestep)
      While θ_t not converged do
        t←t+1
        g_t←∇_θf_t(θ_{t-1}) (Get gradients w.r.t. stochastic objective at timestep t)
        m_t←β_1·m_{t-1}+(1-β_1)•g_t (Update biased first moment estimate)
        v_t←β_2·v_{t-1}+(1-β_2)•g_t^2 (Update biased second raw moment estimate)
        m̃_t ← m_t(1-β_1^t)(Compute bias-corrected first moment estimate)
        ṽ_t ← v_t(1-β_2^t) (Compute bias-corrected second raw moment estimate)
        θ_t←θ_{t-1}-α×m̃/(√ṽ_t +ε)(Update parameters)
      End while
      Return θ_t(Resulting parameters)
-------------------------------------------------------------
```

Adam 算法的更新规则步骤如下：

（1）假设到了第 t 迭代步，它的梯度计算如下：

$$g_t = \nabla_\theta J(\theta_{t-1})$$

计算梯度指数的移动平均数。

（2）综合考虑以前时间步骤的梯度动量，通过设置 β_1 为指数衰减率重新控制权重的分配，设置当前动量与梯度，计算公式如下：

$$m_t = \beta_1 m_{t-1} + (1-\beta_1) g_t$$

（3）设置 β_2 为指数衰减率，进行梯度平方加权，取平均值，计算公式如下：

$$v_t = \beta_2 v_{t-1} + (1-\beta_2) g_t^2$$

（4）对梯度的平均值进行偏差纠正，降低对训练初期的影响，具体公式如下：

$$\overline{m_t} = m_t / (1-\beta_1^t)$$

（5）对 v_t 进行纠正，降低偏向 0 的问题，具体公式如下：

$$\overline{v_t} = v_t / (1-\beta_2^t)$$

（6）更新参数，将初始的学习率乘以梯度均值与方差的平方根比率，具体公式如下：

$$\overline{v_t} = v_t / (1-\beta_2^t) \alpha \overline{m_t} / (\sqrt{\overline{v_t}} + \varepsilon)$$

可以同步示例工程，网址为 https://github.com/SintolRTOS/RMSProp.git。
具体代码如下：

```
# -*- coding: UTF-8 -*-
# author: wangjingyi
import sys
print(sys.version)
import autograd.numpy as np
from autograd import grad

EPOCHS = 1000

class Adam:
    #初始化
    def __init__(self, loss, weights, lr=0.001, beta1=0.9, beta2=0.999,
epislon=1e-8):
        self.loss = loss
        self.theta = weights
        self.lr = lr
        self.beta1 = beta1
        self.beta2 = beta2
        self.epislon = epislon
        self.get_gradient = grad(loss)
        self.m = 0
        self.v = 0
        self.t = 0
    #最小化行
    def minimize_raw(self):
        self.t += 1
        g = self.get_gradient(self.theta)
        self.m = self.beta1 * self.m + (1 - self.beta1) * g
```

```
            self.v = self.beta2 * self.v + (1 - self.beta2) * (g * g)
            self.m_cat = self.m / (1 - self.beta1 ** self.t)
            self.v_cat = self.v / (1 - self.beta2 ** self.t)
            self.theta -= self.lr * self.m_cat / (self.v_cat ** 0.5 + self.epislon)
```

```
    #取最小值逼近
    def minimize(self):
        self.t += 1
        g = self.get_gradient(self.theta)
        lr = self.lr * (1 - self.beta2 ** self.t) ** 0.5 / (1 - self.beta1
** self.t)
        self.m = self.beta1 * self.m + (1 - self.beta1) * g
        self.v = self.beta2 * self.v + (1 - self.beta2) * (g * g)
        self.theta -= lr * self.m / (self.v ** 0.5 + self.epislon)
```

```
    #显示最小损失
    def minimize_show(self, epochs=5000):
        for _ in range(epochs):
            self.t += 1
            g = self.get_gradient(self.theta)
            lr = self.lr * (1 - self.beta2 ** self.t) ** 0.5 / (1 - self.beta1
** self.t)
            self.m = self.beta1 * self.m + (1 - self.beta1) * g
            self.v = self.beta2 * self.v + (1 - self.beta2) * (g * g)
            self.theta -= lr * self.m / (self.v ** 0.5 + self.epislon)
            print("step{: 4d} g:{} lr:{} m:{} v:{} theta:{}".format(self.t,
g, lr, self.m, self.v,
 self.theta))

        final_loss = self.loss(self.theta)
        # print("final loss:{} weights:{}".format(final_loss, self.theta))
```

```
    #sigmoid 函数计算
def sigmoid(x):
    return 0.5*(np.tanh(x) + 1)
```

```
    # 根据逻辑模型输出标签为真的概率
def logistic_predictions(weights, inputs):
    return sigmoid(np.dot(inputs, weights))
```

```
    # 训练损失是训练标签的负对数可能性
def training_loss(weights):
    preds = logistic_predictions(weights, inputs)
    label_probabilities = preds * targets + (1 - preds) * (1 - targets)
    return -np.sum(np.log(label_probabilities))
```

```
# 构建一个测试数据集
inputs = np.array([[0.52, 1.12,  0.77],
                   [0.88, -1.08, 0.15],
                   [0.52, 0.06, -1.30],
                   [0.74, -2.49, 1.39]])
targets = np.array([True, True, False, True])
weights = np.array([0.0, 0.0, 0.0])
```

```python
def sgd(epochs=1000):
    training_gradient_fun = grad(training_loss)
    # 使用梯度下降法优化权重
    weights = np.array([0.0, 0.0, 0.0])
    print("Initial loss:{}".format(training_loss(weights)))
    for i in range(epochs):
        weights -= training_gradient_fun(weights) * 0.01

    print("Trained loss:{}".format(training_loss(weights)))
    print("weights:{}".format(weights))

# 执行主函数
if __name__ == "__main__":
    adam = Adam(training_loss, weights, lr=0.01)
    print("start to optimize:")
    # adam.minimize_show(epochs=EPOCHS)

    for i in range(EPOCHS):
        adam.minimize_raw()
    print("weights:{} loss:{}".format(adam.theta, adam.loss(adam.theta)))
```

运行结果如图 6-32 所示。

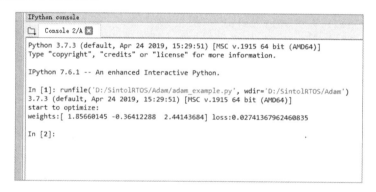

图 6-32　Adam 算法运行结果示例

6.10　分布式与机器学习算法规模化的发展与价值

在未来的大数据时代，分布式与机器学习将变得密不可分，承载未来复杂环境下的人工智能，势必需要将两者合二为一。本节就来看看分布式机器学习算法发展的情况和商业价值。

在互联网中，亿万用户每天产生的数据超过百亿规模，形成了超大规模的训练样本。将如此巨大的数据训练成简单易用的模型为用户提供服务，既给机器学习平台带来了巨大挑战，也给相关行业带来了巨大的商业价值。

腾讯公司针对自身的系统，开发了分布式机器学习平台——无量系统，用于广告和推荐场景。它的系统架构如图 6-33 所示。

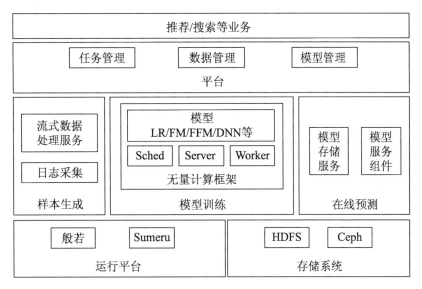

图 6-33 无量机器学习平台

针对庞大的训练任务,基于机器学习、深度学习任务,使用般若调度系统提供在线训练集群、在线预测服务;基于 Sumeru 系统,它是基于 Docker 容器化技术,提供快速部署、可扩展的基础设施。在存储方面,提供了 HDFS 作为常规分布式网络存储,可以和数据分析模块进行良好协作。另外,它提供 Ceph 使用高性能文件操作,弥补文件操作不灵活的不足。

在日志方面,腾讯公司使用 MIG 灯塔系统,可以实时服务和生成训练样本。腾讯公司自主研发了参数服务器架构,提供无量计算框架,可以支持千亿级模型的训练任务,支持离线训练、在线流训练。

整个系统具有 3 个关键维度的设计目标:

- 千亿级别的模型参数;
- 千亿级别的数据样本;
- 高性能的计算能力。

参数服务器可以进行数据的分片和并行计算,具体算法如下:

算法:分布式 graditent-based 优化

```
1:Initialize w₀ at everty machine
2:for t=0,…do
    #数据分片
    Patition I_t = ⋃_{k=1}^{m} I_{t_k}
    #并行计算 g
    For k=1,…,m do in PARALLEL
```

```
        Compute  g_t^{(k)} ← Σ_{i∈I_{t_k}} ∂f_t(w_t)  on machine k
    end for
    #聚合 g

    Aggregate  g_t^{(k)} ← Σ_{k=1}^{m} g_t^{(k)}  on machine 0

    #更新 w
    Update  w_{t+1} ← w_t - H_t^{-1} g_t  on machine 0
    #广播 w
    Broadcast  w_{t+1} from machine 0 to all machine
end for
```

在模型的管理方面，通过分布式的分类形成了多种样本、多种模型的训练和存储，如图 6-34 所示。

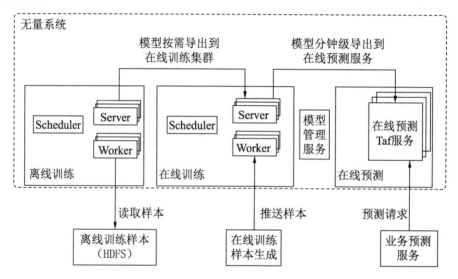

图 6-34　分布式模型训练和存储

随着互联网的发展，大规模的模型和定制将逐渐成为主流解决方案，灵活、高效、易于管理的分布式机器学习平台将不断扩展自身的能力，再结合 GPU 的深度学习能力，覆盖更多的场景和 AI 应用，成为未来各大企业最重要的科技发动机。

6.11　本章小结

本章介绍了一些常用的机器学习、深度学习的算法和优化方法，并且结合分布式技术进行了算法改进，读者可以通过实际案例熟悉相关的原理。学习完本章后，请思考以下问题：

（1）机器学习主要解决哪两大类问题？分别是什么意思？

（2）逻辑回归的演化过程是什么？它和其他的回归算法有什么关系和区别？

（3）支持向量机有什么作用？它是如何解决线性分类和非线性分类问题的？核函数的原理和作用是什么？

（4）决策树的原理是什么？有哪些常用算法？它适合应用在哪些场景？

（5）多任务、多进程如何对神经网络算法进行分布式改进？

（6）机器学习的常用优化算法有哪些？进行分布式改进的原理是什么？

（7）机器学习和深度学习的关系是什么？为什么需要深度学习？深度学习的优化算法和分布式改进原理是什么？

（8）分布式机器学习的未来有哪些发展方向？我们应该如何去发挥这种技术？如何打造自己的分布式机器学习平台？

第7章　生成网络和强化学习

对抗生成、强化学习是人工智能发展的重要分支，在我们的群体智能系统中，博弈、对抗、协作是最重要的算法组成部分。本章就来了解这部分的相关原理。

7.1　生成对抗网络

在 3.10.3 中已经介绍过 GAN 的应用功能和基础使用方法，本节就来讲解它的具体原理，并且形成算法流程。

对抗网络的意思是通过对抗产生网络模型，它主要负责生成如下两个网络。

- 生成器网络：负责伪造数据，让数据尽可能接近真实样本。
- 判别器网络：判定生成的数据是真实的还是虚拟创造的。

以上两个网络形成博弈环境，让生成器生成的数据更加真实，让判别器的判别能力更加强大。生成对抗网络形成一个通用框架，生成深度模型和多层感知机。生成的样本可以由随机噪声得到。

生成器和判别器是基于多层感知 MLP 的神经网络构成的。生成器可以由噪声生成数据映射形成真实数据。判别器则对数据进行分析，通过神经网络输出概率分布的概率值。生成器和判别器的工作形式如图 7-1 所示。

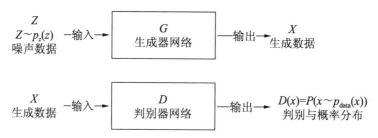

图 7-1　生成器和判别器的工作形式

我们通过一个示例来说明生成器和判别器的计算过程。假设有 m 个样本数据 $S=\{x(1), \cdots, x(m)\}$。给一个概率分布函数 $p_z(z)$，使用随机变量 $Z \sim p_z(z)$ 采集样本，获得 m 个噪声样本，输出 $\{z(1), \cdots, z(m)\}$。此时可以得到似然函数，具体如下：

$$L(x^{(1)},\cdots,x^{(m)},z^{(1)},\cdots,z^{(m)} \mid \theta_g,\theta_d) = \prod_{i=1}^{m} D(x^{(i)})^{I\{x^{(i)}\in \text{Data}\}}(1-D(x^{(i)}))^{I\{x^{(i)}\notin \text{Data}\}}$$

$$\prod_{j=1}^{m} D(G(x^{(j)}))^{I\{G(x^{(j)})\in \text{Data}\}}(1-D(G(x^{(i)})))^{I\{G(x^{(i)})\notin \text{Data}\}}$$

$$= \prod_{i=1}^{m} D(x^{(i)}) \prod_{j=1}^{m}(1-D(G(x^{(j)})))$$

对上式取对数，进行变换，获得对数似然函数，具体如下：

$$\log L = \log(\prod_{i=1}^{m} D(x^{(i)}) \prod_{j=1}^{m}(1-D(G(x^{(j)})))) = \sum_{i=1}^{m} \log D(x^{(i)}) + \sum_{j=1}^{m} \log(1-G(x^{(j)}))$$

依据大数定律，假设 $m \to \infty$，这时候使用经验损失近似替代期望损失，变换公式如下：

$$\log L \approx E_{x \sim p_{\text{data}}(x)}[\log D(x)] + E_{x \sim p_z(x)}[\log(1-D(x))]$$

计算的整个过程形成一个博弈环境，生成器会尽可能生成真实数据，判别器会不断提高自身判别能力。上面构造的似然函数就是判别器 $D(x)$ 的优化目标函数。一方面我们会通过极大化对数似然函数对判别器进行学习参数优化，另一方面会使用极小化对数似然函数进行生成器的学习参数优化，具体公式如下：

$$\min_G \max_D V(D,G) = E_{x \sim p_{\text{data}}(x)}[\log D(x)] + E_{x \sim p_z(x)}[\log(1-D(x))]$$

整个 GAN 训练的算法流程如下：

```
---------------------------------------------------------------
Algorithm 1 Minibatch stochastic gradient descent training of generative
adversarial nets.The number of steps to apply to the discriminator,k is a
hyperparameter.We used k=1,tha least expensive option,in our experiments.
---------------------------------------------------------------
for number of training iterations do
for k steps do
    Sample minibatch of m noise samples {z⁽¹⁾, ⋯ , z⁽ᵐ⁾} form noise prior pg(z).
    Sample minibatch of m examples {x⁽¹⁾, ⋯ , x⁽ᵐ⁾} from data generating
distribution
pdata(x).
Update the discriminator by ascending its stochastic gradient:
```

$$\nabla \theta_d \frac{1}{m}\sum_{i=1}^{m}\Big[\log D(x^{(i)}) + \log(1-D(G(z^{(i)})))\Big]$$

```
end for
Sample minibatch of m noise samples{z⁽¹⁾, ⋯ , z⁽ᵐ⁾}from noise prior pg(z).
Update the generator by descending its stochastic gradient:
```

$$\nabla \theta_d \frac{1}{m}\sum_{i=1}^{m}\log(1-D(G(z^{(i)})))$$

```
end for
The gradient-based updats can use any standard gradient-based learning
rule.We used momentum in our experiments.
---------------------------------------------------------------
```

我们可以通过一个训练的效果图观察一下 GAN 对抗网络训练的运行效果，如图 7-2 所示。

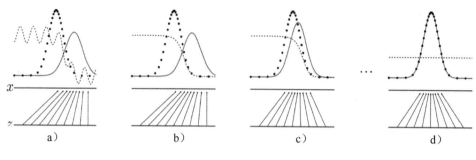

图 7-2　GAN 训练效果流程

GAN 的训练流程如下：

（1）x 表示样本的范围域，$G(z)$ 为生成器，从均匀分布的数据中采集样本，映射到非均匀支撑环境，就是 $Z \to X$ 的线路图。

（2）绿色曲线（图中实线）表示 $x=G(z)$ 生成器的概率密度函数 p_g。

（3）黑色曲线（图中稀疏的虚线）表示创造的概率密度函数 p_{data}。

（4）蓝色曲线（图中密集的虚线）表示判别器的概率函数 $D(x)$。

（5）当绿色和黑色曲线接近收敛时，可以看出判别函数 D 部分正确。

（6）算法进行内部循环优化，对当前状态的生成器 G 用优化判别器 D 优化的结果就是蓝色线的变化。

（7）当内部循环优化完成后，固定判别器 D 再对生成器 G 进行优化，这时 D 的梯度会让 G 接近 D 的分界面。

（8）G 和 D 训练的网络都能表达各自的计算能力，两者在博弈环境中形成平衡，此时 $p_g=p_{data}$，判别器就无法区分了，训练完成。

实际的 GAN 对抗神经网络的 Demo 已经在 3.10.3 节中进行了讲解，读者可以回过去再进行代码开发和测试。

7.2　深度卷积生成对抗网络

针对图像领域，生成对抗网络 GAN 算法还能够进一步优化，这就是对抗生成卷积神经网络 DCGAN，本节就来了解它的原理。

DCGAN 全称为 Deep Convolution Generative Adversarial Networks，它将 GAN 和卷积网络结合起来，解决了在图像领域 GAN 训练不稳定的问题。

CNN 在监督学习领域取得了非常好的效果，可以实现大规模的图片分类、目标检测，但是在非监督学习中一直没有突破。

DCGAN 算法可以在非监督环境下进行图像识别训练，获得稳定的训练和识别效果，具有较好的泛化能力。

DCGAN 的核心方法是采用 3 个方案对 GAN 架构进行改进，下面具体介绍。

1．全卷积网络

CNN 卷积神经网络将使用步幅卷积，用以替代确定性空间的池化函数，可以支持网络学习在自己数据样本空间下的采集样本。

对于应生成网络和判别网络，可以学习自己的数据样本空间进行采样。

2．在最顶层卷积消除全连接层

全局的池化网络可以提高模型的稳定性，但是会降低训练的收敛速度。经过研究表明，在最高卷积特征的中间段，直接使用"生成网络"的输入、判别网络的输出连接，模型也能有很好的效果。

我们对 GAN 的第一层获取统一的噪声分布 Z 输入，全连接层形成一个矩阵乘法，结果重组为四维张量，作为卷积叠加的起始。

判别器方面，最后一个卷积层平滑输入单个 Sigmoid 函数计算的输出。

全卷积神经网络和平均池化的模型结构可视化如图 7-3 所示。

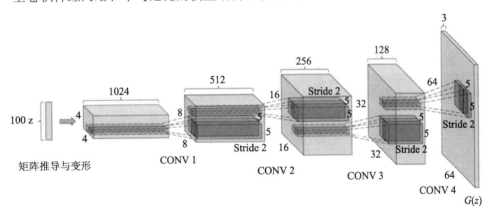

图 7-3　全卷积神经网络和平均池化模型结构

图 7-4 将 100 维度的样本均匀分布到 z，映射多个特征映射空间，形成小空间范围的卷积。再使用 4 个微步幅度的卷积将高层表特征转换称为 64×64 的图像。

3．批处理规范化

将输入单元进行标准化，形成 0 均值和单位方差，让学习效果稳定，可以将由初始化方法不良所导致的模型训练问题进行改善，优化梯度流程，进入更深网络层。

研究表明，使用 ReLU 激活函数生成模型有较好效果，并且在输出层使用 Tanh 激活函数；在判别网络模型中，使用 LeakyRelu 激活函数有较好效果。

在实际的 DCGAN 训练过程中，需要注意以下细节：

- 所有的 pooling 池化层需要使用步幅卷积，在判别网络中进行替换，使用微步幅卷积在生成网络中进行替换。
- 生成网络和判别网络都需要进行批处理规范化。
- 对网络更深的架构需要移除全连接隐藏层。
- 在生成网络的所有层上都使用 ReLU 激活函数，在输出层使用 Tanh 激活函数。
- 在判别网络的所有层上都使用 LeakyReLU 激活函数。
- 所有输出都是 Tanh 激活函数，值域范围为[-1,1]。
- 模型通过小批量随机梯度下降法进行训练，它的批量大小为 128。
- 权重最好初始化，均值保持为 0，标准差保持为 0.02 的正态分布。
- LeakyReLU 的激活函数设置 leaky 斜率为 0.2。
- 使用 Adm optimizer 调节优化超参数。
- 学习率可以使用 0.001 或者更低的 0.0002。
- 设置 momentum termβ_1 为 0.5，可以让训练更加稳定。

我们通过一个示例工程来看一下具体实现。

（1）下载示例工程，网址为 https://github.com/SintolRTOS/DCGAN_Example.git，将其同步到本地。

（2）下载数据集。在 cmd 环境下跳转到工程目录，输入命令 python download.py mnist celebA，如图 7-4 所示。

```
(tensorflow) D:\SintolRTOS\DCGAN_Example>python download.py mnist celebA
./data\img_align_celeba.zip: 44.1kB [04:02, 182B/s]
```

图 7-4　输入命令

（3）训练模型。输入如下命令：

```
$ python main.py --dataset mnist --input_height=28 --output_height=28
--train
$ python main.py --dataset celebA --input_height=108 --train --crop
```

（4）测试模型。输入如下命令：

```
$ python main.py --dataset mnist --input_height=28 --output_height=28
$ python main.py --dataset celebA --input_height=108 --crop
```

（5）使用数据集生成图片。输入如下命令：

```
$ mkdir data/DATASET_NAME
... add images to data/DATASET_NAME ...
$ python main.py --dataset DATASET_NAME --train
$ python main.py --dataset DATASET_NAME
$ # example
$ python main.py --dataset=eyes --input_fname_pattern="*_cropped.png"
-train
```

```
$ python main.py --dataset DATASET_NAME --data_dir DATASET_ROOT_DIR --train
$ python main.py --dataset DATASET_NAME --data_dir DATASET_ROOT_DIR
$ # example
$ python main.py --dataset=eyes --data_dir ../datasets/ --input_fname_
pattern="*_cropped.png" --train
```

训练后生成了相似的人脸信息，生成结果如图 7-5 所示。

图 7-5　DCGAN 卷积对抗生成结果

其中，核心的代码为 model.py，构建了生成器 G 和判定器 D 的网络模型，具体如下：

```python
from __future__ import division
from __future__ import print_function
import os
import time
import math
from glob import glob
import TensorFlow as tf
import numpy as np
from six.moves import xrange

from ops import *
from utils import *
#池化输出同样的大小
def conv_out_size_same(size, stride):
  return int(math.ceil(float(size) / float(stride)))
#生成一个随机数
def gen_random(mode, size):
    #根据不同的参数生成不同的随机数方法
    if mode=='normal01': return np.random.normal(0,1,size=size)
    if mode=='uniform_signed': return np.random.uniform(-1,1,size=size)
    if mode=='uniform_unsigned': return np.random.uniform(0,1,size=size)

#DCGAN 神经网络模型代码
class DCGAN(object):
  def __init__(self, sess, input_height=108, input_width=108, crop=True,
        batch_size=64, sample_num = 64, output_height=64, output_width=64,
        y_dim=None, z_dim=100, gf_dim=64, df_dim=64,
        gfc_dim=1024, dfc_dim=1024, c_dim=3, dataset_name='default',
        max_to_keep=1,
        input_fname_pattern='*.jpg', checkpoint_dir='ckpts', sample_dir=
'samples', out_dir='./out',
        data_dir='./data'):
    """
    #参数列表说明
    Args:
```

```
    sess: TensorFlow 会话
    batch_size: 批量的大小，是否应在训练前指定
    y_dim: (可选)y 的 dim 尺寸. [None]
    z_dim: (可选)Z 的 dim 尺寸. [100]
    gf_dim: (可选)gen 过滤器在第一 conv 层的尺寸. [64]
    df_dim: (可选)第一层描述滤波器的尺寸. [64]
    gfc_dim: (可选)全连接层的 gen 单位尺寸. [1024]
    dfc_dim: (可选)全连接层的描述单元尺寸. [1024]
    c_dim: (可选)图像颜色尺寸，对于灰度输入，设置为 1. [3]
    """
    #初始化会话层
    self.sess = sess
    self.crop = crop
    #初始化数据批次大小
    self.batch_size = batch_size
    self.sample_num = sample_num
    #初始化输入层
    self.input_height = input_height
    self.input_width = input_width
    self.output_height = output_height
    self.output_width = output_width

    self.y_dim = y_dim
    self.z_dim = z_dim

    self.gf_dim = gf_dim
    self.df_dim = df_dim

    self.gfc_dim = gfc_dim
    self.dfc_dim = dfc_dim


    # 批处理规范化：处理糟糕的初始化有助于梯度流
    self.d_bn1 = batch_norm(name='d_bn1')
    self.d_bn2 = batch_norm(name='d_bn2')

    if not self.y_dim:
      self.d_bn3 = batch_norm(name='d_bn3')

    self.g_bn0 = batch_norm(name='g_bn0')
    self.g_bn1 = batch_norm(name='g_bn1')
    self.g_bn2 = batch_norm(name='g_bn2')

    if not self.y_dim:
      self.g_bn3 = batch_norm(name='g_bn3')

    self.dataset_name = dataset_name
    self.input_fname_pattern = input_fname_pattern
    self.checkpoint_dir = checkpoint_dir
    self.data_dir = data_dir
    self.out_dir = out_dir
    self.max_to_keep = max_to_keep
    #初始化数据集的名称
    if self.dataset_name == 'mnist':
```

```
        self.data_X, self.data_y = self.load_mnist()
        self.c_dim = self.data_X[0].shape[-1]
      else:
        data_path = os.path.join(self.data_dir, self.dataset_name, self.
input_fname_pattern)
        self.data = glob(data_path)
        if len(self.data) == 0:
          raise Exception("[!] No data found in '" + data_path + "'")
        np.random.shuffle(self.data)
        imreadImg = imread(self.data[0])
        if len(imreadImg.shape) >= 3: #通过检查通道号来检查图像是否为非灰度图像
          self.c_dim = imread(self.data[0]).shape[-1]
        else:
          self.c_dim = 1

        if len(self.data) < self.batch_size:
          raise Exception("[!] Entire dataset size is less than the configured
batch_size")

    self.grayscale = (self.c_dim == 1)

    self.build_model()
  #构建模型
  def build_model(self):
    if self.y_dim:
      self.y = tf.placeholder(tf.float32, [self.batch_size, self.y_dim],
name='y')
    else:
      self.y = None
    #初始化图像空间
    if self.crop:
      image_dims = [self.output_height, self.output_width, self.c_dim]
    else:
      image_dims = [self.input_height, self.input_width, self.c_dim]

    self.inputs = tf.placeholder(
      tf.float32, [self.batch_size] + image_dims, name='real_images')

    inputs = self.inputs

    self.z = tf.placeholder(
      tf.float32, [None, self.z_dim], name='z')
    self.z_sum = histogram_summary("z", self.z)
    #初始化神经网络 G、D，以及逻辑回归等
    self.G                  = self.generator(self.z, self.y)
    self.D, self.D_logits   = self.discriminator(inputs, self.y, reuse=
False)
    self.sampler            = self.sampler(self.z, self.y)
    self.D_, self.D_logits_ = self.discriminator(self.G, self.y, reuse=
True)

    self.d_sum = histogram_summary("d", self.D)
    self.d__sum = histogram_summary("d_", self.D_)
    self.G_sum = image_summary("G", self.G)
```

```python
#逻辑回归 sigmoid 相关函数的计算
def sigmoid_cross_entropy_with_logits(x, y):
    try:
        return tf.nn.sigmoid_cross_entropy_with_logits(logits=x, labels=y)
    except:
        return tf.nn.sigmoid_cross_entropy_with_logits(logits=x, targets=y)
#处理损失函数值
self.d_loss_real = tf.reduce_mean(
    sigmoid_cross_entropy_with_logits(self.D_logits, tf.ones_like(self.D)))
self.d_loss_fake = tf.reduce_mean(
    sigmoid_cross_entropy_with_logits(self.D_logits_, tf.zeros_like(self.D_)))
self.g_loss = tf.reduce_mean(
    sigmoid_cross_entropy_with_logits(self.D_logits_, tf.ones_like(self.D_)))
#处理损失值集合
self.d_loss_real_sum = scalar_summary("d_loss_real", self.d_loss_real)
self.d_loss_fake_sum = scalar_summary("d_loss_fake", self.d_loss_fake)

self.d_loss = self.d_loss_real + self.d_loss_fake

self.g_loss_sum = scalar_summary("g_loss", self.g_loss)
self.d_loss_sum = scalar_summary("d_loss", self.d_loss)
#初始化训练参数
t_vars = tf.trainable_variables()

self.d_vars = [var for var in t_vars if 'd_' in var.name]
    self.g_vars = [var for var in t_vars if 'g_' in var.name]

self.saver = tf.train.Saver(max_to_keep=self.max_to_keep)
#训练函数处理
def train(self, config):
    #根据配置设置优化算法
    d_optim = tf.train.AdamOptimizer(config.learning_rate, beta1=config.
beta1) \.minimize(self.d_loss, var_list=self.d_vars)
    g_optim = tf.train.AdamOptimizer(config.learning_rate, beta1=config.
beta1) \.minimize(self.g_loss, var_list=self.g_vars)
    #全局变量初始化
    try:
        tf.global_variables_initializer().run()
    except:
        tf.initialize_all_variables().run()
    #配置 G 网络配置
    if config.G_img_sum:
        self.g_sum = merge_summary([self.z_sum, self.d__sum, self.G_sum,
self.d_loss_fake_sum,
            self.g_loss_sum])
    else:
        self.g_sum = merge_summary([self.z_sum, self.d__sum, self.d_loss_
fake_sum,
            self.g_loss_sum])
    self.d_sum = merge_summary(
        [self.z_sum, self.d_sum, self.d_loss_real_sum, self.d_loss_sum])
    self.writer = SummaryWriter(os.path.join(self.out_dir, "logs"), self.
sess.graph)
```

```
    sample_z = gen_random(config.z_dist, size=(self.sample_num , self.
z_dim))
    #配置数据集 data
    if config.dataset == 'mnist':
      sample_inputs = self.data_X[0:self.sample_num]
      sample_labels = self.data_y[0:self.sample_num]
    else:
      sample_files = self.data[0:self.sample_num]
      sample = [
          get_image(sample_file,
                  input_height=self.input_height,
                  input_width=self.input_width,
                  resize_height=self.output_height,
                  resize_width=self.output_width,
                  crop=self.crop,
                  grayscale=self.grayscale) for sample_file in sample_files]
      if (self.grayscale):
        sample_inputs = np.array(sample).astype(np.float32)[:, :, :, None]
      else:
        sample_inputs = np.array(sample).astype(np.float32)
    #计数器
    counter = 1
    start_time = time.time()
    could_load, checkpoint_counter = self.load(self.checkpoint_dir)
    if could_load:
      counter = checkpoint_counter
      print(" [*] Load SUCCESS")
    else:
      print(" [!] Load failed...")
    #随机配置
    for epoch in xrange(config.epoch):
      if config.dataset == 'mnist':
        batch_idxs = min(len(self.data_X), config.train_size) // config.
batch_size
      else:
        self.data = glob(os.path.join(
          config.data_dir, config.dataset, self.input_fname_pattern))
        np.random.shuffle(self.data)
        batch_idxs = min(len(self.data), config.train_size) // config.
batch_size

      for idx in xrange(0, int(batch_idxs)):
        if config.dataset == 'mnist':
          batch_images = self.data_X[idx*config.batch_size:(idx+1)*config.
batch_size]
          batch_labels = self.data_y[idx*config.batch_size:(idx+1)*config.
batch_size]
        else:
          batch_files = self.data[idx*config.batch_size:(idx+1)*config.
batch_size]
          batch = [
              get_image(batch_file,
                      input_height=self.input_height,
                      input_width=self.input_width,
                      resize_height=self.output_height,
```

```
                        resize_width=self.output_width,
                        crop=self.crop,
                        grayscale=self.grayscale) for batch_file in batch_
files]
        if self.grayscale:
          batch_images = np.array(batch).astype(np.float32)[:, :, :, None]
        else:
          batch_images = np.array(batch).astype(np.float32)

      batch_z = gen_random(config.z_dist, size=[config.batch_size, self.
z_dim]) \
              .astype(np.float32)
      #配置数据
      if config.dataset == 'mnist':
        # 更新 D 神经网络
        _, summary_str = self.sess.run([d_optim, self.d_sum],
          feed_dict={
            self.inputs: batch_images,
            self.z: batch_z,
            self.y:batch_labels,
          })
        self.writer.add_summary(summary_str, counter)

        # 更新 G 神经网络
        _, summary_str = self.sess.run([g_optim, self.g_sum],
          feed_dict={
            self.z: batch_z,
            self.y:batch_labels,
          })
        self.writer.add_summary(summary_str, counter)

        # 运行两次 g_optim，以确保 d_loss 不会变为 0（与 paper 不同）
        _, summary_str = self.sess.run([g_optim, self.g_sum],
          feed_dict={ self.z: batch_z, self.y:batch_labels })
        self.writer.add_summary(summary_str, counter)

        errD_fake = self.d_loss_fake.eval({
            self.z: batch_z,
            self.y:batch_labels
        })
        errD_real = self.d_loss_real.eval({
            self.inputs: batch_images,
            self.y:batch_labels
        })
        errG = self.g_loss.eval({
            self.z: batch_z,
            self.y: batch_labels
        })
      else:
        # 更新 D 神经网络
        _, summary_str = self.sess.run([d_optim, self.d_sum],
          feed_dict={ self.inputs: batch_images, self.z: batch_z })
        self.writer.add_summary(summary_str, counter)
```

```python
    # 更新 G 神经网络
    _, summary_str = self.sess.run([g_optim, self.g_sum],
      feed_dict={ self.z: batch_z })
    self.writer.add_summary(summary_str, counter)

    # 运行两次 g_optim，以确保 d_loss 不会变为 0（与 paper 不同）
    _, summary_str = self.sess.run([g_optim, self.g_sum],
      feed_dict={ self.z: batch_z })
    self.writer.add_summary(summary_str, counter)

    errD_fake = self.d_loss_fake.eval({ self.z: batch_z })
    errD_real = self.d_loss_real.eval({ self.inputs: batch_images })
    errG = self.g_loss.eval({self.z: batch_z})

  print("[%8d Epoch:[%2d/%2d] [%4d/%4d] time: %4.4f, d_loss: %.8f, \
g_loss: %.8f" \
      % (counter, epoch, config.epoch, idx, batch_idxs,
        time.time() - start_time, errD_fake+errD_real, errG))

  if np.mod(counter, config.sample_freq) == 0:
    if config.dataset == 'mnist':
      samples, d_loss, g_loss = self.sess.run(
        [self.sampler, self.d_loss, self.g_loss],
        feed_dict={
          self.z: sample_z,
          self.inputs: sample_inputs,
          self.y:sample_labels,
        }
      )
      save_images(samples, image_manifold_size(samples.shape[0]),
          './{}/train_{:08d}.png'.format(config.sample_dir, counter))
      print("[Sample] d_loss: %.8f, g_loss: %.8f" % (d_loss, g_loss))
    else:
      try:
        samples, d_loss, g_loss = self.sess.run(
          [self.sampler, self.d_loss, self.g_loss],
          feed_dict={
            self.z: sample_z,
            self.inputs: sample_inputs,
          },
        )
        save_images(samples, image_manifold_size(samples.shape[0]),
            './{}/train_{:08d}.png'.format(config.sample_dir, counter))
        print("[Sample] d_loss: %.8f, g_loss: %.8f" % (d_loss, g_loss))
      except:
        print("one pic error!...")

  if np.mod(counter, config.ckpt_freq) == 0:
    self.save(config.checkpoint_dir, counter)

  counter += 1
#使用鉴别器函数
def discriminator(self, image, y=None, reuse=False):
  with tf.variable_scope("discriminator") as scope:
    if reuse:
```

```
                    scope.reuse_variables()

        if not self.y_dim:
            h0 = lrelu(conv2d(image, self.df_dim, name='d_h0_conv'))
            h1 = lrelu(self.d_bn1(conv2d(h0, self.df_dim*2, name='d_h1_conv')))
            h2 = lrelu(self.d_bn2(conv2d(h1, self.df_dim*4, name='d_h2_conv')))
            h3 = lrelu(self.d_bn3(conv2d(h2, self.df_dim*8, name='d_h3_conv')))
            h4 = linear(tf.reshape(h3, [self.batch_size, -1]), 1, 'd_h4_lin')

            return tf.nn.sigmoid(h4), h4
        else:
            yb = tf.reshape(y, [self.batch_size, 1, 1, self.y_dim])
            x = conv_cond_concat(image, yb)
            #激活器函数和池化计算
            h0 = lrelu(conv2d(x, self.c_dim + self.y_dim, name='d_h0_conv'))
            h0 = conv_cond_concat(h0, yb)
            #激活函数计算与连接层连接
            h1 = lrelu(self.d_bn1(conv2d(h0, self.df_dim + self.y_dim, name=
'd_h1_conv')))
            h1 = tf.reshape(h1, [self.batch_size, -1])
            h1 = concat([h1, y], 1)

            h2 = lrelu(self.d_bn2(linear(h1, self.dfc_dim, 'd_h2_lin')))
            h2 = concat([h2, y], 1)

            h3 = linear(h2, 1, 'd_h3_lin')

            return tf.nn.sigmoid(h3), h3
    #生成五层神经网络
    def generator(self, z, y=None):
      with tf.variable_scope("generator") as scope:
        if not self.y_dim:
            s_h, s_w = self.output_height, self.output_width
            s_h2, s_w2 = conv_out_size_same(s_h, 2), conv_out_size_same(s_w, 2)
            s_h4, s_w4 = conv_out_size_same(s_h2, 2), conv_out_size_same(s_w2, 2)
            s_h8, s_w8 = conv_out_size_same(s_h4, 2), conv_out_size_same(s_w4, 2)
            s_h16, s_w16 = conv_out_size_same(s_h8, 2), conv_out_size_same
(s_w8, 2)

            # 项目 z 和形状重塑
            self.z_, self.h0_w, self.h0_b = linear(
                z, self.gf_dim*8*s_h16*s_w16, 'g_h0_lin', with_w=True)
            #形状重塑
            self.h0 = tf.reshape(
                self.z_, [-1, s_h16, s_w16, self.gf_dim * 8])
            h0 = tf.nn.relu(self.g_bn0(self.h0))

            self.h1, self.h1_w, self.h1_b = deconv2d(
                h0, [self.batch_size, s_h8, s_w8, self.gf_dim*4], name='g_h1',
with_w=True)
            h1 = tf.nn.relu(self.g_bn1(self.h1))
            #激活函数设置
            h2, self.h2_w, self.h2_b = deconv2d(
                h1, [self.batch_size, s_h4, s_w4, self.gf_dim*2], name='g_h2',
```

```
with_w=True)
        h2 = tf.nn.relu(self.g_bn2(h2))
        #池化与激活函数处理
        h3, self.h3_w, self.h3_b = deconv2d(
            h2, [self.batch_size, s_h2, s_w2, self.gf_dim*1], name='g_h3',
with_w=True)
        h3 = tf.nn.relu(self.g_bn3(h3))
        #池化处理
        h4, self.h4_w, self.h4_b = deconv2d(
            h3, [self.batch_size, s_h, s_w, self.c_dim], name='g_h4',
with_w=True)

        return tf.nn.tanh(h4)
      else:
        s_h, s_w = self.output_height, self.output_width
        s_h2, s_h4 = int(s_h/2), int(s_h/4)
        s_w2, s_w4 = int(s_w/2), int(s_w/4)

        # yb = tf.expand_dims(tf.expand_dims(y, 1),2)
        yb = tf.reshape(y, [self.batch_size, 1, 1, self.y_dim])
        z = concat([z, y], 1)
        #激活函数与连接
        h0 = tf.nn.relu(
            self.g_bn0(linear(z, self.gfc_dim, 'g_h0_lin')))
        h0 = concat([h0, y], 1)
        #激活函数与重塑
        h1 = tf.nn.relu(self.g_bn1(
            linear(h0, self.gf_dim*2*s_h4*s_w4, 'g_h1_lin')))
        h1 = tf.reshape(h1, [self.batch_size, s_h4, s_w4, self.gf_dim * 2])

        h1 = conv_cond_concat(h1, yb)

        h2 = tf.nn.relu(self.g_bn2(deconv2d(h1,
            [self.batch_size, s_h2, s_w2, self.gf_dim * 2], name='g_h2')))
        h2 = conv_cond_concat(h2, yb)
        #sigmoid输出池化结果
        return tf.nn.sigmoid(
            deconv2d(h2, [self.batch_size, s_h, s_w, self.c_dim], name=
'g_h3'))

  def sampler(self, z, y=None):
    with tf.variable_scope("generator") as scope:
      scope.reuse_variables()

      if not self.y_dim:
        s_h, s_w = self.output_height, self.output_width
        s_h2, s_w2 = conv_out_size_same(s_h, 2), conv_out_size_same(s_w, 2)
        s_h4, s_w4 = conv_out_size_same(s_h2, 2), conv_out_size_same(s_w2, 2)
        s_h8, s_w8 = conv_out_size_same(s_h4, 2), conv_out_size_same(s_w4, 2)
        s_h16, s_w16 = conv_out_size_same(s_h8, 2), conv_out_size_same
(s_w8, 2)

        # 项目 z 和形状重塑
        h0 = tf.reshape(
```

```
                linear(z, self.gf_dim*8*s_h16*s_w16, 'g_h0_lin'),
                [-1, s_h16, s_w16, self.gf_dim * 8])
            h0 = tf.nn.relu(self.g_bn0(h0, train=False))
            #池化与激活函数
            h1 = deconv2d(h0, [self.batch_size, s_h8, s_w8, self.gf_dim*4],
    name='g_h1')
            h1 = tf.nn.relu(self.g_bn1(h1, train=False))
            #再次池化处理与激活函数
            h2 = deconv2d(h1, [self.batch_size, s_h4, s_w4, self.gf_dim*2],
    name='g_h2')
            h2 = tf.nn.relu(self.g_bn2(h2, train=False))
            #池化与激活函数
            h3 = deconv2d(h2, [self.batch_size, s_h2, s_w2, self.gf_dim*1],
    name='g_h3')
            h3 = tf.nn.relu(self.g_bn3(h3, train=False))

            h4 = deconv2d(h3, [self.batch_size, s_h, s_w, self.c_dim], name='g_h4')
            #tanh 函数处理输出返回
            return tf.nn.tanh(h4)
        else:
            s_h, s_w = self.output_height, self.output_width
            s_h2, s_h4 = int(s_h/2), int(s_h/4)
            s_w2, s_w4 = int(s_w/2), int(s_w/4)

            # yb = tf.reshape(y, [-1, 1, 1, self.y_dim])
            yb = tf.reshape(y, [self.batch_size, 1, 1, self.y_dim])
            z = concat([z, y], 1)
            #激活函数与连接
            h0 = tf.nn.relu(self.g_bn0(linear(z, self.gfc_dim, 'g_h0_lin'),
    train=False))
            h0 = concat([h0, y], 1)
            #激活函数与连接
            h1 = tf.nn.relu(self.g_bn1(
                linear(h0, self.gf_dim*2*s_h4*s_w4, 'g_h1_lin'), train=False))
            h1 = tf.reshape(h1, [self.batch_size, s_h4, s_w4, self.gf_dim * 2])
            h1 = conv_cond_concat(h1, yb)
            #激活函数与池化连接
            h2 = tf.nn.relu(self.g_bn2(
                deconv2d(h1, [self.batch_size, s_h2, s_w2, self.gf_dim * 2],
    name='g_h2'),
                    train=False))
            h2 = conv_cond_concat(h2, yb)

            return tf.nn.sigmoid(deconv2d(h2, [self.batch_size, s_h, s_w,
    self.c_dim], name='g_h3'))
    #加载 MNIST 数据集
    def load_mnist(self):
        data_dir = os.path.join(self.data_dir, self.dataset_name)
        #加载训练数据
        fd = open(os.path.join(data_dir,'train-images-idx3-ubyte'))
        loaded = np.fromfile(file=fd,dtype=np.uint8)
        trX = loaded[16:].reshape((60000,28,28,1)).astype(np.float)

        fd = open(os.path.join(data_dir,'train-labels-idx1-ubyte'))
```

```
    loaded = np.fromfile(file=fd,dtype=np.uint8)
    trY = loaded[8:].reshape((60000)).astype(np.float)

    fd = open(os.path.join(data_dir,'t10k-images-idx3-ubyte'))
    loaded = np.fromfile(file=fd,dtype=np.uint8)
    teX = loaded[16:].reshape((10000,28,28,1)).astype(np.float)

    fd = open(os.path.join(data_dir,'t10k-labels-idx1-ubyte'))
    loaded = np.fromfile(file=fd,dtype=np.uint8)
    teY = loaded[8:].reshape((10000)).astype(np.float)

    trY = np.asarray(trY)
    teY = np.asarray(teY)

    X = np.concatenate((trX, teX), axis=0)
    y = np.concatenate((trY, teY), axis=0).astype(np.int)

    seed = 547
    np.random.seed(seed)
    np.random.shuffle(X)
    np.random.seed(seed)
    np.random.shuffle(y)
    #y 层向量处理
    y_vec = np.zeros((len(y), self.y_dim), dtype=np.float)
    for i, label in enumerate(y):
      y_vec[i,y[i]] = 1.0

    return X/255.,y_vec
  #模型路径属性
  @property
  def model_dir(self):
    return "{}_{}_{}_{}".format(
        self.dataset_name, self.batch_size,
        self.output_height, self.output_width)
  #保存模型
  def save(self, checkpoint_dir, step, filename='model', ckpt=True, frozen=
False):
    # model_name = "DCGAN.model"
    # checkpoint_dir = os.path.join(checkpoint_dir, self.model_dir)

    filename += '.b' + str(self.batch_size)
    if not os.path.exists(checkpoint_dir):
      os.makedirs(checkpoint_dir)

    if ckpt:
      self.saver.save(self.sess,
            os.path.join(checkpoint_dir, filename),
```

```
                global_step=step)

    if frozen:
      tf.train.write_graph(
            tf.graph_util.convert_variables_to_constants(self.sess, self.
sess.graph_def,
            ["generator_1/Tanh"]),
            checkpoint_dir,
            '{}-{:06d}_frz.pb'.format(filename, step),
            as_text=False)
  #加载模型
  def load(self, checkpoint_dir):
    #import re
    print(" [*] Reading checkpoints...", checkpoint_dir)
    # checkpoint_dir = os.path.join(checkpoint_dir, self.model_dir)
    # print("      ->", checkpoint_dir)
    #训练模型点配置加载
    ckpt = tf.train.get_checkpoint_state(checkpoint_dir)
    if ckpt and ckpt.model_checkpoint_path:
      ckpt_name = os.path.basename(ckpt.model_checkpoint_path)
      self.saver.restore(self.sess, os.path.join(checkpoint_dir, ckpt_name))
      #counter = int(next(re.finditer("(\d+)(?!.*\d)",ckpt_name)).group(0))
      counter = int(ckpt_name.split('-')[-1])
      print(" [*] Success to read {}".format(ckpt_name))
      return True, counter
    else:
      print(" [*] Failed to find a checkpoint")
      return False, 0
```

7.3　分布式与多智能体对抗算法 MADDPG

　　分布式多智能体协作是本书要讲的核心技术内容，本节就来介绍如何使用多个智能体进行对抗协作，形成群体智能系统。在实际的应用中，这部分属于强化学习和对抗生成内容。本节以 MADDPG 算法作为案例，来讲解它的功能和原理。它属于多智能体协作、深度强化学习的典型算法，是现阶段非常具有应用前景的算法。

　　MADDPG 最早起源于 OpenAI 在 2017 年发表的一篇文章"Multi-Agent Actor-Critic for Mixed Copperative-Competitive Environments"。它将 AC 算法和 DDPG 算法结合，并且进行了改进，让传统的 RL 强化学习算法客服了无法处理复杂多智能体场景的问题。

　　传统的 RL 算法的主要问题是，每个智能体都在不断学习，改进本身策略，每个智能体对环境来看都是动态和不稳定的，多智能环境下，不利于算法进行收敛。

　　传统的经验回放型的强化学习算法，如 DQN、Police gradient，都会在多智能体环境下将强化学习的问题放大。

MADDPG 算法能解决多智能体问题，主要有以下特点：

- 可以通过学习获得最优策略，在实际应用中，算法模型只需要局部信息就可以计算出最优策略。
- 不需要知道环境的动态模型，不需要智能体之间有特殊通信。
- 适用于多智能体合作，也可以用于多智能体博弈竞争。

MADDPG 算法在优化上有以下特点：

- 可以进行集中训练，在模型执行时可以分布式执行。在训练的时候会使用 Critic 和 Actor 神经网络。在模型调用时候使用 Actor 网络模型，只需要知道局部信息。Critic 网络模型需要知道其他智能体策略。MADDPG 可以估计其他智能体策略，只需要知道其他智能体的观测和动作数据即可。
- 改进了强化学习的经验回放，使用动态环境。环境信息由$(x, x', \alpha_q, \cdots, \alpha_n, r_1, \cdots, r_n)$组成，$x=(o_1, \cdots, o_n)$是每个智能体观测周围的信息。
- 使用策略集合 Policy Ensemble 优化模型。每个智能体都会学习多个策略，在改进的时候，将使用整体效果进行优化，从而提高算法的鲁棒性和稳定性。

MADDPG 算法的本质是 DDPG 算法，它针对智能体训练优化，提供全局的 Critic 和局部信息 Actor，每个智能体有自己的独立奖励函数 reward function，从而在全局训练下，多个智能体形成合作或者对抗。它的算法原理来自于 DDPG 算法，支持连续的动作空间。

MADDPG 算法对传统 AC 算法的改进是支持 Critic 扩展的，可以利用其他智能体的策略进行学习，对其他智能体进行函数逼近，具体过程如下：

（1）假设 n 个智能体的策略参数表示为 $\theta=[\theta_1, \cdots, \theta_n]$，假设 n 个智能体的策略表示为 $u-[\pi_1, \cdots, \pi_n]$。

（2）设置第 i 个智能体，它总体积累的期望奖励计算函数如下：

$$J(\theta_i) = E_{s \sim p^\pi, \ \alpha_i \sim \pi\theta_i}[\sum_{t=0}^{\infty} \gamma^t r_i, t]$$

（3）对于随机的梯度，策略梯度的计算公式如下：

$$\nabla_{\theta_i} J(\theta_i) = E_{s \sim p^\pi, \ \alpha_i \sim \pi\theta_i}[\nabla_{\theta_i} \lg \pi_i(\alpha_i | o_i) Q_i^\pi(x, \alpha_1, ..., \alpha_n)]$$

式中，o_i 表示第 i 个智能体可以观测的数据；$x=[o_1, \cdots, o_n]$，是智能体的观测向量，表示当前外部状态；$Q_i^\pi(x, \alpha_1, \cdots, \alpha_n)$ 是第 i 个智能体在集中化环境中对应的状态-动作函数。每个智能体将独立学习自己的 Q 函数 Q_i^π，它们拥有自己独立的奖励函数，再基于集中策略，完成合作和博弈竞争。

（4）扩展随机策略梯度算法，形成确定性策略 u_{θ_i}，梯度计算公式如下：

$$\nabla_{\theta_i} J(u_i) = E_{x,\,\alpha \sim D} [\nabla_{\theta_i} u_i(\alpha_i \mid o_i) \nabla_{\alpha_i} Q_i^u(x, \alpha_1, \cdots, \alpha_n) \mid \alpha_i = u_i(o_i)]$$

式中，Q_i^u 是针对每个智能体建立的值函数，解决传统 RL 算法在多智能体协作方面的不足。

D 表示经验存储池 experient relplay buffer，它的元素组成表示如下：

$$(x, x', \alpha_1, \cdots, \alpha_n, r_1, \cdots, r_n)$$

算法采用集中化的 Critic 更新，形成目标网络。其他智能体可以通过拟合，逼近获得策略，并且进行通信交互。

Critic 可以使用全局的信息进行训练学习，Actor 使用局部观测信息，MADDPG 中，因为可以知道所有智能体动作，环境就可以保持稳定，策略不断更新的环境是稳定的，它的公式如下：

$$P(s' \mid s, \alpha_1, \cdots, \alpha_n, \pi_1, \cdots, \pi_n) = P(s' \mid s, \alpha_1, \cdots, \alpha_n)$$
$$= P(s' \mid s, \alpha_1, \cdots, \alpha_n, \pi_1', \cdots, \pi_n')$$

在智能体估计其他智能体的策略中，相互需要通信信息，可以通过对其他智能体的策略进行观测和评估，从而获得信息。假设每个智能体会维护 $n-1$ 个策略，它们的逼近函数为 $\hat{u}_{\phi_i^j}$，表示第 i 个智能体，逼近第 i 个智能体策略 u_j。它的代价为对数代价函数和策略熵，

代价函数公式如下：

$$L(\phi_i^j) = -E_{o_j, \alpha_j} [\lg \hat{u}_{\phi_i^j}(\alpha_j \mid o_j) + \lambda H(\hat{u}_{\phi_i^j})]$$

最小化代价函数可以逼近其他智能体策略。

在策略集合优化 Policies Ensemble 中，MADDPG 使用了策略集合思想。假设第 i 个智能体具有的策略为 u_i，它的构成为 k 个子策略，每个训练 episode 使用一个子策略 $u_{\theta_i^{(k)}}$，

整体将对每个智能体最大化策略集合奖励，计算公式如下：

$$J_e(u_i) = E_{k \sim unif(1,k), s \sim p^u, \alpha \sim u_i^{(k)}} [\nabla_{\theta_i^{(k)}} u_i^{(k)}(\alpha_i \mid o_i) \nabla_{\alpha_i} Q_i^u(x, \alpha_1, ..., \alpha_n) \mid \alpha_1 = u_i^{(k)}(o_i)]$$

下面是 OpenAI 中，关于 MADDPG 论文编写的示例 Demo，下载网址为 https://github.com/SintolRTOS/MCDDPG_Example.git，要注意其中使用的 gym 版本为 0.10.5，否则运行会有错误。

下载完成以后，运行安装和测试命令如下：

```
#安装工程
pip install -e
#开始训练测试
cd Basic-MADDPG-Demo
python three_agent_maddpg.py
```

训练情况如图 7-6 所示。

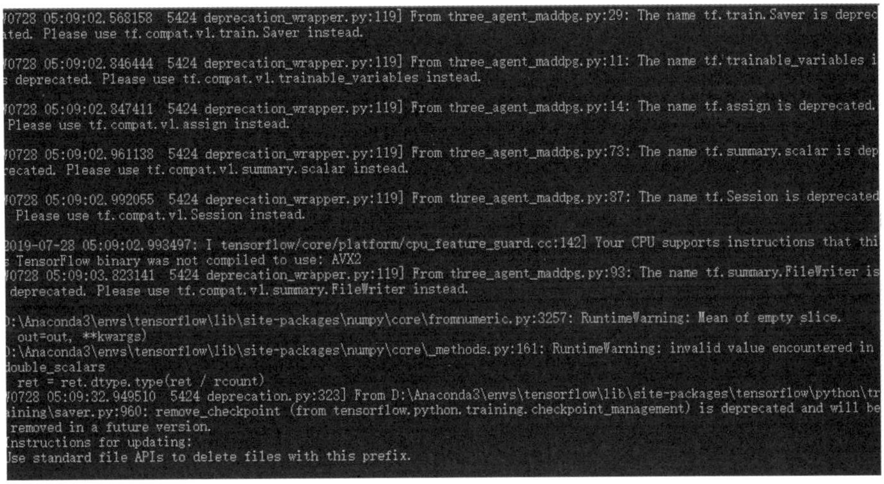

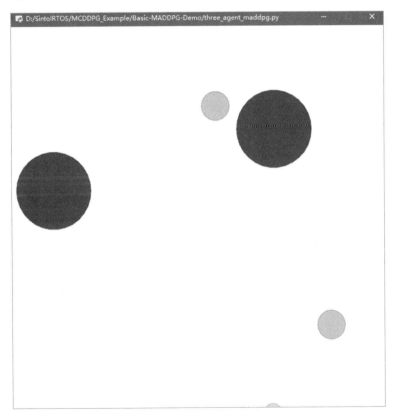

图 7-6　训练 MADDPG

使用命令 python test_three_agent_maddpg.py 可以查看分布式多智能体，在 MADDPG 算法下的协作效果如图 7-7 所示。

图 7-7　MADDPG 多智能体协作

其中，model_agent_maddpg.py 描述了 MADDPG 算法的神经网络模型，代码如下：

```python
# -*- coding: utf-8 -*-
"""
Created on Sun Jul 28 05:24:38 2019

@author: wangjingyi
"""

import TensorFlow as tf
import TensorFlow.contrib as tc

class MADDPG():
    def __init__(self, name, layer_norm=True, nb_actions=2, nb_input=16,
nb_other_aciton=4):
        gamma = 0.999
        self.layer_norm = layer_norm
        self.nb_actions = nb_actions
        state_input = tf.placeholder(shape=[None, nb_input], dtype=tf.float32)
        action_input = tf.placeholder(shape=[None, nb_actions], dtype=tf.
float32)
        other_action_input = tf.placeholder(shape=[None, nb_other_aciton],
dtype=tf.float32)
        reward = tf.placeholder(shape=[None, 1], dtype=tf.float32)

        #初始化 actor 神经网络，智能体决策策略
        def actor_network(name):
            with tf.variable_scope(name) as scope:
                x = state_input
                x = tf.layers.dense(x, 64)
                if self.layer_norm:
                    x = tc.layers.layer_norm(x, center=True, scale=True)
                x = tf.nn.relu(x)

                x = tf.layers.dense(x, 64)
                if self.layer_norm:
                    x = tc.layers.layer_norm(x, center=True, scale=True)
                x = tf.nn.relu(x)

                x = tf.layers.dense(x, self.nb_actions,
                  kernel_initializer=tf.random_uniform_initializer(minval=
-3e-3, maxval=3e-3))
                x = tf.nn.tanh(x)
            return x

        #初始化 critic 神经网络，利用全局策略，进行总体判定
        def critic_network(name, action_input, reuse=False):
            with tf.variable_scope(name) as scope:
                if reuse:
                    scope.reuse_variables()

                x = state_input
                x = tf.layers.dense(x, 64)
```

```
            if self.layer_norm:
                x = tc.layers.layer_norm(x, center=True, scale=True)
            x = tf.nn.relu(x)

            x = tf.concat([x, action_input], axis=-1)
            x = tf.layers.dense(x, 64)
            if self.layer_norm:
                x = tc.layers.layer_norm(x, center=True, scale=True)
            x = tf.nn.relu(x)

            x = tf.layers.dense(x, 1,kernel_initializer=
            tf.random_uniform_initializer(minval=-3e-3, maxval=3e-3))
        return x


    self.action_output = actor_network(name + "actor")
    self.critic_output = critic_network(name + '_critic',
    action_input=tf.concat([action_input,other_action_input], axis=1))
    self.state_input = state_input
    self.action_input = action_input
    self.other_action_input = other_action_input
    self.reward = reward

    self.actor_optimizer = tf.train.AdamOptimizer(1e-4)
    self.critic_optimizer = tf.train.AdamOptimizer(1e-3)

    # 最大化 Q 值
    self.actor_loss = -tf.reduce_mean(
        critic_network(name + '_critic', action_input=
     tf.concat([self.action_output, other_action_input], axis=1),reuse
=True))
    self.actor_train = self.actor_optimizer.minimize(self.actor_loss)

    self.target_Q = tf.placeholder(shape=[None, 1], dtype=tf.float32)
    self.critic_loss = tf.reduce_mean(tf.square(self.target_Q - self.
critic_output))
    self.critic_train = self.critic_optimizer.minimize(self.critic_loss)

#训练 actor 网络
def train_actor(self, state, other_action, sess):
    sess.run(self.actor_train, {self.state_input: state, self.other_
action_input: other_action})

#训练 critic 网络
def train_critic(self, state, action, other_action, target, sess):
    sess.run(self.critic_train,
            {self.state_input: state, self.action_input: action,
        self.other_action_input: other_action,self.target_Q: target})
#使用决策
def action(self, state, sess):
    return sess.run(self.action_output, {self.state_input: state})

#累计 Q 函数积累
```

```
def Q(self, state, action, other_action, sess):
    return sess.run(self.critic_output,
                    {self.state_input: state, self.action_input: action,
                     self.other_action_input: other_action})
```

7.4　常用的强化学习算法结构

在 7.3 节中我们介绍了 MADDPG 经典群体协作的强化学习算法，它是群体智能的典范。其他常用的、基础的强化学习算法还有很多，本节就来介绍。

强化学习是机器学习的一个重要领域，它基于某个环境进行一系列连续的动作，获得最佳收益，常用于策略决策、优化控制等方面。

强化学习有如下五个主要元素。

- 环境（Environment）：用于感知整体环境周围的情况，常用马尔可夫决策过程（MDP）进行描述，本书在 2.9 节中进行了介绍。
- 智能体（Agent）：描述整体环境中具有智能能力、进行对外交互、进行智能决策的重要单元，并且对环境形成影响。
- 状态（State）：在环境中某一个时间段中的情况。
- 行动：指的是智能体 Agent 对应环境所做出的反应操作，如跳跃、行走等。
- 收益：针对智能体的持续动作，在一个操作时间内或者整体环境的累积操作中，获得全局收益和局部收益，对一系列的策略反应进行评价。

强化学习算法主要有如下几类：

- 基于状态值算法 Value-Based；
- 基于策略算法 Policy-Based；
- 结合状态值和策略的算法 Actor-Critic（AC 算法）。

基于值算法有两个重要的概念：状态价值函数 State Value Function——$V(s)$ 和行为价值函数 Quality of State-Action function——$Q(s,a)$。

状态价值函数输入状态、输出状态的预期 Reward 如下：

$$V_\pi(s) = E_\pi[G_0 \mid S_0 = s]$$

式中，π 表示 Agent 选择策略 Action 的概率分布；$G_0|S_0=s$ 是状态变化序列。整个计算式可以获得从起始状态到 G_0 的累计预期收益。

假设 R_t 表示 t 时刻的预期收益，它的计算公式如下：

$$V_\pi(s) = E_\pi[G_0 \mid S_0 = s] = E_\pi[\sum_{t=0}^{\infty} \gamma^t R_{t+1} \mid S_0 = s]$$

式中，γ 是折扣因子，对应当前状态和预期状态的贡献比率。

行为价值函数 $Q(s,a)$ 的输入对应状态和行动，表示当前状态下，进行行动的预期收益，它的计算公式如下：

$$Q_\pi(s,a) = E_\pi[G_0 \mid S_0 = s, A_0 = a] = E_\pi[\sum_{t=0}^{\infty} \gamma^t R_{t+1} \mid s_0 = s, A_0 = a]$$

状态价值函数和 Q 函数之间的关系如下：

$$V_\pi(s) = \sum_{a \in A} Q_\pi(s,a)$$

基于强化学习的原理，形成了如下几个经典的强化学习算法。

- Q-learning 算法：通过构建和维护 Q 表来表示 $Q_\pi(s,a)$，找到最优策略，进行行动教育。
- 策略迭代算法（Policy Gradient）：基于策略形成收益期望梯度，通过判别网络进行价值判定，获取最优策略。
- Actor-Critic 框架：通过该框架对 Policy Gradient 的优化效果确定一个奖励值，用于对当前价值函数的二元组期望收益进行评估，从而获得每步的收益梯度，最后进行网络更新。
- Advantage Actor Critic：A2C 框架对 V 函数进行神经网络建模，减小函数梯度的方差。
- Trust Region Policy Optimization（TRPO）：使用新的算法，转化最优化问题的计算方法，修改目标函数，在训练中提高效果。
- Proximal Policy Optimization（PPO）：降低 TRPO 算法的训练时间复杂度，用更小的代价更新了目标函数。
- DQN 算法：在 Q-learning 算法中结合深度神经网络，更新 Q 值函数。
- DDPG：深度确定性策略梯度（Deep Deterministic Policy Gradient）依赖 Actor-Critic 架构，使用行动者调整策略函数，决定每个状态下的最佳决策动作。

强化学习和深度学习的结合带给强化学习更大的可能性，更适合单体、分布式、群体决策的强化学习算法，它正处于快速发展中，后面我们将详细介绍几个基础的经典算法。

7.5　Q-learning 算法

Q-learning 是最初的强化学习算法，借助 MDP 策略建模，从对应的状态中挑选最优的策略。

1. Q-table

Q-table 是用于创建 Q-learning 策略表格的数据结构，通过它可以获得状态 State 对应的动作 Action，并且计算出相应的奖励 Reward 期望。我们可以使用它获得每个状态下采取最优的动作策略。

Q-table 的结构如图 7-8 所示。

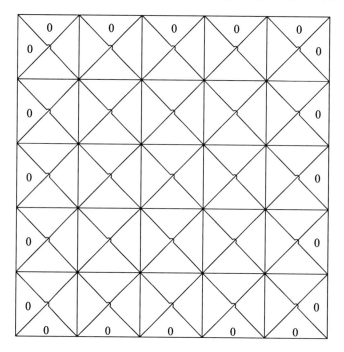

图 7-8　Q-table 的结构

每个表格都可以进行 4 个操作：上操作、下操作、左操作、右操作。0 的位置表示不可移动的部分，每个行代表不同的状态，单元格的值表示当前状态下选择当前行动所能获得的期望奖励。Q-table 拆解到动作 Action 和 State 的情况，如图 7-9 所示。

Q-table 记录了所有环境下每个状态的动作期望，那么在实际的运行环境中，我们只需搜索当前状态所在的格子，获得最大的期望状态即可。

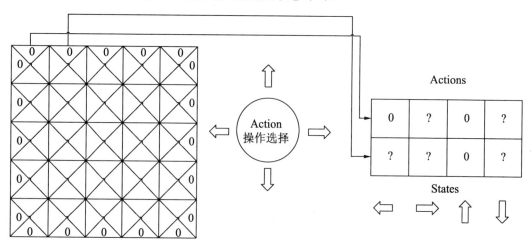

图 7-9　操作对应的期望

2．学习动作函数（action value function）

学习动作函数就是 Q-learning 中的 Q 函数，它具有两个输入：状态 State 和动作 Action。它的输出是改动作下的未来期望奖励 Reward，具体计算公式如下：

$$Q^{\pi}(s_t, a_t) = E[R_{t+1} + \gamma R_{t+2} + \gamma^2 R_{t+3} + \cdots + | s_t, a_t]$$

Q 函数将在 Q-table 中滚动读取，寻找当前状态，关联它的行和动作列，获取返回的 Q 值，作为奖励期望，如图 7-10 所示。

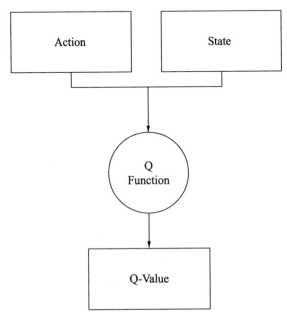

图 7-10 Q 函数运作原理

Q-learning 算法的伪代码如下：

```
Initialize Q(s,a,∀s∈ç,a∈A(s), arbitrarily,and Q(terminal-state,·)=0
Repeat(for each episode):
Initialize S
Repeat (for each step of episode):
    Choose A from S using policy derived from Q(e.g.,ε-greedy)
    Take action A,observe R,S'
    Q(S,A)←Q(S,A)+α[R+γmaxₐ Q(S',a)- Q(S,A)]
    S←S'
until S is terminal
```

它的工作流程如图 7-11 所示。

下面我们通过一个机器人学习走迷宫的例子实现 Q-learning 的算法。下载示例工程的网址为 https://github.com/ SintolRTOS/QLearning_Example.git。

核心内容是 Q-learning 的算法，文件为 q_learning.py，具体代码如下：

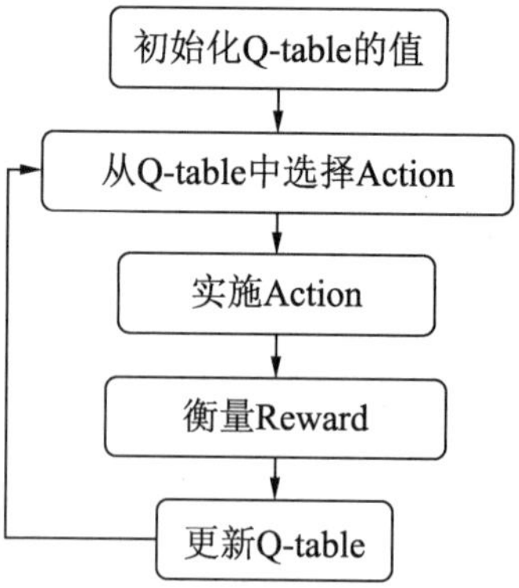

```
# -*- coding: utf-8 -*-
"""
Created on Mon Jul 29 23:11:32 2019

@author: wangjingyi
"""

# -*- coding: UTF-8 -*-
"""
Q-learning 算法做决策的部分相当于机器人的大脑
"""
import numpy as np
import pandas as pd
class QLearning:
    def __init__(self, actions, learning_rate=
0.01, discount_factor=0.9,
e_greedy=0.1):
        self.actions = actions          # action 列表
        self.lr = learning_rate         # 学习速率
        self.gamma = discount_factor    # 折扣因子
        self.epsilon = e_greedy         # 贪婪度
        # 列是 action, 上下左右 4 种
        # q_table
        self.q_table = pd.DataFrame(columns=self.actions, dtype=np.float32)
        # 检测 q_table 中有没有这个 state
        # 如果还没有当前 state, 那我们就插入一组全 0 数据
        # 作为这个 state 的所有 action 的初始值

    def check_state_exist(self, state):
        # state 对应每一行, 如果不在 q_table 中
        if state not in self.q_table.index:
            # 插入一组全 0 数据, 上下左右, 4 个动作, 创建 4 个 0
            self.q_table = self.q_table.append(
                pd.Series(
                    [0] * len(self.actions),
                    index=self.q_table.columns,
                    name=state,
                )
            )


    # 根据 state 来选择 action
    def choose_action(self, state):
        self.check_state_exist(state)    # 检测此 state 是否在 q_table 中存在
        # 选行为, 用 Epsilon Greedy 贪婪方法
        if np.random.uniform() < self.epsilon:
            # 随机选择 action
            action = np.random.choice(self.actions)
        else:  # 选择 Q 值最高的 action
```

图 7-11　Q-learning 算法工作流程

```
            state_action = self.q_table.loc[state, :]
            # 同一个 state 可能会有多个相同的 Q action 值，所以我们乱序一下
            state_action = state_action.reindex(np.random.permutation
(state_action.index))
            # 每一行中取到 Q 值最大的那个
            action = state_action.idxmax()
        return action

    # 学习并更新 q_table 中的值
    def learn(self, s, a, r, s_):
        # s_是下一个状态
        self.check_state_exist(s_)              # 检测 q_table 中是否存在 s_
        # 根据 q_table 得到的估计 （predict） 值
        q_predict = self.q_table.loc[s, a]
        # q_target 是现实值
        if s_ != 'terminal':                    # 下一个 state 不是终止符
            q_target = r + self.gamma * self.q_table.loc[s_, :].max()
        else:
            q_target = r                                # 下一个 state 是终止符

        # 更新 q_table 中 state-action 的值
        self.q_table.loc[s, a] += self.lr * (q_target - q_predict)
```

迷宫的环境代码为 env.py，具体如下：

```
# -*- coding: utf-8 -*-
"""
Created on Mon Jul 29 23:21:46 2019

@author: wangjingyi
"""


"""
3Q-learning 例子的 Maze （迷宫） 环境
4 黄色圆形：  机器人
5 红色方形：  炸弹      [reward = -1]
6 绿色方形：  宝藏      [reward = +1]
7 其他方格：  平地      [reward = 0]
"""
import sys
import time
import numpy as np
# Python2 和 Python3 中 Tkinter 的名称不一样
if sys.version_info.major == 2:
    import Tkinter as tk
else:
    import tkinter as tk
```

```python
WIDTH = 4                                     # 迷宫的宽度
HEIGHT = 3                                    # 迷宫的高度
UNIT = 40                                     # 每个方块的大小（像素值）

# 迷宫类
class Maze(tk.Tk, object):
    def __init__(self):
        super(Maze, self).__init__()
        # 上、下、左、右 4 个 action（动作）
        self.action_space = ['u', 'd', 'l', 'r']
        self.n_actions = len(self.action_space)     # action 的数目
        self.title('Q Learning')
        # Tkinter 的几何形状
        self.geometry('{0}x{1}'.format(WIDTH * UNIT, HEIGHT * UNIT))
        self.build_maze()

    #创建迷宫
    def build_maze(self):
        # 创建画布 Canvas，白色背景，设定宽、高
        self.canvas = tk.Canvas(self, bg='white',
                            width=WIDTH * UNIT,
                            height=HEIGHT * UNIT)
        # 绘制横纵方格线；创建线条
        for c in range(0, WIDTH * UNIT, UNIT):
            x0, y0, x1, y1 = c, 0, c, HEIGHT * UNIT
            self.canvas.create_line(x0, y0, x1, y1)
        for r in range(0, HEIGHT * UNIT, UNIT):
            x0, y0, x1, y1 = 0, r, WIDTH * UNIT, r
            self.canvas.create_line(x0, y0, x1, y1)

        # 零点（左上角）　往右是 x 增长的方向，往左是 y 增长的方向
        # 因为每个方格是 40 像素，（20,20）是中心位置
        origin = np.array([20, 20])

        # 创建探索者机器人（robot）
        robot_center = origin + np.array([0, UNIT * 2])
        # 创建椭圆，指定起始位置，填充颜色
        self.robot = self.canvas.create_oval(
            robot_center[0] - 15, robot_center[1] - 15,
            robot_center[0] + 15, robot_center[1] + 15,
            fill='yellow')

        # 炸弹 1
        bomb1_center = origin + UNIT
        self.bomb1 = self.canvas.create_rectangle(
            bomb1_center[0] - 15, bomb1_center[1] - 15,
            bomb1_center[0] + 15, bomb1_center[1] + 15,
            fill='red')

        # 炸弹 2
```

```
        bomb2_center = origin + np.array([UNIT * 3, UNIT])
        self.bomb2 = self.canvas.create_rectangle(
            bomb2_center[0] - 15, bomb2_center[1] - 15,
            bomb2_center[0] + 15, bomb2_center[1] + 15,
            fill='red')

        # 宝藏
        treasure_center = origin + np.array([UNIT * 3, 0])
        self.treasure = self.canvas.create_rectangle(
            treasure_center[0] - 15, treasure_center[1] - 15,
            treasure_center[0] + 15, treasure_center[1] + 15,
            fill='green')

        # 设置好上面配置的场景
        self.canvas.pack()

#reset 方法表示游戏重新开始，机器人回到左下角
# 重置（游戏重新开始，将机器人放到左下角）
def reset(self):
    self.update()
    time.sleep(0.5)
    self.canvas.delete(self.robot)              # 删去机器人
    origin = np.array([20, 20])
    robot_center = origin + np.array([0, UNIT * 2])
    # 重新创建机器人
    self.robot = self.canvas.create_oval(
        robot_center[0] - 15, robot_center[1] - 15,
        robot_center[0] + 15, robot_center[1] + 15,
        fill='yellow')
    # 返回观测 (observation)
    return self.canvas.coords(self.robot)

# 走一步（机器人实施 action）
def step(self, action):
    # s 表示一个 state 状态值
    s = self.canvas.coords(self.robot)
    # 基准动作
    base_action = np.array([0, 0])
    if action == 0:                             # 上
        if s[1] > UNIT:
            base_action[1] -= UNIT
    elif action == 1:                           # 下
        if s[1] < (HEIGHT - 1) * UNIT:
            base_action[1] += UNIT
    elif action == 2:                           # 右
        if s[0] < (WIDTH - 1) * UNIT:
            base_action[0] += UNIT
    elif action == 3:                           # 左
        if s[0] > UNIT:
            base_action[0] -= UNIT
```

```
# 移动机器人, 移动到 baseation 横向纵向坐标值
self.canvas.move(self.robot, base_action[0], base_action[1])

# 取得下一个 state
s_ = self.canvas.coords(self.robot)

# 奖励机制
if s_ == self.canvas.coords(self.treasure):
    reward = 1                              # 找到宝藏, 奖励为 1
    done = True
    s_ = 'terminal'                         # 终止
    print("找到宝藏, 好棒!")
elif s_ == self.canvas.coords(self.bomb1):
    reward = -1                             # 踩到炸弹 1, 奖励为 -1
    done = True
    s_ = 'terminal'                         # 终止
    print("炸弹 1 爆炸...")
elif s_ == self.canvas.coords(self.bomb2):
    reward = -1                             # 踩到炸弹 2, 奖励为 -1
    done = True
    s_ = 'terminal'                         # 终止
    print("炸弹 2 爆炸...")
else:
    reward = 0                              # 其他格子, 没有奖励
    done = False

return s_, reward, done

# 调用 Tkinter 的 update 方法
def render(self):
    time.sleep(0.1)
    self.update()
```

运行主程序的代码为 play.py, 具体如下:

```
# -*- coding: utf-8 -*-
"""
Created on Mon Jul 29 23:16:28 2019

@author: wangjingyi
"""

"""
游戏的主程序调用机器人的 Q-learning 决策大脑 和 Maze 环境
"""
from env import Maze
from q_learning import QLearning

def update():
```

```
    for episode in range(100):
    # 初始化 state（状态）
        state = env.reset()
        step_count = 0                          # 记录走过的步数

        while True:
            # 更新可视化环境
            env.render()

            # RL 大脑根据 state 挑选 action
            action = RL.choose_action(str(state))

            # 探索者在环境中实施这个 action，并得到环境返回的下一个 state、reward
              和 done（是否踩到炸弹或者找到宝藏）
            state_, reward, done = env.step(action)

            step_count += 1                     # 增加步数

            # 机器人大脑从这个过渡（transition）(state, action, reward, state_)
              中学习
            RL.learn(str(state), action, reward, str(state_))

            # 机器人移动到下一个 state
            state = state_

            # 如果踩到炸弹或者找到宝藏，这回合就结束了
            if done:
                print("回合 {} 结束. 总步数 : {}\n".format(episode+1, step_count))
                break
    print('游戏结束')
    env.destroy()

if __name__ == "__main__":
    # 创建环境 env 和 RL
    env = Maze()
    RL = QLearning(actions=list(range(env.n_actions)))
    # 开始可视化环境
    env.after(100, update)
    env.mainloop()
    print('\n q_table:')
    print(RL.q_table)
```

运行结果是机器人通过不断地尝试和训练，完成 Q-table 的积累，能快速找到迷宫的
出口，如图 7-12 所示。

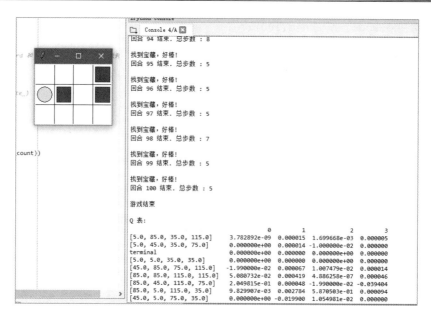

图 7-12　Q-learning 训练机器人走迷宫

7.6　Sarsa-lamba 算法

Sarsa-lamba 是一种 Q-learning 算法的变化，是基于 Q 函数的计算方式，采用了不同的更新方式，本节就来了解它的原理和实现方法。

7.6.1　Sarsa 算法原理

Sarsa 算法和 Q-learning 的算法区别在于，Q-learning 算法为 off-policy 离线学习算法，Sarsa 算法为 on-policy 算法。

假设当状态处于 s 时，通过选择最大回报，强化学习算法会选择 a 算法，状态会改为状态 s'。此时，如果采用 Q-learning 算法，决策观察 s' 状态下最大回报的动作，在 s' 状态下决定，基于更新的 Q-table 进行动作选择；如果采用 Sarsa 算法，在 s' 估算的动作就会直接选择动作。Sarsa 算法中，$Q(s, a)$ 函数会先去掉 maxQ，然后根据状态下选取的动作计算 Q 值。

Sarsa 更新的公式如下：

$$Q_{k+1}^*(s) \leftarrow \sum_{s'} P(s' \mid s, a)(R(s, a, s') + Q^*(s', a'))$$

Sarsa 算法的伪代码如下：

```
Initialize Q(s,a) arbitrarily
Repeat(for each episode):
Choose a from s using policy derived from Q(e.g.,ε-greedy)
Repeat (for each step of episode) :
    Take action a,observe r,s'
    Choose a' from s' using policy derived from Q(e.g.,ε-greedy)
    Q(s,a)←Q(s,a)+α[r+γQ(s',a')-Q(s,a)]
    s←s'; a←a';
Until s is terminal
```

7.6.2　Sarsa-lamda 算法的改进

Sarsa-lamda 是 Sarsa 算法的改进。Sarsa 是单步更新算法，它每走一步更新一次行为准则，每次取得奖励 reward，指挥更新 reward 前一步。算法的改进是取 Sarsa(λ)，每次获得 reward，更新它的前 λ 步，λ 的取值范围为[0,1]。

如果 lamda = 0，算法就是单步更新的 Sarsa；如果 lamda = 1，Sarsa-lamda 算法就是回合更新，更新本回合 rewad 前所有步。

Sarsa-lamda 算法的伪代码如下：

```
Initialize Q(s,a) arbitrarily,for all s∈S,a∈A(s)
Repeat(for each episode):
E(s,a)=0,for all s∈S,a∈A(s)
Initialize S,A
Repeat(for each step of episode):
    Take action A,observe R,S'
    Choose A' from S'using policy derived from Q(e.g.,ε-greedy)
    δ←R+γQ(S',A')-Q(S,A)
    E(S,A)←E(S,A)+1
    For all s∈S,a∈A(s):
        Q(s,a)←Q(s,a)+αδE(s,a)
        E(s,a)←γλE(s,a)
     S←S';A←A'
    until S is terminal
```

7.6.3　算法实现

对比 Q-learning 算法，Sarsa-lamda 算法的代码如下：

```
# off-policy
class QLearningTable(RL):
    def __init__(self, actions, learning_rate=0.01, reward_decay=0.9,
e_greedy=0.9):
        super(QLearningTable, self).__init__(actions, learning_rate, reward_
decay, e_greedy)

    def learn(self, s, a, r, s_):
        self.check_state_exist(s_)
        q_predict = self.q_table.loc[s, a]
```

```
            if s_ != 'terminal':
                q_target = r + self.gamma * self.q_table.loc[s_, :].max()   # next
    state is not terminal
            else:
                q_target = r                              # 下一个状态就结束了
            self.q_table.loc[s, a] += self.lr * (q_target - q_predict)   # update


    # on-policy
    class SarsaTable(RL):

    def __init__(self, actions, learning_rate=0.01, reward_decay=0.9,
    e_greedy=0.9):
        # 表示继承关系
            super(SarsaTable, self).__init__(actions, learning_rate, reward_
    decay, e_greedy)

        def learn(self, s, a, r, s_, a_):
            self.check_state_exist(s_)
            q_predict = self.q_table.loc[s, a]
            if s_ != 'terminal':
                # q_target 基于选好的 a_ 而不是 Q(s_) 的最大值
                q_target = r + self.gamma * self.q_table.loc[s_, a_]
            else:
                q_target = r                              # 如果 s_ 是终止符
            # 更新 q_table
            self.q_table.loc[s, a] += self.lr * (q_target - q_predict)

    # 向后选举
    class SarsaLamdaTable(RL):
    def __init__(self, actions, learning_rate=0.01, reward_decay=0.9,
    e_greedy=0.9, trace_decay=0.9):
            super(SarsaLamdaTable, self).__init__(actions, learning_rate,
    reward_decay, e_greedy)

            # backward view, eligibility trace.
            self.lambda_ = trace_decay
            self.eligibility_trace = self.q_table.copy()

        def check_state_exist(self, state):
            if state not in self.q_table.index:
                # append new state to q table
                to_be_append = pd.Series(
                        [0] * len(self.actions),
                        index=self.q_table.columns,
                        name=state,
                    )
                self.q_table = self.q_table.append(to_be_append)
```

```
        # also update eligibility trace
        self.eligibility_trace = self.eligibility_trace.append(to_be_
append)

    def learn(self, s, a, r, s_, a_):
        # 这部分和 Sarsa 一样
        self.check_state_exist(s_)
        q_predict = self.q_table.ix[s, a]
        if s_ != 'terminal':
            q_target = r + self.gamma * self.q_table.ix[s_, a_]
        else:
            q_target = r
        error = q_target - q_predict

        # 从这里开始不同
        # 对于经历过的 state-action，我们让它+1，证明它是得到 reward 路途中不可或
            缺的一环
        self.eligibility_trace.ix[s, a] += 1

        # q-table 更新
        self.q_table += self.lr * error * self.eligibility_trace

        # 随着时间衰减，eligibility trace 的值离获取 reward 越远的步，它的"不可
            或缺性"越小
        self.eligibility_trace *= self.gamma * self.lambda_
```

7.7　深度 Q 网络

强化学习和深度神经网络的结合，极大地促进了强化学习的发展，最为经典的就是 DQN（Deep Q-Network）深度强化学习网络，本节就来学习它的原理，并且深入介绍分布式决策。

7.7.1　DQN 算法原理

DQN 算法也属于 value-based 算法，用来处理值函数网络。在 Q-learning 算法中，值函数 $Q(s,a)$ 使用 Q-table 来存储和查询值函数。但是当 State 和 Action 的数量太多时，查询就会很慢，这个时候可以使用近似函数进行估算，公式如下：

$$\hat{Q}(s,a,w) \approx Q_{\pi}(s,a)$$

DQN 使用神经网络进行近似函数的计算，用于处理比较复杂的环境。DQN 计算出值函数后，会使用ε-greedy 策略，输出 Action。它运行的流程如下：

（1）环境计算，给出 obs，智能体通过观察，得到环境的特征信息。

（2）智能体使用神经网络值函数计算 obs，得到所有的 $Q(s,a)$。

（3）利用 ε-greedy 策略，选择 Action，并做出决策。

（4）环境接收到智能体的 Action，计算奖励值 reward，并且给出下一个情况下的 obs。

（5）完成一次 step 迭代。

（6）使用 reward 值更新值函数神经网络的参数。

（7）进入下一次 step 迭代。

（8）最终训练出神经网络近似值函数网络。

DQN 神经网络的结构如图 7-13 所示。

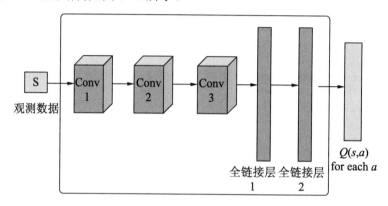

图 7-13　DQN 神经网络的结构

7.7.2　DQN 的模型训练

在神经网络的更新上，先定义损失函数 loss function，计算损失值，接着使用 GD 梯度下降法更新神经网络参数。

损失函数 loss funtion 的计算公式如下：

$$L(w) \approx E[R + \gamma \cdot \max_{a'} Q(s', a'; w^-) - Q(s, a; w)^2]$$

它是一个残差模型，类似于最小二乘法，它计算真实值和预测值及相差的平方。$Q(s,a;w)$ 计算的是预测值，由神经网络计算。真实值函数是 $Q(s,a)$，它通过 MDP 流程，乘以折扣因子，由迭代策略使用贝尔曼方程求解。

除了 Q 函数网络，DQN 还增加了 target Q 网络，计算 target 值。它和 Q 函数的网络构造、初始权重都一致。Q 函数网络每次迭代 step 都更新，target Q 网络是间隔一段时间再进行更新。

对比 Q-learning 算法，DQN 主要有如下更新：

• 运用卷积神经网络，近似计算行为函数。

• 运用 target Q 网络，更新 target。

7.7.3　训练 DQN

DQN 的算法伪代码如下:

```
---------------------------------------------------------------
Aligorithm 1 Deep Q-learning with Experience Replay
---------------------------------------------------------------
Initialize replay memory D to capacity N
Initialize action-value function Q with random weights
for episode=1,M do
Initialise sequence s₁={x₁} and preprocessed sequenced Φ₁=Φ(s₁)

    for t=1,T do
        With probability εselect a random action aₜ
        otherwise select aₜ=maxₐQ*(Φ(sₜ),a;θ)
        Execute action aₜ in emulator and observe reward rₜ and image xₜ₊₁
        Set sₜ₊₁=sₜ,aₜ,xₜ₊₁ and preprocess Φₜ₊₁=Φ(sₜ₊₁)
        Store transition(Φₜ,aₜ,rₜ,Φₜ₊₁) in D
        Sample random minibatch of transitio transition(Φₜ,aₜ,rₜ,Φₜ₊₁) from D
        Set yⱼ={ʳⱼ_{rⱼ+γmaxₐ'Q(j₊₁,a';θ)},for terminalΦⱼ₊₁ with 1,and non-terminalΦⱼ₊₁
with 2
Perform a gradient descent step on (yᵢ-Q(Φⱼ,aⱼ;θ))² according to equation 3
        end for
    end for
```

算法的具体流程如下:

（1）初始化 Memory D，容量为 N。

（2）建立 Q 神经网络，随机生成权重为 w。

（3）建立 tartget Q 网络，设置权重 $w^- = w$。

（4）设置循环次数 episode =1, 2, …, M。

（5）建立状态值 state S_1。

（6）循环迭代 step=step =1, 2, …, T。

- 使用ε-greedy 策略，计算 Action α_t: 通过ε概率，随机选择 Action，也可以使用最大函数，计算 $\alpha_t = \max_a Q(S_t, \alpha; w)$。

- 执行动作 action α_t，获得奖励值 reward r_t、新状态值 state S_{t+1}。

- 存储本次转换的数据样本 transition(S_t, α_t, r_t, S_{t+1})到 D 中。

- 从 D 中抽取小批量样本 transition(S_j, α_j, r_j, S_{j+1})。

- 设置 $y_j = r_j$，当 $j+1$ 步，会到达 terminal，则保持；如果不是，就计算 $y_j = r_j + \gamma \max_{a'} Q(S_{t+1}, \alpha'; w^-)$。

- 计算$(y_i - Q(s, a; w))^2$，关于权重 w，进行梯度下降法更新。

- 如果已经间隔 *N* steps，则更新 target Q 网络，设置 *w⁻=w*。

结束 step 循环，并结束 episode 循环。

7.7.4　算法实现与分析

具体示例下载地址为 https://github.com/SintolRTOS/DQN_Example.git，这是使用 DQN 算法，学习打砖块游戏的案例。

DQN 模型的核心代码如下：

```
import os
import time
import numpy as np
import TensorFlow as tf
from logging import getLogger

from .agent import Agent

logger = getLogger(__name__)

#用于构建 MDP 中的 DQN 环境中的观察者、Q 函数和策略决策
class DeepQ(Agent):
  def __init__(self, sess, pred_network, env, stat, conf, target_network=
None):
    super(DeepQ, self).__init__(sess, pred_network, env, stat, conf,
        target_network=target_network)

    # 梯度优化函数
    with tf.variable_scope('optimizer'):
      #目标值
      self.targets = tf.placeholder('float32', [None], name='target_q_t')
      #动作值
      self.actions = tf.placeholder('int64', [None], name='action')

      actions_one_hot = tf.one_hot(self.actions, self.env.action_size,
1.0, 0.0,
                        name='action_one_hot')
      #Q 值计算函数
      pred_q = tf.reduce_sum(self.pred_network.outputs * actions_one_hot,
reduction_indices=1,
          name='q_acted')
      #更新步长
      self.delta = self.targets - pred_q
      self.clipped_error = tf.where(tf.abs(self.delta) < 1.0,
                        0.5 * tf.square(self.delta),
                        tf.abs(self.delta) - 0.5, name='clipped_
error')
      #损失值计算
      self.loss = tf.reduce_mean(self.clipped_error, name='loss')
      #学习率
      self.learning_rate_op = tf.maximum(self.learning_rate_minimum,
```

```
            tf.train.exponential_decay(
                self.learning_rate,
                self.stat.t_op,
                self.learning_rate_decay_step,
                self.learning_rate_decay,
                staircase=True))
        #RMSProp 梯度优化值
        optimizer = tf.train.RMSPropOptimizer(
            self.learning_rate_op, momentum=0.95, epsilon=0.01)

        if self.max_grad_norm != None:
            grads_and_vars = optimizer.compute_gradients(self.loss)
            for idx, (grad, var) in enumerate(grads_and_vars):
                if grad is not None:
                    grads_and_vars[idx] = (tf.clip_by_norm(grad, self.max_grad_norm),
var)
            self.optim = optimizer.apply_gradients(grads_and_vars)
        else:
            self.optim = optimizer.minimize(self.loss)

  #观察空间
  def observe(self, observation, reward, action, terminal):
    reward = max(self.min_r, min(self.max_r, reward))

    self.history.add(observation)
    self.experience.add(observation, reward, action, terminal)

    # q, loss, is_update
    result = [], 0, False

    if self.t > self.t_learn_start:
      if self.t % self.t_train_freq == 0:
        result = self.q_learning_minibatch()

      if self.t % self.t_target_q_update_freq == self.t_target_q_update_
freq - 1:
          self.update_target_q_network()

    return result
  #学习最小经验批次
  def q_learning_minibatch(self):
    if self.experience.count < self.history_length:
      return [], 0, False
    else:
      s_t, action, reward, s_t_plus_1, terminal = self.experience.sample()

    terminal = np.array(terminal) + 0.
    #根据参数，选择 Double Q-learning 模型或者 DQN 训练模型
    if self.double_q:
      # Double Q-learning
      pred_action = self.pred_network.calc_actions(s_t_plus_1)
      q_t_plus_1_with_pred_action = self.target_network.calc_outputs_with_
idx(
          s_t_plus_1, [[idx, pred_a] for idx, pred_a in enumerate(pred_action)])
```

```
        target_q_t = (1. - terminal) * self.discount_r * q_t_plus_1_with_
pred_action + reward
    else:
    # Deep Q-learning
    max_q_t_plus_1 = self.target_network.calc_max_outputs(s_t_plus_1)
        target_q_t = (1. - terminal) * self.discount_r * max_q_t_plus_1 + reward
    #计算 Q 值和损失值
    _, q_t, loss = self.sess.run([self.optim, self.pred_network.outputs,
self.loss], {
        self.targets: target_q_t,
        self.actions: action,
        self.pred_network.inputs: s_t,
    })

    return q_t, loss, True
```

示例运行结果如图 7-14 所示。

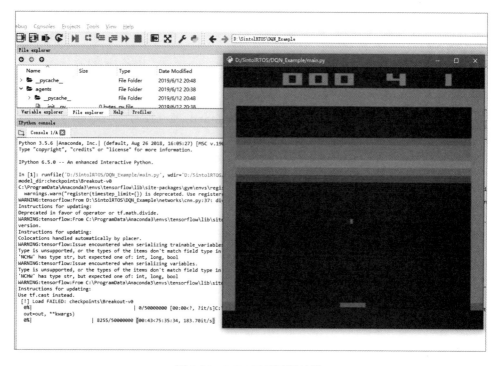

图 7-14　DQN 示例运行结果

7.8　其他强化学习基础算法

除了本章已经介绍的算法，强化学习还有一些基础的、经典的算法，本节就来讲解这些算法的概要，了解它们的特点。

1. Minimax-Q算法

Minimax-Q 算法适合用在两个玩家之间，进行零和随机的博弈环境。它使用 Minimax 方法构建线性规划，求解指定状态 s 阶段时博弈情况下的纳什均衡策略。它使用 Q-learning 算法的 TD 方法，迭代学习状态函数和 $Q(s,a)$ 函数。当给定状态 s 时，第 i 个智能体的状态函数计算公式如下：

$$V_i^*(s) = \max_{\pi_i(s,\cdot)} \min_{\alpha_{-i} \in A_{-i}} \sum_{\alpha_i \in A_i} Q_i^*(s, \alpha_i, \alpha_{-i}) \pi_i(s, \alpha_i), i = 1, 2$$

式中，$-i$ 指的是第 i 个智能体博弈的对象。$Q_i^*(s, \alpha_i, \alpha_{-i})$ 表示博弈环境下联动动作下的状态值函数。

算法的整个流程如下：

（1）初始化值 $Q_i^*(s, \alpha_i, \alpha_{-i})$、$V_i(s)$、$\pi_i$。

（2）第 i 个智能体计算当前状态 s，使用"探索-利用"策略计算出动作 α_i，并且执行。

（3）获得下一个状态 s'，第 i 个智能体得到奖励 γ_i，观测博弈对战智能体$-i$，在状态 s 下执行的策略 α_{-i}。

（4）更新 $Q_i(s, \alpha_i, \alpha_{-i}) = Q_i(s, \alpha_i, \alpha_{-i}) + \propto (\gamma_i + \gamma V_i(s') - Q_i(s, \alpha_i, \alpha_{-i})]$

（5）使用线性规划，求解 $V_i^*(s) = \max_{\pi(s')} \min_{\alpha_{-i} \in A_{-i}} \sum_{\alpha_i \in A_i} Q_i^*(s, \alpha_i, \alpha_{-i}) \pi_i(s, \alpha_i), i = 1, 2$，更新 $V_i(s)$、$\pi_i(s)$。

在多于两个智能体的情况下，可以通过分队的方式让队长 leader 分别控制两队的 Agent，从而形成树形结构，进行队伍之间的相互博弈，也可以使用 Minimax-Q 算法。

2. Nash Q-learning算法

相对于 Minimax-Q 算法，Nash Q-learning 算法从零和博弈扩展到多人一般和博弈。Minimax-Q 算法使用 Minimax 线性规划求解博弈纳什均衡点，Nash Q-learning 算法扩展使用了二次规划求解纳什均衡点。

Nash Q-learning 的算法优势是在合作性均衡、对抗均衡的情况下，找到收敛的纳什均衡点。收敛条件是在某个状态 s 下的博弈，都能找到全局最优点或鞍点。

Nash Q-learning 算法的流程如下：

（1）初始化 $Q_i(s, \alpha_i, \cdots, \alpha_n) = 0$，$\forall \alpha_i \in A_i$。

（2）第 i 个智能体计算当前状态 s，使用"探索-利用"策略计算出动作 α_i，并且执行。

（3）获得下一个状态 s'，第 i 个智能体得到奖励 $\gamma_1, \cdots, \gamma_n$，观测所有智能体在 s 状态下执行的策略 $\alpha_i, \cdots, \alpha_n$。

（4）更新 $Q_i(s, \alpha_i, \cdots, \alpha_n) = Q_i(s, \alpha_i, \cdots, \alpha_n) + \propto (\gamma_i + \gamma NashQ_i(s') - Q_i(s, \alpha_i, \cdots, \alpha_n)]$

（5）使用二次规划，在 s 状态形成纳什均衡策略，更新 NashQi(s)与 $\pi(s,\cdot)$。

3. Friend-or-Foe Q-learning算法

Friend-or-Foe Q-learning 也称为 FFQ 算法，它也是一种 Minimax-Q 算法的演化。它将所有智能体分为两组：一组为 i 的 friend，用来帮助 i，最大化它们的奖励回报；另一组为 i 的 foe 对抗，降低 i 的奖励回报。它将 n 个智能体，一般和博弈转化为两个智能体的零和博弈。它的纳什均衡求解公式如下：

$$V_i(s) = \max_{\pi_i(s,\cdot)\dots,\pi_{n1}(s,\cdot)} \min_{o_1,\cdots,o_{n1}\in o_1\times\cdots\times o_{n2}} \sum_{\alpha_1,\cdots,\alpha_{n1}\in A_1\times\cdots\times A_{n2}} Q(s,\alpha_1,\cdots,\alpha_{n1},o_1,\cdots,o_{n1})\pi_i(s,\alpha_1),\ldots,\pi_{n1}(s,\alpha_{n1})$$

它的算法流程如下：

（1）初始化 $V_i(s)=0, Q_i(s,\alpha_i,\cdots,\alpha_n,o_i,\cdots,o_n)=0$，其中 $\alpha_i,\cdots,\alpha_n$ 表示 friend 动作，$o_i,\cdots,o_n$。

（2）第 i 个智能体计算当前状态 s，使用"探索–利用"策略计算出动作 α_i，并且执行。

（3）获得下一个状态 s'，第 i 个智能体得到奖励 γ_i，观测所有的 friend 动作$(\alpha_i,\cdots,\alpha_n)$及所有的 foe 动作$(o_i,\cdots,o_n)$。

（4）更新 $Q_i(s,\alpha_i,\cdots,\alpha_n,o_i,\cdots,o_n)= Q_i(s,\alpha_i,\cdots,\alpha_n,o_i,\cdots,o_n)+\propto(\gamma_i+\gamma V_i(s')-Q_i(s,\alpha_i,\cdots,\alpha_n,o_i,\cdots,o_n)]$

（5）使用线性规划，在状态 s 下形成纳什均衡策略，并且更新 $V_i(s)$ 与 $\pi_i(s,\cdot)$，它的更新公式如下：

$$V_i(s) = \max_{\pi_i(s,\cdot)\dots,\pi_{n1}(s,\cdot)} \min_{o_1,\cdots,o_{n1}\in o_1\times\cdots\times o_{n2}} \sum_{\alpha_1,\cdots,\alpha_{n1}\in A_1\times\cdots\times A_{n1}} Q(s,\alpha_1,\cdots,\alpha_{n1},o_1,\cdots,o_{n1})\pi_i(s,\alpha_1),\ldots,\pi_{n1}(s,\alpha_{n1})$$

4. WoLF Policy Hill-Climbing算法和PHC算法

它解决了动作空间$|S|\cdot|A|$的存储空间，只需要维护自己的动作即可。相关的这类算法将在下章的多智能体博弈中进行具体讲解。

7.9 强化学习算法的发展与价值

强化学习与深度学习的结合，使其应用变得越加广泛，特别是在策略推荐、机器人、无人车、调度规划等领域发挥着巨大的价值。

AlphaGo 的强势成绩、Dota2 中 OpenAI Five 人工智能战胜职业选手，它们都是基于强化学习算法所取得的成绩。强化学习在许多领域都开始发挥巨大的价值。

在工业控制领域，机器人的多关节时时控制让机器人通过学习自动学习动作，在无人车领域，让车辆学习应对人和复杂应急情况，基于强化学习都取得了不错的成绩。

在电商领域，电子商务的策略推荐系统、千人千面的商品推荐系统，以及基于用户反馈进行个性化的搜索排序，都是强化学习算法发挥价值的地方。

在金融领域，如何通过 AI 不断探索与人的反馈，如何通过长期的工作自动地进行风控检测、预测、准确提升等，也是强化学习的重要应用领域。

传统的深度学习主要解决感知和识别的问题，但是一个智能机器人需要能够做出更好的决策，结合深度学习的感知能力和强化学习的决策能力，才能真正诞生最好的人工智能应用。

在如今的人工智能发展中主要有两大部分：一是分布式的群体智能协作、博弈和规模化的发展，二是强化学习算法和应用的框架化。

控制的多智能体研究和多智能体理论包括 DARPG 的"进攻性蜂群"和 NASA 的"自主纳米技术群"，面向网络的无人化系统形成军事领域的智能群体打击能力，是新一代群体人工智能的重要发展之一。

强化学习算法在各种复杂环境下的训练和应用都需要大量的模型调整和参数优化，否则无法得到模型的良好收敛和应用的稳定性。如何形成一个强大的强化学习框架，提供训练的稳定性、使用的灵活性和易用性，帮助强化学习算法模型和业务良好结合，支持分布式的大规模计算，是未来强化学习的重要发展方向。

我们有理由相信，未来强化学习将赋予各行各业智慧的学习和决策能力，帮助整个社会形成一个最大规模的群体智能模型。

7.10 本 章 小 结

本章的主题是强化学习的原理，掌握这些基础知识，才能更好地应用。学习本章后，请思考以下问题：

（1）生成对抗网络的原理是什么？

（2）生成对抗卷积神经网络是什么？它和卷积网络有什么关系和区别？

（3）生成对抗网络和强化学习有什么关系？

（4）强化学习算法是什么？

（5）强化学习的经典算法有哪些？它们的原理和联系是什么？

（6）MADDPG 的原理是什么？作为群体智能的经典算法，它的特点是什么？

（7）强化学习、深度学习和机器学习的联系和区别有哪些？

（8）强化学习的未来如何？我们应该如何把握强化学习的发展方向？

第 8 章　对抗和群体智能博弈

第 7 章主要讲解了强化学习算法的原理和经典应用。本章作为第 7 章的进阶部分，主要探讨强化学习在对抗、博弈、群体智能方面的算法发展和应用。

8.1　群体智能的历史

群体智能的算法（Swarm Intelligent，SI）可以追溯到 1975 年。美国 Michigan 大学的一名教授 John Holland 发表了他的开创性著作 "Adapation in Nature and Artificial System"，主要阐述了自然界中的自适应变化机制，从而推导计算机自适应变化机制。这篇文章被认为是群体智能的开山之作，它所推导的机制被命名为遗传算法 Gentic Algorithm。

随着群体智能算法的发展，出现几类主要的群智算法：遗传算法、蚁群优化算法（Ant Colony Optimiztion）、差异演化算法（Differential Evolution）、粒子群优化算法（Partile Swarm Optimiztion）等。群体智能算法结合机器学习、经济预测、工程控制、过程仿真等，引起了数学、计算机、社会学、物理学、工程应用等领域的关注，成为未来智能技术发展的重要方向，也将成为未来认知社会、研究过程的重要理论和技术工具。

群体智能的算法框架主要是为了完善群体社会中个体之间进行信息交换和学习的过程。它们将在个体的竞争、博弈下，通过自我适应，调整自身状态以适应环境，形成从个体到子种群，再到社会化的更新策略。我们总结它的算法框架如下：

（1）输入：开始空间内，初始种群和环境。

（2）输出：最佳的个体智能 $X_{gbest}(t)$。

（3）算法迭代步骤主要如下：

① 初始化群体的规模、环境迭代次数、社会参数。

② 在初始空间内，初始化群体：$P(t)=\{X_1(t), X_2(t), \cdots, X_n(t)\}, t=0$。

③ While(不满足条件) do，循环执行下面的动作。

- 计算 $P(t)$，它是个体与环境的适应值。

- 挑选部分适合的个体，进行群体性协作计算。

- 个体自我适应，更新参数。

- 进行博弈和竞争，生成下一代子种群。

- 当满足条件，结束迭代。

④ 输出最终结果。

计算公式如下：

$$PIO \approx \{POP(u), S(a), A(\beta), C(\gamma); t\}$$

式中，$POP(u)$ 表示群体，u 是群体规模；S 表示环境协作；A 表示自适应机制；C 表示博弈竞争的动作；t 是群体智能算法迭代代数。该公式代表了操作的数据信息。

下面简单介绍群体智能算法的发展和研究。

1. 蚁群算法

蚁群算法（ACO）起源于 1991 年，由意大利学者 Dorgomo 提出。他受到自然界的蚁群寻找食物的行为启发而提出这一算法。

该算法的主要思想是利用最短路径，根据局部信息收集，寻找路径特征，从而优化路径算法。在算法过程中，蚂蚁将逐步构造问题的可行性解决方案。每只蚂蚁将使用概率计算，跳转到下个节点，节点由信息要素和启发因子构成方向，直到无法再进行下一步运动。该算法可以运用于数据挖掘、路径规划、图像着色、交通车辆调度等领域。

2. 人工鱼群算法

人工鱼群算法（AFO）由李晓磊在 2002 年提出。它的主要思想来源于鱼群行为特征——寻找食物、群体聚集、跟随、随机行为。该算法将人工鱼群随机拆解到初始空间，初始空间计算局部最优值和全局最优值。鱼群主要关注两个信息：自身状态信息和全局公告状态。如果自身状态信息优势更大，就更新公告状态，让公告状态成为最优值。AFO 算法借助参数优化、神经网络优化、信息组合优化，形成网络规划，通过非线性方程求解全局和个体的最优策略。

3. 粒子群算法

料子群算法（PSO）基于群体智能，通过启发性的全局搜索而形成的新兴算法。它的主要优点如下：

- 易理解；
- 易实现；
- 全局搜索能力强。

PSO 参考了鸟群捕食的行为，不同智能体之间可以交换信息，进行协作。鸟群初始行为是随机的，飞向各个方向，因为不知道食物的位置。当某食物被发现，其他群体会通过搜索，聚集成为群体。在 PSO 算法中，优化问题解称为"例子"，它们类似于鸟群捕食，通过追寻当前最优例子的解，在空间中搜索，从而寻找到全局最优解。

在群体智能的优化算法中主要有以下几类：

1. 基于PSO的混合优化算法

传统的 PSO 算法运行在低维空间，快速、高效地寻找最优解。它的问题是，在多维函数环境下会导致囚徒困境，陷入局部最优，全局的解决收敛精度不够。

混合 PSO 优化算法结合 PSO 与进化算法，让整体算法既保证群体和维度的多样性，又保证算法收敛的效果。

PSO 优化算法利用选择机制，帮助个体提高适应能力。它将个体和其他个体进行比较，选择最差的点，然后进行排序，最高得分的个体排在最前面，逐步淘汰低分区域选择，从而提升有限资源的分配。

算法在运行中会和杂交算子结合，粒子之间可以两两结合，进行随机杂交，产生新的粒子位置，改变粒子方向。

2. 基于BFO的混合优化算法

BFO 叫作细菌觅食算法，它源自细菌的行为特征，通过群体细菌之间的博弈和协作，实现搜索的优化。

BFO 引入 PSO 机制，解决函数优化问题，它还会分析算子步长，参考细菌生存周期，实现算法性能的提高。发展的 BFO 还引入了新的觅食寻找方法，混合提高多模态函数优化，提高高维函数收敛和局部搜索速度。

群体智能是人工智能领域中发展极快的学科，它主要研究分散、自治的动物和人类群体行为，提出区别于传统智能的算法形式，解决复杂和规模化的工程问题，是金融、科研、航天、工业等领域的重要推动器。

8.2　博　弈　矩　阵

针对群体智能算法，我们需要借助一些数学工具来进行研究。本节就来讲解博弈矩阵的相关结构和原理。

8.2.1　博弈矩阵简介

博弈矩阵是一种博弈论的定义和解释的方式。我们可以通过一个简单的示例来介绍。设定以下信息：

- 有两个玩家进行博弈，玩家 A、玩家 B。
- 两个玩家的信息是完全对等的，两个玩家的所有状态和决定都是按顺序决定的。
- 零和状态，A 得到的某些东西，就是 B 损失的某些东西。

我们可以逐步取消限制，从而推导更接近实际的博弈模型。

先取消信息完全假设，从而得到博弈扩展形式和博弈信息树（决策的得分树），如图 8-1 所示。

根据博弈的情况，可以获得玩家每个状态选择的移动方向，所得到的状态如图 8-2 所示。

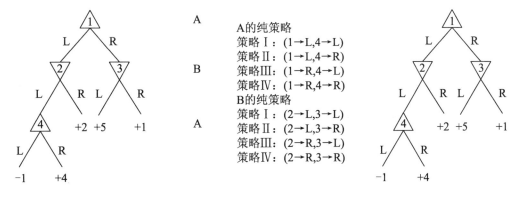

图 8-1　博弈信息树　　　　　　　　　　图 8-2　玩家策略决策路径

我们将策略进行规整，可以形成玩家 A 和玩家 B 的博弈矩阵信息，如图 8-3 所示。

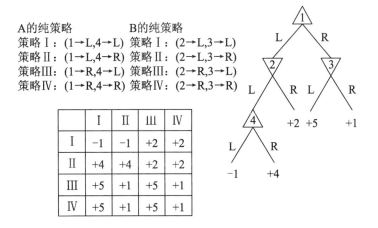

图 8-3　博弈矩阵信息

这就是博弈矩阵范式，表示完全表征矩阵，没有规则的额外信息。

我们假设当 B 采用应用 A 的最佳策略时，A 也会采用博弈矩阵每行下应对 B 的最佳策略。取每行的极小值策略，A 每次获得的最佳值为每行中极小值中的最大值，它的计算公式如下：

$$\max_{i \in \text{rows}} \min_{j \in \text{columns}} M(i, j)$$

上式表示纯策略环境下的最佳解，是假设 B 在最好的表现下 A 可以采用的最好策略，就是 Minimax 矩阵，如图 8-4 所示。

如果使用相反的策略，B 假设 A 采用 B 策略下选择的最好策略，选择每列的极大值。B 玩家获得的最佳值是各列中极大值中的最小值，计算公式如下：

$$\min_{j\in columns}\max_{i\in rows} M(i,j)$$

通过这样的方法计算得到的矩阵就是 Maximin 矩阵，如图 8-5 所示。

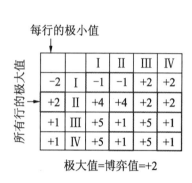

图 8-4　Minimax 矩阵

图 8-5　Maximin 矩阵

我们会发现，Maximin 和 Minimax 获得的博弈值都是+2。

这就是博弈矩阵的第一定理：信息完全对等的两个人进行零和博弈，每个玩家都有一个最佳纯策略，使得 Minimax=Maximin。

我们将这个博弈的信息再去掉一些，玩家 A 和玩家 B 的信息不再完全知道，玩家 A 和玩家 B 可以同时移动，B 就不知道 A 同时移动的情况，于是就得到下面扩展的博弈信息树和博弈矩阵，如图 8-6 所示。

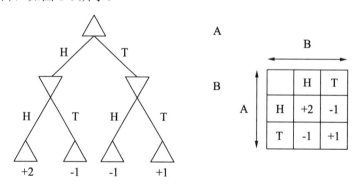

图 8-6　不完全信息下的博弈信息树和博弈矩阵

这种情况下，可以很容易验证 maximin=-1 及 minimax=+1，它们不再相等，不存在纯策略的解。因为这种情况下，A 如果考虑 H 步，那他也会考虑 B 对他进行不利的步骤 T，然后如果考虑 T，又会考虑 B 选择 H。

这种情况下，就可以采用随机策略进行期望回报的计算。假设 p 是选择随机策略 H 的概率，那么 $1-p$ 就是选择策略 T 的概率，具体计算如下：

（1）如果 B 选择 H 步骤，A 可以计算期望回报如下：
$$p \times (+2) + (1-p) \times (-a) = 3p - 1$$

（2）如果 B 选择 T 的移动策略，A 可以计算期望回报如下：
$$p \times (-1) + (1-p) \times (+1) = -2p + 1$$

（3）经过上面最坏的情况，就是 B 选择回报最小的策略，计算如下：
$$\min(3p-1, -2p+1)$$

（4）A 对应的就应该调整概率 p，让他的回报最大，得到计算公式如下：
$$\max_p \min(3p-1, -2p+1)$$

具体计算结果如图 8-7 所示。

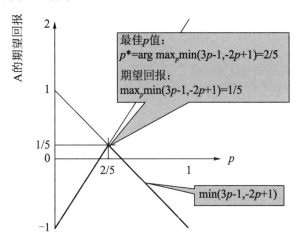

图 8-7 最佳回报策略概率计算

这就是混合策略随机选择纯策略，由概率 p 进行完全定义。

博弈矩阵的第二定理混合策略的最大最小，具体要点如下：

• 对一个信息隐藏的两个人进行零和博弈，总存在一个最佳的混合策略。

• 它所对应的 minimax 等于 maximin，就变为概率上的推导，具体如下：

$$\max_p \min(p \times m_{11} + (1-p) \times m_{21}, p \times m_{12} + (1-p) \times m_{22})$$
$$= \min_p \max(q \times m_{11} + (1-q) \times m_{12}, q \times m_{21} + (1-p) \times m_{22})$$

8.2.2 博弈的线性规划和纳什均衡

我们将博弈矩阵扩展到 $N \times M$ 环境下的博弈，就需要使用线性规划进行求解，本节就来讲解它的扩展性推导原理。

假设混合策略的概率矢量为 $p=(p_1, \cdots, p_N)$，p_i 表示 A 选择 i 策略的概率，总和 $\sum p_i=1$。我们可以通过线性规划求解最佳策略，计算公式如下：

$$\begin{cases} \max\limits_{p} \min\limits_{j} \sum\limits_{i} p_i m_{ij} \\ \sum p_i =1 \end{cases}$$

它表示 A 的期望回报，加入 B 选择了纯策略 j，那么 A 就选择纯策略 i，它的概率为 p_i。

我们计算 $2 \times M$ 的博弈情况，可以得到图 8-8 所示的线性求解。

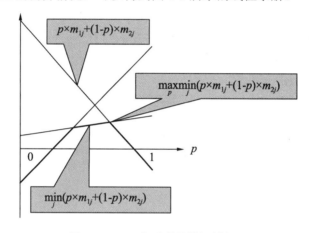

图 8-8　$2 \times M$ 矩阵的线性规划求解

总而言之，博弈理论是将隐藏欺骗的行为需求形式化，采用理性玩家的假设，以增加回报、效用和喜好等，从而进行博弈的计算决策。

8.2.3　博弈的学习算法

在多智能体人工智能博弈算法中，围棋是一个非常好的研究工具，特别是在 AlphaGo 打败世界围棋顶尖高手以后，博弈学习算法成为一个研究热点。本节就以围棋为例，来介绍相关的博弈学习算法。

西晋张华著有《博物志》，其中记录"尧造围棋，以教子丹朱。或云，舜以子商均愚，故作围棋以教之"。中国规则下的围棋，非常适用于计算机的博弈发展。

计算机的博弈从 Shannon 发表的论文至今已经发展了几十年。机器博弈的标识性历史事件如下：

- 1950 年，Shannon 发表博弈论文 "Programming a Computer for Playing Chess"。
- 1951 年，Alan Turnning 开发了完整的国际象棋计算机程序。
- 1956 年，John McCarthy 提出了博弈算法——Alpha-Beta 剪枝搜索算法。

- 1967 年，Rechard Greenblatt 开发了国际象棋程序，在正式比赛中，该程序战胜了人类棋手。
- 1981 年，国际象棋计算机程序 Cray Blitz 在正式比赛中打败了大师级棋手。
- 1994 年，Gerald Tesauro 使用了强化学习算法 TD(λ)，开发了 15 子计算机程序。
- 1997 年，国际象棋计算机程序 Deep Blue 打败了世界冠军 Garry Kasparov。
- 2007 年，Jonathan Schaeffer 用数学证明跳棋 checkers 可解。

机器博弈是人工智能最具挑战的研究领域之一，围棋是其中最难的"专业"，最早记录在北宋科学家、政治家沈括的著作《梦溪笔谈》中。该书记录了围棋的算法空间复杂度："尽三百六十一路，大约连书万字四十三，即是局之大数。其法：初一路可变三局，一黑、一白、一空。自后不以横直，但增一子，即三因之。凡三百六十一增，皆三因之，即是都局数。"使用蒙特卡罗方法计算空间复杂度，计算结果约为 2.089×10^{170}。

围棋的博弈算法主要有以下几类：

- 博弈树；
- 极大极小算法 The Minimax Algorithm；
- 负极大值搜索算法；
- 剪枝搜索算法。

这几类算法都是围绕博弈矩阵的原理展开的，读者可以根据前一节介绍的知识进行深入研究。接下来介绍一些使用机器学习来解决围棋问题的相关算法。

- MDP 马尔可夫决策过程：主要用于构建围棋整体运行环境，将决策和状态进行五元组表示。
- 人工神经网络（Artifical Neral Networks，ANN），用于模拟人脑，学习围棋中的决策选择、模型回归和分类。
- BP（Back Propagation）神经网络，反馈型神经网络，用于组织竞争状态的识别和行为聚合。
- 时间差分算法（Temporal Difference，TD），一种重要的强化学习算法，结合蒙特卡罗思想和动态规划，可以在不需要系统模型下，直接学习经验数据。
- 蒙特卡罗算法（Monte Carlo Method），基于统计分析，通过抽样和统计，使问题的解决接近于真实空间分布。
- UCB（Upper Confidence Bound）策略，用于平衡模型计算，进行试探，并且利用环境优化策略的信息索引。
- 剪纸策略，UCT 搜索用于解决蒙特卡罗决策中，遇见 MDP 决策过程，选择下一个行为，达到探索和利用之间的平衡。

其中，基于时间差分算法并且结合其他算法进行优化，如使用 BP 神经网络进行仿真训练，类似于 GAN 的方法进行机器博弈对抗学习，是围棋人工智能训练中效果较好的方法。

博弈矩阵的学习算法就是让智能体不断地和环境交互，通过每次交互的奖励值，更新和优化策略，让策略收敛，以达到博弈的纳什均衡。博弈矩阵的学习算法可以分为两个主要类别：学习自动机和梯度提升。

8.2.4 WoLF-IGA 和 WoLF-PHC 算法

WoLF-IGA 是一种分布式算法，它使用 Win or learn fast 的思想，结合梯度提升算法，形成多智能体博弈学习算法。Win or learn fast 指的是在当前策略下，积累的预期奖励值是否大于指定的评价值。指定的评价值指的是当前智能体在纳什均衡的条件下，一系列应对策略所获得的累积预期奖励。

如果当前策略获胜，设置智能体学习的进度缓慢，让其他智能体更快适应策略变化；如果当前智能体策略较差，就快速更新策略，让当前智能体适应其他智能体的策略变化。

WoLF-IGA 适合用在"双智能体双动作"情况的博弈矩阵中，它会通过累计策略的奖励梯度进行策略更新，让更新后的策略可以获得较大的更新值。

假设 p_1 表示第 1 个智能体选择第 1 个动作的概率，$1-p_1$ 表示第 1 个智能体选择第二个动作的概率。q_1 表示第 2 个智能体选择第 1 个动作的概率，$1-q_1$ 表示第 2 个智能体选择第二个动作的概率，可以得到如下计算公式：

$$p_1(k+1) = p_1(k) + \eta \alpha_1(k) \frac{\partial V_1(p_1(k), q_1(k))}{\partial p_1}$$

$$q_1(k+1) = q_1(k) + \eta \alpha_w(k) \frac{\partial V_w(p_1(k), q_1(k))}{\partial q_1}$$

$$\alpha_1 = \begin{cases} \alpha_{\min} & \text{如果} V_1(p_1(k), q_1(k)) > V_1(p_1^*, q_1(k)) \\ \alpha_{\max} & \text{其他情况} \end{cases}$$

$$\alpha_2 = \begin{cases} \alpha_{\min} & \text{如果} V_2(p_1(k), q_1(k)) > V_1(q_1(k), q_1^*) \\ \alpha_{\max} & \text{其他情况} \end{cases}$$

其中，η 表示学习步长，设置为较小值。α_i 需要满足 $\alpha_{\max} > \alpha_{\min}$，形成一个可变的学习速率，可以通过当前策略效果，调整智能体训练速度。V 表示在训练时刻的 k，使用相关策略积累的回报。$(p_i^*(k), q_i^*(k))$ 就是纳什均衡下得到的动作概率。

整个算法的收敛条件需要双智能体行动具有一般和博弈矩阵，纳什均衡情况下是纯策略或者混合策略。

PHC 算法是一种梯度下降算法，它和 Q-learning 算法具有相似性，保证合适的探索策略，将 Q 值收敛到最优的 $Q*$。从 Q-learning 算法开始，可以得到 PHC 的计算公式如下：

$$Q_{t+1}^j(a) = (1-\alpha)Q_t^j(a) + \alpha(r^j + \gamma \max_d)Q_t^j(a')$$

$$\pi_{t+1}^j(a) = \pi_t^j(a) + \Delta_\alpha$$

$$\Delta_\alpha = \begin{cases} -\Delta\delta_\alpha, \text{如果} a \approx \arg\max_{a'} Q_t^j(a') \\ \sum_{a' \approx a} \delta_{a'}, \text{其他情况} \end{cases}$$

整体的 PHC 单体智能算法流程如下：

（1）初始化学习速率，$\alpha \in (0,1]$、$\delta \in (0,1]$。

（2）初始化折扣因子 $\gamma \in (0,1]$。

（3）初始化探索率 ε。

设置 $Q'(a) \leftarrow 0$，并且 $\pi'(a) \leftarrow \dfrac{1}{|A_j|}$。

（4）while 重复计算。

根据探索率 ε 选择策略 $\pi_t^j(a)$，决定行为 a。

观测情况，获得回报值 r^j。

更新 $Q_{t+1}^j(a) = (1-\alpha)Q_t^j(a) + \alpha(r^j + \gamma \max_d)Q_t^j(a')$。

更新策略 $\pi_{t+1}^j(a) = \pi_t^j(a) + \Delta_a$。

WOLF-PHC 算法是对 PHC 算法的一种改进，可以通过可变学习规律对学习速率进行处理，具体公式如下：

$$\alpha_{k+1} = \alpha_k + \eta^{\ell_k^r} \frac{\partial V_r(\alpha_k, \beta_k)}{\partial \alpha_k}$$

$$\beta_{k+1} = \beta_k + \eta^{\ell_k^c} \frac{\partial V_c(\alpha_k, \beta_k)}{\partial \beta_k}$$

其中，l 就是可变的学习速率，它的值域为 $l \in [l_{\min}, l_{\max}] > 0$。调节速率的方法就称为 WOLF 法。WOLF-PHC 方法对 PHC 的扩展采用快速取胜策略值进行算法参数迭代的方法，让 PHC 算法快速收敛，达到纳什均衡。整个算法将有两个学习速率，胜利使用学习速率 δ_w，失败使用学习速率 δ_l。学习速率失败大于成功，这样失败的智能体可以更快进行学习，追上胜利的智能体，适应更好的策略，最终通过加速算法的收敛达到纳什均衡。它是一个较为合理的博弈学习算法，广泛应用于许多随机博弈环境中。

智能体 j 的递归 Q 学习公式可以表示为

$$Q_{t+1}^j(a) = (1-\alpha)Q_t^j(a) + \alpha(r^j + \gamma \max_d Q_t^j(a'))$$

智能体 j 表示它的 WOLF-PHC 算法，如下：

（1）初始化学习速率，$\alpha \in (0,1]$，$\delta_w \in (0,1]$，并且 $\delta_t > \delta_w$。

（2）初始化折扣因子 $\gamma \in (0,1]$。

（3）初始化探索率 ε。

设置 $Q'(a) \leftarrow 0$ 并且 $\pi'(a) \leftarrow \dfrac{1}{|A_j|}$。

设置 $C(s) \leftarrow 0$。

（4）while 重复计算。

根据探索率 ε 选择策略 $\pi_t^j(a)$，决定行为 a。

观测情况，获得回报值 r^j。

更新 $Q_{t+1}^j(a) = (1-\alpha)Q_t^j(a) + \alpha \left(r^j + \gamma \max_d Q_t^j(a') \right)$。

更新策略 $\pi_{t+1}^j(a) = \pi_t^j(a) + \Delta_a$。

以上就是我们常用的博弈矩阵的学习算法，属于经典的基础性算法，读者可以结合算法的原理和其他算法，综合应用在实际环境中。

8.2.5　分布式博弈矩阵

分散的学习表示智能体没有中心学习策略，多智能体各自学习在博弈中也具有广泛的应用，本节就来了解这部分知识。

完全分散的矩阵博弈和中心化的多智能体强化学习有区别。

DeepMind 公司发现 MARL 多智能体独立强化学习最为简单的模式就是各自作为环境的智能体独立学习，但是这样会造成环境的非稳态和非 MDP，无法保证收敛，并导致多智能体策略产生过拟合。为了解决这些问题，MARL 需要设置一个智能体对其他智能体的行为做出观察反应。

矩阵博弈的分散学习算法，其智能体之间不知道自己的回报和其他玩家的策略，分散式的学习算法需要证明在不完备的信息下多个智能体之间的策略可以收敛到纳什均衡状态。

其中主要的算法有以下几种。

- 双人博弈矩阵：在 8.2.1 节中已经介绍过，可以扩展到多智能体学习算法。
- 线性回报-无为方法：这个方法确保假设在纯策略情况下，并且有严格纳什均衡状态，算法可以收敛到纳什均衡点，该算法由 Lakshmivarah-an 和 Narendra 提出。
- 线性回报-惩罚算法：支持在适当参数、完全混合的策略下，基于玩家策略的期望值达到纳什均衡。
- WOLF-IG 算法和 WOLF-PHC 算法：帮助双人双行为的博弈矩阵，在完全混合策略、纯策略中都能收敛到纳什均衡点。

- 学习自动机算法 L_{R-1}、L_{R-P}、GA 算法：支持多个智能体，通过已知的信息训练自己的行为并获得回报，通过滞后锚定算法，收敛到纳什均衡点。

8.2.6 学习自动机

学习自动机是博弈矩阵算法中最为重要的一类算法，它结合神经网络与状态机，自身能力得到极大提高。本节就来讲解这一算法。

学习自动机的主要目的是让智能体能在一个未知环境下自动适应环境，形成自己的学习单元。它的主要方法是基于环境响应，更新自身行为的概率分布，学习最优策略。它是一个完全分散式的学习算法，只考虑自身行为和环境回报，而忽略其他智能体。

学习自动机的组成是一个四元组表征(A,r,p,U)：

- A 表示玩家行为，$A=\{a_1, \cdots, a_m\}$。
- r 表示强化信号值，$r\in[0,1]$。
- p 表示动作概率分布。
- U 表示更新 p 学习的算法。

学习自动机和 GA 算法主要有 4 种基础算法：

- 线性回报-无为算法（L_{R-1}）。
- 线性回报-惩罚算法（L_{R-P}）。
- 滞后锚定算法。
- L_{R-1} 滞后锚定算法。

1. 线性回报-无为算法

假设玩家设置为 $i(i=1, \cdots, n)$，线性回报-无为算法(L_{R-1})的定义如下：

$$p_j^i(k+1) = p_j^i(k) - \eta r^i(k)p_j^i(k), a_j^i \neq a_c^i$$

式中，k 表示时间步；p 表示不同玩家、不同行为的概率分布；η（$0<\eta<1$）表示学习参数；$r^i(k)$表示在 k 时刻玩家 i 的行为 a_c^i 产生的环境影响；p_j^i 表示玩家 i 选择行为 a_j^i($j=1, \cdots, m$)情况的概率分布。

2. 线性回报-惩罚算法

假设玩家设置为 $i(i=1, \cdots, n)$，线性回报-无为算法(L_{R-P})的定义如下：

$$p_j^i(k+1) = p_j^i(k) - \eta_1 r^i(k)[1-p_c^i(k)] - \eta_2 r^i(k)[1-r^i(k)p_c^i(k)], a_j^i \neq a_c^i$$

$$p_j^i(k+1) = p_j^i(k) - \eta_1 r^i(k)[1-p_c^i(k)] - \eta_2 r^i(k)[1-r^i(k)][\frac{1}{m-1}-p_j^i(k)], a_j^i \neq a_c^i$$

式中，a_c^i 表示玩家 i 的当前动作。

假设每个玩家使用 L_{R-P} 算法，使用参数 $\eta_2 < \eta_1$，两个玩家在结合混合策略下的期望值，可以接近纳什均衡。L_{R-P} 算法可以让期望值收敛到纳什均衡点，但是玩家策略无法得到保证。

3. 滞后锚定算法

滞后锚定算法是一种 GA 算法，是由 Dahl 提出的基于双人零和博弈的算法。算法基于梯度更新玩家策略。我们假设玩家 1 的策略标记为矢量 $v = [p_1, p_2, \cdots, p_{m1}]^T$，它表示玩家所有动作可能的概率分布。那么玩家 2 的策略标记为矢量 $w = [q_1, q_2, \cdots, q_{m2}]^T$，策略更新的计算公式如下：

$$v(k+1) = v(k) + \eta p_{m1} R_1 Y(k) + \eta \gamma (\overline{v}(k) - v(k))$$
$$v(k) = \overline{v}(k) + \eta \gamma (\overline{v}(k) - v(k))$$
$$w(k+1) = w(k) + \eta p_{m1} R_2 Y(k) + \eta \gamma (\overline{w}(k) - w(k))$$
$$w(k) = \overline{w}(k) + \eta \gamma (\overline{w}(k) - w(k))$$

式中，η 表示学习的步长；γ 表示锚定绘制因素；$p_{mi} = l_{mi} - \left(\dfrac{1}{m_i}\right) l_{mi}^T$，$l_{mi}^T$ 表示矢量 v、w 的矩阵，元素和为 1；$Y(k)$ 表示玩家 2 动作的单位矢量（当时间在 k 时刻时，玩家 2 选择的动作为 m_i，那么设置 $Y(k)$ 中元素 m_i 为 1，其他元素设置为 0。用同样的方式设置玩家 1 的单位矢量为 $X(k)$。以上设置得到回报矩阵 R_1 和 R_2，分别对应玩家 1 和玩家 2）；$\overline{v}$ 和 $\overline{w}$ 表示锚定参数对玩家的策略进行加权平均。

当在完全混合策略纳什均衡的情况下进行双人零和博弈，让所有玩家都采用滞后锚定算法，随着 η 步长逐渐接近 0，玩家的博弈策略会收敛到纳什均衡点。

滞后锚定算法需要知道两个玩家的回报矩阵 R_1 和 R_2，所以不是完全的分散式学习算法。

我们可以看一下矩阵博弈的学习算法对比情况，如表 8-1 所示。

表 8-1 矩阵博弈学习算法对比

	现 有 算 法				提 升 算 法
适用性	L_{R-1}	L_{R-P}	WOLF-IGA	滞后锚定	L_{R-1} 滞后锚定
允许动作	没有限制	双向动作	双向动作	没有限制	适用性
收敛情况	纯策略下收敛	完全混合纳什均衡	两者都收敛	完全混合下收敛	两者都收敛
	纳什均衡策略	期望值均衡		纳什均衡策略	
分散性情况	分散	分散	不分散	不分散	分散

4. L_{R-1} 滞后锚定算法

除了上面三个基本算法外，结合 L_{R-1} 和滞后锚定算法的体征还可以混合设计一种完全分散的学习算法，这就是 L_{R-1} 滞后锚定算法。它可以支持纯策略和完全混合策略，都收敛于完全纳什均衡。

L_{R-1} 滞后锚定算法使用 L_{R-1} 作为玩家策略的更新计算，结合滞后锚定项，算法计算公式如下：

a_c^i 在时间为 k 的动作行为中，计算公式如下：

$$p_c^i(k+1) = p_c^i(k) - \eta r^i(k)[1 - p_c^i(k)] + \eta[\bar{p}_c^i(k) - p_c^i]$$
$$\bar{p}_c^i(k+1) = \bar{p}_c^i(k) + \eta\gamma(\bar{p}_c^i(k) - p_c^i(k))$$

$a_j^i \neq a_c^i$ 时，计算公式如下：

$$p_j^i(k+1) = p_j^i(k) - \eta r^i(k)p_j^i(k) + \eta[\bar{p}_j^i(k) - p_j^i]$$
$$p_j^i(k+1) = \bar{p}_j^i(k) + \eta\gamma(p_j^i(k) - \bar{p}_j^i)$$

L_{R-1} 滞后锚定算法的主要思想是结合玩家当前策略和过往策略的平均值，让期望在学习过程中玩家的当前决策和长期平均的决策收敛于平均点位置。

基于 L_{R-1} 滞后锚定算法，我们可以得到以下定理：

假设双人双行为情况下，进行一般和矩阵博弈，它们只在完全混合策略下存在纳什均衡，或者在纯策略下具有严格的纳什均衡。玩家采用 L_{R-1} 滞后锚定算法，当步长逐渐趋近于 0 时，算法有以下渐进特点：

（1）这种情况的纳什均衡是渐进和稳定的。

（2）所有的非纳什均衡点都是不稳定的平衡。

8.2.7　仿真博弈环境

8.2.6 节中介绍了多种博弈矩阵的知识和算法，本节我们将采用仿真环境对博弈矩阵进行仿真验证。

示例是一个测试仿真网络链路的预测，通过已经知道的网路节点和当前结构信息，预测网络还未连接的两个节点的连接可能性，预测包含未知连接和未来连接。

示例下载网址为 https://github.com/SintolRTOS/Learning_Automata.git。

具体代码如下：

```
# -*- coding: utf-8 -*-
"""
```

```
Created on Mon Aug 12 23:56:34 2019

@author: wangjingyi
"""

import numpy as np
import time
from random import choice
import pandas as pd
import os

#定义计算共同邻居指标的方法
#define some functions to calculate some baseline index
def Cn(MatrixAdjacency):
    Matrix_similarity = np.dot(MatrixAdjacency,MatrixAdjacency)
    return Matrix_similarity

#计算 Jaccard 相似性指标
def Jaccavrd(MatrixAdjacency_Train):
    Matrix_similarity = np.dot(MatrixAdjacency_Train,MatrixAdjacency_Train)
    deg_row = sum(MatrixAdjacency_Train)
    deg_row.shape = (deg_row.shape[0],1)
    deg_row_T = deg_row.T
    tempdeg = deg_row + deg_row_T
    temp = tempdeg - Matrix_similarity
    Matrix_similarity = Matrix_similarity / temp
    return Matrix_similarity

#定义计算 Salton 指标的方法
def Salton_Cal(MatrixAdjacency_Train):
    similarity = np.dot(MatrixAdjacency_Train,MatrixAdjacency_Train)
    deg_row = sum(MatrixAdjacency_Train)
    deg_row.shape = (deg_row.shape[0],1)
    deg_row_T = deg_row.T
    tempdeg = np.dot(deg_row,deg_row_T)
    temp = np.sqrt(tempdeg)
    np.seterr(divide='ignore', invalid='ignore')
    Matrix_similarity = np.nan_to_num(similarity / temp)
    print(np.isnan(Matrix_similarity))
    Matrix_similarity = np.nan_to_num(Matrix_similarity)
    print(np.isnan(Matrix_similarity))
    return Matrix_similarity

#定义计算 Katz1 指标的方法
def Katz_Cal(MatrixAdjacency):
    #α 取值
    Parameter = 0.01
    Matrix_EYE = np.eye(MatrixAdjacency.shape[0])
    Temp = Matrix_EYE - MatrixAdjacency * Parameter
    Matrix_similarity = np.linalg.inv(Temp)
    Matrix_similarity = Matrix_similarity - Matrix_EYE
    return Matrix_similarity

#定义计算局部路径 LP 相似性指标的方法
```

```
def LP_Cal(MatrixAdjacency):
    Matrix_similarity = np.dot(MatrixAdjacency,MatrixAdjacency)
    Parameter = 0.05
    Matrix_LP = np.dot(np.dot(MatrixAdjacency,MatrixAdjacency),MatrixAdjacency)
* Parameter
    Matrix_similarity = np.dot(Matrix_similarity,Matrix_LP)
    return Matrix_similarity

#计算资源分配（Resource Allocation）相似性指标
def RA(MatrixAdjacency_Train):
    RA_Train = sum(MatrixAdjacency_Train)
    RA_Train.shape = (RA_Train.shape[0],1)
    MatrixAdjacency_Train_Log = MatrixAdjacency_Train / RA_Train
    MatrixAdjacency_Train_Log = np.nan_to_num(MatrixAdjacency_Train_Log)
    Matrix_similarity = np.dot(MatrixAdjacency_Train,MatrixAdjacency_
Train_Log)
    return Matrix_similarity

#仿真随机环境1：针对活跃性的节点对
def RandomEnviromentForActive(MatrixAdjacency,i,j):
    Index = np.random.randint(1, 5)
    print(Index)
    global IndexName
    if Index == 1:
        IndexName = '相似性指标是：Jaccard Index'
        print(IndexName)
        similarity_matrix = Jaccavrd(MatrixAdjacency)
        similarity = similarity_matrix[i,j]
    elif Index == 2:
        IndexName = '相似性指标是：Salton Index'
        print(IndexName)
        similarity_matrix = Salton_Cal(MatrixAdjacency)
        similarity = similarity_matrix[i,j]
    elif Index == 3:
        IndexName = '相似性指标是：Katz Index'
        print(IndexName)
        similarity_matrix = Katz_Cal(MatrixAdjacency)
        similarity = similarity_matrix[i,j]
    else:
        IndexName = '相似性指标是：RA Index'
        print(IndexName)
        similarity_matrix = RA(MatrixAdjacency)
        similarity = similarity_matrix[i,j]
    return similarity

#随机环境2：主要针对非活跃性的节点对
def RandomEnviromentForNonActive():

    Action = np.random.randint(1, 4)
    if Action == 1:
        ActionName = 'ID3'
        similarity_matrix = ID3_Cal(MatrixAdjacency)
        #similarity = similarity_matrix[i,j]
    elif Action == 2:
```

```
            ActionName = 'CART'
            similarity_matrix = Cart_Cal(MatrixAdjacency)
            #similarity = similarity_matrix[i,j]
        elif Action == 3:
            ActionName = 'C4.5'
            similarity_matrix = C4_Cal(MatrixAdjacency)
            #similarity = similarity_matrix[i,j]
    return similarity


#构建学习自动机的智能体(To Construct the agent)
def ContructionAgent(filepath,n1,n2):
    f = open(filepath)
    lines = f.readlines()
    A = np.zeros((50, 50), dtype=float)
    A_row = 0
    for line in lines:
        list = line.strip('\n').split(' ')
        A[A_row:] = list[0:50]
        A_row += 1


    # 初始化 p1 和 p2
    a = 0.05
    b = 0.01
    p1 =0.5
    p2 =0.5
    Action = 1
    # 在这里使用数字 1 代表选择动作'Yes'，用 2 代表动作'No'
    for i in range(1):

        #       global Action
        # 相似性阈值（the threashhold_value of similarity)
        if (p1 >= p2):
            Action = 1
        else:
            Action = 2
        print('选择的动作是： ' + str(Action))
        threshhold_value = 0.3
        similarity = RandomEnviromentForActive(A, n1, n2)
        # p1 表示动作 1'Yes'被选择的概率, p2 表示动作 2'No'被选择的概率
        # 前一次选择的动作是'Yes'，并且该动作得到了奖励
        if (similarity > threshhold_value) and (Action == 1):
            p1 = p1 + a * (1 - p1)
            p2 = 1-p1
            # p2 = (1 - a) * p2
        # 前一次选择的动作是'No'，并且该动作得到了奖励
        elif (similarity < threshhold_value) and (Action == 2):
            p2 = (1-a)*p2
            p1 = 1-p2
            # p1 = (1 - a) * p1
        # 前一次选择的动作是'Yes'，但该动作得到了惩罚
        elif (similarity < threshhold_value) and (Action == 1):
            p2 = 1-b*p2
            p1 = 1-p2
            #p2 = 1 - b * p2
```

```
      # 前一次选择的动作是'No'，且该动作得到了惩罚
      elif (similarity > threshhold_value) and (Action == 2):
          p1 = b + (1 - b) * (1 - p1)
          p2 = 1-p1
          # p1 = 1 - b * p1

  if (p1 >= p2):
      print('下一时刻选择的动作是:Yes')
  else:
      print('下一时刻选择的动作是:No')
  return p1, p2
```

```
#测试主程序
path=r'../Data/itcmatrixs/36000/'
result = np.zeros((50, 50))
for i in os.walk(path):
    for m in range(50):
        for n in range(50):
            r = None
            for j in range(26):
                datapath = path+i[2][j]
                p1,p2 = ContructionAgent(datapath,m,n)
                r = int(p1>=p2)
            result[m,n] = r;
r.save('result.npy')
```

8.3 网 格 博 弈

在 8.2 节中，我们介绍了博弈矩阵的原理和相关算法，在有更多随机智能体的环境下，需要将博弈的进攻与防御进行数字化、网格化，本节就来了解更多的多智能体算法在网络博弈下的运用原理和方法。

我们假设一个 2×2 博弈的情况，有两种角色，一种是进攻者，另一种是防御者，两方的攻击和防御在一个网格之中进行。

进攻者的行动方式可以向下和向右；防御者的行动方式可以向上和向左。当防御者和进攻者同时移动到一个位置，如果当前位置有防御领土，则表示抓捕到进攻者；如果当前位置没有防御领土，或者进攻者提前进入领土，表示进攻成功，游戏结束。具体情况如图 8-9 所示。

整个网格博弈的情况下，可以得到以上三种非游戏终止状态(s_1, s_2, s_3)。s_1 状态如图 8-9a 所示，是两个玩家的初始状态；s_2 状态如图 8-9b 所示，进攻者向右，防御者向左，同时到达对应位置；s_3 如图 8-9c 所示，进攻者向下，防御者向上，同时到达位置。

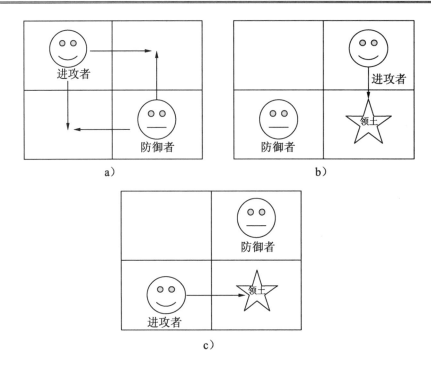

图 8-9　2×2 网格博弈情况

对应上面的状态，可以定义出防御者的网格回报函数：

假如防御者拦截到进攻者，则

$R_D=\text{dist}_{\text{IT}}$

假如进攻者到达领土，则

$R_D=-10$

定义进攻者的回报函数：

假如防御者拦截到进攻者，则

$R_D=-\text{dist}_{\text{IT}}$

假如进攻者到达领土，则

$R_D=10$

在网格的博弈环境中，防御者会力图思考进攻者的意图，进行拦截。

对应的博弈情况，我们可以对它进行求解，具体步骤如下：

（1）已知道状态 s_2 和 s_3 情况，进攻者会到达领土位置，并且不会被拦截。

（2）设定 s_2 和 s_3 状态下，对应的防御者值为 $v_D(s_2)=-10$、$v_D(s_3)=-10$。

（3）假设折扣因子为 0.9，a 表防御者的动作，o 表示进攻者的动作，可以进行求解，具体如下：

$$Q_D^*(s_1, a_{\text{left}}, o_{\text{right}}) = \gamma V_d(s_2) = -9$$

$$Q_D^*(s_1, a_{\text{up}}, o_{\text{down}}) = \gamma V_d(s_3) = -9$$

$$Q_D^*(s_1, a_{\text{left}}, o_{\text{right}}) = 1$$

$$Q_D^*(s_1, a_{\text{up}}, o_{\text{down}}) = 1$$

得到的 Q 值如表 8-2 所示。

表 8-2　Q值和行动映射表

防　御　者			
进攻者	Q_D^*	向上	向左
	向下	-9	1
	向右	1	-9

（4）假设纳什均衡的条件下，防御者向上和向左的概率如下：

$$\pi_D^*(s_1, a_{\text{up}})(\text{向上的概率})$$

$$\pi_D^*(s_1, a_{\text{left}})(\text{向左的概率})$$

（5）假设纳什均衡的条件下，进攻者向下和向右的概率如下：

$$\pi_D^*(s_1, a_{\text{down}})(\text{向下的概率})$$

$$\pi_D^*(s_1, a_{\text{right}})(\text{向右的概率})$$

（6）定义在对手采取行动 o 的情况，智能体当前状态为 s，采取行动为 a，计算的回报函数如下：

$$R(s, a, o)$$

（7）假设对手采取任何动作，保证预期回报为 $\overline{R}$ 的策略是满意的，可以得到 s_1 情况下防御者计算回报函数如下：

$$R_D(s_1) = \begin{matrix} -9 & 1 \\ 1 & -9 \end{matrix}$$

（8）根据智能体在 s_1 的情况下采用向上和向下移动的概率，得到预期回报方程如下：

$$(-9) \times \pi_D(s_1, a_{\text{up}}) + (1) \times \pi_D(s_1, a_{\text{left}}) = \overline{R}$$

$$(1) \times \pi_D(s_1, a_{\text{up}}) + (-9) \times \pi_D(s_1, a_{\text{left}}) = \overline{R}$$

$$\pi_D(s_1, a_{\text{up}}) + \pi_D(s_1, a_{\text{left}}) = 1$$

（9）通过线性约束和 Q 值共同求解，可以得到防御者，在 s_1 情况下 $v_D(s_1) = -4$。在纳什均衡情况下，策略的概率如下：

$$\pi_D^*(s_1, a_{\text{up}}) = 0.5$$

$$\pi_D^*(s_1, a_{\text{left}}) = 0.5$$

（10）对应进攻者在 s_1 情况下，$v_I(s_1)=4$，在纳什均衡情况下，策略的概率如下：

$$\pi_I^*(s_1, a_{\text{down}}) = 0.5$$
$$\pi_I^*(s_1, a_{\text{right}}) = 0.5$$

8.4　多智能体 Q-learning 算法

在 7.5 节中，我们学习了强化学习的经典算法 Q-learning，本节我们结合博弈对抗的环境，对这个算法再进行深入研究。

在经典的 Q-learning 算法中，当多个智能体联合进行动作时，随着智能体数量的上升，Q 函数的联合动作空间呈现指数级别增长，让传统的单体 Q-learning 算法变得不再适用。

一般解决多智能体强化学习的方法是采用去中心化策略，让每个智能体只观察自己的信息和历史动作进行强化决策行动，这部分的策略在 7.3 节中有部分体现。

下面我们对 Q-learning 算法进行优化，让它适应多智能体的环境，核心原理是让智能体的使用 Q 函数进行计算，并且将其他智能体的动作都加入 Q 函数的环境参数中，如图 8-10 所示。

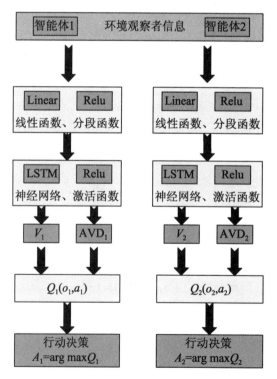

图 8-10　多智能体环境下的 Q-learning 算法

使用这样的算法流程会遇到一个重要问题，就是其他智能体在不断学习的过程中，它们的策略会随着学习发生改变，导致整体的纳什均衡下的 Q-learning 算法，难以达到收敛状态。本算法的原理是将所有智能体的动作值函数全部求和，获得联合函数，并且采用的是线性函数，没有使用非线性函数。

要解决上面的问题，我们可以采用集中式学习，获得联合函数的局部函数，形成新的优化算法 QMix，如图 8-11 所示。

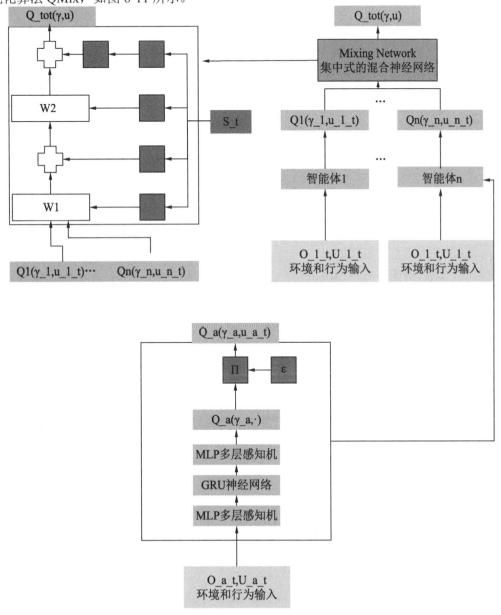

图 8-11　QMix 算法结构图

我们将联合动作值的函数等价成为局部函数动作值，并且取 arg max，获得相同的单调性，具体如下：

$$\arg\max_{u} Q_{\text{tot}}(\tau,u) = \left\{ \begin{array}{c} \arg\max\limits_{u_1} Q_1(\tau_1,u_1) \\ \vdots \\ \arg\max\limits_{u_n} Q_n(\tau_n,u_n) \end{array} \right\}$$

算法通过分布式策略，凭借贪心算法获取局部 Q_i 的最优动作，形成 QMix 的取值，构成单调约束，具体如下：

$$\frac{\partial Q_{\text{tot}}}{\partial Q_i} \geqslant 0, \forall i \in \{1,2,\cdots,n\}$$

只要满足单调性，就可以满足 arg max 的求解，QMix 将采用混合神经网络 mixing networking 进行迭代，它的代价函数如下：

$$L(\theta) = \sum_{i=1}^{b} [(y_i^{\text{tot}} - Q_{\text{tot}}(\tau,a,s;\theta))^2]$$

在训练中，结合 DQN 的方法，从经验中进行记忆回放，形成迭代，具体公式如下：

$$y^{\text{tot}} = r + \gamma \max_{a'} \overline{Q}(\tau',a',s';\overline{\theta})$$

式中，$\overline{Q}(\tau',a',s';\overline{\theta})$ 表示目标网络。

QMix 的算法通过 arg max 操作计算量，当智能体增长时，计算量只会呈线性增长，避免了指数效应，极大地提高了算法效率。

8.5　无限梯度上升

本节我们来了解梯度上升算法在多智能体中的应用，并且结合博弈中的策略收敛，了解算法的原理与应用。

无限梯度上升算法重要的优点是它计算得到的策略，可以不需要收敛。我们假设一般和博弈的矩阵定义为

$$R = \begin{bmatrix} r_{11} & r_{12} \\ r_{21} & r_{22} \end{bmatrix}$$

$$C = \begin{bmatrix} c_{11} & c_{12} \\ c_{21} & c_{22} \end{bmatrix}$$

式中，R 表示玩家 1 的回报值；C 表示玩家 2 的回报值。

当玩家 1 使用动作 i，玩家 2 使用动作 j 时候，玩家 1 的回报为 R_{ij}，玩家 2 的回报为 C_{ij}。

　　玩家 1 和玩家 2 都可以通过混合策略，根据权重随机选择行为。玩家 1 选择动作 1 的概率，设置为 $\alpha \in [0,1]$，那么玩家 1 选择动作 2 的概率为 $1-\alpha$。玩家 2 选择动作 1 的概率，设置为 $\beta \in [0,1]$，那么玩家 2 选择动作 2 的概率为 $1-\beta$。

　　在策略为 (α, β) 情况下，玩家 1 的预期回报如下：

$$V_r(\alpha,\beta) = r_{11}(\alpha\beta) + r_{22}[(1-\alpha)(1-\beta)] + r_{12}[\alpha(1-\beta)] + r_{21}[(1-\alpha)\beta]$$

　　在策略为 (α, β) 情况下，玩家 2 的预期回报如下：

$$V_c(\alpha,\beta) = c_{11}(\alpha\beta) + c_{22}[(1-\alpha)(1-\beta)] + c_{12}[\alpha(1-\beta)] + c_{21}[(1-\alpha)\beta]$$

　　通过预期回报，相对混合策略，求偏导数，可以得到玩家策略改变的影响，具体如下：

$$\frac{\partial V_r(\alpha,\beta)}{\partial \alpha} = \beta u - (r_{22} - r_{12})$$

$$\frac{\partial V_c(\alpha,\beta)}{\partial \beta} = \beta u' - (c_{22} - c_{12})$$

　　其中参数的值有如下关系：

$$u = (r_{11} + r_{22}) - (r_{21} + r_{12})$$

$$u' = (c_{11} + c_{22}) - (c_{21} + c_{12})$$

　　使用梯度上升算法，每个玩家每个时间段使用当前策略，就将它的计算步长设置为 η，并且向它的梯度方向调节参数，它的预期回报的最大值如下：

$$\alpha_{k+1} = \alpha_k + \eta \frac{\partial V_r(\alpha_k,\beta_k)}{\partial \alpha}$$

$$\beta_{k+1} = \beta_k + \eta \frac{\partial V_c(\alpha_k,\beta_k)}{\partial \beta}$$

式中，η 的取值范围为 $0 < \eta \ll 1$。

　　梯度上升算法适合用在双人双行为中，进行一般零和博弈的迭代，对多人多行为的梯度上升算法不容易扩展。

8.6　EMA Q-learning

　　EMA 名为指数移动平均算法，它是一种无模型策略的估计方法。EMA 常用于金融分析中，对时间序列的数据进行统计分析。本节来了解使用 EMA 和 Q-learning 算法结合的原理和应用。

　　在 EMA 中，EMA 估计其可以估计对手智能体的策略，具体方程如下：

$$\pi_{t+1}^{-j}(s) = (1-\eta)\pi_t^{-j}(s) + \eta\vec{u}(a^{-j})$$

式中，π_t^{-j} 表示对手智能体的策略；η 表示一个小的步长，它的取值范围为 $0 < \eta \ll 1$；$\vec{u}(a^{-j})$ 表示在状态 s 情况下，对手 j 选择的行为 a^j，得到单位矢量的表示。在计算中，单位矢量 $\vec{u}(a^{-j})$ 保持和 π^j 相同的元素数量。

EMA Q-learning 算法是使用 EMA 机制，更新智能体的策略基础，并且采用了不同的可变学习策略 η_w、η_1。那么智能体 j 进行 Q-learning 迭代，可以得出以下公式：

$$Q_{t+1}^j(s,a) = (1-\theta)Q_t^j(s,a) + \theta(r^j + \xi\max_{a'}Q_t^j(s',a'))$$

EMA Q-learning 算法的具体流程如下：

（1）初始化学习速率，设置 $\theta \in (0,1]$、$\eta_1 \in (0,1]$、$\eta_w \in (0,1]$。

（2）设置增益常数为 k。

（3）设置探索率为 ε。

（4）设置折扣因子为 ξ。

（5）初始化计算函数 $Q^j(s,a) \leftarrow 0$，$\pi^j(s) \leftarrow \dfrac{1}{|A_j|}$。

（6）重复迭代计算。

根据某探索率计算策略 $\pi_t^j(s)$，表示在状态 s 情况下，根据策略选择 a 行动。

- 获得回报值 r^j，得到新状态 s'。
- 根据 $Q_{t+1}^j(s,a)$ 函数进行更新。
- 更新策略 $\pi_{t+1}^j(s,a)$，具体计算公式如下：

$$\pi_{t+1}^j(s,a) = (1-k\eta)\pi_t^j(s) + k\eta\vec{u}(a)$$

通过以上算法，训练智能体 j 从智能体 Q-table 中的行为，并且使用 EMA 加速学习。

8.7　仿真群智博弈环境

在多智能体算法的发展和研究中，通过实际的环境进行算法训练、多智能体的博弈，通常不具备非常好的条件，如何通过仿真模拟的方式，创造适合群体智能算法训练和验证的环境，是群体人工智能技术发展的重要组成部分，本节就来了解这部分的知识。

这里我们研究一个 Game 模型，它主要负责对多人混合仿真的模型建模，博弈的智能体对象需要根据自身属性和外界环境决策适于博弈的行为，并且不断学习，提高能力。我们将模型定义为智能体和环境的结合，如图 8-12 所示。

环境模型主要是指 Agent 以外所有的指标对 Agent 有所影响，形成了交互的拓扑结构，我们可以将它模拟成为一个 $N \times N$ 博弈网格，其中可以部署各种条件、限制、影响因素，影响 Agent 的动作和分布，间接影响拓扑交互结构，影响 Agent 对博弈对手的策略选择。

对 Agent 的描述，主要组成为属性、规则、行为、学习算法，如图 8-13 所示。

图 8-12　仿真模型

图 8-13　智能体结构组合

智能体的组成部分说明如下：

1．属性

属性有 Agent 博弈覆盖的半径范围 r、数据记忆长度 L。半径范围表示 Agent 影响的空间距离，如 $r=1$ 表示它只能影响周边博弈的智能体。数据记忆长度 L 表示博弈策略吸取原有的策略经验，如 $L=1$ 表示只吸取上一次博弈的经验。

2．规则集

Agent 的规则集表示它的移动规则，对外拓扑结构处理的方法，假如 Agent 行动，需要考虑受其他智能体的影响和环境限制。

3．策略集

Agent 的策略集可以表示为 $\Sigma=\{s_1, s_2, \cdots, s_n\}$，$s_i$ 表示可选策略，每个 Agent 都有自己的策略集合，它对应了不同的行为和规则，可以得出策略选择。

4．学习算法

Agent 每次进行博弈后，都需要根据自身策略、对手策略、博弈结果，修正自身策略，从而确定下次同样情况采取更优的博弈策略，具体算法表示如下：

$$s_{i,t+1} = f(s_{i,t}, s_{j,t}, g_t)$$

式中，$s_{i,t}$ 是当前状态自身智能体博弈采用的策略；$s_{j,t}$ 是当前状态对手智能体博弈采用的策略；g_t 表示通过博弈获得的奖励矩阵。最终通过学习函数获得 $s_{i,t+1}$ 下次情况博弈的策略，这里一般可以采用遗传算法、神经网络、强化学习等方法。

在整体的仿真模型中，需要有一个完整的仿真周期，整体的仿真周期需要轮流博弈对手，在不同的周期内，Agent 的次序是不同的，可以多样性变化，保证整体仿真的周期性、环境性拥有普遍一致的公平性。

8.8　Multi-Agent 系统开发

作为多智能体博弈的算法，我们需要设计一个多智能体的系统 Multi-Agent，进行仿真博弈，对智能体进行算法训练、环境模拟，本节就来完成这部分工作。

本节的示例下载网址为 https://github.com/SintolRTOS/MultiAgent_Example.git。

多智能体示例是多个智能体进行群体行为，让群体的博弈行为形成两个集体之间的互相进攻，如图 8-14 所示。

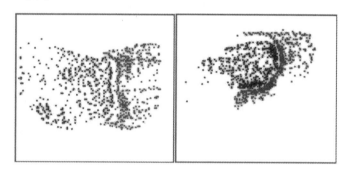

图 8-14　智能体之间的互相对抗

本节的示例需要在 Ubuntu 环境下进行工作。

（1）通过 Git 同步项目案例，具体命令如下：

```
git clone https://github.com/SintolRTOS/MultiAgent_Example.git
```

（2）安装对应的系统模块，具体命令如下：

```
cd MultiAgent_Example
sudo apt-get install cmake libboost-system-dev libjsoncpp-dev libwebsocketpp-dev
```

（3）运行编译，具体命令如下：

```
bash build.sh
export PYTHONPATH=$(pwd)/python:$PYTHONPATH
```

（4）启动 Multi-Agent 的训练过程，具体如下：

• pursuit

```
python examples/train_pursuit.py --train
```

• gathering

```
python examples/train_gather.py --train
```

• battle

```
python examples/train_battle.py -train
```

（5）启动多智能体博弈程序，具体命令如下：

```
python examples/show_battle_game.py
```

示例需要运行在 Linux 环境下，读者需要自行安装 Linux 下的 TensorFlow 环境。pursuit 训练运行情况如图 8-15 所示。

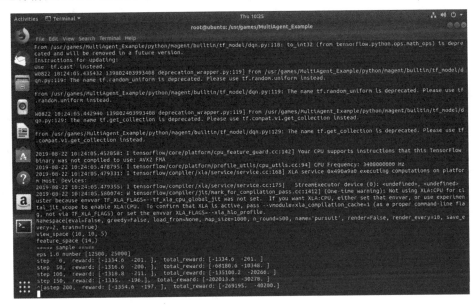

图 8-15　pursuit 训练运行情况

gathering 训练运行情况如图 8-16 所示。

图 8-16　gathering 训练运行情况

battle 训练情况如图 8-17 所示。

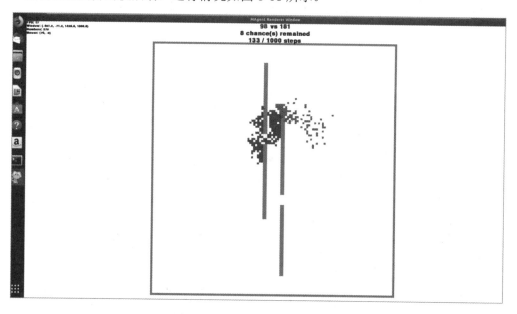

图 8-17 battle 训练情况

多智能体博弈对抗启动，运行情况如图 8-18 所示。

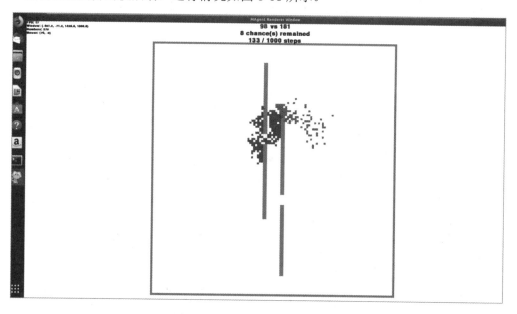

图 8-18 启动多智能体博弈对抗

下面给出项目的主要运行代码。

（1）网格矩阵，代码路径为 python/magent/gridworld.py，具体代码如下：

```
"""gridworld interface"""
from __future__ import absolute_import

import ctypes
import os
import importlib

import numpy as np

from .c_lib import _LIB, as_float_c_array, as_int32_c_array
from .environment import Environment

//网格博弈的矩阵环境
class GridWorld(Environment):
    # constant
    OBS_INDEX_VIEW = 0
    OBS_INDEX_HP   = 1

    def __init__(self, config, **kwargs):
        """
        参数
        ----------
        config: str 或配置对象
            如果 config 是一个字符串，那么它就是一个内建配置的名称
                内建配置被存储在 python/magent/builtin/config 中
                kwargs 是配置的参数
            如果 config 是一个配置对象，那么参数将存储在该对象中
        """
        Environment.__init__(self)

        #如果是 str，在配置中加载
        if isinstance(config, str):
            # 内置配置存储在 python/magent/builtin/config 中
            try:
                demo_game = importlib.import_module('magent.builtin.config.' + config)
                config = getattr(demo_game, 'get_config')(**kwargs)
            except AttributeError:
                raise BaseException('unknown built-in game "' + config + '"')

        # 创建新游戏
        game = ctypes.c_void_p()
        _LIB.env_new_game(ctypes.byref(game), b"GridWorld")
        self.game = game

        # 设置全局配置
        config_value_type = {
            'map_width': int, 'map_height': int,
            'food_mode': bool, 'turn_mode': bool, 'minimap_mode': bool,
            'revive_mode': bool, 'goal_mode': bool,
            'embedding_size': int,
            'render_dir': str,
        }
```

```
        for key in config.config_dict:
            value_type = config_value_type[key]
            if value_type is int:
                _LIB.env_config_game(self.game,
                    key.encode("ascii"), ctypes.byref(ctypes.c_int(config.
config_dict[key])))
            elif value_type is bool:
                _LIB.env_config_game(self.game,
                    key.encode("ascii"), ctypes.byref(ctypes.c_bool(config.
config_dict[key])))
            elif value_type is float:
                _LIB.env_config_game(self.game,
                    key.encode("ascii"), ctypes.byref(ctypes.c_float(config.
config_dict[key])))
            elif value_type is str:
                _LIB.env_config_game(self.game,
                    key.encode("ascii"), ctypes.c_char_p(config.config_dict[key]))

        # 注册代理类型
        for name in config.agent_type_dict:
            type_args = config.agent_type_dict[name]

            # 特殊的前处理为视野范围和攻击范围
            for key in [x for x in type_args.keys()]:
                if key == "view_range":
                    val = type_args[key]
                    del type_args[key]
                    type_args["view_radius"] = val.radius
                    type_args["view_angle"]  = val.angle
                elif key == "attack_range":
                    val = type_args[key]
                    del type_args[key]
                    type_args["attack_radius"] = val.radius
                    type_args["attack_angle"]  = val.angle

            length = len(type_args)
            keys = (ctypes.c_char_p * length)(*[key.encode("ascii") for key
in type_args.keys()])
            values = (ctypes.c_float * length)(*type_args.values())

            _LIB.gridworld_register_agent_type(self.game, name.encode("ascii"),
length,
                                               keys, values)

        # 序列化事件表达式，发送到 C++ 引擎
        self._serialize_event_exp(config)

        # init 组处理
        self.group_handles = []
        for item in config.groups:
            handle = ctypes.c_int32()
            _LIB.gridworld_new_group(self.game, item.encode("ascii"), ctypes.
byref(handle))
```

```python
            self.group_handles.append(handle)

        # 初始化观察缓冲区(用于加速)
        self._init_obs_buf()

        # init 视图空间、功能空间、操作空间
        self.view_space = {}
        self.feature_space = {}
        self.action_space = {}
        buf = np.empty((3,), dtype=np.int32)
        for handle in self.group_handles:
            _LIB.env_get_info(self.game, handle, b"view_space",
                            buf.ctypes.data_as(ctypes.POINTER(ctypes.c_int32)))
            self.view_space[handle.value] = (buf[0], buf[1], buf[2])
            _LIB.env_get_info(self.game, handle, b"feature_space",
                            buf.ctypes.data_as(ctypes.POINTER(ctypes.
c_int32)))
            self.feature_space[handle.value] = (buf[0],)
            _LIB.env_get_info(self.game, handle, b"action_space",
                            buf.ctypes.data_as(ctypes.POINTER(ctypes.
c_int32)))
            self.action_space[handle.value] = (buf[0],)

    def reset(self):
        """重置环境"""
        _LIB.env_reset(self.game)

    def add_walls(self, method, **kwargs):
        "在环境中添加墙壁"
        #---此处省略代码-----

    # ====== AGENT ======
    def new_group(self, name):
        """将一个新组注册到环境中"""
        #---此处省略代码-----

    def add_agents(self, handle, method, **kwargs):
        ""向环境添加 Agent""
        #---此处省略代码-----

    # ====== RUN ======
    def _get_obs_buf(self, group, key, shape, dtype):
        """获取缓冲区以接收来自 C++ 引擎的观察"""
        #---此处省略代码-----

    def _init_obs_buf(self):
        """ init 观察缓冲"""
        self.obs_bufs = []
        self.obs_bufs.append({})
        self.obs_bufs.append({})

    def get_observation(self, handle):
        """ 观察整个群体"""
```

```python
                #---此处省略代码-----

    def set_action(self, handle, actions):
        """ 为整个组设置动作
        Parameters
        ----------
        handle: group handle
        actions: numpy array
            the dtype of actions must be int32
        """
        assert isinstance(actions, np.ndarray)
        assert actions.dtype == np.int32
        _LIB.env_set_action(self.game, handle,
        actions.ctypes.data_as(ctypes.POINTER(ctypes.c_int32)))

    def step(self):
        """设定动作后一步模拟
        Returns
        -------
        done: bool
            whether the game is done
        """
        done = ctypes.c_int32()
        _LIB.env_step(self.game, ctypes.byref(done))
        return bool(done)

    def get_reward(self, handle):
        """ 为整个团队获得奖励
        Returns
        -------
        rewards: numpy array (float32)
            reward for all the agents in the group
        """
        n = self.get_num(handle)
        buf = np.empty((n,), dtype=np.float32)
        _LIB.env_get_reward(self.game, handle,
                    buf.ctypes.data_as(ctypes.POINTER(ctypes.c_float)))
        return buf

    def clear_dead(self):
        """ 清除引擎中死去的智能体
        must be called after step()
        """
        _LIB.gridworld_clear_dead(self.game)

    # ====== INFO ======
    def get_handles(self):
        """获取环境中的所有组句柄"""
        return self.group_handles

    def get_num(self, handle):
        """ 获取一个组中的智能体的数量"""
        #---此处省略代码-----
```

```python
def get_action_space(self, handle):
    """行动空间
    #---此处省略代码-----

def get_view_space(self, handle):
    """得到视图的空间
    #---此处省略代码-----

def get_feature_space(self, handle):
    """ 得到特征空间
    #---此处省略代码-----

def get_agent_id(self, handle):
    """ 得到智能体的 id
    #---此处省略代码-----

def get_alive(self, handle):
    """ 获取组中智能体的活动状态
    #---此处省略代码-----

def get_pos(self, handle):
    """ 获取智能体在组中的位置"""
    #---此处省略代码-----

def get_mean_info(self, handle):
    """ 弃用"""
    #---此处省略代码-----

def get_view2attack(self, handle):
    """ 得到一个 view_range 大小相同的矩阵, 如果元素>= 0, 则表示它是一个可攻击点,
    并且对应的 action number 是该元素的值
    Returns
    -------
    attack_back: int
    buf: numpy array
        map attack action into view
    """
    size = self.get_view_space(handle)[0:2]
    buf = np.empty(size, dtype=np.int32)
    attack_base = ctypes.c_int32()
    _LIB.env_get_info(self.game, handle, b"view2attack",
                buf.ctypes.data_as(ctypes.POINTER(ctypes.c_int32)))
    _LIB.env_get_info(self.game, handle, b"attack_base",
                ctypes.byref(attack_base))
    return attack_base.value, buf

def get_global_minimap(self, height, width):
    """ 将全球地图压缩成给定大小的小地图
    Parameters
    ----------
    height: int
        小地图的高度
```

```
            width: int
                小地图的宽度
            Returns
            -------
            minimap : numpy array
                the shape (n_group + 1, height, width)
            """
        buf = np.empty((height, width, len(self.group_handles)), dtype=
np.float32)
        buf[0, 0, 0] = height
        buf[0, 0, 1] = width
        _LIB.env_get_info(self.game, -1, b"global_minimap",
                    buf.ctypes.data_as(ctypes.POINTER(ctypes.c_float)))
        return buf

    def set_seed(self, seed):
        """ 设置随机种子的引擎"""
        _LIB.env_config_game(self.game, b"seed", ctypes.byref(ctypes.
c_int(seed)))

    # ====== RENDER ======
    def set_render_dir(self, name):
        """ 设置目录保存渲染文件"""
        #---此处省略代码-----

    def render(self):
        """ 呈现一个步骤 """
        #---此处省略代码-----

    def _get_groups_info(self):
        """ 用于获取群组信息交互式应用程序的私有方法"""
        #---此处省略代码-----

    def _get_walls_info(self):
        """ 用于交互式应用程序的私有方法"""
        n = 100 * 100
        buf = np.empty((n, 2), dtype=np.int32)
        _LIB.env_get_info(self.game, -1, b"walls_info",
                    buf.ctypes.data_as(ctypes.POINTER(ctypes.c_int32)))
        n = buf[0, 0]  # the first line is the number of walls
        return buf[1:1+n]

    def _get_render_info(self, x_range, y_range):
        """ 用于渲染交互式应用程序的私有方法"""
        n = 0
        for handle in self.group_handles:
            n += self.get_num(handle)

        buf = np.empty((n+1, 4), dtype=np.int32)
        buf[0] = x_range[0], y_range[0], x_range[1], y_range[1]
        _LIB.env_get_info(self.game, -1, b"render_window_info",
                    buf.ctypes.data_as(ctypes.POINTER((ctypes.c_int32))))
```

```python
    # 第一行是窗口范围内的智能体数量
    info_line = buf[0]
    agent_ct, attack_event_ct = info_line[0], info_line[1]
    buf = buf[1:1 + info_line[0]]

    agent_info = {}
    for item in buf:
        agent_info[item[0]] = [item[1], item[2], item[3]]

    buf = np.empty((attack_event_ct, 3), dtype=np.int32)
    _LIB.env_get_info(self.game, -1, b"attack_event",
                      buf.ctypes.data_as(ctypes.POINTER((ctypes.c_int32))))
    attack_event = buf

    return agent_info, attack_event

def __del__(self):
    _LIB.env_delete_game(self.game)

# ====== SPECIAL RULE ======
def set_goal(self, handle, method, *args, **kwargs):
    """ 弃用"""
    if method == "random":
        _LIB.gridworld_set_goal(self.game, handle, b"random", 0, 0)
    else:
        raise NotImplementedError

# ====== PRIVATE ======
def _serialize_event_exp(self, config):
    """序列化事件表达式并将其发送到游戏引擎"""
    game = self.game

    # collect agent symbol
    symbol2int = {}
    config.symbol_ct = 0

    def collect_agent_symbol(node, config):
        for item in node.inputs:
            if isinstance(item, EventNode):
                collect_agent_symbol(item, config)
            elif isinstance(item, AgentSymbol):
                if item not in symbol2int:
                    symbol2int[item] = config.symbol_ct
                    config.symbol_ct += 1

    for rule in config.reward_rules:
        on = rule[0]
        receiver = rule[1]
        for symbol in receiver:
            if symbol not in symbol2int:
                symbol2int[symbol] = config.symbol_ct
                config.symbol_ct += 1
        collect_agent_symbol(on, config)
```

```python
# 收集活动节点
event2int = {}
config.node_ct = 0

def collect_event_node(node, config):
    if node not in event2int:
        event2int[node] = config.node_ct
        config.node_ct += 1
    for item in node.inputs:
        if isinstance(item, EventNode):
            collect_event_node(item, config)

for rule in config.reward_rules:
    collect_event_node(rule[0], config)

# 发送到 C++引擎
for sym in symbol2int:
    no = symbol2int[sym]
    _LIB.gridworld_define_agent_symbol(game, no, sym.group, sym.index)

for event in event2int:
    no = event2int[event]
    inputs = np.zeros_like(event.inputs, dtype=np.int32)
    for i, item in enumerate(event.inputs):
        if isinstance(item, EventNode):
            inputs[i] = event2int[item]
        elif isinstance(item, AgentSymbol):
            inputs[i] = symbol2int[item]
        else:
            inputs[i] = item
    n_inputs = len(inputs)
    _LIB.gridworld_define_event_node(game, no, event.op, as_int32_
c_array(inputs),
                                     n_inputs)

for rule in config.reward_rules:
    # rule = [on, receiver, value, terminal]
    on = event2int[rule[0]]

    receiver = np.zeros_like(rule[1], dtype=np.int32)
    for i, item in enumerate(rule[1]):
        receiver[i] = symbol2int[item]
    if len(rule[2]) == 1 and rule[2][0] == 'auto':
        value = np.zeros(receiver, dtype=np.float32)
    else:
        value = np.array(rule[2], dtype=np.float32)
    n_receiver = len(receiver)
    _LIB.gridworld_add_reward_rule(game, on, as_int32_c_array(receiver),
                                   as_float_c_array(value), n_receiver,
rule[3])


'''
下面的类是奖励描述
'''
```

```python
class EventNode:
    """事件表达式的 AST 节点"""
    OP_AND = 0
    OP_OR  = 1
    OP_NOT = 2

    OP_KILL = 3
    OP_AT   = 4
    OP_IN   = 5
    OP_COLLIDE = 6
    OP_ATTACK  = 7
    OP_DIE  = 8
    OP_IN_A_LINE = 9
    OP_ALIGN = 10

    # 下面可以扩展更多操作
#---此处省略代码-----
#事件节点对象
Event = EventNode()

class AgentSymbol:
    """表示某些智能体的符号"""
    def __init__(self, group, index):
        """定义一个智能体符号，它可以是 EventNode 的对象或主题
        #---此处省略代码-----

    def __str__(self):
        return 'agent(%d,%d)' % (self.group, self.index)


class Config:
    """ gridworld 游戏的配置类"""
    def __init__(self):
        self.config_dict = {}
        self.agent_type_dict = {}
        self.groups = []
        self.reward_rules = []

    def set(self, args):
        """ 设置全局配置参数
        Parameters
        ----------
        args : dict
            key value pair of the configuration
        """
        for key in args:
            self.config_dict[key] = args[key]

    def register_agent_type(self, name, attr):
        """ 注册智能体类型"""
        #---此处省略代码-----

    def add_group(self, agent_type):
```

```
            """ 将组添加到配置中
            #---此处省略代码-----

        def add_reward_rule(self, on, receiver, value, terminal=False):
            """ 添加奖励规则"""
            #---此处省略代码-----

    class CircleRange:
        def __init__(self, radius):
            """ 为攻击或视图定义一个圆范围
            Parameters
            ----------
            radius : float
            """
            self.radius = radius
            self.angle  = 360

        def __str__(self):
            return 'circle(%g)' % self.radius


    class SectorRange:
        def __init__(self, radius, angle):
            """ 定义一个扇区范围进行攻击或查看
            Parameters
            ----------
            radius : float
            angle :  float
                angle should be less than 180
            """
            self.radius = radius
            self.angle  = angle
            if self.angle >= 180:
                raise Exception("the angle of a sector should be smaller than 180
degree")

        def __str__(self):
            return 'sector(%g, %g)' % (self.radius, self.angle)
```

（2）智能体所采用的算法模型路径为 python/magent/model.py，具体如下：

```
""" 基础模型类"""

try:
    import thread
except ImportError:
    import _thread as thread

import multiprocessing
import multiprocessing.connection
import sys

import numpy as np

class BaseModel:
```

```
def __init__(self, env, handle, *args, **kwargs):
    """ init
    Parameters
    ----------
    env: Environment
        env
    handle: GroupHandle
        handle of this group, handles are returned by env.get_handles()
    """
    pass

def infer_action(self, raw_obs, ids, *args, **kwargs):
    """ 推断一组智能体的动作
    Parameters
    ----------
    raw_obs: tuple
        raw_obs is a tuple of (view, feature)
        view is a numpy array, its shape is n * view_width * view_height
* n_channel
                            it contains the spatial local observation for
all the agents
        feature is a numpy array, its shape is n * feature_size
                            it contains the non-spatial feature for all
the agents
    ids: numpy array of int32
        the unique id of every agents
    args:
        additional custom args
    kwargs:
        additional custom args
    """
    pass

def train(self, sample_buffer, **kwargs):
    """ 提供新样品并进行训练
    Parameters
    ----------
    sample_buffer: EpisodesBuffer
        a buffer contains transitions of agents
    Returns
    -------
    loss and estimated mean state value
    """
    return 0, 0    # loss, mean value

def save(self, *args, **kwargs):
    """ 保存模型"""
    pass

def load(self, *args, **kwargs):
    """ 加载模型 """
    pass
```

```
class NDArrayPackage:
    """用于按字节传输 numpy 数组的包装器"""
    def __init__(self, *args):
        if isinstance(args[0], np.ndarray):
            self.data = args
            self.info = [(x.shape, x.dtype) for x in args]
        else:
            self.data = None
            self.info = args[0]

        self.max_len = (1 << 30) / 4
    #发送
    def send_to(self, conn, use_thread=False):
        #---此处省略代码-----

    #接收
    def recv_from(self, conn):
        #---此处省略代码-----


class ProcessingModel(BaseModel):
    """
    启动子处理来托管一个模型
    使用管道或插座进行通信
    """
    def __init__(self, env, handle, name, port, sample_buffer_capacity=1000,
                 RLModel=None, **kwargs):
        """
        Parameters
        ----------
        env: environment
        handle: group handle
        name: str
            name of the model (be used when store model)
        port: int
            port of socket or suffix of pipe
        sample_buffer_capacity: int
            the maximum number of samples (s,r,a,s') to collect in a game round
        RLModel: BaseModel
            the RL algorithm class
        kwargs: dict
            arguments for RLModel
        """
        BaseModel.__init__(self, env, handle)

        assert RLModel is not None

        kwargs['env'] = env
        kwargs['handle'] = handle
        kwargs['name'] = name
        addr = 'magent-pipe-' + str(port)  # named pipe
        # addr = ('localhost', port) # socket
        proc = multiprocessing.Process(
            target=model_client,
```

```
                args=(addr, sample_buffer_capacity, RLModel, kwargs),
        )

        proc.start()
        listener = multiprocessing.connection.Listener(addr)
        self.conn = listener.accept()

    def sample_step(self, rewards, alives, block=True):
        """记录一个步骤(后面应该跟着 check_done)
        Parameters
        ----------
        block: bool
            if it is True, the function call will block
            if it is False, the caller must call check_done() afterward
                            to check/consume the return message
        """
        package = NDArrayPackage(rewards, alives)
        self.conn.send(["sample", package.info])
        package.send_to(self.conn)

        if block:
            self.check_done()

    def infer_action(self, raw_obs, ids, policy='e_greedy', eps=0, block=
True):
        """推断出行动
        Parameters
        ----------
        policy: str
            can be 'e_greedy' or 'greedy'
        eps: float
            used when policy is 'e_greedy'
        block: bool
            如果为真，则函数调用将阻塞并返回操作
            如果为 False，则函数调用不会阻塞调用者
            必须调用 fetch_action()来获取操作
        Returns
        -------
        actions: numpy array (int32)
            see above
        """

        package = NDArrayPackage(raw_obs[0], raw_obs[1], ids)
        self.conn.send(["act", policy, eps, package.info])
        package.send_to(self.conn, use_thread=True)

        if block:
            info = self.conn.recv()
            return NDArrayPackage(info).recv_from(self.conn)[0]
        else:
            return None

    def fetch_action(self):
        """获取操作，在调用了 infer_action 之后获取操作(block=False)
```

```python
        Returns
        -------
        actions: numpy array (int32)
        """
        info = self.conn.recv()
        return NDArrayPackage(info).recv_from(self.conn)[0]

    def train(self, print_every=5000, block=True):
        """ 根据模型设定训练新的数据样本
        Parameters
        ----------
        print_every: int
            打印培训日志信息每个 print_every 批次
        """
        self.conn.send(['train', print_every])

        if block:
            return self.fetch_train()

    def fetch_train(self):
        """ 调用 train 后获取结果 (block=False)
        Returns
        -------
        loss: float
            mean loss
        value: float
            mean state value
        """
        return self.conn.recv()

    def save(self, save_dir, epoch, block=True):
        """ 保存模型
        Parameters
        ----------
        block: bool
            如果为真, 则函数调用将阻塞
            如果是 False, 调用者必须在之后调用 check_done()
            检查/使用返回消息
        """
        self.conn.send(["save", save_dir, epoch])
        if block:
            self.check_done()

    def load(self, save_dir, epoch, name=None, block=True):
        """ 加载模型
        Parameters
        ----------
        name: str
            name of the model (set when stored name is not the same as self.name)
        block: bool
            如果为真, 则函数调用将阻塞
            如果是 False, 调用者必须在之后调用 check_done()
            检查/使用返回消息
```

```
        """
        self.conn.send(["load", save_dir, epoch, name])
        if block:
            self.check_done()

    def check_done(self):
        """ 检查子处理的返回消息 """
        assert self.conn.recv() == 'done'

    def quit(self):
        """ 退出 """
        self.conn.send(["quit"])


def model_client(addr, sample_buffer_capacity, RLModel, model_args):
    """用于子处理的目标函数来承载一个模型
    Parameters
    ----------
    addr: socket address
    sample_buffer_capacity: int
        the maximum number of samples (s,r,a,s') to collect in a game round
    RLModel: BaseModel
        the RL algorithm class
    args: dict
        arguments to RLModel
    """
    import magent.utility

    model = RLModel(**model_args)
    sample_buffer = magent.utility.EpisodesBuffer(capacity=sample_buffer_
capacity)

    conn = multiprocessing.connection.Clicnt(addr)
    #分布式的模型信息连接
    while True:
        cmd = conn.recv()
        if cmd[0] == 'act':
            policy = cmd[1]
            eps = cmd[2]
            array_info = cmd[3]

            view, feature, ids = NDArrayPackage(array_info).recv_from(conn)
            #特征和视图形成观察空间
            obs = (view, feature)
            #模型动作预测
            acts = model.infer_action(obs, ids, policy=policy, eps=eps)
            package = NDArrayPackage(acts)
            conn.send(package.info)
            package.send_to(conn)
        elif cmd[0] == 'train':
            print_every = cmd[1]
            #训练计算损失值
            total_loss, value = model.train(sample_buffer, print_every=
print_every)
```

```
                    sample_buffer = magent.utility.EpisodesBuffer(sample_buffer_
capacity)
                        conn.send((total_loss, value))
                elif cmd[0] == 'sample':
                    array_info = cmd[1]
                    rewards, alives = NDArrayPackage(array_info).recv_from(conn)
                    sample_buffer.record_step(ids, obs, acts, rewards, alives)
                    conn.send("done")
                elif cmd[0] == 'save':
                    #保存模型
                    savedir = cmd[1]
                    n_iter = cmd[2]
                    model.save(savedir, n_iter)
                    conn.send("done")
                elif cmd[0] == 'load':
                    #加载模型
                    savedir = cmd[1]
                    n_iter = cmd[2]
                    name = cmd[3]
                    model.load(savedir, n_iter, name)
                    conn.send("done")
                elif cmd[0] == 'quit':
                    break
                else:
                    print("Error: Unknown command %s" % cmd[0])
                    break
```

（3）多智能体博弈对抗训练路径为 examples/train_battle_game.py，具体如下：

```
"""
Train script of the battle game
"""

import argparse
import time
import logging as log
import math

import numpy as np

import magent
from magent.builtin.tf_model import DeepQNetwork, DeepRecurrentQNetwork

#生成博弈对抗的 map
def generate_map(env, map_size, handles):
    width = map_size
    height = map_size

    init_num = 20

    gap = 3
    leftID, rightID = 0, 1

    # 向左
    pos = []
```

```
        for y in range(10, 45):
            pos.append((width / 2 - 5, y))
            pos.append((width / 2 - 4, y))
        for y in range(50, height // 2 + 25):
            pos.append((width / 2 - 5, y))
            pos.append((width / 2 - 4, y))

        for y in range(height // 2 - 25, height - 50):
            pos.append((width / 2 + 5, y))
            pos.append((width / 2 + 4, y))
        for y in range(height - 45, height - 10):
            pos.append((width / 2 + 5, y))
            pos.append((width / 2 + 4, y))
        env.add_walls(pos=pos, method="custom")

        n = init_num
        side = int(math.sqrt(n)) * 2
        pos = []
        for x in range(width//2 - gap - side, width//2 - gap - side + side, 2):
            for y in range((height - side)//2, (height - side)//2 + side, 2):
                pos.append([x, y, 0])
        env.add_agents(handles[leftID], method="custom", pos=pos)

        # 向右
        n = init_num
        side = int(math.sqrt(n)) * 2
        pos = []
        for x in range(width//2 + gap, width//2 + gap + side, 2):
            for y in range((height - side)//2, (height - side)//2 + side, 2):
                pos.append([x, y, 0])
        env.add_agents(handles[rightID], method="custom", pos=pos)

#进行一次博弈
def play_a_round(env, map_size, handles, models, print_every, train=True,
render=False, eps=None):
    env.reset()
    generate_map(env, map_size, handles)

    step_ct = 0
    done = False

    n = len(handles)
    obs  = [[] for _ in range(n)]
    ids  = [[] for _ in range(n)]
    acts = [[] for _ in range(n)]
    nums = [env.get_num(handle) for handle in handles]
    total_reward = [0 for _ in range(n)]

    print("===== sample =====")
    print("eps %.2f number %s" % (eps, nums))
    start_time = time.time()
    counter = 10
    while not done:
        # 为每个模型采取行动
        for i in range(n):
```

```
            obs[i] = env.get_observation(handles[i])
            ids[i] = env.get_agent_id(handles[i])
            # 让模型以并行方式推断动作（非阻塞）
            models[i].infer_action(obs[i], ids[i], 'e_greedy', eps, block=
False)

        for i in range(n):
            acts[i] = models[i].fetch_action()  # fetch actions (blocking)
            env.set_action(handles[i], acts[i])

        # 模拟一个步骤
        done = env.step()

        # 样例
        step_reward = []
        for i in range(n):
            rewards = env.get_reward(handles[i])
            pos = env.get_pos(handles[i])
            for (x, y) in pos:
                rewards -= ((1.0 * x / map_size - 0.5) ** 2 + (1.0 * y / map_size
- 0.5) ** 2) / 100
                if train:
                    alives = env.get_alive(handles[i])
                    # 将样本存储在回放缓冲区中（非阻塞）
                    models[i].sample_step(rewards, alives, block=False)
                s = sum(rewards)
                step_reward.append(s)
                total_reward[i] += s

        # 场景渲染
        if render:
            env.render()

        # 状态信息
        nums = [env.get_num(handle) for handle in handles]

        # 清除死亡智能体
        env.clear_dead()

        # 检查前面调用的非阻塞函数 sample_step() 的返回消息
        if args.train:
            for model in models:
                model.check_done()

        if step_ct % print_every == 0:
            print("step %3d,  nums: %s reward: %s,  total_reward: %s " %
                    (step_ct, nums, np.around(step_reward, 2), np.around
(total_reward, 2)))

        step_ct += 1
        #处理每一步智能体的位置信息
        if step_ct % 50 == 0 and counter >= 0:
            counter -= 1
            g = 1
```

```
            pos = []
            x = np.random.randint(0, map_size - 1)
            y = np.random.randint(0, map_size - 1)
            for i in range(-4, 4):
                for j in range(-4, 4):
                    pos.append((x + i, y + j))
            env.add_agents(handles[g ^ 1], method="custom", pos=pos)

            pos = []
            x = np.random.randint(0, map_size - 1)
            y = np.random.randint(0, map_size - 1)
            for i in range(-4, 4):
                for j in range(-4, 4):
                    pos.append((x + i, y + j))
            env.add_agents(handles[g], method="custom", pos=pos)

            step_ct = 0
        if step_ct > 500:
            break

    sample_time = time.time() - start_time
    print("steps: %d,  total time: %.2f,  step average %.2f" % (step_ct,
sample_time,
    sample_time / step_ct))

    # 进行训练
    total_loss, value = [0 for _ in range(n)], [0 for _ in range(n)]
    if train:
        print("===== train =====")
        start_time = time.time()

        # 并行训练模型
        for i in range(n):
            models[i].train(print_every=1000, block=False)
        for i in range(n):
            total_loss[i], value[i] = models[i].fetch_train()

        train_time = time.time() - start_time
        print("train_time %.2f" % train_time)

    def round_list(l): return [round(x, 2) for x in l]
    return round_list(total_loss), nums, round_list(total_reward), round_
list(value)


if __name__ == "__main__":
    #初始化整个系统参数
    parser = argparse.ArgumentParser()
    parser.add_argument("--save_every", type=int, default=5)
    parser.add_argument("--render_every", type=int, default=10)
    parser.add_argument("--n_round", type=int, default=1500)
    parser.add_argument("--render", action="store_true")
    parser.add_argument("--load_from", type=int)
    parser.add_argument("--train", action="store_true")
    parser.add_argument("--map_size", type=int, default=125)
    parser.add_argument("--greedy", action="store_true")
```

```
    parser.add_argument("--name", type=str, default="battle")
    parser.add_argument("--eval", action="store_true")
    parser.add_argument('--alg', default='dqn', choices=['dqn', 'drqn',
'a2c'])
    args = parser.parse_args()

    # 设置 logger
    magent.utility.init_logger(args.name)

    #初始化游戏
    env = magent.GridWorld("battle", map_size=args.map_size)
    env.set_render_dir("build/render")

    # 生成两组智能体
    handles = env.get_handles()

    # 样本求值观测集
    eval_obs = [None, None]
    if args.eval:
        print("sample eval set...")
        env.reset()
        generate_map(env, args.map_size, handles)
        for i in range(len(handles)):
            eval_obs[i] = magent.utility.sample_observation(env, handles,
2048, 500)

    # 加载模型
    batch_size = 256
    unroll_step = 8
    target_update = 1200
train_freq = 5

    #DQN 神经网络、DRQN、A2C 神经网络层
    if args.alg == 'dqn':
        RLModel = DeepQNetwork
        base_args = {'batch_size': batch_size,
                    'memory_size': 2 ** 21, 'learning_rate': 1e-4,
                    'target_update': target_update, 'train_freq': train_freq}
    elif args.alg == 'drqn':
        RLModel = DeepRecurrentQNetwork
        base_args = {'batch_size': batch_size / unroll_step, 'unroll_step':
unroll_step,
                    'memory_size': 8 * 625, 'learning_rate': 1e-4,
                    'target_update': target_update, 'train_freq': train_freq}
    elif args.alg == 'a2c':
        raise NotImplementedError
    else:
        raise NotImplementedError

    # 初始化模型
    names = [args.name + "-l", args.name + "-r"]
    models = []

    for i in range(len(names)):
```

```
        model_args = {'eval_obs': eval_obs[i]}
        model_args.update(base_args)
        models.append(magent.ProcessingModel(env, handles[i], names[i],
20000, 1000,
 RLModel, **model_args))

    #加载模型
    savedir = 'save_model'
    if args.load_from is not None:
        start_from = args.load_from
        print("load ... %d" % start_from)
        for model in models:
            model.load(savedir, start_from)
    else:
        start_from = 0

    # 打印状态信息
    print(args)
    print("view_space", env.get_view_space(handles[0]))
    print("feature_space", env.get_feature_space(handles[0]))

    # 游戏开始玩
    start = time.time()
    for k in range(start_from, start_from + args.n_round):
        tic = time.time()
        eps = magent.utility.piecewise_decay(k, [0, 600, 1200], [1, 0.2,
0.1]) if not args.greedy
else 0
        #计算一次博弈后的损失值、智能体数量和奖励值等
        loss, num, reward, value = play_a_round(env, args.map_size, handles,
models,
                                        train=args.train, print_every=50,
                                        render=args.render or (k+1) %
                        args.render_every == 0,eps=eps)  # for e-greedy

        log.info("round %d\t loss: %s\t num: %s\t reward: %s\t value: %s" %
                    loss, num, reward,value))
        print("round time %.2f  total time %.2f\n" % (time.time() - tic,
time.time() - start))

        # 保存模型
        if (k + 1) % args.save_every == 0 and args.train:
            print("save model... ")
            for model in models:
                model.save(savedir, k)

    # 发送退出命令
    for model in models:
        model.quit()
```

（4）DQN 神经网络，路径为 python/magent/builtin/tf_model/dqn.py，具体如下：

```
"""深度 Q 神经网络模型"""

import time
```

```python
import numpy as np
import TensorFlow as tf

from .base import TFBaseModel
from ..common import ReplayBuffer


class DeepQNetwork(TFBaseModel):
    def __init__(self, env, handle, name,
                 batch_size=64, learning_rate=1e-4, reward_decay=0.99,
                 train_freq=1, target_update=2000, memory_size=2 ** 20,
eval_obs=None,
                 use_dueling=True, use_double=True, use_conv=True,
                 custom_view_space=None, custom_feature_space=None,
                 num_gpu=1, infer_batch_size=8192, network_type=0):
        """初始化模型
        Parameters
        ----------
        env: Environment
            environment
        handle: Handle (ctypes.c_int32)
            handle of this group, can be got by env.get_handles
        name: str
            name of this model
        learning_rate: float
        batch_size: int
        reward_decay: float
            reward_decay in TD
        train_freq: int
            样本的平均训练时间

        target_update: int
            target 将更新每个 target_update 批次
        memory_size: int
            熵损失在总损失中的权重
        eval_obs: numpy array
            观测评价集
        use_dueling: bool
            是否使用 q 网络决斗
        use_double: bool
            是否使用双 q 网络
        use_conv: bool
            使用卷积或全连接层作为状态编码器
        num_gpu: int
            gpu 数量
        infer_batch_size: int
            批量大小，而推断的行动
        custom_feature_space: tuple
            自定义特征空间
        custom_view_space: tuple
            自定义视图空间
        """
```

```
    TFBaseModel.__init__(self, env, handle, name, "tfdqn")
    # ======================== 设置配置========================
    self.env = env
    self.handle = handle
    self.view_space = custom_view_space or env.get_view_space(handle)
    self.feature_space = custom_feature_space or env.get_feature_space
(handle)
    self.num_actions  = env.get_action_space(handle)[0]

    self.batch_size   = batch_size
    self.learning_rate= learning_rate
    self.train_freq   = train_freq       # train time of every sample
                                             (s,a,r,s')
    self.target_update= target_update  # target network update frequency
    self.eval_obs     = eval_obs
    self.infer_batch_size = infer_batch_size  # maximum batch size when
                                                 infer actions,
    # change this to fit your GPU memory if you meet a OOM

    self.use_dueling  = use_dueling
    self.use_double   = use_double
    self.num_gpu      = num_gpu
    self.network_type = network_type

    self.train_ct = 0

    # ====================== 构建网络 ======================
    # 输入的位置和层
    self.target = tf.placeholder(tf.float32, [None])
    self.weight = tf.placeholder(tf.float32, [None])

    self.input_view    = tf.placeholder(tf.float32, (None,) + self.
view_space)
    self.input_feature = tf.placeholder(tf.float32, (None,) + self.
feature_space)
    self.action = tf.placeholder(tf.int32, [None])
    self.mask   = tf.placeholder(tf.float32, [None])
    self.eps = tf.placeholder(tf.float32)  # e-greedy

    #创建图
    with tf.variable_scope(self.name):
        with tf.variable_scope("eval_net_scope"):
            self.eval_scope_name  = tf.get_variable_scope().name
            self.qvalues = self._create_network(self.input_view, self.
input_feature,
 use_conv)

        if self.num_gpu > 1:  # build inference graph for multiple gpus
            self._build_multi_gpu_infer(self.num_gpu)

        with tf.variable_scope("target_net_scope"):
            self.target_scope_name = tf.get_variable_scope().name
            self.target_qvalues = self._create_network(self.input_view,
self.input_feature,
```

```
                use_conv)

        # 计算损失值
        self.gamma = reward_decay
        self.actions_onehot = tf.one_hot(self.action, self.num_actions)
        td_error = tf.square(self.target - tf.reduce_sum(tf.multiply
(self.actions_onehot,
                    self.qvalues), axis=1))
        self.loss = tf.reduce_sum(td_error * self.mask) / tf.reduce_sum
(self.mask)

        # 训练参数（梯度渐变）
        optimizer = tf.train.AdamOptimizer(learning_rate=learning_rate)
        gradients, variables = zip(*optimizer.compute_gradients(self.loss))
        gradients, _ = tf.clip_by_global_norm(gradients, 5.0)
        self.train_op = optimizer.apply_gradients(zip(gradients, variables))

        # 输出动作
        def out_action(qvalues):
            best_action = tf.argmax(qvalues, axis=1)
            best_action = tf.to_int32(best_action)
            random_action = tf.random_uniform(tf.shape(best_action), 0,
self.num_actions,
                    tf.int32)
            should_explore = tf.random_uniform(tf.shape(best_action), 0, 1)
< self.eps
            return tf.where(should_explore, random_action, best_action)

        self.output_action = out_action(self.qvalues)
        if self.num_gpu > 1:
            self.infer_out_action = [out_action(qvalue) for qvalue in self.
infer_qvalues]

        # 目标网络更新操作
        self.update_target_op = []
        t_params = tf.get_collection(tf.GraphKeys.GLOBAL_VARIABLES,
                self.target_scope_name)
        e_params = tf.get_collection(tf.GraphKeys.GLOBAL_VARIABLES,
                self.eval_scope_name)
        for i in range(len(t_params)):
            self.update_target_op.append(tf.assign(t_params[i], e_params[i]))

        # init TensorFlow 会话
        config = tf.ConfigProto(allow_soft_placement=True, log_device_
placement=False)
        config.gpu_options.allow_growth = True
        self.sess = tf.Session(config=config)
        self.sess.run(tf.global_variables_initializer())

        # init 重播缓冲区
        self.replay_buf_len = 0
        self.memory_size = memory_size
        self.replay_buf_view    = ReplayBuffer(shape=(memory_size,) +
self.view_space)
```

```python
        self.replay_buf_feature  = ReplayBuffer(shape=(memory_size,) +
self.feature_space)
        self.replay_buf_action   = ReplayBuffer(shape=(memory_size,),
dtype=np.int32)
        self.replay_buf_reward   = ReplayBuffer(shape=(memory_size,))
        self.replay_buf_terminal = ReplayBuffer(shape=(memory_size,),
dtype=np.bool)
        self.replay_buf_mask     = ReplayBuffer(shape=(memory_size,))
        # if mask[i] == 0, then the item is used for padding, not for training

    def _create_network(self, input_view, input_feature, use_conv=True,
reuse=None):
        """定义网络计算图
        Parameters
        ----------
        input_view: tf.tensor
        input_feature: tf.tensor
            the input tensor
        """
        kernel_num  = [32, 32]
        hidden_size = [256]

        if use_conv:                         # 卷积层
            h_conv1 = tf.layers.conv2d(input_view, filters=kernel_num[0],
kernel_size=3,
                                        activation=tf.nn.relu, name="conv1",
reuse=reuse)
            h_conv2 = tf.layers.conv2d(h_conv1, filters=kernel_num[1],
kernel_size=3,
                                        activation=tf.nn.relu, name="conv2",
reuse=reuse)
            flatten_view = tf.reshape(h_conv2, [-1, np.prod([v.value for v
in h_conv2.shape[1:]])])
            h_view = tf.layers.dense(flatten_view, units=hidden_size[0],
 activation=tf.nn.relu,
                                        name="dense_view", reuse=reuse)
        else:                                 # 全连接层
            flatten_view = tf.reshape(input_view, [-1, np.prod([v.value for v in
                        input_view.shape[1:]])])
            h_view = tf.layers.dense(flatten_view, units=hidden_size[0],
activation=tf.nn.relu)

        h_emb = tf.layers.dense(input_feature, units=hidden_size[0],
activation=tf.nn.relu,
                            name="dense_emb", reuse=reuse)

        dense = tf.concat([h_view, h_emb], axis=1)

        if self.use_dueling:
            value = tf.layers.dense(dense, units=1, name="value", reuse=
reuse)
            advantage = tf.layers.dense(dense, units=self.num_actions, use_
bias=False,
                                        name="advantage", reuse=reuse)
```

```
            qvalues = value + advantage - tf.reduce_mean(advantage, axis=1,
    keep_dims=True)
        else:
            qvalues = tf.layers.dense(dense, units=self.num_actions,
    name="value",
     reuse=reuse)

        return qvalues

    def infer_action(self, raw_obs, ids, policy='e_greedy', eps=0):
        """推断一批智能体的动作
        Parameters
        ----------
        raw_obs: tuple(numpy array, numpy array)
            raw observation of agents tuple(views, features)
        ids: numpy array
            ids of agents
        policy: str
            can be eps-greedy or greedy
        eps: float
            used when policy is eps-greedy
        Returns
        -------
        acts: numpy array of int32
            actions for agents
        """
        view, feature = raw_obs[0], raw_obs[1]

        if policy == 'e_greedy':
            eps = eps
        elif policy == 'greedy':
            eps = 0

        n = len(view)
        batch_size = min(n, self.infer_batch_size)

        if self.num_gpu > 1 and n > batch_size:        # 通过多 GPU 并行推断
            ret = self._infer_multi_gpu(view, feature, ids, eps)
        else:                                          # 通过分批进行推断
            ret = []
            for i in range(0, n, batch_size):
                beg, end = i, i + batch_size
                ret.append(self.sess.run(self.output_action, feed_dict={
                    self.input_view: view[beg:end],
                    self.input_feature: feature[beg:end],
                    self.eps: eps}))
            ret = np.concatenate(ret)
        return ret

    def _calc_target(self, next_view, next_feature, rewards, terminal):
        """计算目标价值"""
        n = len(rewards)
        if self.use_double:
            t_qvalues, qvalues = self.sess.run([self.target_qvalues, self.
```

```
qvalues],
                                                feed_dict={self.input_view: next_view,
                                                    self.input_feature: next_
feature})
            next_value = t_qvalues[np.arange(n), np.argmax(qvalues, axis=1)]
        else:
            t_qvalues = self.sess.run(self.target_qvalues, {self.input_
view: next_view,
                                                self.input_feature:
next_feature})
            next_value = np.max(t_qvalues, axis=1)

        target = np.where(terminal, rewards, rewards + self.gamma * next_
value)

        return target

    def _add_to_replay_buffer(self, sample_buffer):
        """添加样本在样本缓冲区重放缓冲区"""
        n = 0
        for episode in sample_buffer.episodes():
            v, f, a, r = episode.views, episode.features, episode.actions,
episode.rewards

            m = len(r)

            mask = np.ones((m,))
            terminal = np.zeros((m,), dtype=np.bool)
            if episode.terminal:
                terminal[-1] = True
            else:
                mask[-1] = 0

            self.replay_buf_view.put(v)
            self.replay_buf_feature.put(f)
            self.replay_buf_action.put(a)
            self.replay_buf_reward.put(r)
            self.replay_buf_terminal.put(terminal)
            self.replay_buf_mask.put(mask)

            n += m

        self.replay_buf_len = min(self.memory_size, self.replay_buf_len + n)
        return n

    def train(self, sample_buffer, print_every=1000):
        """ 在 sample_buffer 中添加新样本以回放缓冲区和训练
        Parameters
        ----------
        sample_buffer: magent.utility.EpisodesBuffer
            缓冲区包含样本
        print_every: int
            打印日志
        Returns
        -------
```

```
        loss: float
            传递剩余损失
        value: float
            估计状态值
        """
        add_num = self._add_to_replay_buffer(sample_buffer)
        batch_size = self.batch_size
        total_loss = 0

        n_batches = int(self.train_freq * add_num / batch_size)
        if n_batches == 0:
            return 0, 0

        print("batch number: %d  add: %d  replay_len: %d/%d" %
            (n_batches, add_num, self.replay_buf_len, self.memory_size))

        start_time = time.time()
        ct = 0
        for i in range(n_batches):
            # 计算一个批次
            index = np.random.choice(self.replay_buf_len - 1, batch_size)

            batch_view     = self.replay_buf_view.get(index)
            batch_feature  = self.replay_buf_feature.get(index)
            batch_action   = self.replay_buf_action.get(index)
            batch_reward   = self.replay_buf_reward.get(index)
            batch_terminal = self.replay_buf_terminal.get(index)
            batch_mask     = self.replay_buf_mask.get(index)

            batch_next_view    = self.replay_buf_view.get(index+1)
            batch_next_feature = self.replay_buf_feature.get(index+1)

            batch_target = self._calc_target(batch_next_view, batch_next_
    feature,
                                        batch_reward, batch_terminal)
            #神经网络迭代计算
            ret = self.sess.run([self.train_op, self.loss], feed_dict={
                self.input_view:    batch_view,
                self.input_feature: batch_feature,
                self.action:        batch_action,
                self.target:        batch_target,
                self.mask:          batch_mask
            })
            loss = ret[1]
            total_loss += loss

            if ct % self.target_update == 0:
                self.sess.run(self.update_target_op)
```

```
            if ct % print_every == 0:
                print("batch %5d, loss %.6f, eval %.6f" % (ct, loss,
self._eval(batch_target)))
            ct += 1
            self.train_ct += 1

        total_time = time.time() - start_time
        step_average = total_time / max(1.0, (ct / 1000.0))
        print("batches: %d, total time: %.2f, 1k average: %.2f" % (ct,
total_time, step_average))

        return total_loss / ct if ct != 0 else 0, self._eval(batch_target)

    def _eval(self, target):
        """估计 q 值"""
        if self.eval_obs is None:
            return np.mean(target)
        else:
            return np.mean(self.sess.run([self.qvalues], feed_dict={
                self.input_view: self.eval_obs[0],
                self.input_feature: self.eval_obs[1]
            }))

    def clear_buffer(self):
        """清晰回放缓冲"""
        self.replay_buf_len = 0
        self.replay_buf_view.clear()
        self.replay_buf_feature.clear()
        self.replay_buf_action.clear()
        self.replay_buf_reward.clear()
        self.replay_buf_terminal.clear()
        self.replay_buf_mask.clear()

    def _build_multi_gpu_infer(self, num_gpu):
        """建立多 GPU 的推理图"""
        self.infer_qvalues = []
        self.infer_input_view = []
        self.infer_input_feature = []
        for i in range(num_gpu):
            self.infer_input_view.append(tf.placeholder(tf.float32, (None,)
+ self.view_space))
            self.infer_input_feature.append(tf.placeholder(tf.float32, (None,) +
                            self.feature_space))
            with tf.variable_scope("eval_net_scope"), tf.device("/gpu:%d" % i):
                self.infer_qvalues.append(self._create_network(self.infer_
input_view[i],
```

```
                                                      self.infer_input_
feature[i],
                                       reuse=True))

    def _infer_multi_gpu(self, view, feature, ids, eps):
        """通过多 GPU 并行推断动作"""
        ret = []
        beg = 0
        while beg < len(view):
            feed_dict = {self.eps: eps}
            for i in range(self.num_gpu):
                end = beg + self.infer_batch_size
                feed_dict[self.infer_input_view[i]] = view[beg:end]
                feed_dict[self.infer_input_feature[i]] = feature[beg:end]
                beg += self.infer_batch_size

            ret.extend(self.sess.run(self.infer_out_action, feed_dict=
feed_dict))
        return np.concatenate(ret)
```

8.9　群体智能的发展与价值

2017 年 7 月，国务院颁布了《新一代人工智能发展规划》，目的是抢抓人工智能发展的重大战略机遇，构筑我国先发优势，建设创新型科技强国。在《新一代人工智能发展规划》中，国家明确提出群体人工智能的研究发展规划，推动新一代人工智能的发展。新一代群体智能需要以互联网和移动通信为纽带，结合人类群体智能、大数据、物联网，紧密协作，在万物互联的信息社会中，发挥人类群体智能的作用，深刻改变 AI 领域。

随着互联网下半场的到来，互联网基础下的群体智能理论和方法是未来新一代 AI 的核心研究领域之一。综合集成 AI 新时代的扩展，群体智能不仅需要关注专家系统，也需要通过互联网和大数据系统及驱动系统吸引、汇聚、参与、管理、竞争和合作，接受更大规模的挑战，特别是开放环境下复杂任务的决策，展现超越个体的智能形态。在物联网环境下，要结合机器智能、人类智能相互赋能，形成新的人机融合的"群体智能空间"，本质上从技术到商业运营，完善整个组织之间的创新机制。群体智能不仅推动 AI 的理论和技术创新，还可以为整个社会经济、商业模式提供新的增长发动机。

《新一代人工智能发展规划》为未来的群体智能设置了四个研究方向、八个应用方面的研究任务，完善群体智能的理论和技术体系，突破大规模群体智能的构造、运行、协同、演化的核心技术。

《新一代人工智能发展规划》的四个主要研究方向如下：
• 群体智能激励机制与涌现机理；

- 群体智能的结构理论与组织方法;
- 群体智能的通用计算范式与模型;
- 群体智能的学习理论与方法。

群体智能的发展与研究需要解决群体智能涌现,包括它的不确定性、有效性和交互可计算性等问题。

《新一代人工智能发展规划》设置的八个方面的应用研究任务如下:

- 知识获取与生成;
- 评估与演化;
- 群体智能的主动感知与发现;
- 协同与共享;
- 自我维持与安全交互;
- 人机整合与增强;
- 服务体系架构。
- 移动群体智能的协同决策与控制。

在群体智能决策中,形成了以群体智能数据到知识归纳、决策自动化的整体技术链。基于互联网、物联网的多模态感知方法,基于群体智能网格化的博弈机制,实现群体智能的自动涌现,相互博弈和协同,强化智能组织和可行机制的运行,是未来重要的社会运行框架。

在以往的发展中,我国虽然拥有机器学习、深度学习的资源,但是并没有释放出强大的群体智能能力。立足于国情,打造群体智能共同计算的智能平台,面向科技创新、智能制造、智能医疗、智慧城市,形成跨学科、跨行业的协作,创建一个智能决策和软件创新的新平台,是解决国家经济发展、改善民生的重大举措。

在城市方面,城市群的本质可以归结为多维度流的发展,包括人群流、商品流、经济流和信息流等。我国的城市发展以雄安新区城市标准为代表,已经到了增量发展到存量发展的新阶段。大数据在城市的智慧型转型中起到承前启后的巨大作用,而如何在大数据信息化的基础上建立一个大规模的、智慧化的城市集群,辅助多动态系统、交通网络、流数据化的空间决策,是未来群体智能的巨大价值所在。

在工业领域,一些国家提出了工业 4.0 的概念,主要包含三个基本点:

- 制造本身的价值化,通过智能化和大数据技术,实现制造和需求的匹配,节约生产资源。
- 赋予制造业以群体智能,实现自我调节,不断自我优化。
- 质量监控、污染监控及实时危险预测等。

群体智能是工业 4.0 重要的基础。工业的发展中,无数的制造单元、专家系统相互协作,唯有在群体智能统一化的协调优化中,才能实现工业的总体提升,避免单一提升带来的附加问题。群体智能将成为未来新一代工业革命、人工智能产业的一大推动力,帮助国家的数字化转型。

8.10　本章小结

本章主要讲解了多智能体在博弈环境中的相关基础知识和算法原理，并且实现了多智能体的仿真博弈示例。学习完本章后，请思考以下问题：

（1）群体智能发展的历史是什么样的？对比专家型的人工智能，群体人工智能具有哪些优点和缺点？

（2）博弈矩阵有什么作用？其常用的算法有哪些？如何结合分布式计算与博弈矩阵实现大规模的群体智能？

（3）有哪些常用的多智能体的强化学习算法？它们的原理是什么？对比单一的强化学习算法，其主要优化原理是什么？

（4）多智能体强化学习在群体智能中能够通过哪些分布式机制进行运转？如何在大型项目中应用多智能体技术？

（5）仿真对群体智能有什么作用？如何深入进行仿真技术的研究？

第4篇
分布式 AI 智能系统开发实战

在多智能体分布式 AI 算法篇章中，我们介绍了多智能体和强化学习相关算法。本篇我们将基于分布式技术、多智能体算法、强化学习算法等，在《星际争霸 2》的环境中，通过实际开发，熟悉多智能体在场景中的应用。

本篇内容包括：

▸▸ 第 9 章　体验群体智能对抗仿真环境

▸▸ 第 10 章　开发群体智能仿真对抗系统

第9章 体验群体智能对抗仿真环境

本章我们将进入系统开发的实战演练环节，首先体验游戏化的群体智能对抗仿真环境，然后使用前几章的知识进行系统的开发。

9.1 群体智能仿真系统环境介绍

在 2019 年，谷歌旗下的 DeepMind 公司，在推出围棋人工智能 AlphaGo 以后，又推出了人工智能程序 AlphaStar，它是一个《星际争霸 2》游戏的 AI 程序。这个人工智能程序在《星际争霸》这样的 RTS 多智能体控制的游戏中，战胜了世界顶级职业玩家。本章我们将基于《星际争霸 2》和相关的算法论文，熟悉基于《星际争霸 2》AI 训练的仿真环境。

在《星际争霸》中，最常见的是一对一进行对抗，玩家需要从三个种族中选择一个，这三个种族分别是人类、星灵、虫族。每个种族都有独特的能力和属性，玩家需要通过"农民工兵"采集资源，通过发展，建设自己的建筑、科技，解锁新的战争技术与兵种，通过集团化实力的发展，平衡宏观经济，结合军队单位的控制，将对手击败。

在《星际争霸》的人工智能中，主要需要解决以下问题：

- 人工智能需要平衡短期目标和长期目标，不能因为局限于局部战斗的胜利而导致 AI 没有考虑长期集团的发展。
- 人工智能没有单一的最佳战略，它需要在模糊与探索中寻找到最佳的结合性的战略方针。
- 在《星际争霸》中，兵种的类型繁多，集团的发展方向繁多，需要在多个智能体功能协作的情况下，推算出群体智能最佳的发展方向。
- 在《星际争霸》中，竞争者无法直接观察到对手的信息，需要在黑暗中对环境、对博弈智能群体进行信息的探索和学习反馈。
- 在《星际争霸》是一个即时对战的策略游戏，需要在大规模群体智能环境下形成快速的 AI 决策和反应。
- 游戏具有一个庞大的对战空间，需要成百上千个单位进行分级对战，需要将整个环境进行参数化，并且分析处理。

《星际争霸》的成功是群体人工智能发展的一大里程碑，游戏的相关画面如图 9-1～图 9-5 所示。

图 9-1　《星际争霸》画面 1

图 9-2　《星际争霸》画面 2

图 9-3 《星际争霸》画面 3

图 9-4 《星际争霸》画面 4

图 9-5　《星际争霸》画面 5

9.2　导入多人对抗智能和仿真环境

我们已经准备好了一个训练好的系统程序，只需要导入和启动，就能使用 AI 在《星际争霸》中进行对抗。本节就来完成这部分工作。

（1）同步 Git 下的所有运行程序和资源，同步地址如下：

https://github.com/SintolRTOS/SC2BattleProject.git

同步完成后，获得工程项目，如图 9-6 所示。

（2）同步完成以后，先安装 CMake 库，因为在系统中，需要编译部分 C++ 的代码工程，需要安装编译器。具体安装文件为 cmake-3.15.2-win64-x64.msi，如图 9-7 所示。

（3）启动 CMake 安装文件，完成 CMake 的软件安装，如图 9-8 所示。

wangjingyi34 add map		Latest commit 2afeec0 15 hours ago
mini_games	add all file	2 days ago
mpi4py-3.0.0	add all file	2 days ago
mujoco-py	add all file	2 days ago
multiagent-particle-envs	add all file	2 days ago
pysc2-examples	add all file	2 days ago
pysc2	add all file	2 days ago
s2client-proto	add all file	2 days ago
Ladder2017Season1.zip	add map	15 hours ago
Ladder2017Season2.zip	add map	15 hours ago
Ladder2017Season3_Updated.zip	add map	15 hours ago
MSMpiSetup.exe	add all file	2 days ago
Melee.zip	add map	15 hours ago
OpenMPI_v1.6.2-2_win64.exe	add all file	2 days ago
README.md	Initial commit	2 days ago
cmake-3.15.2-win64-x64.msi	add all file	2 days ago
hellompi4.py	add all file	2 days ago
msmpisdk.msi	add all file	2 days ago

图 9-6　工程项目列表

图 9-7　CMake 安装文件　　　　　图 9-8　安装 CMake

（4）CMake 安装完成以后，在 cmd 中输入命令 cmake，如图 9-9 所示。

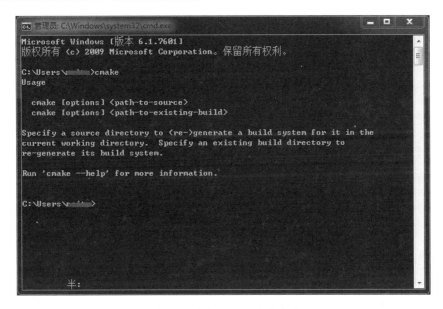

图 9-9　测试 CMake 安装完成

（5）安装 mujoco-py，它是 Python 的一个 AI 开源机器人库，可以支持高效的并行模拟处理，具体的安装目录如图 9-10 所示。

Branch: master ▾	SC2BattleProject / mujoco-py /		Create new file	Upload files	Find file	History
🐧 wangjingyi34 add all file			Latest commit cb6c064 2 days ago			
..						
📁 .github/ISSUE_TEMPLATE		add all file	2 days ago			
📁 docs		add all file	2 days ago			
📁 examples		add all file	2 days ago			
📁 mujoco_py.egg-info		add all file	2 days ago			
📁 mujoco_py		add all file	2 days ago			
📁 pip-wheel-metadata/mujoco_py.dist-info		add all file	2 days ago			
📁 scripts		add all file	2 days ago			
📁 vendor		add all file	2 days ago			
📁 xmls		add all file	2 days ago			
📄 .dockerignore		add all file	2 days ago			
📄 .gitignore		add all file	2 days ago			
📄 .travis.yml		add all file	2 days ago			
📄 Dockerfile		add all file	2 days ago			
📄 LICENSE.md		add all file	2 days ago			
📄 MANIFEST.in		add all file	2 days ago			
📄 Makefile		add all file	2 days ago			
📄 README.md		add all file	2 days ago			
📄 pyproject.toml		add all file	2 days ago			
📄 requirements.dev.txt		add all file	2 days ago			
📄 requirements.txt		add all file	2 days ago			
📄 setup.py		add all file	2 days ago			

图 9-10　mujoco-py 目录

跳转到同步后的目录下进行库的安装，具体命令如下：

```
cd mujoco-py
pip install -e .
```

完成安装后，输入 Python 程序，可以测试 mujoco-py 的运行情况，具体代码如下：

```
$ pip3 install -U 'mujoco-py<2.1,>=2.0'
$ python3
import mujoco_py
import os
mj_path, _ = mujoco_py.utils.discover_mujoco()
xml_path = os.path.join(mj_path, 'model', 'humanoid.xml')
model = mujoco_py.load_model_from_path(xml_path)
sim = mujoco_py.MjSim(model)

print(sim.data.qpos)
# [0. 0. 0. 0. 0. 0. 0. 0. 0. 0. 0. 0. 0. 0. 0. 0. 0. 0. 0. 0. 0. 0. 0. 0.]

sim.step()
print(sim.data.qpos)
# [-2.09531783e-19  2.72130735e-05  6.14480786e-22 -3.45474715e-06
#   7.42993721e-06 -1.40711141e-04 -3.04253586e-04 -2.07559344e-04
#   8.50646247e-05 -3.45474715e-06  7.42993721e-06 -1.40711141e-04
#  -3.04253586e-04 -2.07559344e-04 -8.50646247e-05  1.11317030e-04
#  -7.03465386e-05 -2.22862221e-05 -1.11317030e-04  7.03465386e-05
#  -2.22862221e-05]
```

最终输出成功，表示完成安装。

（6）mujoco-py 完成安装以后，继续安装 OpenAI 的强化学习框架 baselines，具体的 Git 路径为 https://github.com/openai/baselines。

Git 同步完成以后，输入命令，完成安装，具体如下：

```
git clone https://github.com/openai/baselines.git
cd baselines
pip install -e .
```

输入命令，测试 baselines 的安装情况，具体如下：

```
python -m baselines.run --alg=ppo2 --env=Humanoid-v2 --network=mlp --num_
timesteps=2e7
```

baselines 会启动强化学习 ppo2 算法的测试 demo，运行正常时表示安装完成，如图 9-11 所示。

（7）baseline 完成以后，需要再安装 mpi4py 库，它是 Python 支持高性能并行计算的运行库和调度器。

安装 Windows 支持的运行环境和 SDK，具体文件为 msmpisdk.msi、MSMpiSetup.exe，如图 9-12 所示。

打开 msmpisdk.msi，按步骤进行安装，如图 9-13 所示。

打开 MSMpiSetup.exe，按步骤进行安装，如图 9-14 所示。

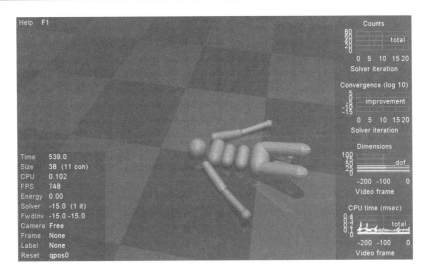

图 9-11　baseline 安装测试

图 9-12　mpi 运行环境和 SDK

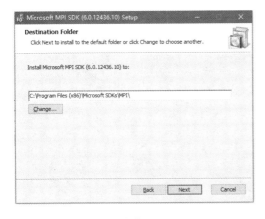

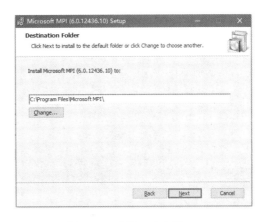

图 9-13　安装 msmpisdk　　　　　　　　图 9-14　安装 MSMpiSetup

（8）安装 OpenMPI 组件，主要是 MPI 调度并行计算的组件，安装文件如图 9-15 所示。

图 9-15　OpenMPI 组件

打开 OpenMPI 安装文件，设定安装的组件地址，并且设置到环境变量中，如图 9-16 所示。

安装完成以后查看环境变量，如果环境变量没有加入完成，就手动进行加入，如图 9-17 所示。

图 9-16　安装 OpenMPI 组件　　　　图 9-17　OpenMPI 并行组件的环境变量

使用 pip 安装 mpi4py 的库，具体命令如下：

```
conda install --channel https://conda.anaconda.org/dhirschfeld mpi4py
```

运行情况如图 9-18 所示。

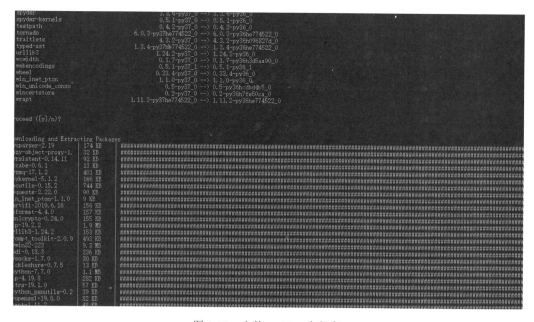

图 9-18　安装 mpi4py 库程序

也可以使用工程附带的 mpi4py-3.0.0 库进行安装，如图 9-19 所示。

mpi4py-3.0.0	2019/8/30 15:41	文件夹

图 9-19　mpi4py-3.0.0 库

进入文件夹，输入命令进行安装，具体如下：

```
cd mpi4py-X.Y
python setup.py build
python setup.py build --mpi=other_mpi
python setup.py install
```

运行情况如图 9-20 所示。

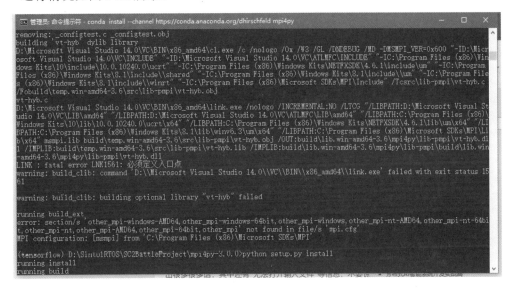

图 9-20　使用工程库安装 mpi4py

完成安装以后，编写一个 Python 的测试程序，具体文件为工程下的 hellompi4.py，具体代码如下：

```
"""
Parallel Hello World
"""

from mpi4py import MPI
import sys

size = MPI.COMM_WORLD.Get_size()
rank = MPI.COMM_WORLD.Get_rank()
name = MPI.Get_processor_name()

sys.stdout.write(
    "Hello, World! I am process %d of %d on %s.\n"
% (rank, size, name))
```

使用命令运行测试程序，具体命令如下：

```
mpiexec -n 4 python hellompi4.py
```

如果安装成功，运行结果启动多个并行计算单元，如图 9-21 所示。

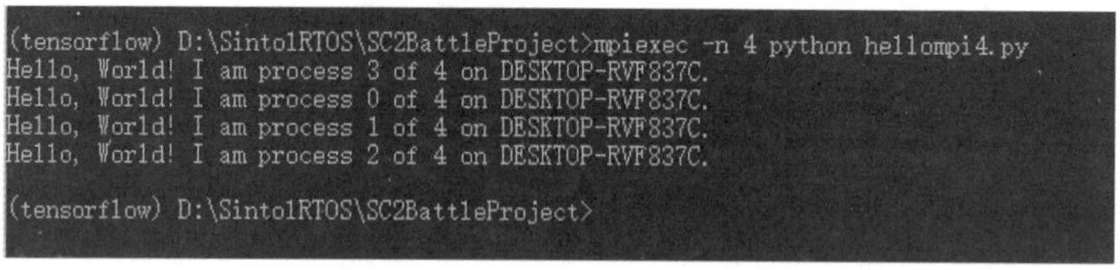

图 9-21　mpi4py 运行并行程序测试

（9）安装 pysc2 库，这是 Python 中用来和《星际争霸 2》进行 API 交互的库，具体目录如图 9-22 所示。

图 9-22　pysc2 库

跳转到工程目录，输入命令，安装 pysc2，具体命令如下：

```
pip install pysc2/
```

运行情况如图 9-23 所示。

图 9-23　安装 pysc2 的情况

（10）安装 TensorFlow 的运行环境。这部分的步骤在 3.8 节中已经介绍过，这里不再介绍。

（11）安装《星际争霸 2》游戏，下载网址为 http://sc2.blizzard.cn/download，如图 9-24 所示。

图 9-24　《星际争霸 2》下载

（12）为了配合 pysc2 的 API 启动游戏，还需要为《星际争霸 2》的游戏战网启动位置配置环境变量，如图 9-25 所示。

图 9-25　配置《星际争霸 2》游戏战网启动位置

至此，我们完成了基于《星际争霸 2》的群体智能 AI 系统的前期导入和配置工作，下面我们将启动整个系统，进行游戏智能体的训练过程。

9.3　启动分布式多智能体和仿真环境

9.2 节中我们完成了整个系统的导入配置，接下来准备启动智能体的训练，通过和星际原生的普通 AI 进行模拟对战，提供一个仿真环境，能够让我们的强化学习算法进行训练。启动多智能体仿真环境，具体步骤如下：

（1）同步下载智能体对战训练的地图，本次体验使用 Simple64.SC2Map 地图，它在 Melee.zip 中，如图 9-26 所示。

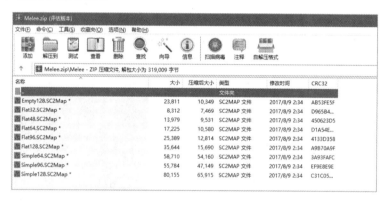

图 9-26　《星际争霸 2》智能体训练地图

（2）将下载的地图文件解压到《星际争霸 2》下的文件夹 Maps 中，如图 9-27 所示。

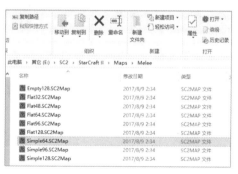

图 9-27　地图文件解压

（3）在 cmd 中输入命令，可以启动指定地图的 Agent 策略智能体，具体命令如下：

```
python -m pysc2.bin.agent --map Simple64
```

运行该程序，将自动吊起《星际争霸 2》的训练地图，并且连接上 API 进行控制，如

图 9-28 所示。

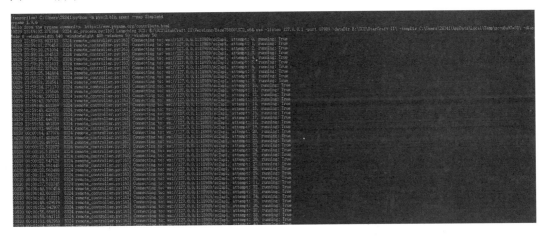

图 9-28　启动《星际争霸 2》强化学习算法

（4）等待系统配置，客户端的训练显示程序也将启动，系统将通过一遍又一遍的对战训练，对智能体 AI 进行训练，通过对抗博弈，提高智能体的对战能力，如图 9-29 和图 9-30 所示。

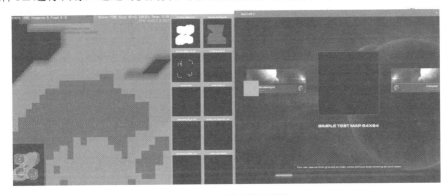

图 9-29　切换训练局数

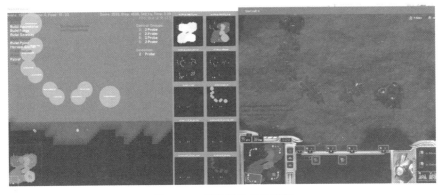

图 9-30　多智能体对抗训练

9.4　启动人与多智能体进行对抗

如果需要人参与博弈，对整个算法的程序、数据进行调试，就需要启动人机对战的仿真模式，具体步骤如下：

（1）通过 pysc2.bin.py 启动玩家接入游戏模式，具体命令如下：

```
python -m pysc2.bin.play -map Simple64
```

运行情况如图 9-31 所示。

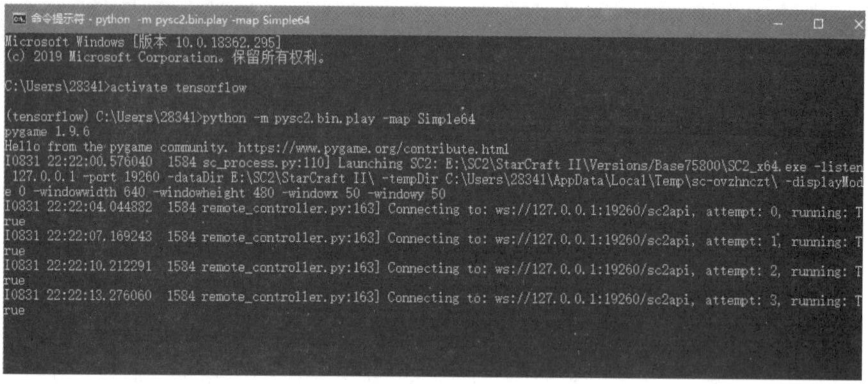

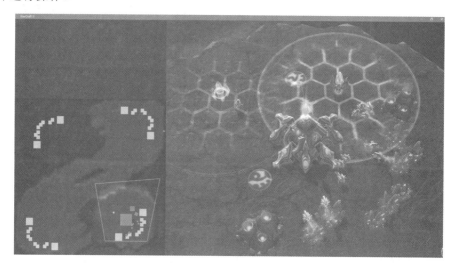

图 9-31　启动玩家接入游戏模式

（2）运行成功以后，我们可以看到游戏运行界面（图 9-32），并且可以对游戏单元的智能体进行操作。

图 9-32　游戏运行界面

（3）另外，系统会开启辅助界面，它将整个游戏进行像素化，然后进行卷积网络的计算，用以识别游戏画面中看到的运行情况，如图 9-33 所示。

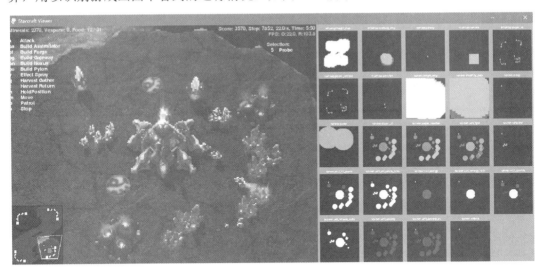

图 9-33　通过图像卷积识别游戏画面

（4）读者可以缩放游戏画面，通过操作游戏画面观察智能体的运行效果，如图 3-34 所示。

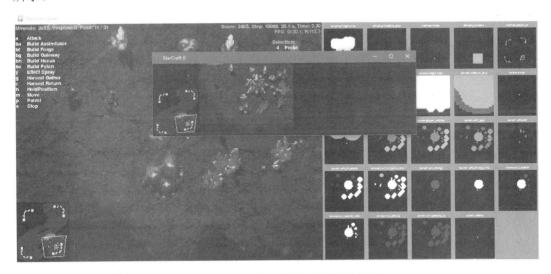

图 9-34　操作游戏画面观察智能体情况

（5）读者可以直接操作卷积画面，通过 API 指令操作游戏中的智能体，如图 9-35 所示。

游戏画面被拆分为 17 个特征层，小地图被切分为 7 个特征层，总计 24 个特征层，对游戏实时情况进行识别。

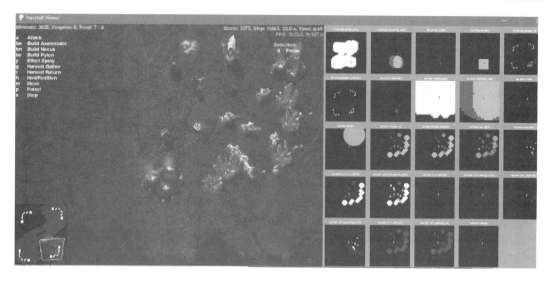

图 9-35　通过 API 指令操作智能体

（6）单局结束以后，会保存本局情况的回放，可以用作以后的训练数据，如图 9-36 所示。

图 9-36　单局数据回放

读者可以自行进行高端策略对战，当强化学习算法训练的能力不足以达到智能要求的时候，使用真实对战的数据，更有利于智能体算法的成长。

9.5　启动数据回放

我们不仅可以等待智能体或者自己进行对战训练，也可以通过回放数据对智能体进行训练，这样就可以利用一些高级别的星际选手的数据进行训练，更有利于智能体达到更高的操作水平。本节就来介绍这部分内容。

（1）下载回放数据，下载网址如下：

http://blzdistsc2-a.akamaihd.net/ReplayPacks/3.16.1-Pack_1-fix.zip

http://blzdistsc2-a.akamaihd.net/ReplayPacks/3.16.1-Pack_2.zip

解压密码为 iagreetotheeula。

（2）打开解压文件，会发现两个回访数据目录——Battle.net、Replays，如图 9-37 所示。

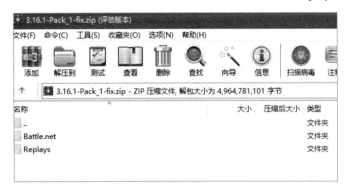

图 9-37　回放数据

（3）将 Replays 文件解压到 StarCraft II 文件夹下，如图 9-38 所示。

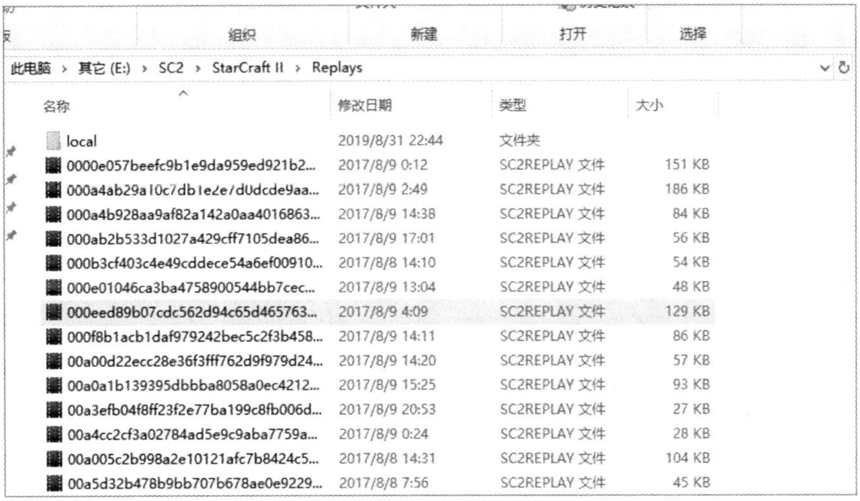

图 9-38　Replays 文件夹

（4）将 Battle.net 中的 Cache 解压到 Battle.net 文件夹中，如图 9-39 所示。

（5）启动回放的命令，具体如下：

```
python -m pysc2.bin.play -replay + 回放数据文件
```

系统算法将运行战场博弈的数据回放，如图 9-40 所示。

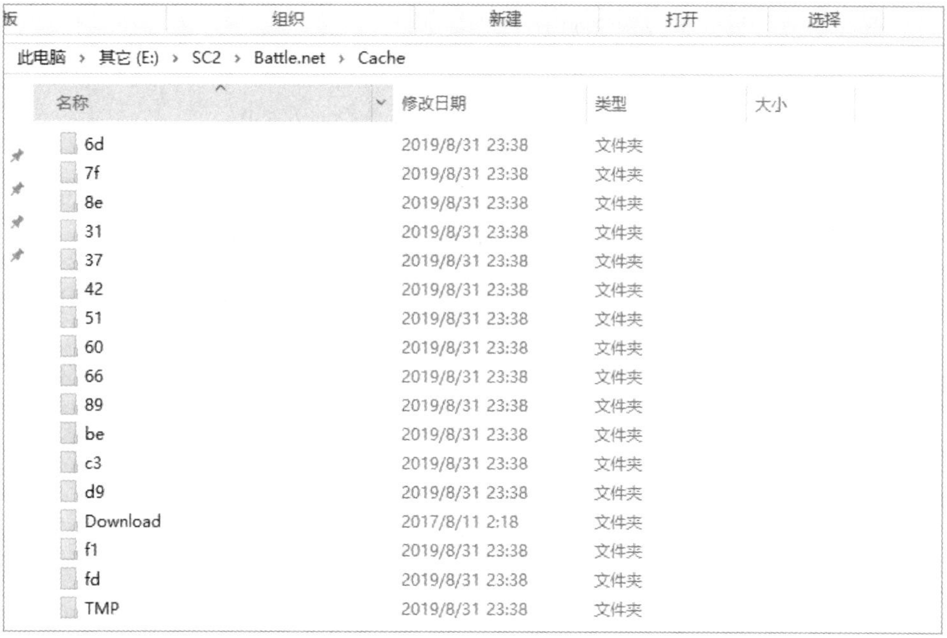

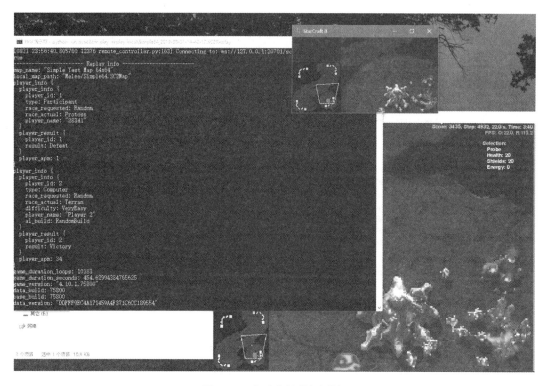

图 9-39　解压 Cache 文件夹

图 9-40　启动战场数据回放

9.6 启动多个智能体集团博弈

除了使用智能体和星际原生 AI 博弈、人工对战训练、使用回访数据监督训练，我们也可以使用两个智能体相互进行博弈，通过相互的博弈提升智能模型的能力。本节就来介绍这部分内容。

（1）在 cmd 中输入命令，启动两个 Agent 博弈，具体命令如下：

```
python -m pysc2.bin.agent --map Simple64 --agent2 pysc2.agents.random_
agent.RandomAgent
```

启动界面如图 9-41 所示。

图 9-41 启动多个 Agent 博弈

（2）系统启动以后会展现 2 个操作空间的游戏界面，1 个卷积图像识别控制的界面，如图 9-42 所示。

（3）智能体博弈会经过多场对战，相互交替领先，保持较好的博弈情况，如图 9-43 所示。

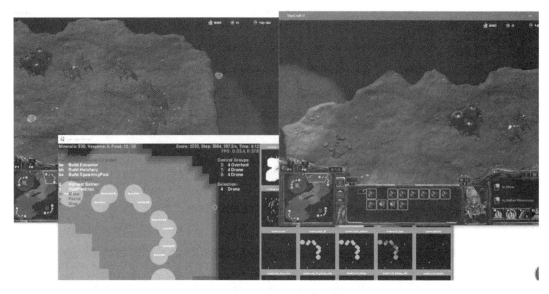

图 9-42　多操作界面

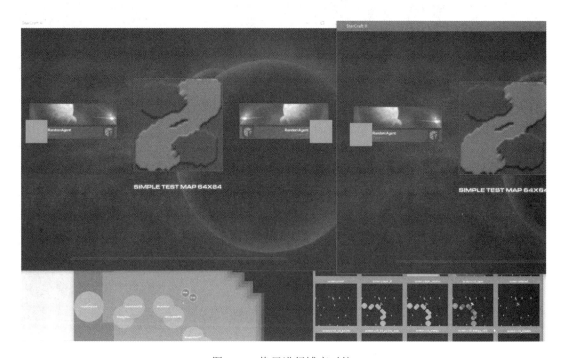

图 9-43　换局进行博弈对抗

9.7　群体博弈仿真系统环境的代码模块

前面介绍了《星际争霸 2》游戏的仿真环境，它以 pysc2 库为基础，通过 API 与《星际争霸 2》游戏结合，并且使用了卷积神经网络，对游戏进行特征层分解与识别。本节就来具体了解一下 pysc2 库的主要组成部分。

使用 Spyder 打开 pysc2 的工程目录，如图 9-44 所示。

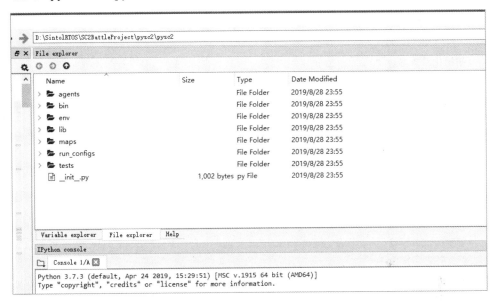

图 9-44　pysc2 工程目录

（1）agents 目录：主要定义智能体的基类，并且继承它，编写了随机智能体和小任务的智能体。

- base_agent.py 为智能体的基类，主要定义初始化、重置、创建、行动几个主要函数，具体代码如下：

```
# Copyright 2017 Google Inc. All Rights Reserved.
#
# Licensed under the Apache License, Version 2.0 (the "License");
# you may not use this file except in compliance with the License.
# You may obtain a copy of the License at
#
#     http://www.apache.org/licenses/LICENSE-2.0
#
# Unless required by applicable law or agreed to in writing, software
# distributed under the License is distributed on an "AS-IS" BASIS,
# WITHOUT WARRANTIES OR CONDITIONS OF ANY KIND, either express or implied.
# See the License for the specific language governing permissions and
```

```
# limitations under the License.
"""编写自定义脚本化代理的基本智能体"""

from __future__ import absolute_import
from __future__ import division
from __future__ import print_function

from pysc2.lib import actions


class BaseAgent(object):
  """编写自定义脚本化代理的基本智能体

  它还可以作为一个被动的智能体，除了不执行操作外什么也不做
  """

  #初始化基本参数
  def __init__(self):
    self.reward = 0
    self.episodes = 0
    self.steps = 0
    self.obs_spec = None
    self.action_spec = None

  #根据环境创建智能体
  def setup(self, obs_spec, action_spec):
    self.obs_spec = obs_spec
    self.action_spec = action_spec

  #重置
  def reset(self):
    self.episodes += 1

  #根据外部环境产生行动，获得行动奖励
  def step(self, obs):
    self.steps += 1
    self.reward += obs.reward
return actions.FunctionCall(actions.FUNCTIONS.no_op.id, [])
```

- random_agent 为随机智能体，根据环境实现行动值的产生，具体代码如下：

```
# Copyright 2017 Google Inc. All Rights Reserved.
#
# Licensed under the Apache License, Version 2.0 (the "License");
# you may not use this file except in compliance with the License.
# You may obtain a copy of the License at
#
#     http://www.apache.org/licenses/LICENSE-2.0
#
# Unless required by applicable law or agreed to in writing, software
# distributed under the License is distributed on an "AS-IS" BASIS,
# WITHOUT WARRANTIES OR CONDITIONS OF ANY KIND, either express or implied.
# See the License for the specific language governing permissions and
# limitations under the License.
"""星际争霸的随机智能体"""
```

```
from __future__ import absolute_import
from __future__ import division
from __future__ import print_function

import numpy

from pysc2.agents import base_agent
from pysc2.lib import actions


class RandomAgent(base_agent.BaseAgent):
  """星际争霸的随机智能体"""

  #随机环境参数，产生行动值
  def step(self, obs):
    super(RandomAgent, self).step(obs)
    function_id = numpy.random.choice(obs.observation.available_actions)
    args = [[numpy.random.randint(0, size) for size in arg.sizes]
           for arg in self.action_spec.functions[function_id].args]
return actions.FunctionCall(function_id, args)
```

- scripted_agent 主要编写了用于行走、采集资源等功能的智能体功能，具体代码如下：

```
# Copyright 2017 Google Inc. All Rights Reserved.
#
# Licensed under the Apache License, Version 2.0 (the "License");
# you may not use this file except in compliance with the License.
# You may obtain a copy of the License at
#
#     http://www.apache.org/licenses/LICENSE-2.0
#
# Unless required by applicable law or agreed to in writing, software
# distributed under the License is distributed on an "AS-IS" BASIS,
# WITHOUT WARRANTIES OR CONDITIONS OF ANY KIND, either express or implied.
# See the License for the specific language governing permissions and
# limitations under the License.
"""脚本化的智能体"""

from __future__ import absolute_import
from __future__ import division
from __future__ import print_function

import numpy

from pysc2.agents import base_agent
from pysc2.lib import actions
from pysc2.lib import features

_PLAYER_SELF = features.PlayerRelative.SELF
_PLAYER_NEUTRAL = features.PlayerRelative.NEUTRAL  # beacon/minerals
_PLAYER_ENEMY = features.PlayerRelative.ENEMY

FUNCTIONS = actions.FUNCTIONS
```

```python
def _xy_locs(mask):
  """遮罩应该是一组通过与特征层比较得到的布尔值"""
  y, x = mask.nonzero()
  return list(zip(x, y))


class MoveToBeacon(base_agent.BaseAgent):
  """专门用于解决 MoveToBeacon 映射的智能体"""

  def step(self, obs):
    super(MoveToBeacon, self).step(obs)
    if FUNCTIONS.Move_screen.id in obs.observation.available_actions:
      player_relative = obs.observation.feature_screen.player_relative
      beacon = _xy_locs(player_relative == _PLAYER_NEUTRAL)
      if not beacon:
        return FUNCTIONS.no_op()
      beacon_center = numpy.mean(beacon, axis=0).round()
      return FUNCTIONS.Move_screen("now", beacon_center)
    else:
      return FUNCTIONS.select_army("select")


class CollectMineralShards(base_agent.BaseAgent):
  """一种专门用于解决集合矿片地图的智能体"""

  def step(self, obs):
    super(CollectMineralShards, self).step(obs)
    if FUNCTIONS.Move_screen.id in obs.observation.available_actions:
      player_relative = obs.observation.feature_screen.player_relative
      minerals = _xy_locs(player_relative == _PLAYER_NEUTRAL)
      if not minerals:
        return FUNCTIONS.no_op()
      marines = _xy_locs(player_relative == _PLAYER_SELF)
      marine_xy = numpy.mean(marines, axis=0).round()  # Average location
      distances = numpy.linalg.norm(numpy.array(minerals) - marine_xy,
axis=1)
      closest_mineral_xy = minerals[numpy.argmin(distances)]
      return FUNCTIONS.Move_screen("now", closest_mineral_xy)
    else:
      return FUNCTIONS.select_army("select")


class CollectMineralShardsFeatureUnits(base_agent.BaseAgent):
  """一种解决具有特征单元的集矿碎片图的智能体程序

  独立控制两名队员:
  -选择海洋
  -移动到最近的矿物碎片,这不是以前的目标
  -交换队员,重复
  """

  def setup(self, obs_spec, action_spec):
    super(CollectMineralShardsFeatureUnits, self).setup(obs_spec, action_
```

```
spec)
    if "feature_units" not in obs_spec:
      raise Exception("This agent requires the feature_units observation.")

  def reset(self):
    super(CollectMineralShardsFeatureUnits, self).reset()
    self._marine_selected = False
    self._previous_mineral_xy = [-1, -1]

  def step(self, obs):
    super(CollectMineralShardsFeatureUnits, self).step(obs)
    marines = [unit for unit in obs.observation.feature_units
               if unit.alliance == _PLAYER_SELF]
    if not marines:
      return FUNCTIONS.no_op()
    marine_unit = next((m for m in marines
                        if m.is_selected == self._marine_selected), marines[0])
    marine_xy = [marine_unit.x, marine_unit.y]

    if not marine_unit.is_selected:
      # 没有选择任何内容或选择了错误的 marine
      self._marine_selected = True
      return FUNCTIONS.select_point("select", marine_xy)

    if FUNCTIONS.Move_screen.id in obs.observation.available_actions:
      # 找到并移动到最近的矿物
      minerals = [[unit.x, unit.y] for unit in obs.observation.feature_units
                  if unit.alliance == _PLAYER_NEUTRAL]

      if self._previous_mineral_xy in minerals:
        # 不要像其他工兵一样去寻找相同的矿物碎片
        minerals.remove(self._previous_mineral_xy)

      if minerals:
        # 找到最接近的
        distances = numpy.linalg.norm(
            numpy.array(minerals) - numpy.array(marine_xy), axis=1)
        closest_mineral_xy = minerals[numpy.argmin(distances)]

        # 换到另一个队员
        self._marine_selected = False
        self._previous_mineral_xy = closest_mineral_xy
        return FUNCTIONS.Move_screen("now", closest_mineral_xy)

    return FUNCTIONS.no_op()


class DefeatRoaches(base_agent.BaseAgent):
  """专门用于解决 DefeatRoaches 地图的智能体"""

  def step(self, obs):
    super(DefeatRoaches, self).step(obs)
    if FUNCTIONS.Attack_screen.id in obs.observation.available_actions:
      player_relative = obs.observation.feature_screen.player_relative
```

```
roaches = _xy_locs(player_relative == _PLAYER_ENEMY)
if not roaches:
  return FUNCTIONS.no_op()

# 找到最大 y 坐标
target = roaches[numpy.argmax(numpy.array(roaches)[:, 1])]
return FUNCTIONS.Attack_screen("now", target)

if FUNCTIONS.select_army.id in obs.observation.available_actions:
  return FUNCTIONS.select_army("select")

return FUNCTIONS.no_op()
```

（2）bin 目录：这个目录是整个仿真系统的主程序模块，当我们在 cmd 环境中启动系统时都要基于这个目录中的命令。它提供了多个 main 函数的功能模块，如图 9-45 所示。

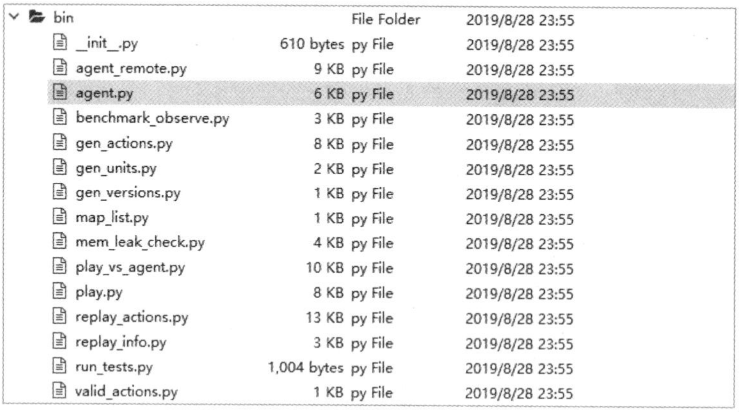

图 9-45　bin 命令目录

重要的命令功能主要有以下几个。

- agent.py 是启动智能体的命令，在 9.3 节中，我们使用这个命令启动智能体和《星际争霸 2》的计算机进行对战，具体代码如下：

```
#!/usr/bin/python
# Copyright 2017 Google Inc. All Rights Reserved.
#
# Licensed under the Apache License, Version 2.0 (the "License");
# you may not use this file except in compliance with the License.
# You may obtain a copy of the License at
#
#     http://www.apache.org/licenses/LICENSE-2.0
#
# Unless required by applicable law or agreed to in writing, software
# distributed under the License is distributed on an "AS-IS" BASIS,
# WITHOUT WARRANTIES OR CONDITIONS OF ANY KIND, either express or implied.
# See the License for the specific language governing permissions and
# limitations under the License.
"""运行一个智能体"""
```

```
from __future__ import absolute_import
from __future__ import division
from __future__ import print_function

import importlib
import threading

from absl import app
from absl import flags
from future.builtins import range  # pylint: disable=redefined-builtin

from pysc2 import maps
from pysc2.env import available_actions_printer
from pysc2.env import run_loop
from pysc2.env import sc2_env
from pysc2.lib import point_flag
from pysc2.lib import stopwatch

#参数设置
FLAGS = flags.FLAGS
#是否使用 pygame 渲染
flags.DEFINE_bool("render", True, "Whether to render with pygame.")
#屏幕特性层的分辨率
point_flag.DEFINE_point("feature_screen_size", "84",
                        "Resolution for screen feature layers.")
#小地图功能层的分辨率
point_flag.DEFINE_point("feature_minimap_size", "64",
                        "Resolution for minimap feature layers.")
#渲染屏幕分辨率
point_flag.DEFINE_point("rgb_screen_size", None,
                        "Resolution for rendered screen.")
#渲染小地图的分辨率
point_flag.DEFINE_point("rgb_minimap_size", None,
                        "Resolution for rendered minimap.")
flags.DEFINE_enum("action_space", None, sc2_env.ActionSpace._member_
names_,                                   # pylint:禁用=保护访问
                  "Which action space to use. Needed if you take both feature "
                  "and rgb observations.")
#是否包含功能单元
flags.DEFINE_bool("use_feature_units", False,
                  "Whether to include feature units.")
flags.DEFINE_bool("disable_fog", False, "Whether to disable Fog of War.")
#智能体总步骤
flags.DEFINE_integer("max_agent_steps", 0, "Total agent steps.")
#每个循环的游戏步数
flags.DEFINE_integer("game_steps_per_episode", None, "Game steps per
episode.")
flags.DEFINE_integer("max_episodes", 0, "Total episodes.")
#每次智能体的游戏步数
flags.DEFINE_integer("step_mul", 8, "Game steps per agent step.")

flags.DEFINE_string("agent", "pysc2.agents.random_agent.RandomAgent",
                    "Which agent to run, as a python path to an Agent class.")
```

```python
flags.DEFINE_string("agent_name", None,
                    "Name of the agent in replays. Defaults to the class name.")
# pylint:禁用=保护访问
flags.DEFINE_enum("agent_race", "random", sc2_env.Race._member_names_,
                  "Agent 1's race.")
#是否使用第二种智能体
flags.DEFINE_string("agent2", "Bot", "Second agent, either Bot or agent
class.")
flags.DEFINE_string("agent2_name", None,
                    "Name of the agent in replays. Defaults to the class name.")
# pylint:禁用=保护访问
flags.DEFINE_enum("agent2_race", "random", sc2_env.Race._member_names_,
                  "Agent 2's race.")
#如果 agent2 是一个内置的机器人，它是优势方
flags.DEFINE_enum("difficulty", "very_easy", sc2_env.Difficulty._member_
names_,                             # pylint:禁用=保护访问
                  "If agent2 is a built-in Bot, it's strength.")

flags.DEFINE_bool("profile", False, "Whether to turn on code profiling.")
flags.DEFINE_bool("trace", False, "Whether to trace the code execution.")
flags.DEFINE_integer("parallel", 1, "How many instances to run in parallel.")

flags.DEFINE_bool("save_replay", True, "Whether to save a replay at the end.")

flags.DEFINE_string("map", None, "Name of a map to use.")
flags.mark_flag_as_required("map")


def run_thread(agent_classes, players, map_name, visualize):
  """使用智能体运行环境中的一个线程"""
  with sc2_env.SC2Env(
      map_name=map_name,
      players=players,
      #智能体的代理接口
      agent_interface_format=sc2_env.parse_agent_interface_format(
          feature_screen=FLAGS.feature_screen_size,
          feature_minimap=FLAGS.feature_minimap_size,
          rgb_screen=FLAGS.rgb_screen_size,
          rgb_minimap=FLAGS.rgb_minimap_size,
          action_space=FLAGS.action_space,
          use_feature_units=FLAGS.use_feature_units),
      step_mul=FLAGS.step_mul,
      game_steps_per_episode=FLAGS.game_steps_per_episode,
      disable_fog=FLAGS.disable_fog,
      visualize=visualize) as env:
    #获取动作环境
    env = available_actions_printer.AvailableActionsPrinter(env)
    agents = [agent_cls() for agent_cls in agent_classes]
    run_loop.run_loop(agents, env, FLAGS.max_agent_steps, FLAGS.max_episodes)
    if FLAGS.save_replay:
      env.save_replay(agent_classes[0].__name__)


def main(unused_argv):
```

```
"""运行一个智能体"""
stopwatch.sw.enabled = FLAGS.profile or FLAGS.trace
stopwatch.sw.trace = FLAGS.trace

map_inst = maps.get(FLAGS.map)

agent_classes = []
players = []
#智能体模型名称
agent_module, agent_name = FLAGS.agent.rsplit(".", 1)
agent_cls = getattr(importlib.import_module(agent_module), agent_name)
agent_classes.append(agent_cls)
players.append(sc2_env.Agent(sc2_env.Race[FLAGS.agent_race],
                    FLAGS.agent_name or agent_name))

if map_inst.players >= 2:
  #加载不同的机器人智能代理
  if FLAGS.agent2 == "Bot":
    players.append(sc2_env.Bot(sc2_env.Race[FLAGS.agent2_race],
                      sc2_env.Difficulty[FLAGS.difficulty]))
  else:
    agent_module, agent_name = FLAGS.agent2.rsplit(".", 1)
    agent_cls = getattr(importlib.import_module(agent_module), agent_name)
    agent_classes.append(agent_cls)
    players.append(sc2_env.Agent(sc2_env.Race[FLAGS.agent2_race],
                      FLAGS.agent2_name or agent_name))

threads = []
#多个线程同时进行工作
for _ in range(FLAGS.parallel - 1):
  t = threading.Thread(target=run_thread,
                  args=(agent_classes, players, FLAGS.map, False))
  threads.append(t)
  t.start()

run_thread(agent_classes, players, FLAGS.map, FLAGS.render)

for t in threads:
  t.join()

if FLAGS.profile:
  print(stopwatch.sw)


def entry_point():                              # 需要设置.py 脚本工作
  app.run(main)


if __name__ == "__main__":
  app.run(main)
```

- play.py 支持启动人工游戏和计算机进行对战的模式，支持通过回放数据，播放战斗画面，在 9.4 节和 9.5 节中，都使用过这个命令模块，具体代码如下：

```python
#!/usr/bin/python
# Copyright 2017 Google Inc. All Rights Reserved.
#
# Licensed under the Apache License, Version 2.0 (the "License");
# you may not use this file except in compliance with the License.
# You may obtain a copy of the License at
#
#     http://www.apache.org/licenses/LICENSE-2.0
#
# Unless required by applicable law or agreed to in writing, software
# distributed under the License is distributed on an "AS-IS" BASIS,
# WITHOUT WARRANTIES OR CONDITIONS OF ANY KIND, either express or implied.
# See the License for the specific language governing permissions and
# limitations under the License.
"""运行 SC2 进行人工游戏或重播"""

from __future__ import absolute_import
from __future__ import division
from __future__ import print_function

import getpass
import json
import platform
import sys
import time

from absl import app
from absl import flags
import mpyq
import six
from pysc2 import maps
from pysc2 import run_configs
from pysc2.env import sc2_env
from pysc2.lib import point_flag
from pysc2.lib import renderer_human
from pysc2.lib import stopwatch
from pysc2.run_configs import lib as run_configs_lib

from s2clientprotocol import sc2api_pb2 as sc_pb

FLAGS = flags.FLAGS
#是否使用 pygame 渲染
flags.DEFINE_bool("render", True, "Whether to render with pygame.")
#是否运行在真实时间模式下
flags.DEFINE_bool("realtime", False, "Whether to run in realtime mode.")
#是否全屏
flags.DEFINE_bool("full_screen", False, "Whether to run full screen.")
#每秒帧数
flags.DEFINE_float("fps", 22.4, "Frames per second to run the game.")
#游戏每次观察空间数量
flags.DEFINE_integer("step_mul", 1, "Game steps per observation.")
#同步渲染
flags.DEFINE_bool("render_sync", False, "Turn on sync rendering.")
#屏幕特征
```

```
point_flag.DEFINE_point("feature_screen_size", "84",
                        "Resolution for screen feature layers.")
#小地图特征
point_flag.DEFINE_point("feature_minimap_size", "64",
                        "Resolution for minimap feature layers.")
#渲染的 rgp 大小
point_flag.DEFINE_point("rgb_screen_size", "256,192",
                        "Resolution for rendered screen.")
#小地图大小
point_flag.DEFINE_point("rgb_minimap_size", "128",
                        "Resolution for rendered minimap.")
flags.DEFINE_string("video", None, "Path to render a video of observations.")

flags.DEFINE_integer("max_game_steps", 0, "Total game steps to run.")
flags.DEFINE_integer("max_episode_steps", 0, "Total game steps per episode.")
#回放时人类玩家的名字
flags.DEFINE_string("user_name", getpass.getuser(),
                    "Name of the human player for replays.")
# pylint: disable=protected-access
flags.DEFINE_enum("user_race", "random", sc2_env.Race._member_names_,
                  "User's race.")
# pylint: disable=protected-access
flags.DEFINE_enum("bot_race", "random", sc2_env.Race._member_names_,
                  "AI race.")
flags.DEFINE_enum("difficulty", "very_easy", sc2_env.Difficulty._member_
names_,                        # pylint: disable=protected-access
                  "Bot's strength.")
flags.DEFINE_bool("disable_fog", False, "Disable fog of war.")
#观察哪个玩家
flags.DEFINE_integer("observed_player", 1, "Which player to observe.")
#是否打开代码剖析
flags.DEFINE_bool("profile", False, "Whether to turn on code profiling.")
flags.DEFINE_bool("trace", False, "Whether to trace the code execution.")
#是否保存最后的重放
flags.DEFINE_bool("save_replay", True, "Whether to save a replay at the
end.")
#用于游戏的地图
flags.DEFINE_string("map", None, "Name of a map to use to play.")
#重放地图路径
flags.DEFINE_string("map_path", None, "Override the map for this replay.")
#重放名称
flags.DEFINE_string("replay", None, "Name of a replay to show.")


def main(unused_argv):
  """运行 SC2 进行人工游戏或重播"""
  stopwatch.sw.enabled = FLAGS.profile or FLAGS.trace
  stopwatch.sw.trace = FLAGS.trace

  if (FLAGS.map and FLAGS.replay) or (not FLAGS.map and not FLAGS.replay):
    sys.exit("Must supply either a map or replay.")

  if FLAGS.replay and not FLAGS.replay.lower().endswith("sc2replay"):
```

```
      sys.exit("Replay must end in .SC2Replay.")

  if FLAGS.realtime and FLAGS.replay:
    # TODO(tewalds):支持实时回放，需要游戏版本支持
    sys.exit("realtime isn't possible for replays yet.")

  #禁用 pygame 渲染，如果你想要实时或全屏幕
  if FLAGS.render and (FLAGS.realtime or FLAGS.full_screen):
    sys.exit("disable pygame rendering if you want realtime or full_screen.")

  # realtime 和 full_screen 只适用于 Windows/MacOS
  if platform.system() == "Linux" and (FLAGS.realtime or FLAGS.full_screen):
    sys.exit("realtime and full_screen only make sense on Windows/MacOS.")

  if not FLAGS.render and FLAGS.render_sync:
    sys.exit("render_sync only makes sense with pygame rendering on.")
  #获取运行配置
  run_config = run_configs.get()
  #星际的接口
  interface = sc_pb.InterfaceOptions()
  interface.raw = FLAGS.render
  interface.score = True
  interface.feature_layer.width = 24
  if FLAGS.feature_screen_size and FLAGS.feature_minimap_size:
    FLAGS.feature_screen_size.assign_to(interface.feature_layer.resolution)
    FLAGS.feature_minimap_size.assign_to(
        interface.feature_layer.minimap_resolution)
  if FLAGS.rgb_screen_size and FLAGS.rgb_minimap_size:
    FLAGS.rgb_screen_size.assign_to(interface.render.resolution)
    FLAGS.rgb_minimap_size.assign_to(interface.render.minimap_resolution)
  #最大循环
  max_episode_steps = FLAGS.max_episode_steps
  #配置和创建地图
  if FLAGS.map:
    map_inst = maps.get(FLAGS.map)
    if map_inst.game_steps_per_episode:
      max_episode_steps = map_inst.game_steps_per_episode
    create = sc_pb.RequestCreateGame(
        realtime=FLAGS.realtime,
        disable_fog=FLAGS.disable_fog,
        local_map=sc_pb.LocalMap(map_path=map_inst.path,
                          map_data=map_inst.data(run_config)))
    create.player_setup.add(type=sc_pb.Participant)
    create.player_setup.add(type=sc_pb.Computer,
                      race=sc2_env.Race[FLAGS.bot_race],
                      difficulty=sc2_env.Difficulty[FLAGS.difficulty])
    join = sc_pb.RequestJoinGame(
        options=interface, race=sc2_env.Race[FLAGS.user_race],
        player_name=FLAGS.user_name)
    version = None
  else:
    #获取回放数据
    replay_data = run_config.replay_data(FLAGS.replay)
    start_replay = sc_pb.RequestStartReplay(
```

```
      replay_data=replay_data,
      options=interface,
      disable_fog=FLAGS.disable_fog,
      observed_player_id=FLAGS.observed_player)
    version = get_replay_version(replay_data)
#根据不同版本进行游戏运行
  with run_config.start(version=version,
                        full_screen=FLAGS.full_screen) as controller:
    if FLAGS.map:
      controller.create_game(create)
      controller.join_game(join)
    else:
      info = controller.replay_info(replay_data)
      print(" Replay info ".center(60, "-"))
      print(info)
      print("-" * 60)
      map_path = FLAGS.map_path or info.local_map_path
      if map_path:
        start_replay.map_data = run_config.map_data(map_path)
      controller.start_replay(start_replay)

    #渲染游戏场景
    if FLAGS.render:
      renderer = renderer_human.RendererHuman(
          fps=FLAGS.fps, step_mul=FLAGS.step_mul,
          render_sync=FLAGS.render_sync, video=FLAGS.video)
      renderer.run(
          run_config, controller, max_game_steps=FLAGS.max_game_steps,
          game_steps_per_episode=max_episode_steps,
          save_replay=FLAGS.save_replay)
    else:  # 让Mac/Windows渲染器工作
      try:
        while True:
          frame_start_time - time.time()
          if not FLAGS.realtime:
            controller.step(FLAGS.step_mul)
          obs = controller.observe()

          if obs.player_result:
            break
          time.sleep(max(0, frame_start_time + 1 / FLAGS.fps - time.time()))
      except KeyboardInterrupt:
        pass
      #打印空间观察的得分
      print("Score: ", obs.observation.score.score)
      #打印玩家结果
      print("Result: ", obs.player_result)
      if FLAGS.map and FLAGS.save_replay:
        replay_save_loc = run_config.save_replay(
            controller.save_replay(), "local", FLAGS.map)
        print("Replay saved to:", replay_save_loc)
        # 保存分数，这样我们就知道人类玩家是怎么做的
        with open(replay_save_loc.replace("SC2Replay", "txt"), "w") as f:
          f.write("{}\n".format(obs.observation.score.score))
```

```
  if FLAGS.profile:
    print(stopwatch.sw)

#获取重放的数据版本
def get_replay_version(replay_data):
  replay_io = six.BytesIO()
  replay_io.write(replay_data)
  replay_io.seek(0)
  archive = mpyq.MPQArchive(replay_io).extract()
  metadata = json.loads(archive[b"replay.gamemetadata.json"].decode
("utf-8"))
  return run_configs_lib.Version(
      game_version=".".join(metadata["GameVersion"].split(".")[:-1]),
      build_version=int(metadata["BaseBuild"][4:]),
      data_version=metadata.get("DataVersion"),
      binary=None)


def entry_point():
  app.run(main)


if __name__ == "__main__":
  app.run(main)
```

整个环境的启动，都需要依赖以上两种命令模块的启动，还有一些其他的命令功能作为辅助，具体能力如下：

- agent_remote.py：使用不属于自己的 SC2 实例运行智能体，远程操作其他计算机上的 SC2 实例。
- benchmark_observe.py：指标的观察。
- gen_actions.py：为 action.py 生成操作定义。
- gen_units.py：从实际游戏中获取游戏的静态数据。
- gen_versions.py：为 run_configs 生成版本列表。
- map_list.py：打印已定义地图的列表。
- mem_leak_check.py：内存泄漏测试。
- play_vs_agent.py：通过设置局域网游戏，以人的身份对抗智能体。
- replay_actions.py：将在一组回放中使用的所有操作的统计信息转储出来。
- replay_info.py：查询一个或多个重播以获取信息。
- run_tests.py：找到并运行测试。
- valid_actions.py：打印有效的操作。

（3）env 目录：主要提供用于面向强化学习的环境接口、代码基类，形成了行动处理和《星际争霸 2》博弈环境之间的作用关系。

其中主要的环境交互接口基类为 environment.py，它提供了 MDP 马尔可夫决策的几个主要环境接口，如观察 observation_spec、行动 action_spec、决策步调 step 等，具体代码如下：

```
# Copyright 2017 Google Inc. All Rights Reserved.
#
# Licensed under the Apache License, Version 2.0 (the "License");
# you may not use this file except in compliance with the License.
# You may obtain a copy of the License at
#
#     http://www.apache.org/licenses/LICENSE-2.0
#
# Unless required by applicable law or agreed to in writing, software
# distributed under the License is distributed on an "AS-IS" BASIS,
# WITHOUT WARRANTIES OR CONDITIONS OF ANY KIND, either express or implied.
# See the License for the specific language governing permissions and
# limitations under the License.
"""Python 强化学习环境 API"""

from __future__ import absolute_import
from __future__ import division
from __future__ import print_function

import abc
import collections

import enum
import six


class TimeStep(collections.namedtuple(
    'TimeStep', ['step_type', 'reward', 'discount', 'observation'])):
  """每次调用环境中的"step"和"reset"时返回

  "时间步长"包含环境在...的每一步发出的数据交互。"TimeStep"包含"step_type"
  "observation"和"an"相关的"奖励"和"折扣"

  序列中的第一个"TimeStep"将具有"StepType.FIRST"。最后一个
  ' TimeStep '将包含' StepType.LAST '。所有其他的时间步都是按顺序排列的
  "StepType.MID

  Attributes:
    step_type: 一个"StepType"枚举值
    reward: 标量, 如果' step_type '是' StepType ', 则为0, 即在序列的开始
    discount: 折扣值的范围为'[0,1]', 如果 step_type 的值为0
    （表示 step.type 的枚举值为 StepType.FIRST）, 表示在时间序列的开始位置计算折扣
    观察:一个数字数组, 数组的dict、列表或元组
  """
  __slots__ = ()

  def first(self):
    return self.step_type is StepType.FIRST

  def mid(self):
    return self.step_type is StepType.MID
```

```python
    def last(self):
      return self.step_type is StepType.LAST


class StepType(enum.IntEnum):
  """定义序列中"时间步长"的状态"""
  # 表示序列中的第一个"时间步长"
  FIRST = 0
  # 表示序列中不是第一个或最后一个的任何"时间步长"
  MID = 1
  # 表示序列中的最后一个"时间步长"
  LAST = 2


@six.add_metaclass(abc.ABCMeta)
class Base(object):  # pytype:禁用= ignored-abstractmethod
  """Python RL 环境的抽象基类"""

  @abc.abstractmethod
  def reset(self):
    """启动一个新序列并返回该序列的第一个"时间步长"

    Returns:
      包含一个名为"TimeStep"的元组：
        step_type:' FIRST '的' StepType '
        reward: 0.
        discount: 0.
        observation: 一个数字数组，数组的 dict、列表或元组
        对应于"observation_spec ()"
    """

  @abc.abstractmethod
  def step(self, action):
    """根据操作更新环境并返回一个"TimeStep"

    如果环境返回一个带有"StepType"的"TimeStep"，则在前面的步骤中，对"step"的调用
    将启动一个新的序列，"action"将被忽略

    如果在环境之后调用，此方法还将启动一个新序列、已构造、尚未调用"重新启动"。在这种情
    况下，"行动"将被忽略。

    Args:
      action: 与之对应的数字，数组的 dict、列表或数组元组
      "action_spec ()"。

    Returns:
      包含一个名为"TimeStep"的元组：
        step_type: "StepType"值
        reward: 在这个时候奖励
        discount: [0,1]范围内的折扣
        observation: 一个数字数组，数组的 dict、列表或元组
```

对应于"observation_spec ()".
```
"""
```

```python
@abc.abstractmethod
def observation_spec(self):
    """定义环境提供的观察结果

    Returns:
        规范的元组（每个代理一个），其中每个规范都是形状的 dict 元组
    """

@abc.abstractmethod
def action_spec(self):
    """定义应该提供给"step"的操作

    Returns:
        规范的元组（每个代理一个）。其中，每个规范都是定义动作的形状
    """

def close(self):
    """释放环境使用的任何资源

    为外部流程支持的环境实现此方法，这种方法可以直接使用

    ```python
    env = Env(...)
    # Use env
    env.close()
    ```

    or via a context manager

    ```python
    with Env(...) as env:
      # Use env
    ```
    """
    pass

def __enter__(self):
    """允许环境在 with-statement 上下文中使用"""
    return self

def __exit__(self, unused_exception_type, unused_exc_value, unused_traceback):
    """允许环境在 with-statement 上下文中使用"""
    self.close()

def __del__(self):
    self.close()
```

sc2_env.py 基于上述基类，实现《星际争霸 2》中环境交互的环境类，并且对外提供

了相关的场景属性，包括特征属性、智能体属性、对战情况、小地图信息等，具体代码如下：

```
# Copyright 2017 Google Inc. All Rights Reserved.
#
# Licensed under the Apache License, Version 2.0 (the "License");
# you may not use this file except in compliance with the License.
# You may obtain a copy of the License at
#
#     http://www.apache.org/licenses/LICENSE-2.0
#
# Unless required by applicable law or agreed to in writing, software
# distributed under the License is distributed on an "AS-IS" BASIS,
# WITHOUT WARRANTIES OR CONDITIONS OF ANY KIND, either express or implied.
# See the License for the specific language governing permissions and
# limitations under the License.
"""一个《星际争霸 2》的环境"""

from __future__ import absolute_import
from __future__ import division
from __future__ import print_function

import collections
from absl import logging
import time

import enum

from pysc2 import maps
from pysc2 import run_configs
from pysc2.env import environment
from pysc2.lib import actions as actions_lib
from pysc2.lib import features
from pysc2.lib import metrics
from pysc2.lib import portspicker
from pysc2.lib import protocol
from pysc2.lib import renderer_human
from pysc2.lib import run_parallel
from pysc2.lib import stopwatch

from s2clientprotocol import common_pb2 as sc_common
from s2clientprotocol import sc2api_pb2 as sc_pb

sw = stopwatch.sw


possible_results = {
    sc_pb.Victory: 1,
    sc_pb.Defeat: -1,
    sc_pb.Tie: 0,
    sc_pb.Undecided: 0,
}
```

```python
class Race(enum.IntEnum):
  random = sc_common.Random
  protoss = sc_common.Protoss
  terran = sc_common.Terran
  zerg = sc_common.Zerg


class Difficulty(enum.IntEnum):
  """机器人的困难"""
  very_easy = sc_pb.VeryEasy
  easy = sc_pb.Easy
  medium = sc_pb.Medium
  medium_hard = sc_pb.MediumHard
  hard = sc_pb.Hard
  harder = sc_pb.Harder
  very_hard = sc_pb.VeryHard
  cheat_vision = sc_pb.CheatVision
  cheat_money = sc_pb.CheatMoney
  cheat_insane = sc_pb.CheatInsane

# Re-export these names to make it easy to construct the environment.
ActionSpace = actions_lib.ActionSpace  # pylint: disable=invalid-name
Dimensions = features.Dimensions  # pylint: disable=invalid-name
AgentInterfaceFormat = features.AgentInterfaceFormat  # pylint: disable=
invalid-name
parse_agent_interface_format = features.parse_agent_interface_format


class Agent(collections.namedtuple("Agent", ["race", "name"])):

  def __new__(cls, race, name=None):
    return super(Agent, cls).__new__(cls, race, name or "<unknown>")


Bot = collections.namedtuple("Bot", ["race", "difficulty"])


REALTIME_GAME_LOOP_SECONDS = 1 / 22.4
EPSILON = 1e-5


class SC2Env(environment.Base):
  """一个《星际争霸 2》的环境

  在其中操作和观察规范的实现细节
  lib / features.py
  """

  def __init__(self,  # pylint: disable=invalid-name
               _only_use_kwargs=None,
               map_name=None,
               players=None,
               agent_race=None,  # deprecated
               bot_race=None,  # deprecated
               difficulty=None,  # deprecated
```

```
                    screen_size_px=None,  # deprecated
                    minimap_size_px=None,  # deprecated
                    agent_interface_format=None,
                    discount=1,
                    discount_zero_after_timeout=False,
                    visualize=False,
                    step_mul=None,
                    realtime=False,
                    save_replay_episodes=0,
                    replay_dir=None,
                    replay_prefix=None,
                    game_steps_per_episode=None,
                    score_index=None,
                    score_multiplier=None,
                    random_seed=None,
                    disable_fog=False,
                    ensure_available_actions=True):
```

"""创建一个 SC2 环境

必须通过一个想玩的决议。可以发送特征层分辨率、rgb 分辨率或两者兼而有之。如果两个都发送的话，还必须选择使用哪个作为操作空间。不管是谁，必须同时发送屏幕和小地图分辨率。对于这 4 种分辨率（特征层分辨率、rgb 分辨率、屏幕分辨率和小地图分辨率），要么指定 size，要么同时指定 width 和 height。如果指定了 size，那么 width 和 height 都将接受该值。

Args:
　_only_use_kwargs: 不要传递 args，而只传递 kwargs。
　map_name: SC2 映射的名称。运行 bin/map_list，以获得完整列表已知的地图，或者传递一个 Map 实例。
　players: 指定玩家的智能体和机器人实例列表。
　agent_race: 使用玩家代替。弃用。
　bot_race: 使用玩家代替。弃用。
　difficulty: 使用玩家代替。弃用。
　screen_size_px: 使用 agent_interface_formats 代替。弃用。
　minimap_size_px: 使用 agent_interface_formats 代替。弃用。
　agent_interface_format: 包含一个代理接口格式的序列。
　每个代理，匹配球员列表中指定的代理顺序。或用于所有代理的单个 AgentInterfaceFormat。
　discount: 作为观察的一部分返回。
　discount_zero_after_timeout: 如果返回为真，则折扣为 0。在"game_steps_per_episode"超时之后观察的一部分。
　visualize:系统是否必须弹出一个显示相机和功能的窗口层。如果没有访问窗口管理器，将无法工作。
　step_mul: 每个智能体步骤（动作/观察）有多少个游戏步骤。如果没有，则表示使用地图的默认值。
　realtime: 每个代理步骤（动作/观察）有多少个游戏步骤。是否使用实时模式表示在此模式下进行游戏模拟，是否使用自动前进（以每秒 22.4 个游戏负载），而不是被手动了。每个游戏循环的数量都在增加调用 step()不一定匹配指定的 step_mul。环境将尝试尊重 step_mul，返回观测值，用尽可能近的间隔跳过游戏循环。如果它们不能足够快地检索和处理，则表示使用地图的默认值。
　save_replay_episodes: 保存多少轮游戏之后，再进行数据重播。默认为 0，意思是不要保存回放。

replay_dir: 保存重播的目录。与 save_replay_episodes 参数共同工作。
replay_prefix: 保存重播时使用的可选前缀。
game_steps_per_episode: 每轮游戏多少步。0 表示没有极限, None 表示使用 map 默认值。
score_index: -1 表示使用赢/输奖励, 它的值永远>=0。score_cumulative 如果为 0, 这个参数没有作用。
score_multiplier: 表示分数的倍数, 用于分数加倍。
random_seed: 初始化游戏时使用的随机数种子。这让你运行可重复的游戏/测试。
disable_fog: 是否禁用战争迷雾。
ensure_available_actions: 不能运行时是否抛出异常。不可用的操作被传递给 step()。

Raises:
  ValueError: 如果 agent_race、bot_race 或难度无效。
  ValueError: 如果太多玩家需要地图。
  ValueError: 如果太多参数没有正确指定, 玩家需要设置一张地图参数。
  DeprecationWarning: 如果发送了 screen_size_px 或 minimap_size_px。
  DeprecationWarning: 如果发送了 agent_race、bot_race 或难度。
"""
```python
if _only_use_kwargs:
  raise ValueError("All arguments must be passed as keyword arguments.")

if screen_size_px or minimap_size_px:
  raise DeprecationWarning(
      "screen_size_px and minimap_size_px are deprecated. Use the feature "
      "or rgb variants instead. Make sure to check your observations too "
      "since they also switched from screen/minimap to feature and rgb "
      "variants.")

if agent_race or bot_race or difficulty:
  raise DeprecationWarning(
      "Explicit agent and bot races are deprecated. Pass an array of "
      "sc2_env.Bot and sc2_env.Agent instances instead.")

map_inst = maps.get(map_name)
self._map_name = map_name

if not players:
  players = list()
  players.append(Agent(Race.random))

  if not map_inst.players or map_inst.players >= 2:
    players.append(Bot(Race.random, Difficulty.very_easy))

for p in players:
  if not isinstance(p, (Agent, Bot)):
    raise ValueError(
        "Expected players to be of type Agent or Bot. Got: %s." % p)

num_players = len(players)
self._num_agents = sum(1 for p in players if isinstance(p, Agent))
self._players = players

if not 1 <= num_players <= 2 or not self._num_agents:
```

```
            raise ValueError(
                "Only 1 or 2 players with at least one agent is "
                "supported at the moment.")

        if save_replay_episodes and not replay_dir:
            raise ValueError("Missing replay_dir")

        if map_inst.players and num_players > map_inst.players:
            raise ValueError(
                "Map only supports %s players, but trying to join with %s" % (
                    map_inst.players, num_players))

        self._discount = discount
        self._step_mul = step_mul or map_inst.step_mul
        self._realtime = realtime
        self._last_step_time = None
        self._save_replay_episodes = save_replay_episodes
        self._replay_dir = replay_dir
        self._replay_prefix = replay_prefix
        self._random_seed = random_seed
        self._disable_fog = disable_fog
        self._ensure_available_actions = ensure_available_actions
        self._discount_zero_after_timeout = discount_zero_after_timeout

        if score_index is None:
          self._score_index = map_inst.score_index
        else:
          self._score_index = score_index
        if score_multiplier is None:
          self._score_multiplier = map_inst.score_multiplier
        else:
          self._score_multiplier = score_multiplier

        self._episode_length = game_steps_per_episode
        if self._episode_length is None:
          self._episode_length = map_inst.game_steps_per_episode

        self._run_config = run_configs.get()
        self._parallel = run_parallel.RunParallel()  # Needed for multiplayer.

        if agent_interface_format is None:
          raise ValueError("Please specify agent_interface_format.")

        if isinstance(agent_interface_format, AgentInterfaceFormat):
          agent_interface_format = [agent_interface_format] * self._num_agents

        if len(agent_interface_format) != self._num_agents:
          raise ValueError(
                "The number of entries in agent_interface_format should "
                "correspond 1-1 with the number of agents.")

        interfaces = []
        for i, interface_format in enumerate(agent_interface_format):
          require_raw = visualize and (i == 0)
          interfaces.append(self._get_interface(interface_format, require_raw))
```

```
  if self._num_agents == 1:
    self._launch_sp(map_inst, interfaces[0])
  else:
    self._launch_mp(map_inst, interfaces)

  self._finalize(agent_interface_format, interfaces, visualize)

def _finalize(self, agent_interface_formats, interfaces, visualize):
  game_info = self._parallel.run(c.game_info for c in self._controllers)
  if not self._map_name:
    self._map_name = game_info[0].map_name

  for g, interface in zip(game_info, interfaces):
    if g.options.render != interface.render:
      logging.warning(
          "Actual interface options don't match requested options:\n"
          "Requested:\n%s\n\nActual:\n%s", interface, g.options)

  self._features = [
      features.features_from_game_info(
          game_info=g,
          use_feature_units=agent_interface_format.use_feature_units,
          use_raw_units=agent_interface_format.use_raw_units,
          use_unit_counts=agent_interface_format.use_unit_counts,
          use_camera_position=agent_interface_format.use_camera_position,
          action_space=agent_interface_format.action_space,
          hide_specific_actions=agent_interface_format.hide_specific_actions)
      for g, agent_interface_format in zip(game_info, agent_interface_
formats)
  ]

  if visualize:
    static_data = self._controllers[0].data()
    self._renderer_human = renderer_human.RendererHuman()
    self._renderer_human.init(game_info[0], static_data)
  else:
    self._renderer_human = None

  self._metrics = metrics.Metrics(self._map_name)
  self._metrics.increment_instance()

  self._last_score = None
  self._total_steps = 0
  self._episode_steps = 0
  self._episode_count = 0
  self._obs = [None] * len(interfaces)
  self._agent_obs = [None] * len(interfaces)
  self._state = environment.StepType.LAST  # Want to jump to 'reset'
  logging.info("Environment is ready on map: %s", self._map_name)

@staticmethod
def _get_interface(agent_interface_format, require_raw):
  interface = sc_pb.InterfaceOptions(
      raw=(agent_interface_format.use_feature_units or
```

```
                    agent_interface_format.use_unit_counts or
                    agent_interface_format.use_raw_units or
                    require_raw),
             score=True)

         if agent_interface_format.feature_dimensions:
           interface.feature_layer.width = (
               agent_interface_format.camera_width_world_units)
           agent_interface_format.feature_dimensions.screen.assign_to(
               interface.feature_layer.resolution)
           agent_interface_format.feature_dimensions.minimap.assign_to(
               interface.feature_layer.minimap_resolution)

         if agent_interface_format.rgb_dimensions:
           agent_interface_format.rgb_dimensions.screen.assign_to(
               interface.render.resolution)
           agent_interface_format.rgb_dimensions.minimap.assign_to(
               interface.render.minimap_resolution)

         return interface

     def _launch_sp(self, map_inst, interface):
       self._sc2_procs = [self._run_config.start(
           want_rgb=interface.HasField("render"))]
       self._controllers = [p.controller for p in self._sc2_procs]

       # 创建游戏
       create = sc_pb.RequestCreateGame(
           local_map=sc_pb.LocalMap(
               map_path=map_inst.path, map_data=map_inst.data(self._run_config)),
           disable_fog=self._disable_fog,
           realtime=self._realtime)
       agent = Agent(Race.random)
       for p in self._players:
         if isinstance(p, Agent):
           create.player_setup.add(type=sc_pb.Participant)
           agent = p
         else:
           create.player_setup.add(type=sc_pb.Computer, race=p.race,
                                    difficulty=p.difficulty)
       if self._random_seed is not None:
         create.random_seed = self._random_seed
       self._controllers[0].create_game(create)

       join = sc_pb.RequestJoinGame(
           options=interface, race=agent.race, player_name=agent.name)
       self._controllers[0].join_game(join)

     def _launch_mp(self, map_inst, interfaces):
       # 为多人游戏的实现，保留一大堆端口
       self._ports = portspicker.pick_unused_ports(self._num_agents * 2)
       logging.info("Ports used for multiplayer: %s", self._ports)

       # 实际启动游戏进程
       self._sc2_procs = [
```

```
    self._run_config.start(extra_ports=self._ports,
                          want_rgb=interface.HasField("render"))
      for interface in interfaces]
self._controllers = [p.controller for p in self._sc2_procs]

# 保存地图，这样系统就可以访问它。从 SC2 开始就不要并行读取
#Windows 上的临时文件夹，导致系统产生竞争。
# https://github.com/Blizzard/s2client-proto/issues/102
for c in self._controllers:
  c.save_map(map_inst.path, map_inst.data(self._run_config))

# 创建游戏，将第一个实例设置为主机
create = sc_pb.RequestCreateGame(
    local_map=sc_pb.LocalMap(
        map_path=map_inst.path),
    disable_fog=self._disable_fog,
    realtime=self._realtime)
if self._random_seed is not None:
  create.random_seed = self._random_seed
for p in self._players:
  if isinstance(p, Agent):
    create.player_setup.add(type=sc_pb.Participant)
  else:
    create.player_setup.add(type=sc_pb.Computer, race=p.race,
                          difficulty=p.difficulty)
self._controllers[0].create_game(create)

# 创建连接请求
agent_players = (p for p in self._players if isinstance(p, Agent))
join_reqs = []
for agent_index, p in enumerate(agent_players):
  ports = self._ports[:]
  join = sc_pb.RequestJoinGame(options=interfaces[agent_index])
  join.shared_port = 0 # unused
  join.server_ports.game_port = ports.pop(0)
  join.server_ports.base_port = ports.pop(0)
  for _ in range(self._num_agents - 1):
    join.client_ports.add(game_port=ports.pop(0),
                        base_port=ports.pop(0))

  join.race = p.race
  join.player_name = p.name
  join_reqs.append(join)

# 创建并加入游戏。这里系统必须并行运行，因为连接是阻塞连接请求的，需要等待所有客户
# 端调入加入游戏的请求
self._parallel.run((c.join_game, join)
                  for c, join in zip(self._controllers, join_reqs))

# Save them for restart
self._create_req = create
self._join_reqs = join_reqs

def observation_spec(self):
```

```
      """查看完整规范的特性"""
      return tuple(f.observation_spec() for f in self._features)

    def action_spec(self):
      """查看 FLook 的功能，以获得完整的规格说明"""
      return tuple(f.action_spec() for f in self._features)

    def _restart(self):
      if len(self._controllers) == 1:
        self._controllers[0].restart()
      else:
        self._parallel.run(c.leave for c in self._controllers)
        self._controllers[0].create_game(self._create_req)
        self._parallel.run((c.join_game, j)
                            for c, j in zip(self._controllers, self._join_reqs))

  @sw.decorate
  def reset(self):
    """开始新的一轮游戏"""
    self._episode_steps = 0
    if self._episode_count:
      # No need to restart for the first episode
      self._restart()

    self._episode_count += 1
    logging.info("Starting episode: %s", self._episode_count)
    self._metrics.increment_episode()

    self._last_score = [0] * self._num_agents
    self._state = environment.StepType.FIRST
    if self._realtime:
      self._last_step_time = time.time()
      self._target_step = 0

    return self._observe()

  @sw.decorate("step_env")
  def step(self, actions, step_mul=None):
    """应用行动，让世界前进，并回报观察

    Args:
      actions: 符合操作规范的操作列表，每个智能体一个
      step_mul: 如果指定了，使用这个而不是环境的默认值

    Returns:
      TimeStep 命名元组的元组，每个智能体一个
    """
    if self._state == environment.StepType.LAST:
      return self.reset()

    skip = not self._ensure_available_actions
    self._parallel.run(
        (c.act, f.transform_action(o.observation, a, skip_available=skip))
        for c, f, o, a in zip(
```

```
                  self._controllers, self._features, self._obs, actions))
      self._state = environment.StepType.MID
      return self._step(step_mul)

  def _step(self, step_mul=None):
      step_mul = step_mul or self._step_mul
      if step_mul <= 0:
        raise ValueError("step_mul should be positive, got {}".format(step_mul))

      if not self._realtime:
        with self._metrics.measure_step_time(step_mul):
          self._parallel.run((c.step, step_mul)
                              for c in self._controllers)
      else:
        self._target_step = self._episode_steps + step_mul
        next_step_time = self._last_step_time + (
            step_mul * REALTIME_GAME_LOOP_SECONDS)

        wait_time = next_step_time - time.time()
        if wait_time > 0.0:
          time.sleep(wait_time)

        # 注意，这里使用的是目标 next_step_time，而不是实际时间
        # 这是为了让我们提前看到 SC2 的游戏时钟
        # REALTIME_GAME_LOOP_SECONDS 是递增的，而不是下滑的
        # 往返延误
        self._last_step_time = next_step_time

      return self._observe()

  def _get_observations(self):
      with self._metrics.measure_observation_time():
        self._obs = self._parallel.run(c.observe for c in self._controllers)
        self._agent_obs = [f.transform_obs(o)
                           for f, o in zip(self._features, self._obs)]

  def _observe(self):
      if not self._realtime:
        self._get_observations()
      else:
        needed_to_wait = False
        while True:
          self._get_observations()

          # 检查游戏是否有足够的进度
          # 如果还没有，就等待进度到达指定的值
          game_loop = self._agent_obs[0].game_loop[0]
          if game_loop < self._target_step:
            if not needed_to_wait:
              needed_to_wait = True
              logging.info(
                  "Target step is %s, game loop is %s, waiting...",
                  self._target_step,
```

```
                  game_loop)
          time.sleep(REALTIME_GAME_LOOP_SECONDS)
        else:
          # 我们现在超出了目标
          if needed_to_wait:
            self._last_step_time = time.time()
            logging.info("...game loop is now %s. Continuing.", game_loop)
          break

    #TODO(tewalds):应该如何处理两个以上的智能体，以及在什么情况下处理
    #对于某些对手来说，这一轮游戏会提前结束吗
    outcome = [0] * self._num_agents
    discount = self._discount
    episode_complete = any(o.player_result for o in self._obs)

    #在实时仿真中，我们可能会接受玩家不可靠的结果信息，如单击了结束游戏，我们将终止游戏。
    # TODO(b/115466611): player_results 应该以实时模式返回
    if self._realtime and self._controllers[0].status == protocol.Status.
  ended:
      logging.info("Protocol status is ended. Episode is complete.")
      episode_complete = True

    if self._realtime and len(self._obs) > 1:
      # 当一个玩家被消灭时，实时返回系统玩家结果。这可能会导致一些临时黑客攻击。
      # TODO(b/115466611): player_results 应该以实时模式返回
      p1 = self._obs[0].observation.score.score_details
      p2 = self._obs[1].observation.score.score_details
      if p1.killed_value_structures > p2.total_value_structures - EPSILON:
        logging.info("The episode appears to be complete, p1 killed p2.")
        episode_complete = True
        outcome[0] = 1.0
        outcome[1] = -1.0
      elif p2.killed_value_structures > p1.total_value_structures - EPSILON:
        logging.info("The episode appears to be complete, p2 killed p1.")
        episode_complete = True
        outcome[0] = -1.0
        outcome[1] = 1.0

    if episode_complete:
      self._state = environment.StepType.LAST
      discount = 0
      for i, o in enumerate(self._obs):
        player_id = o.observation.player_common.player_id
        for result in o.player_result:
          if result.player_id == player_id:
            outcome[i] = possible_results.get(result.result, 0)

    if self._score_index >= 0:            # 游戏得分，而不是输赢奖励
      cur_score = [o["score_cumulative"][self._score_index]
              for o in self._agent_obs]
      if self._episode_steps == 0:        # 第一个奖励总是 0
        reward = [0] * self._num_agents
      else:
```

```
      reward = [cur - last for cur, last in zip(cur_score, self._last_
score)]
      self._last_score = cur_score
    else:
      reward = outcome

    if self._renderer_human:
      self._renderer_human.render(self._obs[0])
      cmd = self._renderer_human.get_actions(
          self._run_config, self._controllers[0])
      if cmd == renderer_human.ActionCmd.STEP:
        pass
      elif cmd == renderer_human.ActionCmd.RESTART:
        self._state = environment.StepType.LAST
      elif cmd == renderer_human.ActionCmd.QUIT:
        raise KeyboardInterrupt("Quit?")

    self._total_steps += self._agent_obs[0].game_loop[0] - self._episode_
steps
    self._episode_steps = self._agent_obs[0].game_loop[0]
    if self._episode_length > 0 and self._episode_steps >= self._episode_
length:
      self._state = environment.StepType.LAST
      if self._discount_zero_after_timeout:
        discount = 0.0

    if self._state == environment.StepType.LAST:
      if (self._save_replay_episodes > 0 and
          self._episode_count % self._save_replay_episodes == 0):
        self.save_replay(self._replay_dir, self._replay_prefix)
      logging.info(("Episode %s finished after %s game steps. "
                    "Outcome: %s, reward: %s, score: %s"),
                   self._episode_count, self._episode_steps, outcome, reward,
                   [o["score_cumulative"][0] for o in self._agent_obs])

    def zero_on_first_step(value):
      return 0.0 if self._state == environment.StepType.FIRST else value
    return tuple(environment.TimeStep(
        step_type=self._state,
        reward=zero_on_first_step(r * self._score_multiplier),
        discount=zero_on_first_step(discount),
        observation=o) for r, o in zip(reward, self._agent_obs))

  def send_chat_messages(self, messages):
    """用于将消息记录到重播中"""
    self._parallel.run(
        (c.chat, message) for c, message in zip(self._controllers, messages))

  def save_replay(self, replay_dir, prefix=None):
    if prefix is None:
      prefix = self._map_name
    replay_path = self._run_config.save_replay(
        self._controllers[0].save_replay(), replay_dir, prefix)
    logging.info("Wrote replay to: %s", replay_path)
    return replay_path
```

```python
def close(self):
  logging.info("Environment Close")
  if hasattr(self, "_metrics") and self._metrics:
    self._metrics.close()
    self._metrics = None
  if hasattr(self, "_renderer_human") and self._renderer_human:
    self._renderer_human.close()
    self._renderer_human = None

  # 不要使用 parallel, 因为它可能会被异常破坏
  if hasattr(self, "_controllers") and self._controllers:
    for c in self._controllers:
      c.quit()
    self._controllers = None
  if hasattr(self, "_sc2_procs") and self._sc2_procs:
    for p in self._sc2_procs:
      p.close()
    self._sc2_procs = None

  if hasattr(self, "_ports") and self._ports:
    portspicker.return_ports(self._ports)
    self._ports = None
```

（4）lib 目录：主要定义整个系统中的依赖库，包括智能体观测的环境变量、动作、颜色、点等定义，特别是特征层的定义。

我们先看特征层功能的定义代码，文件为 features.py，具体如下：

```python
# Copyright 2017 Google Inc. All Rights Reserved.
#
# Licensed under the Apache License, Version 2.0 (the "License");
# you may not use this file except in compliance with the License.
# You may obtain a copy of the License at
#
#     http://www.apache.org/licenses/LICENSE-2.0
#
# Unless required by applicable law or agreed to in writing, software
# distributed under the License is distributed on an "AS-IS" BASIS,
# WITHOUT WARRANTIES OR CONDITIONS OF ANY KIND, either express or implied.
# See the License for the specific language governing permissions and
# limitations under the License.
"""将 SC2 观察原型中的特征层呈现为 numpy 数组"""

from __future__ import absolute_import
from __future__ import division
from __future__ import print_function

import collections
from absl import logging

import enum
import numpy as np
import six
```

```python
from pysc2.lib import actions
from pysc2.lib import colors
from pysc2.lib import named_array
from pysc2.lib import point
from pysc2.lib import static_data
from pysc2.lib import stopwatch
from pysc2.lib import transform

from s2clientprotocol import raw_pb2 as sc_raw
from s2clientprotocol import sc2api_pb2 as sc_pb

sw = stopwatch.sw


class FeatureType(enum.Enum):
  SCALAR = 1
  CATEGORICAL = 2


class PlayerRelative(enum.IntEnum):
  """将 SC2 观察原型中的特征层呈现为 numpy 数组"""
  NONE = 0
  SELF = 1
  ALLY = 2
  NEUTRAL = 3
  ENEMY = 4


class Visibility(enum.IntEnum):
  """"可见性"特性层的值"""
  HIDDEN = 0
  SEEN = 1
  VISIBLE = 2


class Effects(enum.IntEnum):
  """"效果"特性层的值"""
  # pylint: disable=invalid-name
  PsiStorm = 1
  GuardianShield = 2
  TemporalFieldGrowing = 3
  TemporalField = 4
  ThermalLance = 5
  ScannerSweep = 6
  NukeDot = 7
  LiberatorDefenderZoneSetup = 8
  LiberatorDefenderZone = 9
  BlindingCloud = 10
  CorrosiveBile = 11
  LurkerSpines = 12
  # pylint: enable=invalid-name
```

```python
class ScoreCumulative(enum.IntEnum):
  """进入"score_cumulative"观察的索引"""
  score = 0
  idle_production_time = 1
  idle_worker_time = 2
  total_value_units = 3
  total_value_structures = 4
  killed_value_units = 5
  killed_value_structures = 6
  collected_minerals = 7
  collected_vespene = 8
  collection_rate_minerals = 9
  collection_rate_vespene = 10
  spent_minerals = 11
  spent_vespene = 12


class ScoreByCategory(enum.IntEnum):
  """"score_by_category"观察的第一个维度的索引"""
  food_used = 0
  killed_minerals = 1
  killed_vespene = 2
  lost_minerals = 3
  lost_vespene = 4
  friendly_fire_minerals = 5
  friendly_fire_vespene = 6
  used_minerals = 7
  used_vespene = 8
  total_used_minerals = 9
  total_used_vespene = 10


class ScoreCategories(enum.IntEnum):
  """"score_by_category"观察的第二个维度的索引"""
  none = 0
  army = 1
  economy = 2
  technology = 3
  upgrade = 4


class ScoreByVital(enum.IntEnum):
  """"score_by_vital"观测的第一个维度的索引"""
  total_damage_dealt = 0
  total_damage_taken = 1
  total_healed = 2


class ScoreVitals(enum.IntEnum):
  """"score_by_vital"观测的第二个维度的索引"""
  life = 0
  shields = 1
```

```
   energy = 2


class Player(enum.IntEnum):
  """进入"玩家"观察的索引"""
  player_id = 0
  minerals = 1
  vespene = 2
  food_used = 3
  food_cap = 4
  food_army = 5
  food_workers = 6
  idle_worker_count = 7
  army_count = 8
  warp_gate_count = 9
  larva_count = 10


class UnitLayer(enum.IntEnum):
  """观察到的单位层的指数"""
  unit_type = 0
  player_relative = 1
  health = 2
  shields = 3
  energy = 4
  transport_slots_taken = 5
  build_progress = 6


class UnitCounts(enum.IntEnum):
  """观察到的单位层的指数"""
  unit_type = 0
  count = 1


class FeatureUnit(enum.IntEnum):
  """"特征单元"观测的索引"""
  unit_type = 0
  alliance = 1
  health = 2
  shield = 3
  energy = 4
  cargo_space_taken = 5
  build_progress = 6
  health_ratio = 7
  shield_ratio = 8
  energy_ratio = 9
  display_type = 10
  owner = 11
  x = 12
  y = 13
  facing = 14
  radius = 15
```

```
        cloak = 16
        is_selected = 17
        is_blip = 18
        is_powered = 19
        mineral_contents = 20
        vespene_contents = 21
        cargo_space_max = 22
        assigned_harvesters = 23
        ideal_harvesters = 24
        weapon_cooldown = 25
        order_length = 26  # If zero, the unit is idle.
        tag = 27  # Unique identifier for a unit (only populated for raw units)


    class Feature(collections.namedtuple(
        "Feature", ["index", "name", "layer_set", "full_name", "scale", "type",
                    "palette", "clip"])):
        """定义特性层的属性

        Attributes:
            index: 将该层的索引放入一组层中
            name: 集合中层的名称
            layer_set: 在观察原型中查看哪一组特征层
            full_name: 包括可视化的全称
            scale: 此层的最大值(+1)，用于缩放值
            type: 标量与分类的特征类型
            palette: 用于呈现的调色板
            clip: 是否剪辑着色值
        """

        __slots__ = ()

        dtypes = {
            1: np.uint8,
            8: np.uint8,
            16: np.uint16,
            32: np.int32,
        }

        def unpack(self, obs):
            """返回此功能的正确形状的 numpy 数组"""
            planes = getattr(obs.feature_layer_data, self.layer_set)
            plane = getattr(planes, self.name)
            return self.unpack_layer(plane)

        @staticmethod
        @sw.decorate
        def unpack_layer(plane):
            """返回给定特征层字节的正确形状的 numpy 数组"""
            size = point.Point.build(plane.size)
            if size == (0, 0):
                # 这个 SC2 版本中没有实现的新层
                return None
```

```
        data = np.frombuffer(plane.data, dtype=Feature.dtypes[plane.bits_
per_pixel])
        if plane.bits_per_pixel == 1:
          data = np.unpackbits(data)
          if data.shape[0] != size.x * size.y:
            # 如果正确的长度不是 8 的倍数，就会发生这种情况
            # 到字符串末尾的一些填充位，这些填充位是不正确的
            # 解释为数据
            data = data[:size.x * size.y]
        return data.reshape(size.y, size.x)

  @staticmethod
  @sw.decorate
  def unpack_rgb_image(plane):
    """返回给定图像字节的正确形状的 numpy 数组"""
    assert plane.bits_per_pixel == 24, "{} != 24".format(plane.bits_per_
pixel)
    size = point.Point.build(plane.size)
    data = np.frombuffer(plane.data, dtype=np.uint8)
    return data.reshape(size.y, size.x, 3)

  @sw.decorate
  def color(self, plane):
    if self.clip:
      plane = np.clip(plane, 0, self.scale - 1)
    return self.palette[plane]


class ScreenFeatures(collections.namedtuple("ScreenFeatures", [
    "height_map", "visibility_map", "creep", "power", "player_id",
    "player_relative", "unit_type", "selected", "unit_hit_points",
    "unit_hit_points_ratio", "unit_energy", "unit_energy_ratio", "unit_
shields",
    "unit_shields_ratio", "unit_density", "unit_density_aa", "effects"])):
  """The set of screen feature layers."""
  __slots__ = ()

  def __new__(cls, **kwargs):
    feats = {}
    for name, (scale, type_, palette, clip) in six.iteritems(kwargs):
      feats[name] = Feature(
          index=ScreenFeatures._fields.index(name),
          name=name,
          layer_set="renders",
          full_name="screen " + name,
          scale=scale,
          type=type_,
          palette=palette(scale) if callable(palette) else palette,
          clip=clip)
    # pytype:禁用缺少的参数
    return super(ScreenFeatures, cls).__new__(cls, **feats)
```

```python
class MinimapFeatures(collections.namedtuple("MinimapFeatures", [
    "height_map", "visibility_map", "creep", "camera", "player_id",
    "player_relative", "selected"])):
  """The set of minimap feature layers"""
  __slots__ = ()

  def __new__(cls, **kwargs):
    feats = {}
    for name, (scale, type_, palette) in six.iteritems(kwargs):
      feats[name] = Feature(
          index=MinimapFeatures._fields.index(name),
          name=name,
          layer_set="minimap_renders",
          full_name="minimap " + name,
          scale=scale,
          type=type_,
          palette=palette(scale) if callable(palette) else palette,
          clip=False)
    # pytype:禁用缺少的参数
    return super(MinimapFeatures, cls).__new__(cls, **feats)


SCREEN_FEATURES = ScreenFeatures(
    height_map=(256, FeatureType.SCALAR, colors.winter, False),
    visibility_map=(4, FeatureType.CATEGORICAL,
                    colors.VISIBILITY_PALETTE, False),
    creep=(2, FeatureType.CATEGORICAL, colors.CREEP_PALETTE, False),
    power=(2, FeatureType.CATEGORICAL, colors.POWER_PALETTE, False),
    player_id=(17, FeatureType.CATEGORICAL,
               colors.PLAYER_ABSOLUTE_PALETTE, False),
    player_relative=(5, FeatureType.CATEGORICAL,
                     colors.PLAYER_RELATIVE_PALETTE, False),
    unit_type=(max(static_data.UNIT_TYPES) + 1, FeatureType.CATEGORICAL,
               colors.unit_type, False),
    selected=(2, FeatureType.CATEGORICAL, colors.SELECTED_PALETTE, False),
    unit_hit_points=(1600, FeatureType.SCALAR, colors.hot, True),
    unit_hit_points_ratio=(256, FeatureType.SCALAR, colors.hot, False),
    unit_energy=(1000, FeatureType.SCALAR, colors.hot, True),
    unit_energy_ratio=(256, FeatureType.SCALAR, colors.hot, False),
    unit_shields=(1000, FeatureType.SCALAR, colors.hot, True),
    unit_shields_ratio=(256, FeatureType.SCALAR, colors.hot, False),
    unit_density=(16, FeatureType.SCALAR, colors.hot, True),
    unit_density_aa=(256, FeatureType.SCALAR, colors.hot, False),
    effects=(16, FeatureType.CATEGORICAL, colors.effects, False),
)

MINIMAP_FEATURES = MinimapFeatures(
    height_map=(256, FeatureType.SCALAR, colors.winter),
    visibility_map=(4, FeatureType.CATEGORICAL, colors.VISIBILITY_PALETTE),
    creep=(2, FeatureType.CATEGORICAL, colors.CREEP_PALETTE),
    camera=(2, FeatureType.CATEGORICAL, colors.CAMERA_PALETTE),
    player_id=(17, FeatureType.CATEGORICAL, colors.PLAYER_ABSOLUTE_PALETTE),
```

```
            player_relative=(5, FeatureType.CATEGORICAL,
                             colors.PLAYER_RELATIVE_PALETTE),
            selected=(2, FeatureType.CATEGORICAL, colors.winter),
)


def _to_point(dims):
  """转换(宽度、高度)或大小->点"""
  assert dims

  if isinstance(dims, (tuple, list)):
    if len(dims) != 2:
      raise ValueError(
          "A two element tuple or list is expected here, got {}.".format
(dims))
    else:
      width = int(dims[0])
      height = int(dims[1])
      if width <= 0 or height <= 0:
        raise ValueError("Must specify +ve dims, got {}.".format(dims))
      else:
        return point.Point(width, height)
  else:
    size = int(dims)
    if size <= 0:
      raise ValueError(
          "Must specify a +ve value for size, got {}.".format(dims))
    else:
      return point.Point(size, size)


class Dimensions(object):
  """屏幕和最小 ap 尺寸配置

    必须指定 screen 和 minimap，大小必须为正
    屏幕大小必须大于或等于两个维度上的最小 ap 大小

  Args:
    screen: 一个(宽、高)整型元组或一个整型用于两者
    minimap: 一个(宽、高)整型元组或一个整型用于两者
  """

  def __init__(self, screen=None, minimap=None):
    if not screen or not minimap:
      raise ValueError(
          "screen and minimap must both be set, screen={}, minimap={}".format(
              screen, minimap))

    self._screen = _to_point(screen)
    self._minimap = _to_point(minimap)

    if self._screen.x < self._minimap.x or self._screen.y < self._minimap.y:
```

```
    raise ValueError(
        "Screen (%s) can't be smaller than the minimap (%s)." % (
            self._screen, self._minimap))

  @property
  def screen(self):
    return self._screen

  @property
  def minimap(self):
    return self._minimap

  def __repr__(self):
    return "Dimensions(screen={}, minimap={})".format(self.screen, self.minimap)


class AgentInterfaceFormat(object):
  """特定于特定智能体的观察和操作接口格式"""

  def __init__(
      self,
      feature_dimensions=None,
      rgb_dimensions=None,
      action_space=None,
      camera_width_world_units=None,
      use_feature_units=False,
      use_raw_units=False,
      use_unit_counts=False,
      use_camera_position=False,
      hide_specific_actions=True):
    """Initializer
```

Args:

feature_dimensions: 功能层的维度。必须设置 rgb_dimensions（或两者都设置）。

rgb_dimensions: rgb"维度"。或者是这个，或者是 feature_dimensions，必须设置（或两者都设置）。

action_space: 如果同时传递特性和 rgb 大小，那么也必须这样做，指定要将哪个操作用作 ActionSpace 枚举。

camera_width_world_units: 屏幕的宽度（以世界为单位）。如果你的 feature_dimensions 的 screen=(64, 48)，camera_width = 24，那么每个 px 表示 x 和 y 的 24 / 64 = 0.375 个世界单位。然后它将表示一个大小为 (24, 0.375 * 48) = (24,18) 的相机视觉空间位置

use_feature_units: 是否在观测中包含特征单元数据。

use_raw_units: 是否在观测中包含原始单元数据。这与 feature_units 不同，因为它包含屏幕和隐藏单元，因为单元的位置是给定的世界单位的术语，而不是屏幕单位。

use_unit_counts: 是否包括 unit_counts 的观察值。它没有默认值，因为它提供了可见区域之外的信息。

use_camera_position: 是否包括相机的位置。

hide_specific_actions: 有些动作（如取消）有很多特定的版本（取消这个建筑，取消那个咒语）可以用更一般的形式表示。如果一个特定的行为可用（一般也会可用），那么这个时候设置' hide_specific_actions '为 False，具体版本也将为可用，但如果它

是真的, 那么特定的参数将被隐藏。类似地, 当转换返回时, 将返回特定的操作作为一般动作。虽然这可以简化操作空间, 但是会导致重放中的某些操作的行为无法用数据精确表示, 所以只能表示一般动作。

```
Raises:
    ValueError: 如果参数不一致
"""

if not feature_dimensions and not rgb_dimensions:
  raise ValueError("Must set either the feature layer or rgb dimensions.")

if action_space:
  if not isinstance(action_space, actions.ActionSpace):
    raise ValueError("action_space must be of type ActionSpace.")

  if ((action_space == actions.ActionSpace.FEATURES and
      not feature_dimensions) or
      (action_space == actions.ActionSpace.RGB and
      not rgb_dimensions)):
    raise ValueError(
        "Action space must match the observations, action space={}, "
        "feature_dimensions={}, rgb_dimensions={}".format(
            action_space, feature_dimensions, rgb_dimensions))
else:
  if feature_dimensions and rgb_dimensions:
    raise ValueError(
        "You must specify the action space if you have both screen and "
        "rgb observations.")
  elif feature_dimensions:
    action_space = actions.ActionSpace.FEATURES
  else:
    action_space = actions.ActionSpace.RGB

self._feature_dimensions = feature_dimensions
self._rgb_dimensions = rgb_dimensions
self._action_space = action_space
self._camera_width_world_units = camera_width_world_units or 24
self._use_feature_units = use_feature_units
self._use_raw_units = use_raw_units
self._use_unit_counts = use_unit_counts
self._use_camera_position = use_camera_position
self._hide_specific_actions = hide_specific_actions

if action_space == actions.ActionSpace.FEATURES:
  self._action_dimensions = feature_dimensions
else:
  self._action_dimensions = rgb_dimensions

@property
def feature_dimensions(self):
  return self._feature_dimensions
```

```
    @property
    def rgb_dimensions(self):
      return self._rgb_dimensions

    @property
    def action_space(self):
      return self._action_space

    @property
    def camera_width_world_units(self):
      return self._camera_width_world_units

    @property
    def use_feature_units(self):
      return self._use_feature_units

    @property
    def use_raw_units(self):
      return self._use_raw_units

    @property
    def use_unit_counts(self):
      return self._use_unit_counts

    @property
    def use_camera_position(self):
      return self._use_camera_position

    @property
    def hide_specific_actions(self):
      return self._hide_specific_actions

    @property
    def action_dimensions(self):
      return self._action_dimensions


def parse_agent_interface_format(
    feature_screen=None,
    feature_minimap=None,
    rgb_screen=None,
    rgb_minimap=None,
    action_space=None,
    camera_width_world_units=None,
    use_feature_units=False,
    use_raw_units=False,
    use_unit_counts=False,
    use_camera_position=False):
  """从关键字 args 创建一个 AgentInterfaceFormat 对象

     使用字典或命令行参数进行配置时非常方便
       注意，feature_* 和 rgb_* 属性定义了各自的空间
```

观察尺寸及接受:
* 用 None 或 0 来禁用空间观察。
*一个单独的 int 值，用于具有该边长度的正方形观察。
*一个(int, int)元组用于矩形(宽, 高)观察。

```
    Args:
      feature_screen: 如果指定, 则必须使用 feature_minimap be
      feature_minimap: 如果指定, 则必须使用 feature_screen be
      rgb_screen: 如果指定, 则必须使用 rgb_minimap be
      rgb_minimap: 如果指定, 则必须使用 rgb_screen be
      action_space: ["FEATURES", "RGB"]
      camera_width_world_units: An int
      use_feature_units: 布尔值, 默认为 False
      use_raw_units: 布尔值, 默认为 False
      use_unit_counts: 布尔值, 默认为 False
      use_camera_position: 布尔值, 默认为 False

    Returns:
      一个"AgentInterfaceFormat"对象

    Raises:
      ValueError: 如果指定了无效参数
    """
    if feature_screen or feature_minimap:
      feature_dimensions = Dimensions(
          screen=feature_screen,
          minimap=feature_minimap)
    else:
      feature_dimensions = None

    if rgb_screen or rgb_minimap:
      rgb_dimensions = Dimensions(
          screen=rgb_screen,
          minimap=rgb_minimap)
    else:
      rgb_dimensions = None

    return AgentInterfaceFormat(
        feature_dimensions=feature_dimensions,
        rgb_dimensions=rgb_dimensions,
        action_space=(action_space and actions.ActionSpace[action_space.upper()]),
        camera_width_world_units=camera_width_world_units,
        use_feature_units=use_feature_units,
        use_raw_units=use_raw_units,
        use_unit_counts=use_unit_counts,
        use_camera_position=use_camera_position
    )


def features_from_game_info(
    game_info,
```

```
    use_feature_units=False,
    use_raw_units=False,
    action_space=None,
    hide_specific_actions=True,
    use_unit_counts=False,
    use_camera_position=False):
"""使用从游戏信息中提取的数据构造一个特征对象
```

Args:

　　game_info: sc pb.ResponseGameInfo '从游戏中获得。

　　use_feature_units: 是否包含特征单元观察。

　　use_raw_units: 是否在观测中包含原始单元数据。这与 feature_units 不同，因为它包含了屏幕和隐藏单元，因为单元的位置是给定的世界单位的术语，而不是屏幕单位。

　　action_space: 如果同时传递特性和 rgb 大小，那么也必须这样做，即指定要将哪个操作用作 ActionSpace 枚举。

　　hide_specific_actions: 有些动作（如取消）有很多特定的版本（取消这个建筑，取消那个咒语）可以用更一般的形式表示。如果一个特定的行为可用（一般也会可用），那么这时设置' hide_specific_actions '为 False，具体版本也将为可用，但如果它是真的，那么特定的参数将被隐藏。类似地，当参数返回时，将返回特定的操作信息，信息表示一般动作。虽然这可以简化操作空间，但是会导致重放中的某些操作无法精确表示，所以只能表示一般动作。

　　use_unit_counts: 是否包括 unit_counts 观察值。它是残疾的默认值，因为它提供了可见区域之外的信息。

　　use_camera_position: 是否包括相机的位置（世界单位）。

Returns:

　　与指定参数匹配的特性对象

```
"""

if game_info.options.HasField("feature_layer"):
  fl_opts = game_info.options.feature_layer
  feature_dimensions = Dimensions(
      screen=(fl_opts.resolution.x, fl_opts.resolution.y),
      minimap=(fl_opts.minimap_resolution.x, fl_opts.minimap_resolution.y))
else:
  feature_dimensions = None

if game_info.options.HasField("render"):
  rgb_opts = game_info.options.render
  rgb_dimensions = Dimensions(
      screen=(rgb_opts.resolution.x, rgb_opts.resolution.y),
      minimap=(rgb_opts.minimap_resolution.x, rgb_opts.minimap_resolution.y))
else:
  rgb_dimensions = None

map_size = game_info.start_raw.map_size
camera_width_world_units = game_info.options.feature_layer.width

return Features(
    agent_interface_format=AgentInterfaceFormat(
        feature_dimensions=feature_dimensions,
```

```
            rgb_dimensions=rgb_dimensions,
            use_feature_units=use_feature_units,
            use_raw_units=use_raw_units,
            use_unit_counts=use_unit_counts,
            use_camera_position=use_camera_position,
            camera_width_world_units=camera_width_world_units,
            action_space=action_space,
            hide_specific_actions=hide_specific_actions),
        map_size=map_size)


def _init_valid_functions(action_dimensions):
    """初始化 validfunction 并设置回调"""
    sizes = {
        "screen": tuple(int(i) for i in action_dimensions.screen),
        "screen2": tuple(int(i) for i in action_dimensions.screen),
        "minimap": tuple(int(i) for i in action_dimensions.minimap),
    }

    types = actions.Arguments(*[
        actions.ArgumentType.spec(t.id, t.name, sizes.get(t.name, t.sizes))
        for t in actions.TYPES])

    functions = actions.Functions([
        actions.Function.spec(f.id, f.name, tuple(types[t.id] for t in f.args))
        for f in actions.FUNCTIONS])

    return actions.ValidActions(types, functions)


class Features(object):
    """将 SC2 观察原型中的特征层呈现为 numpy 数组

    这里有如何渲染《星际争霸》环境的实现细节。它在代理动作、观察格式和《星际争霸》之间
    转换操作或观察格式, 代理作者不应该看到。
    这是外部的环境, 所以它也可以用于其他上下文(如受监督的数据集管道)。
    """

    def __init__(self, agent_interface_format=None, map_size=None):
        """初始化与指定接口格式匹配的功能部件实例

        Args:
            agent_interface_format: 参见"AgentInterfaceFormat"文档
            map_size: 以世界单位表示的地图大小, 这是 feature_units 所需要的

        Raises:
            ValueError: 如果没有指定智能体接口格式
            ValueError: 如果在 use_feature_units 或 use_camera_position 是
        """
        if not agent_interface_format:
            raise ValueError("Please specify agent_interface_format")
```

```python
        self._agent_interface_format = agent_interface_format
        aif = self._agent_interface_format

        if (aif.use_feature_units
            or aif.use_camera_position
            or aif.use_raw_units):
          self.init_camera(
            aif.feature_dimensions,
            map_size,
            aif.camera_width_world_units)

        self._valid_functions = _init_valid_functions(
            aif.action_dimensions)

    def init_camera(
        self, feature_dimensions, map_size, camera_width_world_units):
      """初始化相机(特别是对于 feature_units)

      这在构造函数中调用，并且可以在调用之后重复调用
      "功能"是构建的，因为它处理重新缩放坐标而不是
      改变环境/行为规范

      Args:
        feature_dimensions: 参见"AgentInterfaceFormat"文档
        map_size: 地图的大小以世界为单位
        camera_width_world_units: 参见"AgentInterfaceFormat"文档

      Raises:
        ValueError: 如果 map_size 或 camera_width_world_units 是 falsey(其中
                    应该主要发生在构造函数调用时)
      """
      if not map_size or not camera_width_world_units:
        raise ValueError(
            "Either pass the game_info with raw enabled, or map_size and "
            "camera_width_world_units in order to use feature_units or camera"
            "position.")
      map_size = point.Point.build(map_size)
      self._world_to_world_tl = transform.Linear(point.Point(1, -1),
                                                 point.Point(0, map_size.y))
      self._world_tl_to_world_camera_rel = transform.Linear(offset=-map_size / 4)
      world_camera_rel_to_feature_screen = transform.Linear(
          feature_dimensions.screen / camera_width_world_units,
          feature_dimensions.screen / 2)
      self._world_to_feature_screen_px = transform.Chain(
          self._world_to_world_tl,
          self._world_tl_to_world_camera_rel,
          world_camera_rel_to_feature_screen,
          transform.PixelToCoord())

    def _update_camera(self, camera_center):
      """Update the camera transform based on the new camera center."""
```

```
    self._world_tl_to_world_camera_rel.offset = (
        -self._world_to_world_tl.fwd_pt(camera_center) *
        self._world_tl_to_world_camera_rel.scale)

def observation_spec(self):
    """基于新的相机中心更新相机、更新相机转换矩阵。

    值得注意的是，类似于图像的观察位于 x 列 y 行中，它们的
    顺序不同于 x 行 y 列顺序。这是由于约定冲突便于打印图像

    Returns:
        观测的 dict 将它们的张量形状设置为 0 宽度，长度取决于你选取的单位。
    """
    obs_spec = named_array.NamedDict({
        "action_result": (0,),                    #看到错误。原型:ActionResult
        "alerts": (0,),                           # 看到 sc2api。原型:警报
        "available_actions": (0,),
        "build_queue": (0, len(UnitLayer)),  # pytype:禁用= wrong-arg-types
        "cargo": (0, len(UnitLayer)),             # pytype:禁用= wrong-arg-types
        "cargo_slots_available": (1,),
        "control_groups": (10, 2),
        "game_loop": (1,),
        "last_actions": (0,),
        # pytype:禁用= wrong-arg-types
        "multi_select": (0, len(UnitLayer)),
        "player": (len(Player),),                 # pytype:禁用= wrong-arg-types
        # pytype:禁用= wrong-arg-types
        "score_cumulative": (len(ScoreCumulative),),
        #pytype:禁用= wrong-arg-types
        "3core_by_category": (len(ScoreByCategory), len(ScoreCategories)),
        # pytype:禁用= wrong-arg-types
        "score_by_vital": (len(ScoreByVital), len(ScoreVitals)),
        # pytype: 禁用= wrong-arg-types
        "single_select": (0, len(UnitLayer)),  # Only (n, 7) for n in (0, 1).
    })

    aif = self._agent_interface_format

    if aif.feature_dimensions:
      obs_spec["feature_screen"] = (len(SCREEN_FEATURES),
                                    aif.feature_dimensions.screen.y,
                                    aif.feature_dimensions.screen.x)

      obs_spec["feature_minimap"] = (len(MINIMAP_FEATURES),
                                     aif.feature_dimensions.minimap.y,
                                     aif.feature_dimensions.minimap.x)
    if aif.rgb_dimensions:
      obs_spec["rgb_screen"] = (aif.rgb_dimensions.screen.y,
                                aif.rgb_dimensions.screen.x,
                                3)
```

```python
    obs_spec["rgb_minimap"] = (aif.rgb_dimensions.minimap.y,
                               aif.rgb_dimensions.minimap.x,
                               3)
  if aif.use_feature_units:
    # 禁用= wrong-arg-types
    obs_spec["feature_units"] = (0, len(FeatureUnit))

  if aif.use_raw_units:
    obs_spec["raw_units"] = (0, len(FeatureUnit))

  if aif.use_unit_counts:
    obs_spec["unit_counts"] = (0, len(UnitCounts))

  if aif.use_camera_position:
    obs_spec["camera_position"] = (2,)
  return obs_spec

def action_spec(self):
  """The action space pretty complicated and fills the ValidFunctions"""
  return self._valid_functions

@sw.decorate
def transform_obs(self, obs):
  """Render some SC2 observations into something an agent can handle"""
  empty = np.array([], dtype=np.int32).reshape((0, 7))
  out = named_array.NamedDict({          # 有些参数是空值
      "single_select": empty,
      "multi_select": empty,
      "build_queue": empty,
      "cargo": empty,
      "cargo_slots_available": np.array([0], dtype=np.int32),
  })

  def or_zeros(layer, size):
    if layer is not None:
      return layer.astype(np.int32, copy=False)
    else:
      return np.zeros((size.y, size.x), dtype=np.int32)

  aif = self._agent_interface_format

  if aif.feature_dimensions:
    out["feature_screen"] = named_array.NamedNumpyArray(
      np.stack(or_zeros(f.unpack(obs.observation),
                        aif.feature_dimensions.screen)
               for f in SCREEN_FEATURES),
      names=[ScreenFeatures, None, None])
    out["feature_minimap"] = named_array.NamedNumpyArray(
      np.stack(or_zeros(f.unpack(obs.observation),
                        aif.feature_dimensions.minimap)
               for f in MINIMAP_FEATURES),
      names=[MinimapFeatures, None, None])
```

```
if aif.rgb_dimensions:
  out["rgb_screen"] = Feature.unpack_rgb_image(
      obs.observation.render_data.map).astype(np.int32)
  out["rgb_minimap"] = Feature.unpack_rgb_image(
      obs.observation.render_data.minimap).astype(np.int32)

out["last_actions"] = np.array(
    [self.reverse_action(a).function for a in obs.actions],
    dtype=np.int32)

out["action_result"] = np.array([o.result for o in obs.action_errors],
                                dtype=np.int32)

out["alerts"] = np.array(obs.observation.alerts, dtype=np.int32)

out["game_loop"] = np.array([obs.observation.game_loop], dtype=np.int32)

score_details = obs.observation.score.score_details
out["score_cumulative"] = named_array.NamedNumpyArray([
    obs.observation.score.score,
    score_details.idle_production_time,
    score_details.idle_worker_time,
    score_details.total_value_units,
    score_details.total_value_structures,
    score_details.killed_value_units,
    score_details.killed_value_structures,
    score_details.collected_minerals,
    score_details.collected_vespene,
    score_details.collection_rate_minerals,
    score_details.collection_rate_vespene,
    score_details.spent_minerals,
    score_details.spent_vespene,
], names=ScoreCumulative, dtype=np.int32)

def get_score_details(key, details, categories):
  row = getattr(details, key.name)
  return [getattr(row, category.name) for category in categories]

out["score_by_category"] = named_array.NamedNumpyArray([
    get_score_details(key, score_details, ScoreCategories)
    for key in ScoreByCategory
], names=[ScoreByCategory, ScoreCategories], dtype=np.int32)

out["score_by_vital"] = named_array.NamedNumpyArray([
    get_score_details(key, score_details, ScoreVitals)
    for key in ScoreByVital
], names=[ScoreByVital, ScoreVitals], dtype=np.int32)

player = obs.observation.player_common
out["player"] = named_array.NamedNumpyArray([
    player.player_id,
    player.minerals,
    player.vespene,
```

```
            player.food_used,
            player.food_cap,
            player.food_army,
            player.food_workers,
            player.idle_worker_count,
            player.army_count,
            player.warp_gate_count,
            player.larva_count,
    ], names=Player, dtype=np.int32)

    def unit_vec(u):
      return np.array((
          u.unit_type,
          u.player_relative,
          u.health,
          u.shields,
          u.energy,
          u.transport_slots_taken,
          int(u.build_progress * 100),         # 离散化
      ), dtype=np.int32)

    ui = obs.observation.ui_data

    with sw("ui"):
      groups = np.zeros((10, 2), dtype=np.int32)
      for g in ui.groups:
        groups[g.control_group_index, :] = (g.leader_unit_type, g.count)
      out["control_groups"] = groups

      if ui.single:
        out["single_select"] = named_array.NamedNumpyArray(
            [unit_vec(ui.single.unit)], [None, UnitLayer])

      if ui.multi and ui.multi.units:
        out["multi_select"] = named_array.NamedNumpyArray(
            [unit_vec(u) for u in ui.multi.units], [None, UnitLayer])

      if ui.cargo and ui.cargo.passengers:
        out["single_select"] = named_array.NamedNumpyArray(
            [unit_vec(ui.single.unit)], [None, UnitLayer])
        out["cargo"] = named_array.NamedNumpyArray(
            [unit_vec(u) for u in ui.cargo.passengers], [None, UnitLayer])
        out["cargo_slots_available"] = np.array([ui.cargo.slots_available],
                                                dtype=np.int32)

      if ui.production and ui.production.build_queue:
        out["single_select"] = named_array.NamedNumpyArray(
            [unit_vec(ui.production.unit)], [None, UnitLayer])
        out["build_queue"] = named_array.NamedNumpyArray(
            [unit_vec(u) for u in ui.production.build_queue],
            [None, UnitLayer])

    def full_unit_vec(u, pos_transform, is_raw=False):
```

```
    screen_pos = pos_transform.fwd_pt(
        point.Point.build(u.pos))
    screen_radius = pos_transform.fwd_dist(u.radius)
    return np.array((
        # 匹配单元 vec 订单
        u.unit_type,
        u.alliance,  # Self = 1, Ally = 2, Neutral = 3, Enemy = 4
        u.health,
        u.shield,
        u.energy,
        u.cargo_space_taken,
        int(u.build_progress * 100),            # 离散化

        # Resume API order
        int(u.health / u.health_max * 255) if u.health_max > 0 else 0,
        int(u.shield / u.shield_max * 255) if u.shield_max > 0 else 0,
        int(u.energy / u.energy_max * 255) if u.energy_max > 0 else 0,
        u.display_type,  # Visible = 1, Snapshot = 2, Hidden = 3
        u.owner,  # 1-15, 16 = neutral
        screen_pos.x,
        screen_pos.y,
        u.facing,
        screen_radius,
        u.cloak,  # Cloaked = 1, CloakedDetected = 2, NotCloaked = 3
        u.is_selected,
        u.is_blip,
        u.is_powered,
        u.mineral_contents,
        u.vespene_contents,

        # 不适合敌人或中立
        u.cargo_space_max,
        u.assigned_harvesters,
        u.ideal_harvesters,
        u.weapon_cooldown,
        len(u.orders),
        u.tag if is_raw else 0
    ), dtype=np.int32)

raw = obs.observation.raw_data

if aif.use_feature_units:
  with sw("feature_units"):
    # 更新相机位置，这样我们可以计算在三维世界中屏幕的 pos
    self._update_camera(point.Point.build(raw.player.camera))
    feature_units = []
    for u in raw.units:
      if u.is_on_screen and u.display_type != sc_raw.Hidden:
        feature_units.append(
            full_unit_vec(u, self._world_to_feature_screen_px))
    out["feature_units"] = named_array.NamedNumpyArray(
        feature_units, [None, FeatureUnit], dtype=np.int32)
```

```
    if aif.use_raw_units:
      with sw("raw_units"):
        raw_units = [full_unit_vec(u, self._world_to_world_tl, is_raw=True)
                     for u in raw.units]
        out["raw_units"] = named_array.NamedNumpyArray(
            raw_units, [None, FeatureUnit], dtype=np.int32)

    if aif.use_unit_counts:
      with sw("unit_counts"):
        unit_counts = collections.defaultdict(int)
        for u in raw.units:
          if u.alliance == sc_raw.Self:
            unit_counts[u.unit_type] += 1
        out["unit_counts"] = named_array.NamedNumpyArray(
            sorted(unit_counts.items()), [None, UnitCounts], dtype=np.int32)

    if aif.use_camera_position:
      camera_position = self._world_to_world_tl.fwd_pt(
          point.Point.build(raw.player.camera))
      out["camera_position"] = np.array((camera_position.x, camera_position.y),
                                        dtype=np.int32)

    out["available_actions"] = np.array(self.available_actions(obs.observation),
                                        dtype=np.int32)

    return out

  @sw.decorate
  def available_actions(self, obs):
    """返回可用操作 id 的列表"""
    available_actions = set()
    hide_specific_actions = self._agent_interface_format.hide_specific_
actions
    for i, func in six.iteritems(actions.FUNCTIONS_AVAILABLE):
      if func.avail_fn(obs):
        available_actions.add(i)
    for a in obs.abilities:
      if a.ability_id not in actions.ABILITY_IDS:
        logging.warning("Unknown ability %s seen as available.", a.ability_id)
        continue
      for func in actions.ABILITY_IDS[a.ability_id]:
        if func.function_type in actions.POINT_REQUIRED_FUNCS[a.requires_
point]:
          if func.general_id == 0 or not hide_specific_actions:
            available_actions.add(func.id)
          if func.general_id != 0:               #始终提供通用操作
            for general_func in actions.ABILITY_IDS[func.general_id]:
              if general_func.function_type is func.function_type:
                #限制使用正确的数据类型，从而不暴露动作数据显示的小地图
                #这个功能只能在使用投屏模式时可使用
                available_actions.add(general_func.id)
                break
    return list(available_actions)
```

```
@sw.decorate
def transform_action(self, obs, func_call, skip_available=False):
  """将代理样式的操作转换为 SC2 可以使用的操作

  Args:
    obs: a `sc_pb.Observation` 前一帧
    func_call: 将"FunctionCall"转换为"sc_pb.Action"
    skip_available: 如果为真，则假设操作可用。这应该只用于测试，或者如果你希望执
      行没有执行的操作，在最后一次观察中有效

  Returns:
    对应的"sc_pb.Action"

  Raises:
    ValueError: 如果操作没有通过验证
  """
  func_id = func_call.function
  try:
    func = actions.FUNCTIONS[func_id]
  except KeyError:
    raise ValueError("Invalid function id: %s." % func_id)

  # Available?
  if not (skip_available or func_id in self.available_actions(obs)):
    raise ValueError("Function %s/%s is currently not available" % (
      func_id, func.name))

  # Right number of args?
  if len(func_call.arguments) != len(func.args):
    raise ValueError(
      "Wrong number of arguments for function: %s, got: %s" % (
        func, func_call.arguments))

  # Args are valid?
  aif = self._agent_interface_format
  for t, arg in zip(func.args, func_call.arguments):
    if t.name in ("screen", "screen2"):
      sizes = aif.action_dimensions.screen
    elif t.name == "minimap":
      sizes = aif.action_dimensions.minimap
    else:
      sizes = t.sizes

    if len(sizes) != len(arg):
      raise ValueError(
        "Wrong number of values for argument of %s, got: %s" % (
          func, func_call.arguments))

    for s, a in zip(sizes, arg):
      if not 0 <= a < s:
        raise ValueError("Argument is out of range for %s, got: %s" % (
```

```
                        func, func_call.arguments))

      # Convert them to python types.
      kwargs = {type_.name: type_.fn(a)
                for type_, a in zip(func.args, func_call.arguments)}

      # 将它们转换为 Python 类型
      sc2_action = sc_pb.Action()
      kwargs["action"] = sc2_action
      kwargs["action_space"] = aif.action_space
      if func.ability_id:
        kwargs["ability_id"] = func.ability_id
      actions.FUNCTIONS[func_id].function_type(**kwargs)
      return sc2_action

  @sw.decorate
  def reverse_action(self, action):
    """将 sc2 样式的操作转换为代理样式的操作

    这应该是 transform_action 的倒数

    Args:
      action: a `sc_pb.Action` 被转换

    Returns:
      一个相应的"actions.FunctionCall"

    Raises:
      ValueError: 如果它不知道如何转换这个动作
    """
    FUNCTIONS = actions.FUNCTIONS              # pylint:禁用=无效名称

    aif = self._agent_interface_format

    def func_call_ability(ability_id, cmd_type, *args):
      """获取特定能力 id 和操作类型的函数 id"""
      if ability_id not in actions.ABILITY_IDS:
        logging.warning("Unknown ability_id: %s. This is probably dance or "
                        "cheer, or some unknown new or map specific ability. "
                        "Treating it as a no-op.", ability_id)
        return FUNCTIONS.no_op()

      if aif.hide_specific_actions:
        general_id = next(iter(actions.ABILITY_IDS[ability_id])).general_id
        if general_id:
          ability_id = general_id

      for func in actions.ABILITY_IDS[ability_id]:
        if func.function_type is cmd_type:
          return FUNCTIONS[func.id](*args)
      raise ValueError("Unknown ability_id: %s, type: %s. Likely a bug." % (
          ability_id, cmd_type.__name__))
```

```
 if action.HasField("action_ui"):
   act_ui = action.action_ui
   if act_ui.HasField("multi_panel"):
     return FUNCTIONS.select_unit(act_ui.multi_panel.type - 1,
                       act_ui.multi_panel.unit_index)
   if act_ui.HasField("control_group"):
     return FUNCTIONS.select_control_group(
        act_ui.control_group.action - 1,
        act_ui.control_group.control_group_index)
   if act_ui.HasField("select_idle_worker"):
     return FUNCTIONS.select_idle_worker(act_ui.select_idle_worker.
type - 1)
   if act_ui.HasField("select_army"):
     return FUNCTIONS.select_army(act_ui.select_army.selection_add)
   if act_ui.HasField("select_warp_gates"):
     return FUNCTIONS.select_warp_gates(
        act_ui.select_warp_gates.selection_add)
   if act_ui.HasField("select_larva"):
     return FUNCTIONS.select_larva()
   if act_ui.HasField("cargo_panel"):
     return FUNCTIONS.unload(act_ui.cargo_panel.unit_index)
   if act_ui.HasField("production_panel"):
     return FUNCTIONS.build_queue(act_ui.production_panel.unit_index)
   if act_ui.HasField("toggle_autocast"):
     return func_call_ability(act_ui.toggle_autocast.ability_id,
                       actions.autocast)

  if (action.HasField("action_feature_layer") or
     action.HasField("action_render")):
   act_sp = actions.spatial(action, aif.action_space)
   if act_sp.HasField("camera_move"):
     coord = point.Point.build(act_sp.camera_move.center_minimap)
     return FUNCTIONS.move_camera(coord)
   if act_sp.HasField("unit_selection_point"):
     select_point = act_sp.unit_selection_point
     coord = point.Point.build(select_point.selection_screen_coord)
     return FUNCTIONS.select_point(select_point.type - 1, coord)
   if act_sp.HasField("unit_selection_rect"):
     select_rect = act_sp.unit_selection_rect
     #TODO(tewalds):观察一定量的数据回放后，可以决策数据是否足够好。如果不够好，
     #可以模拟更多动作，并且合并数据到更大的特征矩阵中
     tl = point.Point.build(select_rect.selection_screen_coord[0].p0)
     br = point.Point.build(select_rect.selection_screen_coord[0].p1)
     return FUNCTIONS.select_rect(select_rect.selection_add, tl, br)
   if act_sp.HasField("unit_command"):
     cmd = act_sp.unit_command
     queue = int(cmd.queue_command)
     if cmd.HasField("target_screen_coord"):
       coord = point.Point.build(cmd.target_screen_coord)
       return func_call_ability(cmd.ability_id, actions.cmd_screen,
                         queue, coord)
     elif cmd.HasField("target_minimap_coord"):
```

```
        coord = point.Point.build(cmd.target_minimap_coord)
        return func_call_ability(cmd.ability_id, actions.cmd_minimap,
                            queue, coord)
      else:
        return func_call_ability(cmd.ability_id, actions.cmd_quick, queue)

  if action.HasField("action_raw") or action.HasField("action_render"):
    raise ValueError("Unknown action:\n%s" % action)
```

```
return FUNCTIONS.no_op()
```

其他功能组件代码的功能如下：

- actions.py：为 SC2 定义类型和操作的静态列表。
- colors.py：基本颜色类。
- features_test.py：测试功能。
- gfile.py：这将替换用于网络存储的 Google 的 gfile。
- metrics.py：用于跟踪事件、步骤的数量和（或）延时的接口。
- names_array_test.py：命名数组的测试。
- named_array.py：命名 numpy 数组，以便更容易地访问观察数据。
- point_flag.py：为点定义一个标志类型。
- point.py：Basic Point 和 Rect 类。
- portspicker_test.py：测试 portspicker.py。
- portspicker.py：用于多个端口的端口选择器。
- protocol.py：协议库，使通信更容易。
- remote_controller.py：控制器以原型格式执行操作并生成观察结果。
- renderer_human.py：《星际争霸》观察/回放的观众。
- run_parallel_test.py：并行运行 lib 测试。
- run_parallel.py：一种线程池，用于并行同步地运行一组函数。
- sc_process.py：启动游戏并建立沟通。
- static_data.py：以比原型更有用的形式公开静态数据。
- stopwatch_test.py：测试秒表。
- stopwatch.py：一种秒表，用来检查代码使用了多少时间。
- transform.py：转换坐标，以各种方式渲染。
- units.py：定义 SC2 的静态单元列表，由 bin/gen_units.py 生成。
- video_writer.py：编写一个基于 numpy 数组的视频。

（5）maps 目录：主要提供地图的设置功能，包括地图的分层、小地图的大小、melee 类别对战的地图设定等。

（6）run_configs：设置游戏运行的条件，包括在不同平台上的运行设置，如 Windows、Mac、Linux 等。

（7）tests：主要定义 Pysc2 库的单元测试功能。

9.8　本　章　小　结

本章我们主要讲述了一个多智能体的仿真环境——《星际争霸 2》，并且提供了相关的 API 对游戏的特征进行获取，实现了用于强化学习的环境。学习本章后，请思考以下问题：

（1）《星际争霸 2》的仿真环境有什么作用？为什么现在强化学习的前沿技术都喜欢在《星际争霸》中进行测试和研究？

（2）如何配置仿真环境？每个模块有什么作用？它们互相有什么联系？

（3）如何启动智能体-机器人、人工-机器人、智能体-智能体之间的《星际争霸》博弈？

（4）数据回放如何启动？为什么要使用数据回放？

（5）Pysc2 的库结构组成是什么样的？它从哪些方面提供了强化学习 MDP 的环境？

（6）我们如何使用多智能体的仿真环境？如何结合分布式、多智能体形成多集团协作的博弈环境？

第 10 章　开发群体智能仿真对抗系统

在第 9 章中，我们介绍了《星际争霸 2》的仿真环境，并且提供了强化学习所需要的数据和 API。本章就来进行强化智能的开发，通过本书所讲的强化学习算法与智能强化博弈，实现分布式的多智能体博弈。

10.1　智能体强化学习的算法工程

我们先导入基本的算法工程，实现算法对单个集团的多智能体控制，实现 AI 相关的训练和执行《星际争霸 2》中的简单任务。

通过 Git 同步，地址为 https://github.com/SintolRTOS/SC2BattleProject.git。

下属工程为 pysc2-examples，使用 Spyder 打开工程，如图 10-1 所示。

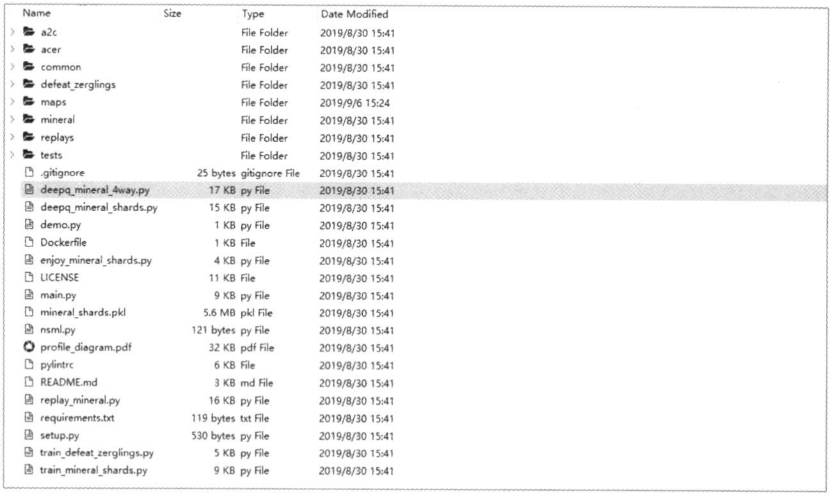

图 10-1　智能体强化学习算法工程

工程的安装需要如下几个前置条件。
- 安装 Pysc2：在 9.2 节中已经安装完成，它主要负责提供《星际争霸 2》仿真环境，并提供数据和 API 接口。
- 安装 baselines：在 9.2 节中已经安装完成，它主要负责提供强化学习的算法框架，它是 OpenAI 提供的框架。

完成框架的安装之后，就可以使用算法工程了，可以通过以下几个方法进行训练。

- 使用 A2C 算法训练采矿的智能体模型，具体命令如下：

```
python train_mineral_shards.py --algorithm=a2c
```

- 使用 DQN 算法训练采矿的智能体模型，具体命令如下：

```
python train_mineral_shards.py --algorithm=deepq
--prioritized=True --dueling=True --timesteps=2000000 --exploration_
fraction=0.2
```

- 使用 A3C 算法训练采矿的智能体模型，具体命令如下：

```
python train_mineral_shards.py --algorithm=a2c --num_agents=2 --num_
scripts=2
 --timesteps=2000000
```

具体的参数和描述如图 10-2 所示。

	Description	Default	Parameter Type
map	Gym Environment	CollectMineralShards	string
log	logging type : tensorboard, stdout	tensorboard	string
algorithm	Currently, support 2 algorithms : deepq, a2c	a2c	string
timesteps	Total training steps	2000000	int
exploration_fraction	exploration fraction	0.5	float
prioritized	Whether using prioritized replay for DQN	False	boolean
dueling	Whether using dueling network for DQN	False	boolean
lr	learning rate (if 0 set random e-5 ~ e-3)	0.0005	float
num_agents	number of agents for A2C	4	int
num_scripts	number of scripted agents for A2C	4	int
nsteps	number of steps for update policy	20	int

图 10-2　A3C 参数列表

- 通过训练好的模型，使用智能体进行采矿，具体命令如下：

```
python enjoy_mineral_shards.py
```

10.2　算法框架模块功能说明

在 10.1 节中我们导入了针对《星际争霸 2》的强化学习工程。本节就来对这个工程进行解剖，了解工程的架构和主要功能模块。

（1）训练挖矿多智能体的功能模块 train_mineral_shards.py，它是启动的主要功能，它的主要内容如下：

- main（）：模块的主要启动函数，包含算法参数 algorithm、训练次数参数 timesteps、探索参数 exploration_fraction、优先级 prioritized、决斗参数 dueling、多智能体个数

num_agents、强化学习随机参数 lr。
- pysc2.env：《星际争霸 2》的环境对象，提供强化学习所需要的 MDP 数据。
- deepq_callback()：deepq 强化学习算法的回调函数。
- deepq_4way_callback()：deepq_4way 强化学习算法的回调函数。
- a2c_callback()：A2C 强化学习算法的回调函数。

具体代码如下：

```python
import sys
import os

from absl import flags
from baselines import deepq
from pysc2.env import sc2_env
from pysc2.lib import actions
import os

import deepq_mineral_shards
import datetime

from common.vec_env.subproc_vec_env import SubprocVecEnv
from a2c.policies import CnnPolicy
from a2c import a2c
from baselines.logger import Logger, TensorBoardOutputFormat, HumanOutputFormat

import random

import deepq_mineral_4way

import threading
import time

_MOVE_SCREEN = actions.FUNCTIONS.Move_screen.id
_SELECT_ARMY = actions.FUNCTIONS.select_army.id
_SELECT_ALL = [0]
_NOT_QUEUED = [0]

step_mul = 8

FLAGS = flags.FLAGS
flags.DEFINE_string("map", "CollectMineralShards",
                    "Name of a map to use to play.")
start_time = datetime.datetime.now().strftime("%Y%m%d%H%M")
flags.DEFINE_string("log", "tensorboard", "logging type(stdout, tensorboard)")
flags.DEFINE_string("algorithm", "a2c", "RL algorithm to use.")
flags.DEFINE_integer("timesteps", 2000000, "Steps to train")
flags.DEFINE_float("exploration_fraction", 0.5, "Exploration Fraction")
flags.DEFINE_boolean("prioritized", True, "prioritized_replay")
flags.DEFINE_boolean("dueling", True, "dueling")
flags.DEFINE_float("lr", 0.0005, "Learning rate")
flags.DEFINE_integer("num_agents", 4, "number of RL agents for A2C")
flags.DEFINE_integer("num_scripts", 0, "number of script agents for A2C")
flags.DEFINE_integer("nsteps", 20, "number of batch steps for A2C")
```

```
PROJ_DIR = os.path.dirname(os.path.abspath(__file__))

max_mean_reward = 0
last_filename = ""

start_time = datetime.datetime.now().strftime("%m%d%H%M")


#模块的主函数
def main():
  FLAGS(sys.argv)

  #使用的算法模块
  print("algorithm : %s" % FLAGS.algorithm)
  #强化学习训练次数
  print("timesteps : %s" % FLAGS.timesteps)
  #强化学习探索参数
  print("exploration_fraction : %s" % FLAGS.exploration_fraction)
  #优先级
  print("prioritized : %s" % FLAGS.prioritized)
  #决斗参数
  print("dueling : %s" % FLAGS.dueling)
  #多智能体个数
  print("num_agents : %s" % FLAGS.num_agents)
  #强化学习随机参数
  print("lr : %s" % FLAGS.lr)

  if (FLAGS.lr == 0):
    FLAGS.lr = random.uniform(0.00001, 0.001)

  print("random lr : %s" % FLAGS.lr)

  lr_round = round(FLAGS.lr, 8)

  logdir = "tensorboard"

  #通过强化学习算法 log 参数
  if (FLAGS.algorithm == "deepq-4way"):
    logdir = "tensorboard/mineral/%s/%s_%s_prio%s_duel%s_lr%s/%s" % (
      FLAGS.algorithm, FLAGS.timesteps, FLAGS.exploration_fraction,
      FLAGS.prioritized, FLAGS.dueling, lr_round, start_time)
  elif (FLAGS.algorithm == "deepq"):
    logdir = "tensorboard/mineral/%s/%s_%s_prio%s_duel%s_lr%s/%s" % (
      FLAGS.algorithm, FLAGS.timesteps, FLAGS.exploration_fraction,
      FLAGS.prioritized, FLAGS.dueling, lr_round, start_time)
  elif (FLAGS.algorithm == "a2c"):
    logdir = "tensorboard/mineral/%s/%s_n%s_s%s_nsteps%s/lr%s/%s" % (
      FLAGS.algorithm, FLAGS.timesteps,
      FLAGS.num_agents + FLAGS.num_scripts, FLAGS.num_scripts,
      FLAGS.nsteps, lr_round, start_time)

  if (FLAGS.log == "tensorboard"):
    Logger.DEFAULT \
```

```
        = Logger.CURRENT \
        = Logger(dir=None,
                output_formats=[TensorBoardOutputFormat(logdir)])

    elif (FLAGS.log == "stdout"):
      Logger.DEFAULT \
        = Logger.CURRENT \
        = Logger(dir=None,
                output_formats=[HumanOutputFormat(sys.stdout)])

    #根据强化学习算法启动《星际争霸 2》环境
    if (FLAGS.algorithm == "deepq"):

      with sc2_env.SC2Env(
          map_name="CollectMineralShards",
          step_mul=step_mul,
          visualize=True,
          screen_size_px=(16, 16),
          minimap_size_px=(16, 16)) as env:

        model = deepq.models.cnn_to_mlp(
          convs=[(16, 8, 4), (32, 4, 2)], hiddens=[256], dueling=True)

        act = deepq_mineral_shards.learn(
          env,
          q_func=model,
          num_actions=16,
          lr=FLAGS.lr,
          max_timesteps=FLAGS.timesteps,
          buffer_size=10000,
          exploration_fraction=FLAGS.exploration_fraction,
          exploration_final_eps=0.01,
          train_freq=4,
          learning_starts=10000,
          target_network_update_freq=1000,
          gamma=0.99,
          prioritized_replay=True,
          callback=deepq_callback)
        act.save("mineral_shards.pkl")

    elif (FLAGS.algorithm == "deepq-4way"):

      with sc2_env.SC2Env(
          map_name="CollectMineralShards",
          step_mul=step_mul,
          screen_size_px=(32, 32),
          minimap_size_px=(32, 32),
          visualize=True) as env:

        model = deepq.models.cnn_to_mlp(
          convs=[(16, 8, 4), (32, 4, 2)], hiddens=[256], dueling=True)

        act = deepq_mineral_4way.learn(
          env,
          q_func=model,
```

```
        num_actions=4,
        lr=FLAGS.lr,
        max_timesteps=FLAGS.timesteps,
        buffer_size=10000,
        exploration_fraction=FLAGS.exploration_fraction,
        exploration_final_eps=0.01,
        train_freq=4,
        learning_starts=10000,
        target_network_update_freq=1000,
        gamma=0.99,
        prioritized_replay=True,
        callback=deepq_4way_callback)

    act.save("mineral_shards.pkl")

  elif (FLAGS.algorithm == "a2c"):

    num_timesteps = int(40e6)

    num_timesteps //= 4

    seed = 0

    env = SubprocVecEnv(FLAGS.num_agents + FLAGS.num_scripts, FLAGS.num_
scripts,
    FLAGS.map)

    policy_fn = CnnPolicy
    a2c.learn(
      policy_fn,
      env,
      seed,
      total_timesteps=num_timesteps,
      nprocs=FLAGS.num_agents + FLAGS.num_scripts,
      nscripts=FLAGS.num_scripts,
      ent_coef=0.5,
      nsteps=FLAGS.nsteps,
      max_grad_norm=0.01,
      callback=a2c_callback)


from pysc2.env import environment
import numpy as np

#如果使用DQN算法，从这里接收算法训练的回调值
def deepq_callback(locals, globals):
  #pprint.pprint(locals)
  global max_mean_reward, last_filename
  if ('done' in locals and locals['done'] == True):
    if ('mean_100ep_reward' in locals and locals['num_episodes'] >= 10
      and locals['mean_100ep_reward'] > max_mean_reward):
      print("mean_100ep_reward : %s max_mean_reward : %s" %
          (locals['mean_100ep_reward'], max_mean_reward))

      if (not os.path.exists(os.path.join(PROJ_DIR, 'models/deepq/'))):
```

```
        try:
            os.mkdir(os.path.join(PROJ_DIR, 'models/'))
        except Exception as e:
            print(str(e))
        try:
            os.mkdir(os.path.join(PROJ_DIR, 'models/deepq/'))
        except Exception as e:
            print(str(e))

      if (last_filename != ""):
        os.remove(last_filename)
        print("delete last model file : %s" % last_filename)

      max_mean_reward = locals['mean_100ep_reward']
      act_x = deepq_mineral_shards.ActWrapper(locals['act_x'])
      act_y = deepq_mineral_shards.ActWrapper(locals['act_y'])

      filename = os.path.join(
        PROJ_DIR,
        'models/deepq/mineral_x_%s.pkl' % locals['mean_100ep_reward'])
      act_x.save(filename)
      filename = os.path.join(
        PROJ_DIR,
        'models/deepq/mineral_y_%s.pkl' % locals['mean_100ep_reward'])
      act_y.save(filename)
      print("save best mean_100ep_reward model to %s" % filename)
      last_filename = filename


#如果使用 deepq_4way 算法，从这里接收算法训练的回调值
def deepq_4way_callback(locals, globals):
  #pprint.pprint(locals)
  global max_mean_reward, last_filename
  if ('done' in locals and locals['done'] == True):
    if ('mean_100ep_reward' in locals and locals['num_episodes'] >= 10
        and locals['mean_100ep_reward'] > max_mean_reward):
      print("mean_100ep_reward : %s max_mean_reward : %s" %
            (locals['mean_100ep_reward'], max_mean_reward))

      if (not os.path.exists(
          os.path.join(PROJ_DIR, 'models/deepq-4way/'))):
        try:
          os.mkdir(os.path.join(PROJ_DIR, 'models/'))
        except Exception as e:
          print(str(e))
        try:
          os.mkdir(os.path.join(PROJ_DIR, 'models/deepq-4way/'))
        except Exception as e:
          print(str(e))

      if (last_filename != ""):
        os.remove(last_filename)
        print("delete last model file : %s" % last_filename)

      max_mean_reward = locals['mean_100ep_reward']
      act = deepq_mineral_4way.ActWrapper(locals['act'])
```

```
        #act_y = deepq_mineral_shards.ActWrapper(locals['act_y'])

        filename = os.path.join(PROJ_DIR,
                        'models/deepq-4way/mineral_%s.pkl' %
                        locals['mean_100ep_reward'])
        act.save(filename)
        # filename = os.path.join(
        #   PROJ_DIR,
        #   'models/deepq/mineral_y_%s.pkl' % locals['mean_100ep_reward'])
        # act_y.save(filename)
        print("save best mean_100ep_reward model to %s" % filename)
        last_filename = filename


#如果使用 A2c 算法，从这里接收算法训练的回调值
def a2c_callback(locals, globals):
  global max_mean_reward, last_filename
  #pprint.pprint(locals)

  if ('mean_100ep_reward' in locals and locals['num_episodes'] >= 10
      and locals['mean_100ep_reward'] > max_mean_reward):
    print("mean_100ep_reward : %s max_mean_reward : %s" %
        (locals['mean_100ep_reward'], max_mean_reward))

    if (not os.path.exists(os.path.join(PROJ_DIR, 'models/a2c/'))):
      try:
        os.mkdir(os.path.join(PROJ_DIR, 'models/'))
      except Exception as e:
        print(str(e))
      try:
        os.mkdir(os.path.join(PROJ_DIR, 'models/a2c/'))
      except Exception as e:
        print(str(e))

    if (last_filename != ""):
      os.remove(last_filename)
      print("delete last model file : %s" % last_filename)

    max_mean_reward = locals['mean_100ep_reward']
    model = locals['model']

    filename = os.path.join(
      PROJ_DIR,
      'models/a2c/mineral_%s.pkl' % locals['mean_100ep_reward'])
    model.save(filename)
    print("save best mean_100ep_reward model to %s" % filename)
    last_filename = filename


if __name__ == '__main__':
  main()
```

（2）deepq_mineral_4way.py 是主要的学习函数，它提供了整个多智能体环境，加载 DQN 的训练模型，并且在模型中训练《星际争霸 2》的环境参数，获得智能体模型中反馈

的控制参数，从而控制智能体进行任务。具体代码如下：

```
import numpy as np
import os
import dill
import tempfile
import TensorFlow as tf
import zipfile

from absl import flags

import baselines.common.tf_util as U

from baselines import logger
from baselines.common.schedules import LinearSchedule
from baselines import deepq
from baselines.deepq.replay_buffer import ReplayBuffer, PrioritizedReplayBuffer

from pysc2.lib import actions as sc2_actions
from pysc2.env import environment
from pysc2.lib import features
from pysc2.lib import actions

_PLAYER_RELATIVE = features.SCREEN_FEATURES.player_relative.index
_PLAYER_FRIENDLY = 1
_PLAYER_NEUTRAL = 3  # beacon/minerals
_PLAYER_HOSTILE = 4
_NO_OP = actions.FUNCTIONS.no_op.id
_MOVE_SCREEN = actions.FUNCTIONS.Move_screen.id
_ATTACK_SCREEN = actions.FUNCTIONS.Attack_screen.id
_SELECT_ARMY = actions.FUNCTIONS.select_army.id
_NOT_QUEUED = [0]
_SELECT_ALL = [0]

FLAGS = flags.FLAGS


class ActWrapper(object):
  def __init__(self, act):
    self._act = act
    #self._act_params = act_params

  @staticmethod
  def load(path, act_params, num_cpu=16):
    with open(path, "rb") as f:
      model_data = dill.load(f)
    act = deepq.build_act(**act_params)
    sess = U.make_session(num_cpu=num_cpu)
    sess.__enter__()
    with tempfile.TemporaryDirectory() as td:
      arc_path = os.path.join(td, "packed.zip")
      with open(arc_path, "wb") as f:
        f.write(model_data)

      zipfile.ZipFile(arc_path, 'r', zipfile.ZIP_DEFLATED).extractall(td)
```

```
        U.load_state(os.path.join(td, "model"))

    return ActWrapper(act)

 def __call__(self, *args, **kwargs):
   return self._act(*args, **kwargs)

 def save(self, path):
   """Save model to a pickle located at `path`"""
   with tempfile.TemporaryDirectory() as td:
     U.save_state(os.path.join(td, "model"))
     arc_name = os.path.join(td, "packed.zip")
     with zipfile.ZipFile(arc_name, 'w') as zipf:
       for root, dirs, files in os.walk(td):
         for fname in files:
           file_path = os.path.join(root, fname)
           if file_path != arc_name:
             zipf.write(file_path,
                   os.path.relpath(file_path, td))
     with open(arc_name, "rb") as f:
       model_data = f.read()
   with open(path, "wb") as f:
     dill.dump((model_data), f)


def load(path, act_params, num_cpu=16):
  """学习函数返回的加载行为函数

Parameters
----------
path: str
    到 act 函数 pickle 的路径
num_cpu: int
    用于执行策略的 cpu 数量

Returns
-------
act: ActWrapper
    函数，该函数接受一批观察值并返回操作
"""
   return ActWrapper.load(path, num_cpu=num_cpu, act_params=act_params)


def learn(env,
        q_func,
        num_actions=4,
        lr=5e-4,
        max_timesteps=100000,
        buffer_size=50000,
        exploration_fraction=0.1,
        exploration_final_eps=0.02,
        train_freq=1,
        batch_size=32,
```

```
                print_freq=1,
                checkpoint_freq=10000,
                learning_starts=1000,
                gamma=1.0,
                target_network_update_freq=500,
                prioritized_replay=False,
                prioritized_replay_alpha=0.6,
                prioritized_replay_beta0=0.4,
                prioritized_replay_beta_iters=None,
                prioritized_replay_eps=1e-6,
                num_cpu=16,
                param_noise=False,
                param_noise_threshold=0.05,
                callback=None):
```

　　"""训练一个 DQN 模型

```
Parameters
-------
env: pysc2.env.SC2Env
    训练环境
q_func: (tf.Variable, int, str, bool) -> tf.Variable
    接收以下输入的模型:
        observation_in: object
            观察占位符的输出
        num_actions: int
            数量的行为
        scope: str
        reuse: bool
            是否应该传递到外部变量范围并返回一个形状张量(batch_size, num_actions),
            其中包含每个动作的值
lr: float
    亚当优化学习率
max_timesteps: int
    要优化的 env 步骤的数量
buffer_size: int
    重放缓冲区的大小
exploration_fraction: float
    勘探率退火后的整个训练周期的一部分
exploration_final_eps: float
    随机作用概率的最终值
train_freq: int
    更新模型的每一个' train_freq '步骤
    设置为 None, 以禁用打印
batch_size: int
    从回放缓冲区中取样用于训练的批量大小
print_freq: int
    多久打印一次培训进度
    设置为 None, 以禁用打印
checkpoint_freq: int
    保存模型的频率, 这是为了恢复最好的版本
    在训练结束时, 如果不希望还原最佳版本, 请在训练结束时, 将该变量设置为 None
```

```
learning_starts: int
    在开始学习之前, 模型中有多少步骤需要收集转换
gamma: float
    折现系数
target_network_update_freq: int
    更新目标网络的每个"target_network_update_freq"步骤
prioritized_replay: True
    如果为真, 优先级重放缓冲区将被使用
prioritized_replay_alpha: float
    优先级重放缓冲区的 alpha 参数
prioritized_replay_beta0: float
    优先级重放缓冲区的 beta 初始值
prioritized_replay_beta_iters: int
    从初始值开始对 beta 进行退火的迭代次数到 1.0。如果设置为 None, 则等于 max_timesteps
prioritized_replay_eps: float
    在更新优先级时增加 TD 错误
num_cpu: int
    用于培训的 cpu 数量
callback: (locals, globals) -> None
    函数调用的每一步与算法的状态
    如果回调返回为真, 则训练停止

Returns
-------
act: ActWrapper
    封装行为函数, 添加保存和加载它的功能
    有关 act 函数的详细信息, 请参见基线/deepq/ category .py 的头部
"""
    # 创建训练模型所需的所有函数

    sess = U.make_session(num_cpu=num_cpu)
    sess.__enter__()

    def make_obs_ph(name):
        return U.BatchInput((32, 32), name=name)

    act, train, update_target, debug = deepq.build_train(
        make_obs_ph=make_obs_ph,
        q_func=q_func,
        num_actions=num_actions,
        optimizer=tf.train.AdamOptimizer(learning_rate=lr),
        gamma=gamma,
        grad_norm_clipping=10,
        scope="deepq")
    #
    # act_y, train_y, update_target_y, debug_y = deepq.build_train(
    #     make_obs_ph=make_obs_ph,
    #     q_func=q_func,
    #     num_actions=num_actions,
    #     optimizer=tf.train.AdamOptimizer(learning_rate=lr),
    #     gamma=gamma,
    #     grad_norm_clipping=10,
    #     scope="deepq_y"
```

```
    # )

    act_params = {
      'make_obs_ph': make_obs_ph,
      'q_func': q_func,
      'num_actions': num_actions,
    }

    # 创建重放缓冲区
    if prioritized_replay:
      replay_buffer = PrioritizedReplayBuffer(
        buffer_size, alpha=prioritized_replay_alpha)
      # replay_buffer_y = PrioritizedReplayBuffer(buffer_size, alpha=
prioritized_replay_alpha)

      if prioritized_replay_beta_iters is None:
        prioritized_replay_beta_iters = max_timesteps
      beta_schedule = LinearSchedule(
        prioritized_replay_beta_iters,
        initial_p=prioritized_replay_beta0,
        final_p=1.0)

      # beta_schedule_y = LinearSchedule(prioritized_replay_beta_iters,
      #                                 initial_p=prioritized_replay_beta0,
      #                                 final_p=1.0)
    else:
      replay_buffer = ReplayBuffer(buffer_size)
      # replay_buffer_y = ReplayBuffer(buffer_size)

      beta_schedule = None
      # beta_schedule_y = None
    # 从 1 开始创建探索计划
    exploration = LinearSchedule(
      schedule_timesteps=int(exploration_fraction * max_timesteps),
      initial_p=1.0,
      final_p=exploration_final_eps)

    # 初始化参数并将它们复制到目标网络
    U.initialize()
    update_target()
    # update_target_y()

    episode_rewards = [0.0]
    saved_mean_reward = None

    obs = env.reset()
    # 选择所有矿兵
    obs = env.step(
      actions=[sc2_actions.FunctionCall(_SELECT_ARMY, [_SELECT_ALL])])

    player_relative = obs[0].observation["screen"][_PLAYER_RELATIVE]

    screen = (player_relative == _PLAYER_NEUTRAL).astype(int)  #+ path_memory
```

```
player_y, player_x = (player_relative == _PLAYER_FRIENDLY).nonzero()
player = [int(player_x.mean()), int(player_y.mean())]

if (player[0] > 16):
  screen = shift(LEFT, player[0] - 16, screen)
elif (player[0] < 16):
  screen = shift(RIGHT, 16 - player[0], screen)

if (player[1] > 16):
  screen = shift(UP, player[1] - 16, screen)
elif (player[1] < 16):
  screen = shift(DOWN, 16 - player[1], screen)

reset = True
with tempfile.TemporaryDirectory() as td:
  model_saved = False
  model_file = os.path.join("model/", "mineral_shards")
  print(model_file)

  for t in range(max_timesteps):
    if callback is not None:
      if callback(locals(), globals()):
        break
    # 采取行动, 将探索更新到最新值
    kwargs = {}
    if not param_noise:
      update_eps = exploration.value(t)
      update_param_noise_threshold = 0
    else:
      update_eps = 0.
      if param_noise_threshold >= 0.:
        update_param_noise_threshold = param_noise_threshold
      else:
        # 计算阈值, 使微扰和非微扰之间的 KL 发散
        # policy 与 eps = explorer .value(t)的 eps 贪婪探索类似
        update_param_noise_threshold = -np.log(
          1. - exploration.value(t) +
          exploration.value(t) / float(num_actions))
      kwargs['reset'] = reset
      kwargs[
        'update_param_noise_threshold'] = update_param_noise_threshold
      kwargs['update_param_noise_scale'] = True

    action = act(
      np.array(screen)[None], update_eps=update_eps, **kwargs)[0]

    # action_y = act_y(np.array(screen)[None], update_eps=update_eps,
**kwargs)[0]

    reset = False

    coord = [player[0], player[1]]
    rew = 0
```

```
if (action == 0): #向上

  if (player[1] >= 8):
    coord = [player[0], player[1] - 8]
    #path_memory_[player[1] - 16 : player[1], player[0]] = -1
  elif (player[1] > 0):
    coord = [player[0], 0]
    #path_memory_[0 : player[1], player[0]] = -1
    #else:
    #  rew -= 1

elif (action == 1): #向下

  if (player[1] <= 23):
    coord = [player[0], player[1] + 8]
    #path_memory_[player[1] : player[1] + 16, player[0]] = -1
  elif (player[1] > 23):
    coord = [player[0], 31]
    #path_memory_[player[1] : 63, player[0]] = -1
    #else:
    #  rew -= 1

elif (action == 2): #向左

  if (player[0] >= 8):
    coord = [player[0] - 8, player[1]]
    #path_memory_[player[1], player[0] - 16 : player[0]] = -1
  elif (player[0] < 8):
    coord = [0, player[1]]
    #path_memory_[player[1], 0 : player[0]] = -1
    #else:
    #  rew -= 1

elif (action == 3): #向右

  if (player[0] <= 23):
    coord = [player[0] + 8, player[1]]
    #path_memory_[player[1], player[0] : player[0] + 16] = -1
  elif (player[0] > 23):
    coord = [31, player[1]]
    #path_memory_[player[1], player[0] : 63] = -1

if _MOVE_SCREEN not in obs[0].observation["available_actions"]:
  obs = env.step(actions=[
    sc2_actions.FunctionCall(_SELECT_ARMY, [_SELECT_ALL])
  ])

new_action = [
  sc2_actions.FunctionCall(_MOVE_SCREEN, [_NOT_QUEUED, coord])
]

# else:
#   new_action = [sc2_actions.FunctionCall(_NO_OP, [])]
```

```
obs = env.step(actions=new_action)

player_relative = obs[0].observation["screen"][_PLAYER_RELATIVE]
new_screen = (player_relative == _PLAYER_NEUTRAL).astype(
  int)  #+ path_memory

player_y, player_x = (
  player_relative == _PLAYER_FRIENDLY).nonzero()
player = [int(player_x.mean()), int(player_y.mean())]

if (player[0] > 16):
  new_screen = shift(LEFT, player[0] - 16, new_screen)
elif (player[0] < 16):
  new_screen = shift(RIGHT, 16 - player[0], new_screen)

if (player[1] > 16):
  new_screen = shift(UP, player[1] - 16, new_screen)
elif (player[1] < 16):
  new_screen = shift(DOWN, 16 - player[1], new_screen)

rew = obs[0].reward

done = obs[0].step_type == environment.StepType.LAST

# 将转换存储在回放缓冲区中
replay_buffer.add(screen, action, rew, new_screen, float(done))
# replay_buffer_y.add(screen, action_y, rew, new_screen, float(done))

screen = new_screen

episode_rewards[-1] += rew
reward = episode_rewards[-1]

if done:
  obs = env.reset()
  player_relative = obs[0].observation["screen"][
    _PLAYER_RELATIVE]

  screen = (player_relative == _PLAYER_NEUTRAL).astype(
    int)  #+ path_memory

  player_y, player_x = (
    player_relative == _PLAYER_FRIENDLY).nonzero()
  player = [int(player_x.mean()), int(player_y.mean())]

  # 选择所有陆战队员
  env.step(actions=[
    sc2_actions.FunctionCall(_SELECT_ARMY, [_SELECT_ALL])
  ])
  episode_rewards.append(0.0)
  #episode_minerals.append(0.0)

  reset = True

if t > learning_starts and t % train_freq == 0:
```

```python
        #最小化从回放缓冲区采样的批处理 Bellman 方程中的错误
        if prioritized_replay:

            experience = replay_buffer.sample(
              batch_size, beta=beta_schedule.value(t))
            (obses_t, actions, rewards, obses_tp1, dones, weights,
             batch_idxes) = experience

            # experience_y = replay_buffer.sample(batch_size, beta=beta_
schedule.value(t))
            # (obses_t_y, actions_y, rewards_y, obses_tp1_y,
#dones_y, weights_y, batch_idxes_y) = experience_y
        else:

            obses_t, actions, rewards, obses_tp1, dones = replay_buffer.
sample(
             batch_size)
            weights, batch_idxes = np.ones_like(rewards), None

            # obses_t_y, actions_y, rewards_y, obses_tp1_y, dones_y =
replay_buffer_y.sample(batch_size)
            # weights_y, batch_idxes_y = np.ones_like(rewards_y), None

        td_errors = train(obses_t, actions, rewards, obses_tp1, dones,
                          weights)

        # td_errors_y = train_x(obses_t_y, actions_y, rewards_y,
# obses_tp1_y, dones_y, weights_y)

        if prioritized_replay:
            new_priorities = np.abs(td_errors) + prioritized_replay_eps
            # new_priorities = np.abs(td_errors) + prioritized_replay_eps
            replay_buffer.update_priorities(batch_idxes,
                                  new_priorities)
            # replay_buffer.update_priorities(batch_idxes, new_priorities)

    if t > learning_starts and t % target_network_update_freq == 0:
        # 定期更新目标网络
        update_target()
        # update_target_y()

    mean_100ep_reward = round(np.mean(episode_rewards[-101:-1]), 1)
    num_episodes = len(episode_rewards)
    if done and print_freq is not None and len(
        episode_rewards) % print_freq == 0:
        logger.record_tabular("steps", t)
        logger.record_tabular("episodes", num_episodes)
        logger.record_tabular("reward", reward)
        logger.record_tabular("mean 100 episode reward",
                        mean_100ep_reward)
        logger.record_tabular("% time spent exploring",
                        int(100 * exploration.value(t)))
        logger.dump_tabular()

    if (checkpoint_freq is not None and t > learning_starts
```

```
      and num_episodes > 100 and t % checkpoint_freq == 0):
        if saved_mean_reward is None or mean_100ep_reward > saved_mean_
reward:
          if print_freq is not None:
            logger.log(
              "Saving model due to mean reward increase: {} -> {}".
                format(saved_mean_reward, mean_100ep_reward))
          U.save_state(model_file)
          model_saved = True
          saved_mean_reward = mean_100ep_reward
    if model_saved:
      if print_freq is not None:
        logger.log("Restored model with mean reward: {}".format(
          saved_mean_reward))
      U.load_state(model_file)

  return ActWrapper(act)


def intToCoordinate(num, size=64):
  if size != 64:
    num = num * size * size // 4096
  y = num // size
  x = num - size * y
  return [x, y]


UP, DOWN, LEFT, RIGHT = 'up', 'down', 'left', 'right'


def shift(direction, number, matrix):
  ''' 将给定的二维矩阵移位到指定的行数或列数
      按照指定的上、下、左、右方向返回
  '''
  if direction in (UP):
    matrix = np.roll(matrix, -number, axis=0)
    matrix[number:, :] = 0
    return matrix
  elif direction in (DOWN):
    matrix = np.roll(matrix, number, axis=0)
    matrix[:number, :] = 0
    return matrix
  elif direction in (LEFT):
    matrix = np.roll(matrix, -number, axis=1)
    matrix[:, number:] = 0
    return matrix
  elif direction in (RIGHT):
```

```
        matrix = np.roll(matrix, number, axis=1)
        matrix[:, :number] = 0
        return matrix
    else:
        return matrix
```

（3）整个算法框架的训练模型主要使用 DQN 的算法模型，它的模型基类主要是由
baseline 提供。

（4）其他相关模块的功能如下：

- a2c：提供了 A2C 算法的模型和策略网络，如图 10-3 所示。

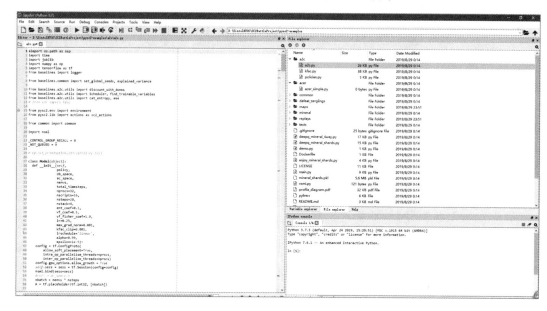

图 10-3　A2C 算法模型模块

- common：通用模块类，包括提供数据类型、矩阵、数据形状、JSON 处理等辅助类
  功能。
- defeat_zerglings：智能体的测试 Demo，智能体功能类。
- maps：地图数据的处理。
- scripted_agent：通过算法决策参数，转化为智能体运行的脚本动作。
- replays：回放数据。
- tests：脚本测试数据。

10.3　训练智能体实现任务 AI 交互

在 10.2 节中讲解了算法的模块功能，本节来运行强化学习算法，让智能体学会执行

采矿任务。具体步骤如下：

（1）打开 cmd 命令行，输入命令 activate tensorflow，进入系统环境，如图 10-4 所示。

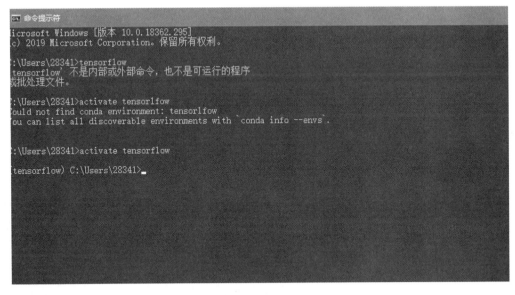

图 10-4　进入 TensorFlow 系统环境

（2）输入如下命令，跳转到 pysc2-examples 工程，如图 10-5 所示。

```
cd D:\SintolRTOS\SC2BattleProject\pysc2-examples
```

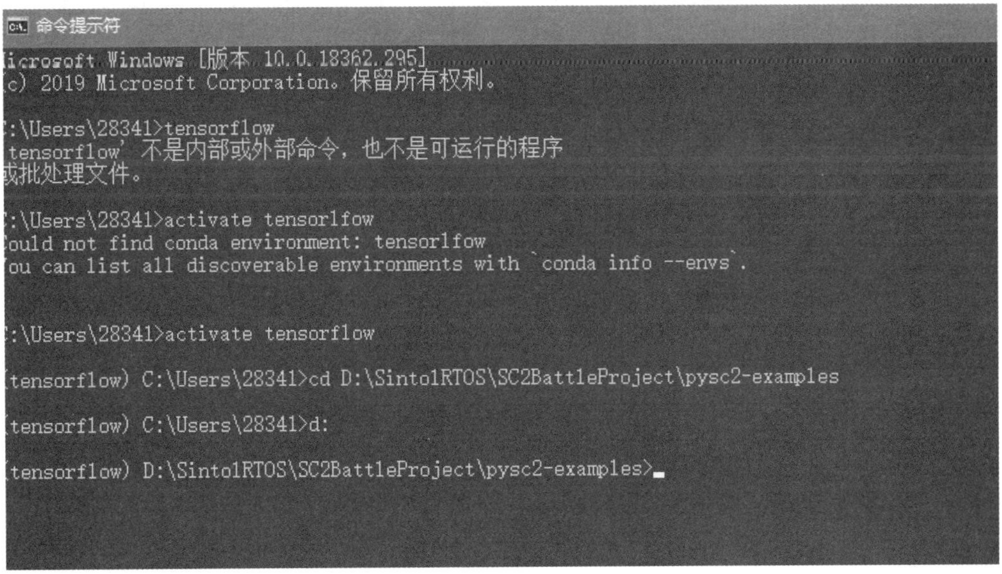

图 10-5　跳转到工程目录

（3）通过 DQN 模型，启动智能体的训练算法，命令如下：

```
python train_mineral_shards.py --algorithm=deepq --prioritized=True -
dueling=True
 --timesteps=2000000 --exploration_fraction=0.2
```

算法运行情况如图 10-6 所示。

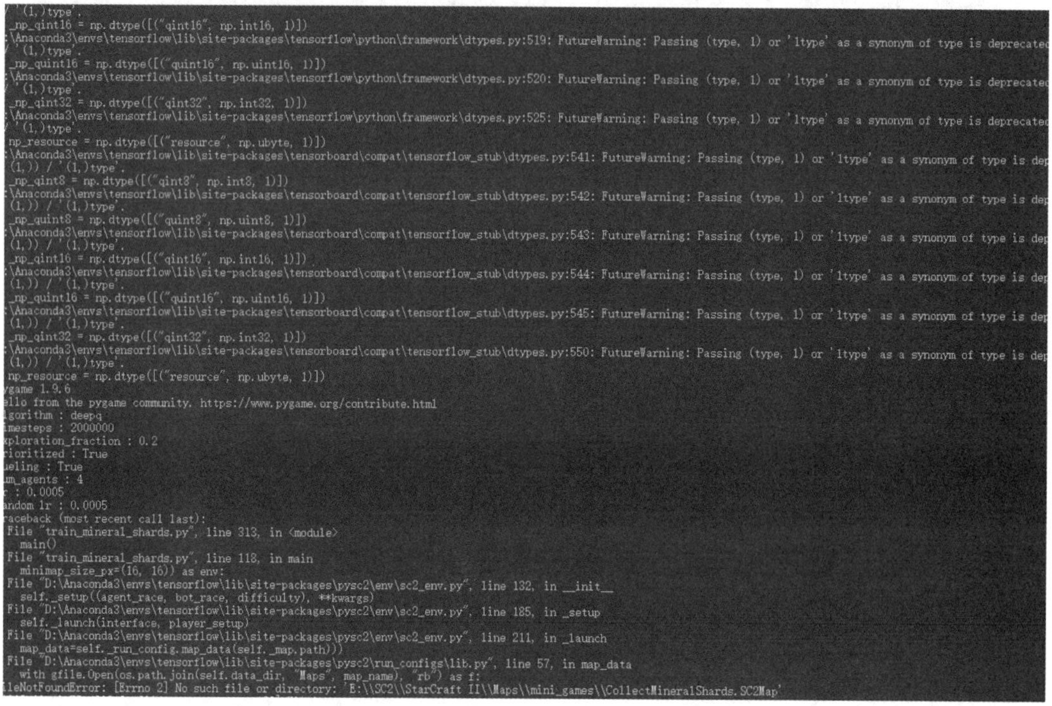

图 10-6　运行算法

算法运行成功，但是发现还没有采矿训练的地图。

（4）将任务所需的地图导入游戏的 Map/mini_games 中，如图 10-7 所示。

图 10-7　导入训练任务所需地图

（5）运行训练任务，启动《星际争霸 2》游戏，带入任务训练地图，如图 10-8 所示。

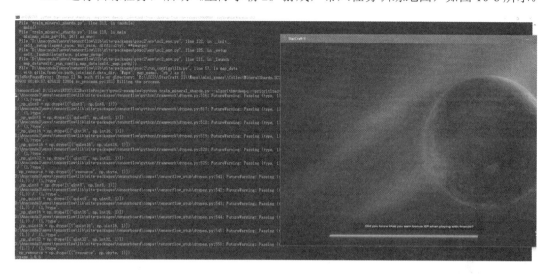

图 10-8　启动任务训练地图

（6）将智能体训练运行起来，期间可能会有 baselines、TensorFlow 版本的冲突，需要配合 baselines、pysc2、mpi4py 等库，尽量使用本工程所带的代码包版本。TensorFlow 是在 1.3.0 版本下运行的，运行成功以后，效果如图 10-9 所示。

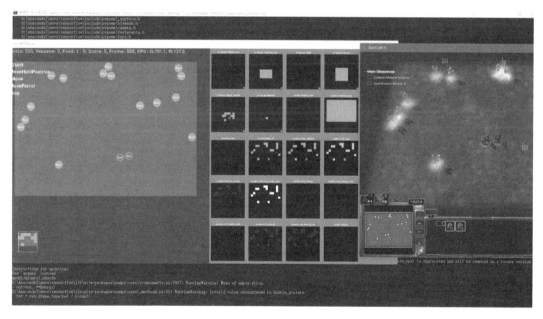

图 10-9　运行强化学习算法 DQN 训练采矿任务

这里需要注意，在运行的时候可能会有许多环境的不匹配，如 mpi4、baselines 等依赖环境。在注意版本问题的同时，需要去深度思考 log 报错的问题，细心地进行调试，才能成功运行算法的训练模式。

运行成功以后，需要等待一段时间。智能体的决策模型训练成功后，会在本地产生 DQN 的模型文件，如图 10-10 所示。

图 10-10　训练产生的智能模型文件

10.4　使用训练好的模型进行任务处理

当模型训练完成以后，就可以使用模型进行 AI 任务的自动处理了。如果觉得智能效果不够好，需要深入进行参数调优，再次进行训练。本节就来完成这部分的内容。

（1）智能体训练完成以后，会在本地产生一个模型文件，这就是 DQN 算法最终形成的模型参数。我们可以把这个模型文件加载到 DQN 网络中，成为可重复使用的 AI 智能模型，如图 10-11 所示。

图 10-11　DQN 算法产生的模型文件

（2）在算法加载模型中，主要是用 enjoy_mineral_shards.py 模块进行处理，具体代码

如下:

```
import sys

from absl import flags
import baselines.common.tf_util as U
import numpy as np
from baselines import deepq
from pysc2.env import environment
from pysc2.env import sc2_env
from pysc2.lib import actions
from pysc2.lib import actions as sc2_actions
from pysc2.lib import features

import deepq_mineral_shards

_PLAYER_RELATIVE = features.SCREEN_FEATURES.player_relative.index
_PLAYER_FRIENDLY = 1
_PLAYER_NEUTRAL = 3  # beacon/minerals
_PLAYER_HOSTILE = 4
_NO_OP = actions.FUNCTIONS.no_op.id
_MOVE_SCREEN = actions.FUNCTIONS.Move_screen.id
_ATTACK_SCREEN = actions.FUNCTIONS.Attack_screen.id
_SELECT_ARMY = actions.FUNCTIONS.select_army.id
_NOT_QUEUED = [0]
_SELECT_ALL = [0]

step_mul = 16
steps = 400

FLAGS = flags.FLAGS

#业务主流程入口
def main():
  #处理参数
  FLAGS(sys.argv)
  #启动《星际争霸 2》的环境
  with sc2_env.SC2Env(
      map_name="CollectMineralShards",
      step_mul=step_mul,
      visualize=True,
      game_steps_per_episode=steps * step_mul) as env:

    #生成 DQN 模型的多层感知机神经网络
    model = deepq.models.cnn_to_mlp(
      convs=[(32, 8, 4), (64, 4, 2), (64, 3, 1)],
      hiddens=[256],
      dueling=True)

    def make_obs_ph(name):
      return U.BatchInput((64, 64), name=name)

    act_params = {
      'make_obs_ph': make_obs_ph,
      'q_func': model,
```

```
    'num_actions': 4,
}


#加载已经训练完成的模型文件，加载模型参数
act = deepq_mineral_4way.load(
  ".\model", act_params=act_params)

while True:

  #获取环境参数
  obs = env.reset()
  episode_rew = 0

  done = False

  step_result = env.step(actions=[
    sc2_actions.FunctionCall(_SELECT_ARMY, [_SELECT_ALL])
  ])

  while not done:

    player_relative = step_result[0].observation["screen"][
      _PLAYER_RELATIVE]

    obs = player_relative

    player_y, player_x = (
      player_relative == _PLAYER_FRIENDLY).nonzero()
    player = [int(player_x.mean()), int(player_y.mean())]

    if (player[0] > 32):
      obs = shift(LEFT, player[0] - 32, obs)
    elif (player[0] < 32):
      obs = shift(RIGHT, 32 - player[0], obs)

    if (player[1] > 32):
      obs = shift(UP, player[1] - 32, obs)
    elif (player[1] < 32):
      obs = shift(DOWN, 32 - player[1], obs)

    action = act(obs[None])[0]
    coord = [player[0], player[1]]

    if (action == 0):  #上

      if (player[1] >= 16):
        coord = [player[0], player[1] - 16]
      elif (player[1] > 0):
        coord = [player[0], 0]

    elif (action == 1):  #下

      if (player[1] <= 47):
```

```
        coord = [player[0], player[1] + 16]
      elif (player[1] > 47):
        coord = [player[0], 63]

    elif (action == 2):  #左

      if (player[0] >= 16):
        coord = [player[0] - 16, player[1]]
      elif (player[0] < 16):
        coord = [0, player[1]]

    elif (action == 3):  #右

      if (player[0] <= 47):
        coord = [player[0] + 16, player[1]]
      elif (player[0] > 47):
        coord = [63, player[1]]

    #获得 DQN 算法的决策
    new_action = [
      sc2_actions.FunctionCall(_MOVE_SCREEN,
                            [_NOT_QUEUED, coord])
    ]

    step_result = env.step(actions=new_action)

    rew = step_result[0].reward
    done = step_result[0].step_type == environment.StepType.LAST

    episode_rew += rew
  print("Episode reward", episode_rew)


UP, DOWN, LEFT, RIGHT = 'up', 'down', 'left', 'right'


#移动智能体
def shift(direction, number, matrix):
  ''' shift given 2D matrix in-place the given number of rows or columns
    in the specified (UP, DOWN, LEFT, RIGHT) direction and return it
'''
  if direction in (UP):
    matrix = np.roll(matrix, -number, axis=0)
    matrix[number:, :] = -2
    return matrix
  elif direction in (DOWN):
    matrix = np.roll(matrix, number, axis=0)
    matrix[:number, :] = -2
    return matrix
  elif direction in (LEFT):
    matrix = np.roll(matrix, -number, axis=1)
    matrix[:, number:] = -2
    return matrix
  elif direction in (RIGHT):
```

```
    matrix = np.roll(matrix, number, axis=1)
    matrix[:, :number] = -2
    return matrix
else:
    return matrix


if __name__ == '__main__':
    main()
```

这部分的代码主要完成以下几个功能：

- 启动《星际争霸 2》的仿真环境。
- 初始化 DQN 神经网络。
- 加载训练模型，初始化神经网络参数。
- 使用模型，不断根据环境决策智能体的行为。
- 完成任务。

（3）算法启动以后，智能体会根据算法模型不断进行决策，直到完成任务。具体命令如下：

```
python enjoy_mineral_shards.py
```

运行效果如图 10-12 所示。

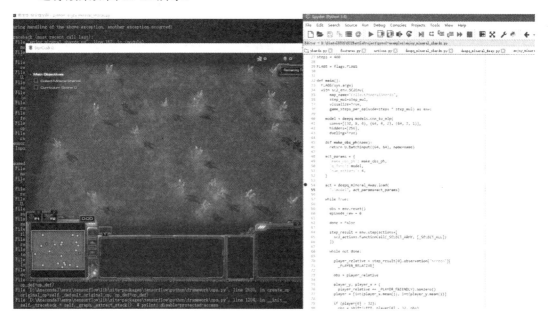

图 10-12　运行训练好的算法模型

在实际运行中，在 Windows 下可能会出现一些 GPU 启动或者编码的问题，这个版本的 TensorFlow 最好在 Linux 环境下运行，如果出现相关问题，可以切换环境试一下，或者直接使用 CPU 训练模式。

以上我们就完成了强化学习算法在《星际争霸 2》游戏中的训练和应用。下面我们将继续探讨分布式与多智能体算法的相关应用。

10.5 多智能体协作算法与 RTOS 结合

在 10.4 节中，我们使用了强化学习的经典算法 DQN 进行智能体训练。读者会发现，两个小矿兵之间都是统一行动的，并没有形成多智能体的协作。本节就来研究多智能体在《星际争霸 2》仿真环境下的应用。

10.5.1 多智能体协作算法 MADDPG 的应用

在 7.3 节中我们介绍了一种多智能体协作的强化学习算法 MADDPG。是否可以应用这个算法，通过群体智能的方式让两个矿兵进行协作，分开进行工作，从而提高整体的采集效率呢？

我们对 MADDPG 的算法应用方式进行结构化分析，先看一下单体强化智能算法 DDPG 的相关结构，如图 10-13 所示。

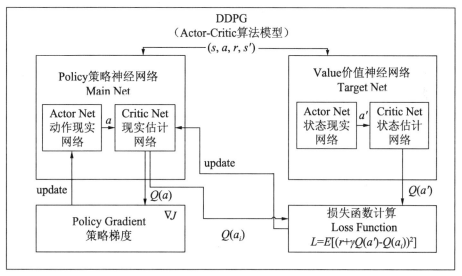

图 10-13 DDPG 算法模型结构

在实际应用中，当多个智能体都使用 DDPG 算法进行训练时，智能体之间相互无法得到稳定的环境，因为每个智能体采用不断变化的策略。

为了解决多智能体问题，MADDPG 就将 K 个不同的子策略进行汇总，形成一个中央评判网络 Critic，并且在每个智能体 MADDPG 的网络中，Critic Net 网络也可以利用其他智能体的策略信息进行学习。

在这个算法中,每个智能体训练的方式和 DDPG 类似,但是在 Critic 的输入中有所不同。每个智能体的 Critic 输入,除了自己的 state-action 数据,还需要接收其他额外的智能体数据。

MADDPG 算法通过合作的方式,可以形成合作性、对抗性、合作和对抗混合型的三种模型形式。

MADDPG 多智能体的形式如图 10-14 所示。

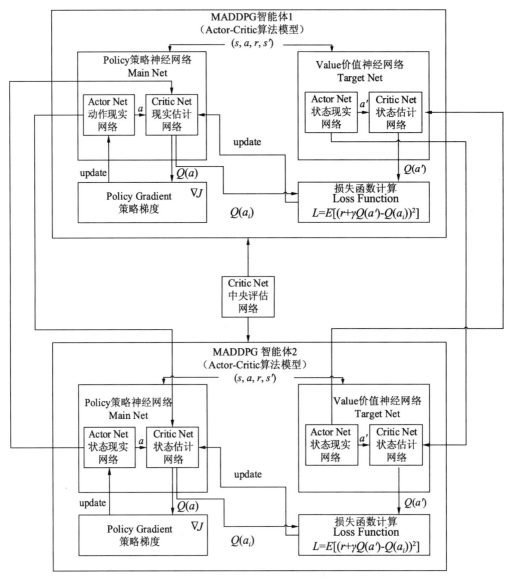

图 10-14　MADDPG 算法模型结构

10.5.2　结合 RTOS 实现 MADDPG 的分布式结构

假如我们希望在《星际争霸 2》的环境中让多个矿兵分布在不同的机器上，然后它们再相互协作，应该如何去做呢？

关于多智能体的协作算法，我们会想到使用 MADDPG，但是如何进行分布式训练和协作决策呢？

在第 4 章中我们介绍了一种分布式智能核心，在 4.2 节中介绍了它所支持的三种分布式协议，正好符合在分布式环境中的协作、博弈、混合等计算模型。本节就来探讨 RTOS 和 MADDPG 的结合，用以实现分布式环境下的群体智能。

RTOS 在这个架构中主要实现两个功能，具体如下：

* 实现多个分布式智能体算法间的数据同步和协调操作。
* 提供数据模型，结合多分布式节点，形成群体性的数据模型，实现数据按时间形成的模型流转方式。

具体结构如图 10-15 所示。

三个分布式节点分布在不同的智能体算法模型中，主要实现的功能如下。

* 计算节点 1：负责智能体 1 的算法模型运算，通过 PSintolSDK 连接 RTOSNode 的中控节点，从而实现和其他节点在数据模型上的互通，提供给 Critic Net 神经网络获取其他智能体策略信息和中央评价网络的信息。
* 计算节点 2：负责智能体 1 的算法模型运算，通过 PSintolSDK 连接 RTOSNode 的中控节点，从而实现和其他节点在数据模型上的互通，提供给 Critic Net 神经网络获取其他智能体策略信息和中央评价网络的信息。
* 计算节点 3：主要负责三个部分的功能：一是负载 RTOSNode 的路由节点，负责连接整个分布式网络；二是加载群体智能模型，通过联邦模型、HLA 体系、DDS 体系和 Multi-Agent 等形成群体智能多节点情况下模型数据在整个体系之间的关系；三是负载 PSintolSDK，处理中央评价网络的计算能力。

节点计算完成以后，需要定义群体的联邦 FOM 模型，具体结构如图 10-16 所示。

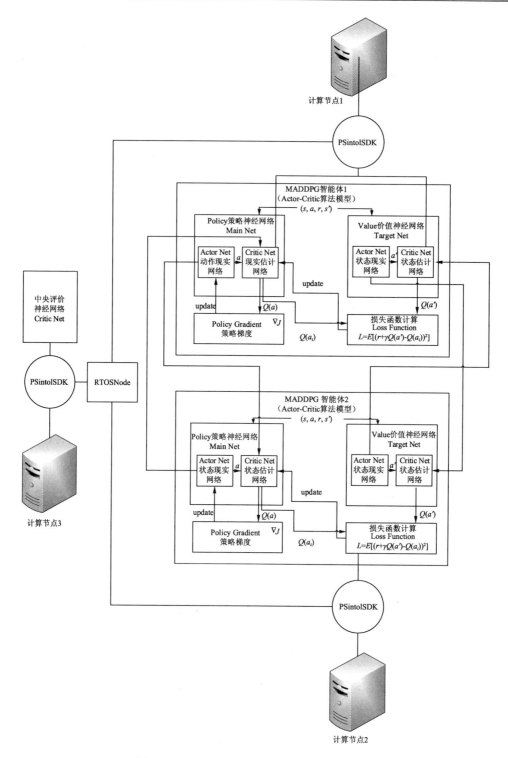

图 10-15　MADDPG 结合 RTOS 的分布式结构

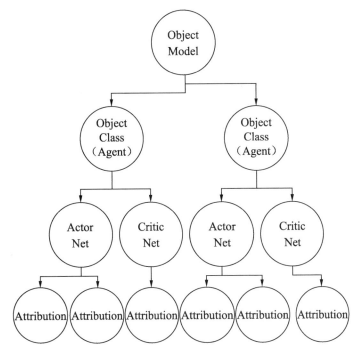

图 10-16　群体 FOM 智能模型

我们将模型组成一个树形结构，这是一个适用于协作的群体模型。在模型对象中定义了两个 Agent 对象，每个对象下面定义两个神经网络的参数模型，并且提供相关的属性。

每个智能体的节点通过初始化确认自己所在模型 Agent Object 的对象。节点也会通过订阅的方式获取另外一个智能体模型 Agent Object 的对象行为数据。通过模型定义、分布式计算、协同同步的方式，最终形成分布式的整体群体智能。

下面是一个 FOM 模型示例。

```
//SC2_Multi-Agent.xml
<?xml version="1.0"?>
//定义《星际争霸2》的联邦模型
<objectModel>
  < >
//联邦模型类_普通的星际2矿兵智能体
  <objectClass
    name="Agent_SC2_Normal"
    sharing="Neither">
   <attribute
    name="Actor Net"
    dataType="NA"
    updateType="NA"
    updateCondition="NA"
    ownership="NoTransfer"
    sharing="Neither"
    dimensions="NA"
```

```
                    transportation="HLAreliable"
                    order="TimeStamp"/>
        <attribute
                    name="Cirtic Net"
                    dataType="NA"
                    updateType="NA"
                    updateCondition="NA"
                    ownership="NoTransfer"
                    sharing="Neither"
                    dimensions="NA"
                    transportation="HLAreliable"
                    order="TimeStamp"/>
    //联邦模型类_高级的星际 2 矿兵智能体
        <objectClass
             name=" Agent_SC2_Advance"
             sharing="PublishSubscribe">
    //智能实体神经网络属性
            <attribute
                    name=" Actor Net "
                    dataType="HLAopaqueData"
                    updateType="NA"
                    updateCondition="NA"
                    ownership="NoTransfer"
                    sharing="PublishSubscribe"
                    dimensions="NA"
                    transportation="HLAreliable"
                    order="TimeStamp"/>
        <attribute
                    name=" Critic Net "
                    dataType="HLAopaqueData"
                    updateType="NA"
                    updateCondition="NA"
                    ownership="NoTransfer"
                    sharing="PublishSubscribe"
                    dimensions="NA"
                    transportation="HLAreliable"
                    order="TimeStamp"/>
        </objectClass>
      </objectClass>
    </objects>
    //实体模型交互接口 1
    <interactions>
      <interactionClass
        name="HLAinteractionRoot"
        sharing="Neither"
        dimensions="NA"
        transportation="HLAreliable"
        order="TimeStamp">
      //接口交互分层 1 类别
      <interactionClass
        name="InteractionClass0"
        sharing="PublishSubscribe"
```

```
                transportation="HLAreliable"
                order="TimeStamp">
          <parameter name="parameter0"
                     dataType="HLAopaqueData"/>
      </interactionClass>
    </interactionClass>
  </interactions>
  //实体模型交互接口 2
  <transportations>
    <transportation
      name="HLAreliable"
      description="Provide reliable delivery of data in the sense that TCP/IP
delivers its data reliably"/>
    <transportation
      name="HLAbestEffort"
      description="Make an effort to deliver data in the sense that UDP
provides best-effort delivery"/>
  </transportations>
  //模型数据类型定义
  <dataTypes>
<basicDataRepresentations>
  //模型基础数据 1
      <basicData
        name="HLAinteger16BE"
        size="16"
        interpretation="Integer in the range [-2^15, 2^15 - 1]"
        endian="Big"
        encoding="16-bit two's complement signed integer. The most
significant bit contains the sign."/>
      //模型基础数据 2
      <basicData
        name="HLAinteger32BE"
        size="32"
        interpretation="Integer in the range [-2^31, 2^31 - 1]"
        endian="Big"
        encoding="32-bit two's complement signed integer. The most
significant bit contains the sign."/>
  </dataTypes>
</objectModel>
```

以上模型主要用于协作。如果需要集中化的命令行，可以采用 IDL 或者博弈对抗性的模型定义。具体的实现可以结合本书所学知识进行尝试，这是非常有趣的课题。

10.6　行为状态机与 AI 结合

在《星际争霸 2》的实际战争中，不仅有矿兵，还有非常多的兵种、建筑、攻击单位，它们具有各种各样的形态，如何结合强化学习算法，实现智能体的多种行为操作，需要结合网络游戏中常用的行为状态机。本节就来讲解这些内容的原理。

在游戏开发中，有限状态机是任务 AI 控制中最广泛的算法和设计模式。特别是在大型的工程中，有限状态机可以形成一个高度复杂的网络结构。

对于复杂的大型状态机网络，我们需要对它进行分层管理，引入"分层有限状态机的概念"，将结构和模式分类。

我们设定《星际争霸 2》中的一个单位具有 4 种状态——寻敌、攻击、逃跑和防御，继续把它划分为如下两大状态。

- 战斗状态：包括寻敌和攻击两个状态。
- 待机状态：包括逃跑和防御两个状态。

行为状态机进行切换的时候先进入高层状态，再进入底层状态，如图 10-17 所示。

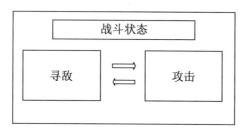

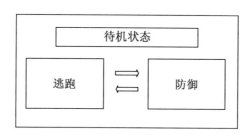

图 10-17　分层有限状态机

我们将整体的分层行为状态数据建立起来以后，就可以对不同的层结构应用强化学习算法，实现通过神经网络 DDPG 算法的决策，搜索分层有限状态机，从而形成智能体多行为的决策引擎。

整体目标可以定为以下几个要点。

- 分层模型的无监督学习：通过将 AI 行为的能力分层训练，实现 AI 不同方向的成长性，让 AI 看起来更加真实，更具变化性，脱离固定化的 AI 状态机，使其成为一个具有个性的智能体。
- 高效率的决策：基于神经网络结构，通过训练好的模型在短时间内就可以对复杂行为的状态机进行决策，在复杂场景中快速反应。

- 归纳和连锁：通过对行为状态树的归纳，逐步优化行为树结构，让 AI 大脑适应新的环境，并不断影响原有智能，提高适应性。

行为树和决策算法引擎的结构如图 10-18 所示。

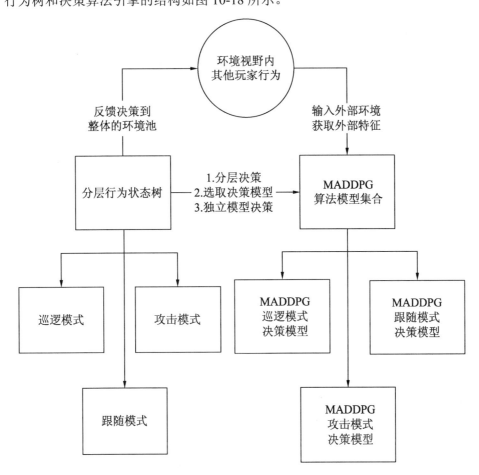

图 10-18　行为树和决策算法引擎的结构

10.7　分布式群体智能的计算与存储

在一个实时的大规模系统中，如何进行快速的模型训练，以及存储大规模的数据与模型，是一项重要的任务。本节就来介绍这部分内容。

一般在现在的分布式系统中，主要使用大数据技术进行实时的在线训练和人工智能的策略推荐，也就是常用的推荐系统。

推荐系统的系统模块流程如图 10-19 所示。

在样本的处理中，每次收集固定的行为数据就更新模型，模型的参数都存储在高性能的计算集群中，它们包含上亿级别的原始特征和向量特征。

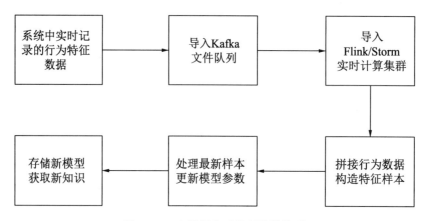

图 10-19　大数据实时处理数据模型

在整体的模型和数据存储中，为了应对大数据情况下的高速计算和海量存储，一般会采用 Spark、Hadoop 集群和 HDFS 海量文件存储等。相关的大数据技术架构如图 10-20 所示。

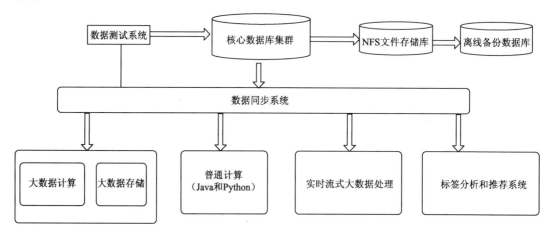

图 10-20　大数据的计算和存储架构

在行为采集和前端仿真系统游戏中，进行埋点和处理消息队列，分布式大数据也提供了 Flume 和 Kafka 等解决方案，架构如图 10-21 所示。

在《星际争霸》的大型 AI 分布式系统中，可以采用这些技术处理数据和存储，结合算法引擎，建立一个稳定、高计算能力和大规模的 AI 分布式集群训练平台。

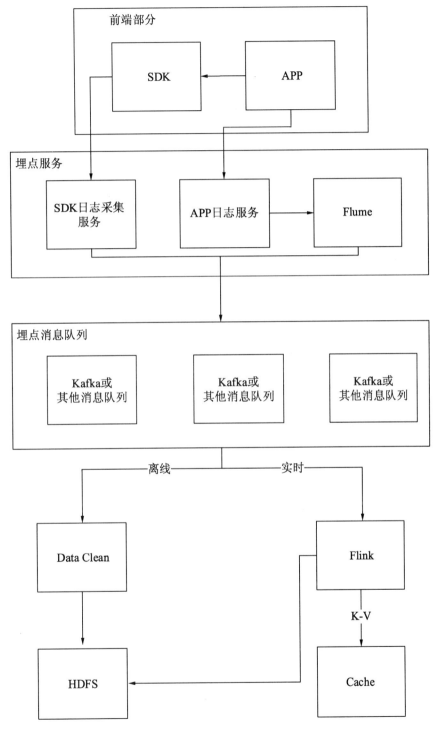

图 10-21　大数据相关的采集、消息队列、离线存储和实时处理架构

10.8　本章小结

本章运用所学的强化学习、分布式智能核心和分布式大数据等技术，进行《星际争霸》群体智能系统的开发。学习本章后，请思考以下问题：

（1）我们所应用的 DQN 算法结构的主要组成有哪些？整个框架是如何运转和支持《星际争霸》智能体的训练的？

（2）运用在多智能体的算法 MADDPG 的原理是什么？它与 DDPG 算法有哪些异同？MADDPG 的优势有哪些？

（3）如何对 MADDPG 进行改造以支持分布式群体智能？为什么要使用 SintolRTOS？运用它的好处有哪些？

（4）Spark 和 Hadoop 等大数据技术在分布式群体智能中有哪些应用？使用这些技术能对我们的 AI 平台引擎提供哪些帮助？

（5）针对复杂的智能决策，我们还可以怎样去架构，让它支持更为通用的群体人工智能行为决策？

经历了大半年的撰写，终于完成了本书。回想写作这本书的点点滴滴，笔者经历了太多事情，无论是学术上，还是工作及个人生活的安排上，都特别不容易。

在充满了挑战的 2019 年，发生了中美贸易摩擦、美国对华科技禁售，中国的制造业和科技产业受到了极大挑战。笔者所处的互联网行业和科技行业，出现了最近几年最严重的裁员和失业问题。

下面列举 2019 年比较典型的几个大规模裁员事件：
- 西门子裁员大约 1 万人；
- 甲骨文中国研发中心裁员 900 人；
- 3M 化工巨头业绩大幅度下滑，裁员约 2000 人；
- 全球最大的资产管理公司莱德在业绩大幅度下滑，1 月宣布裁员 500 人；
- 大型托管银行、资产管理公司道富集团削减 15%的高级管理岗位；
- 特斯拉 3 月 12 日宣布裁员 150 人；
- 蔚来汽车宣布裁员 70 人，并关闭了部分办公室；
- 中国社交巨头腾讯公司裁员大约 200 名管理层员工；
- 京东进行了国内的大规模裁员，大约 1.2 万人。

对于职场人士而言，2019 年是风雨飘摇的一年。在互联网环境中，经历了一场大浪淘沙，许多技术不是特别过硬的人，面临残酷的社会环境。要在这样的社会环境下保持自己的竞争力，唯有不断地进行学习，不断地夯实基础，不断地提升自己的知识储备。

笔者在 2019 年辅导了许多回国的留学硕士生。他们都有不错的学历背景，但是回到国内后，求职时很多遇到了或大或小的问题，具体总结如下：
- 有些同学从电子、信息通信等专业转入计算机和机器学习等专业，对计算机的一些基本理论，如编译原理、操作系统和数据结构等知识掌握得不到位，这需要进一步提升。
- 许多同学想做算法，对机器学习、深度学习和强化学习等理论有一定理解，但是在实际的算法代码落地上，则不太扎实。笔者一般建议学生能从基本的《算法导论》开始学习，首先夯实算法的基础理论，然后熟练地写出算法代码。更进一步，对于学习计算机语言需要理解的内存管理、线程管理、进程管理、语言规范和定义限制等，则要求他们掌握其精要。
- 算法只是工程工作中的一个模块。真正要从事计算机相关工作，不仅要理解算法，并且要实现算法，还要从整体架构考虑，让系统稳定、高效，能处理大规模的并发计算。对于这部分知识，需要掌握基本的设计模式，了解系统的架构原理。而这些知识对于非计算机科班出身的同学来说往往是缺失的。

未来，分布式多智能体是一个重要的发展方向，它是一个综合性的技术方向。进入该领域，需要掌握分布式基础理论知识、分布式算法、机器学习、深度学习、强化学习、大数据计算和存储等技术的原理，并灵活应用，才有望在分布式多智能体方向有所突破。

在职业生涯中，笔者经历了大型 500 强企业、自己的创业公司、国内顶尖的互联网企业、顶级的区块链企业、传统民营企业、央企和银行单位等。不同的职业对个人所需的知识体系也有所不同。在大型的互联网企业中，对于员工而言，掌握和精通一门技术，并持续下去，会有利于个人的发展；在创业生涯中，则需要掌握更多的技术门类，才能支撑整个公司所需的技术体系；在民营企业的转型中，需要更多地理解业务，使用现有的技术手段，对企业进行赋能。

每个同学在自己的职业生涯中，既需要根据自己所从事的工作进行技术的学习，也需要确定自己长期发展的方向，并坚持下去。工作以来，笔者每日都坚持学习一两个小时的新技术或研究新成果。

在计算机领域，努力是最基本的事情，并需要我们不断地坚持，只有真正喜爱上计算机学科，才能走得更远。

"书山有路勤为径，学海无涯苦作舟"。愿与各位读者共勉。